2012年6月28日，"十二五"国家科技支撑计划"既有建筑绿色化改造关键技术研究与示范"项目启动会现场

2012年6月28日，由中国建筑科学研究院主办，北京筑巢传媒有限公司承办的"第四届既有建筑改造技术交流研讨会"现场

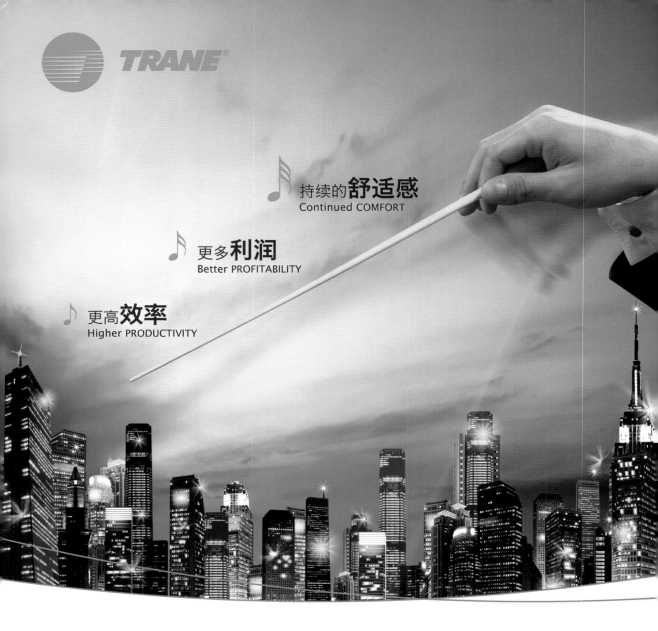

持续的**舒适感**
Continued COMFORT

更多**利润**
Better PROFITABILITY

更高**效率**
Higher PRODUCTIVITY

特灵·赋予建筑生命力，创造美好生活！
Trane, Making Buildings Better for Life!

每一栋建筑都有她独特的需求。
Every building has its unique purpose.

无论商务、住宅、制造、教育还是医疗，特灵高性能建筑带来更高效率、更多利润和持续的舒适感。
No matter for commercial, residential, manufacturing, educational or medical purpose, Trane High Performance Buildings ultimately foster productivity, profitability and continued comfort for those inside.

作为打造高性能建筑的专家，特灵以性能、创新、承诺和知识，使你的建筑和家园变得更美好。
As the building performance expert for life, through our Performance, Innovation, Commitment and Knowledge, Trane makes your building and home a better place to live.

trane.com
trane-china.com

SimpSun 辛普森热源塔热泵系统

Frost Again？Try SimpSun Heat Source Tower

不用化霜、不用打井埋管、不用石化能源、节能环保

在我国南方地区，空气源热泵应用得较为广泛，但在冬季需要采取除霜措施，导致制热效果不好且额外增加系统约30%的能耗。地源热泵利用土壤或地下水作为相对稳定的冷热源，但是，国家对地下水的利用有严格的限制，而地源热泵需要足够的埋管面积，在大城市中应用十分困难。热源塔热泵系统简单，是一种可以为建筑物提供冷暖空调及生活热水的可再生能源技术，其节能效果与水地源热泵相当，可以解决上述问题，极适用于长江流域及其以南地区室外空气湿球温度不低于-8℃及热负荷不小于1000kW的项目，广泛应用于宾馆、医院、公寓、酒店、商场等场所。

绿色辛境界 环保新世界

Add:江苏省扬州市邗江经济开发区牧羊路20号　Tel: 0514-87830088　Fax: 0514-87771269　Http: www.simpsun.com　www.xpszg.com

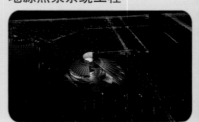

北鹏® 德斯莱福® DOESLIFE®

更阻燃 更环保 更安全

全球环保的呼声
哥本哈根的回音……
北鹏建材担当联合国环保项目，
中、德携手打造
—— 北鹏新一代 德斯来福®

燃烧性能（A级）
北鹏BTW保温板（聚氨酯）

北京北鹏新型建材有限公司
电话：010-80814286 传真：010-80814286-7 地址：北京市大兴区青云店工业发区 网址：www.bpnengod

北京鸿恒基幕墙装饰工程有限公司

自1984年成立以来，经过近三十年的不断发展，现已发展成为京市大型建材龙头企业。业务涉及建筑铝合金型材、工业铝合金材、幕墙型材、门窗幕墙的制作安装、采暖散热器，外遮阳卷帘窗系统，集团下属公司为：北京东亚铝业有限公司、北京鸿恒基墙装饰工程有限公司、北京新鸿节能建材制造有限公司各公司分通过了ISO9001质量管理体系认证和ISO14001环境管理体系及T28001职业健康安全管理体系认证。

公司采用北京东亚铝业有限公司先进的温馨系统设计，采用专技术开发，使"东亚温馨"CY55、CY60、CY65三大系统九个系列能铝合金门窗运用到实际的工程建设中。此系统设计依据公共节设计标准和北京市对采暖居住建筑节能政策的要求，节能达到75%上。温馨系统采用的断桥铝型材通过隔热条来阻断热量在铝型材内传导，对K值起到了有效地降低作用。在镶嵌隔热条后的型腔中灌注具有"隔热王"之称的PU树脂，隔热条阻止了室内外热量的争，而灌注PU树脂阻止了热量的对流传导，双效节能效果更加显可根据工程需要配不同的隔热条，通过选用普通双层浮法玻璃、层浮法玻璃及低辐射玻璃，加上公司提供的加工工艺，可使铝合能门窗K值达到2.0—1.5之间，并有小于K值1.5以下的门窗技术备。穿条保温窗与外遮阳保温卷帘窗构成的集成系统窗，K值可达W/㎡K。

隔热门窗幕墙铝型材

木包铝保温窗

外遮阳卷帘系统

鸿恒基幕墙装饰工程有限公司
69572237/69574466
东亚铝业有限公司
69572235/69572236
新鸿节能建材制造有限公司
69575190/69575191
北京市通州区张家湾镇工业区开发区
//www.pekingxx.com

1957年，整个世界的眼球都被太空所吸引

我们，却执着地盯着地下创造出了第一台地源热泵

柯马特地（水）源热泵中央空调
纽 交 所 股 票 代 码 （NYSE：LXU

1957年，前苏联发射了第一颗人造卫星 Sputnik-1，揭开了人类征服太空的序幕；同年，柯马特开启了空调革命的序幕，高瞻远瞩地推出了第一代的地（水）源热泵产品。至今，柯马特一直保着行业龙头的地位，北美市场占有率超过50%，技术上也始终一路领先；20世纪70年代，我们率先将效能比提升到2.93EER，率先使用热回收技术来制取生活热水；80年代，我们首创了一式变风量热泵机组；90年代，我们率先整合了闭式水环环路，我们也率先提供了分体式地源外模块用于对现有系统的节能改造；2000年，我们率先将能效比提高至7.33EER，率先应用了能再热技术；2010年，我们又推出了全新的Tranquility®22数字系列，配置全功能智能控制系以及智能变水量的"即接即用"的水环环路，将地源热泵系统领入了全数字时代；2012年，我们美国能源部协同开发的Trilogy系列产品，能效比革命性地达到了11.71EER，造就了业界又一里程碑。辉煌的历史，我们引以为傲；璀璨的未来，我们不懈努力。五十五个春秋，柯马特历程才刚刚开始！

半　　个　　多　　世　　纪　　的　　辉　　煌

既有建筑改造年鉴（2012）

《既有建筑改造年鉴》编委会　编

中国建筑工业出版社

图书在版编目（CIP）数据

既有建筑改造年鉴（2012）/《既有建筑改造年鉴》
编委会编. 北京：中国建筑工业出版社，2013.1
ISBN 978-7-112-15104-2

Ⅰ. ①既… Ⅱ. ①既… Ⅲ. ①建筑物－改造－中国－
2012－年鉴 Ⅳ. ①TU746.3-54

中国版本图书馆CIP数据核字（2013）第023892号

责任编辑：马　彦
责任校对：姜小莲　王雪竹
装帧设计：甄　玲

既有建筑改造年鉴（2012）

《既有建筑改造年鉴》编委会　编

*

中国建筑工业出版社出版、发行（北京西郊百万庄）

各地新华书店、建筑书店经销

北京筑巢传媒广告有限公司制版

北京中科印刷有限公司

*

开本：787×1092毫米　1/16　印张：29¼　插页：8　字数：660千字

2013年3月第一版　2013年3月第一次印刷

定价：98.00元

ISBN 978-7-112-15104-2

（23120）

既有建筑改造年鉴（2012）

编辑委员会

编辑说明

一、《既有建筑改造年鉴》（2012）是由中国建筑科学研究院以 "十二五" 国家科技支撑计划重大项目"既有建筑绿色化改造关键技术研究与示范"（项目编号：2012BAJ06B00）为依托，编辑出版的行业大型工具用书。

二、本书在注重既有建筑综合改造的基础上，增加了绿色化改造方面的内容。

三、本书分为政策法规、标准规范、科研项目、技术成果、论文选编、工程案例、统计资料、大事记共八部分内容，可供从事既有建筑改造的工程技术人员、大专院校师生和有关管理人员参考。

四、谨向所有为《既有建筑改造年鉴》（2012）编辑出版付出辛勤劳动、给予热情支持的部门、单位和个人深表谢意。

五、由于既有建筑绿色化改造在我国规范化发展时间较短，资料与数据记载较少，致使本书个别栏目比较薄弱；本书难免有错讹、疏漏和不足之处，恳请广大读者批评指正。

特别感谢：中国建筑科学研究院、上海市建筑科学研究院（集团）有限公司、上海现代建筑设计（集团）有限公司、深圳市建筑科学研究院有限公司、住房和城乡建设部防灾研究中心、住房和城乡建设部科技发展促进中心、中国建筑技术集团有限公司、上海维固工程实业有限公司、同济大学、哈尔滨工业大学、江苏辛普森新能源有限公司、依科瑞德(北京)能源科技有限公司等部门和单位为本书的出版所付出的努力。

目录

五、论文选编

六、工程案例

七、统计资料

八、大事记

一、政策法规

随着我国既有建筑改造工作的深入开展，国家和地方政府逐渐加大了既有建筑改造的推广力度，一系列既有建筑改造相关法律法规的发布，尤其是在公共建筑节能改造、居住建筑热计量改造、抗震减灾改造等方面出台的政策，有效激发了我国既有建筑改造市场的需求，发掘了既有建筑改造的潜力，增强了既有建筑改造的动力，大大推动了我国既有建筑改造的发展。

"十二五"建筑节能专项规划

（2012年5月9日　建科[2012]72号）

为深入贯彻科学发展观，节约资源，保护资源，加快转变城乡建设模式和建筑业发展方式，提高人民生活质量，培育新兴产业，促进经济发展方式转变，实现节能减排约束性目标，积极应对全球气候变化，建设资源节约型、环境友好型社会，根据《民用建筑节能条例》、《"十二五"节能减排综合性工作方案》，制定本规划。

一、发展现状和面临形势

（一）"十一五"期间建筑节能发展成就

1. 实现了国务院对建筑节能提出的目标和要求

按照《国务院关于印发节能减排综合性工作方案的通知》（国发[2007]15号）的总体要求，截至2010年底，新建建筑施工阶段执行节能强制性标准的比例达到95.4%；组织实施低能耗、绿色建筑示范项目217个，启动了绿色生态城区建设实践；完成了北方采暖地区既有居住建筑供热计量及节能改造1.82亿平方米；推动了政府办公建筑和大型公共建筑节能监管体系建设与改造；开展了386个可再生能源建筑应用示范推广项目，210个太阳能光电建筑应用示范项目，47个可再生能源建筑应用示范城市和98个示范县的建设。同时进行了探索农村建筑节能工作。新型墙体材料产量占墙体材料总产量的55%以上，应用量占墙体材料总用量的70%。

到"十一五"末，建筑节能实现节约1亿吨标准煤的目标任务。

2. 建筑节能支撑体系初步形成

——法律法规体系："十一五"开局之年，《中华人民共和国可再生能源法》颁布执行，明确提出鼓励发展太阳能光热、供热制冷与光伏系统，并规定国务院建设主管部门会同国务院有关部门制定技术经济政策和技术规范。2008年4月，《中华人民共和国节约能源法》经修订颁布执行，其专门设置一节七条，明确规定建筑节能工作的监督管理和主要内容。两部法律的制（修）定，为建筑节能工作的开展提供了法律基础。2008年10月，《民用建筑节能条例》颁布实行，作为指导建筑节能工作的专门法规，条例规定共六章四十五条，详细规定了建筑节能的监督管理、工作内容和责任（建筑节能领域主要法律法规见附表1）。《民用建筑节能条例》的颁布执行，全面推进了建筑节能工作，同时也推动了全国建筑节能工作法制化，各地积极制定本地区的建筑节能行政法规，河北、陕西、山西、湖北、湖南、上海、重庆、青岛、深圳等地出台了建筑节能条例（见附表2）。15个省（区、市）出台了资源节约及墙体材料革新相关法规，24个省（区、市）出台了相关政府令（见附表3），形成了以《节约能源法》为上位法，《民用建筑节能条例》为主体，地方法律法规为配套的建筑节能法律法规体系。中央和地方交流互动，探索实践，逐步形成了推进建筑节能工作的"十八项"制度。

——财税政策体系："十一五"期间，国家财政积极支持建筑节能工作，财政部、住房城乡建设部共同设立了"可再生能源建筑应用示范项目资金"、"国家机关办公建筑和大型公共建筑节能专项资金"、"北方采暖地区既有居住建筑供热计量及节能改造奖励资金"、"太阳能光电建筑应用财政补助资金"等多项建筑节能领域专项资金。中央财政共计安排资金近152亿元，用于支持北方采暖地区既有居住建筑供热计量及节能改造、可再生能源建筑应用、国家机关办公建筑和大型公共建筑节能监管体系建设等方面。同时，各级地方财政也给予建筑节能工作大力支持。北京、上海、重庆、内蒙古、山西、江苏、安徽、深圳等地对建筑节能的财政支持力度较大，安排了专项资金。据不完全统计，"十一五"期间，省级财政共安排69亿元建筑节能专项资金，地级及以上城市市级财政安排65亿元建筑节能专项资金，建筑节能的经济激励政策初步建立（中央及地方经济激励政策参见附表4、表5）。

专栏一 建筑节能"十一五"期间主要指标完成情况

指标	规划指标	完成情况
新建建筑节能	施工阶段执行节能强制性标准的比例达到95%以上	施工阶段执行节能强制性标准的比例为95.4%
低能耗、绿色建筑示范项目	30个	实施了217个绿色建筑示范工程，113个项目获得了绿色建筑评价标识
北方采暖地区既有居住建筑供热计量及节能改造	1.5亿平方米	1.82亿平方米
大型公共建筑节能运行管理与改造	实施政府办公建筑和大型公共建筑节能监管体系建设	完成能耗统计33000栋，能源审计4850栋，公示了近6000栋建筑的能耗状况，对1500余栋建筑的能耗进行动态监测。在北京、天津、深圳、江苏、重庆、内蒙古、上海、浙江、贵州等9省市开展能耗动态监测平台建设试点工作，启动了72所节约型校园建设试点
可再生能源在建筑中规模化应用示范推广项目	200个	386个可再生能源建筑应用示范推广项目、210个太阳能光电建筑应用示范项目、47个可再生能源建筑应用示范城市、98个示范县
农村节能	——	新建抗震节能住宅13851户，既有住宅节能改造342401户，建成600余座农村太阳能集中浴室
墙体材料革新	产业化示范	新型墙体材料产量超过4000亿块标砖，占墙体材料总产量的55%左右，新型墙体材料应用量3500亿块标砖，占墙体材料总应用量的70%左右

专栏二 节约能源法、民用建筑节能条例规定的推进建筑节能十八项制度

节约能源法	第三章第三十七条	公共建筑室内温度控制制度
		建筑节能考核制度
民用建筑节能条例	第一章 总则	民用建筑节能规划制度
		民用建筑节能标准制度
		民用建筑节能经济激励制度
		国家供热体制改革
	第二章 新建建筑节能	建筑节能推广、限制、禁用制度
		新建建筑市场准入制度
		建筑能效测评标识制度
		民用建筑节能信息公示制度
		可再生能源建筑应用推广制度
		建筑用能分项计量制度
	第三章 既有建筑节能	既有居住建筑节能改造制度
		国家机关办公建筑节能改造制度
		节能改造的费用分担制度
	第四章 建筑用能系统运行节能	建筑用能系统运行管理制度
		建筑能耗报告制度
		大型公共建筑运行节能管理制度

——标准规范体系：建筑节能标准规范体系不断完善，基本涵盖了设计、施工、验收、运行管理等各个环节，涉及新建居住和公共建筑、既有居住和公共建筑节能改造。颁布了适应我国严寒和寒冷地区、夏热冬冷和夏热冬暖地区居住建筑和公共建筑节能设计标准。同时，各地结合本地区实际，对国家标准进行了细化，部分地区执行了更高水平的新建建筑节能标准，并把先进成熟的技术产品纳入工程技术标准和标准图，通过标准引导技术进步。上海、天津、重庆、江苏、浙江、深圳等地制定了具有前瞻性的绿色生态示范城区及绿色建筑评价标准，发挥了标准的规范和引导作用（"十二五"期间建筑节能领域主要标准见附表6）。

——能力建设体系：建立了建筑节能目标责任考核机制。将建筑节能目标分解落实到各省市，并强化目标责任考核机制，确保各项目标得到落实。开展了中央和省级层面建筑节能的专项检查，对违反建筑节能有关法律法规及节能强制性标准的行为进行了处罚。强化了建筑节能领导机构，各省（自治区、直辖市）住房城乡建设主管部门均成立了主要领导或分管领导任组长的建筑节能领导小组，北京、天津、上海、山东、山西、内蒙古、黑龙江、吉林、江苏、浙江、广

东、广西、湖北等省（自治区、直辖市）成立了政府分管领导任组长，相关部门主要负责同志参加的建筑节能工作领导小组，逐步形成了各部门联动、齐抓共管的局面。部分省市住房城乡建设主管部门通过机构改革，增设了建筑节能专门处室，加强了职能，充实了管理力量，其中浙江配备155人、上海101人、北京44人、天津35人，人员配置比较到位，山东和山西省、市两级都建立了建筑节能监管机构，专职管理人员分别为164人和146人。建立了建筑节能全过程的质量管理体系，利用现有法律法规确定的许可和制度，建立建筑节能专项设计审查、节能工程施工质量监督、建筑节能专项验收、建筑能效测评标识、建筑节能信息公示等制度，实现了从设计、施工图审查、施工、竣工验收备案到销售和使用的全过程监管（省级配置建筑节能专职管理人员情况参见附表7）。

——科技支撑体系："十一五"期间国家科技支撑计划把建筑节能、绿色建筑、可再生能源建筑应用等作为重点，在建筑节能

与新能源开发利用、绿色建筑技术，既有建筑综合改造、地下空间综合利用等方面突破了一系列关键技术，研发了大批的新技术、新产品、新装置，促进了建筑节能和绿色建筑科技水平的整体提升。其中，"建筑节能关键技术研究与示范"项目围绕降低建筑能耗、提高能源系统效率、新能源开发利用等关键技术及促进建筑节能工作的政策保障等方面开展研究，在降低北方地区采暖能耗、长江流域室内热湿控制能耗和大型公共建筑能耗三方面取得重点突破，形成了完整的技术体系、产品系列和政策保障机制，并在示范工程中实现预定的节能目标。研究开发的节能型围护结构复合型节能材料构造、长江流域住宅室内热湿环境低能耗控制技术、高温离心冷水机组等，具备较高的经济效益和社会效益。在无锡、北京、张家口等地建立了29个试验示范基地，提升了节能降耗关键技术研究能力，培育一批生产各类建筑节能产品的企业，带动了建筑节能咨询管理、节能技术服务等产业发展。"可再生能源与建筑集成技术研究与示范"项目建设了389

专栏三 "十一五"期间建筑节能与绿色建筑相关领域立项情况

项目名称	牵头承担单位	进展情况
建筑节能关键技术研究与示范	中国建筑科学研究院	通过验收
现代建筑设计与施工关键技术研究	中国建筑科学研究院	通过验收
环境友好型建筑材料与产品研究开发	中国建筑材料科学研究院	通过验收
既有建筑综合改造关键技术研究与示范	中国建筑科学研究院	通过验收
建筑工程装备研究与产业化开发	中国建筑科学研究院	通过验收
可再生能源与建筑集成技术研究与示范	住房城乡建设部科技发展促进中心	通过验收
城市地下空间建设技术研究与工程示范	中国建筑科学研究院	通过验收
高强钢筋与高强高性能混凝土关键技术研究与示范	中国建筑科学研究院	通过验收

万m²的可再生能源与建筑集成示范工程，研究了太阳能光热光电利用技术、地源热泵技术和其他可再生能源复合技术应用。开展了400项太阳能光热技术、地源热泵技术、太阳能光伏技术等可再生能源建筑应用示范，示范面积约4000万平方米，总峰瓦值约9000kWp。"现代建筑设计与施工关键技术研究"项目围绕绿色建筑设计、高效施工技术及技术保障与集成方面开展相关研究，在地下空间逆作法施工集成技术、绿色建筑综合评价指标体系、新型组合构件、多重组合混凝土剪力墙抗侧力体系研究等方面取得重要进展。在国家科技支撑计划支持建筑节能研究开发的同时，各地围绕建筑节能工作发展需要，结合地区实际，积极筹措资金，安排科研项目，为建筑节能深入发展提供科技储备。

——宣传培训体系：组织开展《节约能源法》、《民用建筑节能条例》宣传贯彻活动，每年定期组织"国际绿色建筑与建筑节能大会"，搭建国内外建筑节能和绿色建筑领域专家学者的交流平台。以节能宣传周、无车日、节能减排全民行动、绿色建筑国际博览会等活动为载体，利用各种媒体，采取专题节目、设置专栏以及宣贯会、推介会、现场展示、发放宣传册等多种方式，广泛宣传建筑节能的重要意义和政策措施，提高了全社会的节能意识。同时，各地住房城乡建设主管部门不断加大建筑节能培训力度，组织相关单位的管理和技术人员，对建筑节能相关法律法规、技术标准进行培训，有效提升了建筑节能管理、设计、施工、科研等相关人员对建筑节能的理解和执行能力。

——产业支撑体系：相继颁布了可再生能源建筑应用、村镇宜居型住宅、既有建筑节能改造等技术推广目录，引导建筑节能相关技术、产品、产业发展；实施可再生能源建筑规模化应用示范和太阳能光电建筑应用示范项目，带动了太阳能光伏发电等可再生能源相关行业发展；通过建立建筑节能能效测评标识及绿色建筑评价标识制度，推动了建筑节能第三方能效服务机构的发展；积极落实国务院加快推行合同能源管理促进节能服务产业发展的意见，培育建筑节能服务市场，加快推行合同能源管理，重点支持专业化节能服务公司提供节能诊断、设计、融资、改造、运行管理一条龙服务。

3. 建筑节能工作全面推进

——新建建筑：根据各地上报数据汇总，到2010年底，全国城镇新建建筑设计阶段执行节能强制性标准的比例为99.5%，施工阶段执行节能强制性标准的比例为95.4%，分别比2005年提高了42个百分点和71个百分点，完成了国务院提出的"新建建筑施工阶段执行节能强制性标准的比例达到95%以上"的工作目标。"十一五"期间累计建成节能建筑面积48.57亿平方米，共形成4600万吨标准煤的节能能力。全国城镇节能建筑占既有建筑面积的比例为23.1%，比例超过30%的省市有北京、天津、上海、重庆、河北、吉林、辽宁、江苏、宁夏、青海、新疆等省（自治区、直辖市）（见附表8，"十一五"期间节能检查执法告知书汇总表见附表9）。

——北方采暖地区既有居住建筑供热计量及节能改造：截至2010年底，北方采暖地区15个省区市共完成改造面积1.82亿平方米，超额完成了国务院确定的1.5亿平方米改造任务（见附表10）。据测算，可形成年节约200万吨标准煤的能力，减排二氧化碳520万吨，减排二氧化硫40万吨。改造后同步实行按用热量计量收费，平均节省采暖费用10%以上，室内热舒适度明显提高，并有效解决老旧房屋渗水、噪音等问题。部分地区将节能改造与保障性住房建设、旧城区综合整治等民生工程统筹进行，综合效益显著。

——国家机关办公建筑和大型公共建筑节能监管体系建设：国家机关办公建筑和大型公共建筑能耗统计、能源审计、能效公示工作全面开展。截至2010年底，全国共完成国家机关办公建筑和大型公共建筑能耗统计33000栋，完成能源审计4850栋，公示了近6000栋建筑的能耗状况，已对1500余栋建筑的能耗进行了动态监测。在北京、天津、深圳、江苏、重庆、内蒙古、上海、浙江、贵州等9省市开展能耗动态监测平台建设试点工作，共启动了72所节约型校园建设试点（见附表11）。通过节能监管体系建设，全面掌握了公共建筑的能耗水平及特点，带动了节能运行与改造的积极性，有力地促进了节能潜力向现实节能的转化。

——可再生能源建筑应用："十一五"期间，住房城乡建设部会同财政部确定从项目示范、到城市示范、再到全面推广的"三步走"战略，采取示范带动，政策保障，技术引导，产业配套的工作思路，推进可再生能源在建筑领域的应用，规模化效应逐步显现，五大体系建设成效显著。截至2010年底，财政部会同住房城乡建设部共实施了386个可再生能源建筑应用示范项目、210个太阳能光电建筑应用示范项目、47个可再生能源建筑规模化应用城市、98个示范县（见附表12）。全国太阳能光热应用面积14.8亿平方米，浅层地能应用面积5.725亿平方米，光电建筑应用已建成及正在建设的装机容量达1271.5兆瓦，形成年替代常规能源2000万吨标准煤能力，超额完成"十一五"实现替代常规能源1100万吨标准煤目标。江苏、安徽、山东、浙江、宁夏、海南、湖北、深圳等省市全面强制推广太阳能热水系统。江苏、山东、陕西、湖北、河南、宁夏、内蒙古、浙江等省市设立专项资金或通过减免税费来支持可再生能源建筑应用。可再生能源建筑规模化的应用推动了能效检测能力的提升，目前已批准国家级民用建筑能

年份	累计建成节能建筑面积（亿㎡）	设计阶段执行节能强制性标准比例（%）	施工阶段执行节能强制性标准比例（%）	建筑节能检查下发执法建议书情况
2006	10.6	95.7	53.8	59份
2007	21.2	97	71	45份
2008	28.5	98	82	25份
2009	40.8	99	90	100份
2010	48.6	99.5	95.4	63份

专栏四 "十一五"期间新建建筑节能强制性标准执行情况

专栏五 "十一五"期间国家机关办公建筑和大型公共建筑节能监管体系建设情况

年份	累计能耗统计（栋）	累计能源审计		累计能耗公示（栋）	累计能耗动态监测（栋）	新增节约型高校示范（所）	新增能耗动态监测平台试点城市
		公建（栋）	高校（所）				
2008	11607	768	59	827	324	12	北京、天津、深圳
2009	17752	2175		2441	434	18	江苏、内蒙古、重庆
2010	33133	4848		5949	1563	42	上海、浙江、贵州

专栏六 "十一五"期间可再生能源建筑应用面积（装机容量）

年份	太阳能光热建筑累计应用面积（亿 m²）	浅层地能热泵技术累计应用建筑面积（亿 m²）	太阳能光电建筑累计应用装机容量（兆瓦）
2006	2.3	0.265	—
2007	7	0.8	—
2008	10.3	1	—
2009	11.79	1.39	420.9
2010	14.8	2.27	850.6
常规能源替代量	2000 万吨标准煤		

专栏七 "十一五"期间中央财政支持可再生能源建筑应用情况

分类	项目个数
可再生能源建筑应用示范项目	386
太阳能光电建筑应用示范项目	210
可再生能源建筑应用示范市县	47 个城市、98 个县
合计	—

效测评机构7家，省级民用建筑能效测评机构60多家。

——绿色建筑与绿色生态城区建设：截至2010年底，全国有113个项目获得了绿色建筑评价标识，建筑面积超过1300万平方米。全国实施了217个绿色建筑示范工程，建筑面积超过4000万平方米。通过对获得绿色建筑标识的项目进行统计分析，住宅小区平均绿地率达38%，平均节能率约58%，非传统水资源平均利用率约15.2%，可再循环材料平均利用率约7.7%，综合效益显著。与此同时，北京市未来科技城、丽泽金融商务

专栏八 绿色建筑的"四节一环保"潜力

	统计分析项目数量（个）	79个，其中42个公建，37个住宅
	星级	一星17个，二星38个，三星24个
	面积（万平方米）	697.6
	开发利用地下空间（万平方米）	151.1
	住区平均绿地率	37.6%
	建筑平均节能率	58.34%
	节能量	0.45亿千瓦时（折标煤1.54万吨/年）
	减排 CO_2	4.04万吨/年
	非传统水源平均利用率	15.2%
	非传统水源利用量（万吨/年）	140.05
	可再循环材料平均利用率	7.74%
	可再循环材料平均利用量（万吨）	1812.62
一星级	住宅项目增量成本（元/m²）	60
	公共建筑项目增量成本（元/m²）	30
	静态回收期	1～3年
二星级	住宅项目的增量成本（元/m²）	120
	公共建筑项目增量成本（元/m²）	230
	静态回收期	3～8年
三星级	住宅项目的增量成本（元/m²）	300
	公共建筑项目增量成本（元/m²）	370
	静态回收期	7～11年

区、天津市滨海新区、深圳市光明新区、河北省唐山市曹妃甸新区、江苏省苏州市工业园区、湖南长株谭和湖北武汉资源节约环境友好配套改革试验区等正在进行绿色生态城区建设实践，对引导我国城市建设向绿色生态可持续发展方向转变，具有重要意义。

——农村建筑节能：部分省市对农村地区建筑节能工作进行了探索。"十一五"期间，北京市组织农民新建抗震节能住宅13851户，实施既有住宅节能改造342301户，建成600余座农村太阳能集中浴室，实现节能每年10万吨标准煤以上，显著改善农民居住和生活条件。哈尔滨市结合农村泥草房改造，引导农民采用新墙材建造节能房。陕西、甘肃等省以新型墙体材料推广、秸秆应用为突破口，对农村地区节能住宅建设及新能源应用进行了有益探索。

——墙体材料革新：据不完全统计，2010年全国新型墙体材料产量超过4000亿块标砖，占墙体材料总产量的55%以上，新型墙体材料应用量3500亿块标砖，占墙体材料总应用量的70%左右，完成国务院确定的墙材革新发展目标。各地根据自身气候条件及资源特点，不断推动新型墙体材料技术与产业升级转型，丰富产品形式，提高产品质量，保温结构一体化新型建筑节能体系、轻型结构建筑体系等一批建筑节能新材料、产品和技术得到推广。

（二）存在问题

1. 部分地方政府对建筑节能工作的认识不到位。部分省（区、市）建筑节能工作的考核仍没有纳入政府层面，还有部分省（区、市）对建筑节能的考核评价仍局限在住房城乡建设系统内部，没有纳入本地区单位国内生产总值能耗下降目标考核体系，使相关部门难以形成合力，相应的政策、资金难以落实。对建筑节能能力建设重视不够，部分省级住房城乡建设主管部门建筑节能管理人员只有1～2人，没有专门的管理和执行机构，各项政策制度的落实大打折扣。

2. 建筑节能法规与经济支持政策仍不完善。落实《节约能源法》、《民用建筑节能条例》各项法律制度所需的部门规章、地方行政法规的制定工作仍然滞后。各地对建筑节能的经济支持力度远远不够，尤其是中央财政投入较大的北方采暖地区既有居住建筑供热计量及节能改造、可再生能源建筑应用、公共建筑节能监管体系建设等方面，大部分地区没有落实配套资金，影响中央财政支持政策的实施效果。

3. 新建建筑执行节能标准水平仍不平衡。总的来说，"十一五"期间，我国执行的建筑节能标准主要为50%节能标准，"十一五"期末逐步提高到"三步"节能标准的水平，节能标准的水平较低。从执行建筑节能标准情况看，施工阶段比设计阶段差，中小城市比大城市差，经济欠发达地区比经济发达地区差。建筑节能工程施工过程中，建筑节能工程质量有待提高，存在以次充好、偷工减料的现象，监督管理不到位，存在质量与火险隐患。各地尤其是地级以下城市普遍缺乏可选用的建筑节能材料、产品、部品，相关节能性能检测能力较弱，政府监管能力需要进一步增强。绿色建筑发展严重滞后。

4. 北方地区既有建筑节能改造工作任重道远。一是既有建筑存量巨大。2000年以前我国建成的建筑大多为非节能建筑，民用建筑外墙平均保温水平仅为欧洲同纬度发达国家的1/3，据估算北方地区有超过20亿平方米的既有建筑需进行节能改造。二是改造资金筹措压力大。围护结构、供热计量、管网热平衡节能改造成本在220元/平方米以上，如果再进行热源改造，资金投入需求更大。但北方多数地区经济欠发达，地方政府财力投入有限，市场融资能力较弱。三是供热计量改革滞后。供热计量收费是运用市场机制促进行为节能最有效手段，但这项工作进展缓慢，目前北方采暖地区130多个地级市，出台供热计量收费办法地级市仅有40余个，制约了企业居民投资节能改造的积极性。

5. 可再生能源建筑应用推广任务依然繁重。我国在建筑领域推广应用可再生能源总体上仍处于起步阶段，据测算，目前可再生能源建筑应用量占建筑用能比重在2%左右，这与我国丰富的资源禀赋相比、与快速增长的建筑用能需求相比、与调整用能结构的迫切要求相比都有很大的差距。可再生能源建筑应用长效推广机制尚未建立，技术标准体系还不完善，产业支撑力度不够，有些核心技术仍不掌握，系统集成、工程咨询、运行管理等能力不强。

6. 大部分省市农村建筑节能工作尚未正式启动。我国农村地区的建筑节能工作有待推进。随着农村生活水平的不断改善，使用商品能源的总量将不断增加，需采取措施，提高农村建筑用能水平和室内热舒适性，改善室内环境，引导农村用能结构科学合理发展。

（三）发展面临的形势

1. 城镇化快速发展为建筑节能和绿色建筑工作提出了更高要求

我国正处在城镇化的快速发展时期，国民经济和社会发展第十二个五年规划指出2010年我国城镇化率为47.5%，"十二五"期间仍将保持每年0.8%的增长趋势，到"十二五"末期，将达到51.5%。一是城镇化快速发展使新建建筑规模仍将持续大幅增加。按"十一五"期间城镇每年新建建筑面积推算，"十二五"期间，全国城镇累计新建建筑面积将达到40亿～50亿平方米。要确保这些建筑是符合建筑节能标准的建筑，同时引导农村建筑按节能建筑标准设计和建造。二是城镇化快速发展直接带来对能源、资源的更多需求，迫切要求提高建筑能源利用效率，在保证合理舒适度的前提下，降低建筑能耗，这将直接表现为对既有居住建筑节能改造、可再生能源建筑应用、绿色建筑和绿色生态城（区）建设的需求急剧增长。

2. 人民对生活质量需求不断提高对建筑服务品质提出更高要求

城镇节能建筑仅占既有建筑面积23%，建筑节能强制性标准水平低，即使目前正在推行的"三步"建筑节能标准也只相当于德国20世纪90年代初的水平，能耗指标则是德国的2倍。北方老旧建筑热舒适度普遍偏低，北方采暖城镇集中供热普及率仍不到50%。夏热冬冷地区建筑的夏季能耗高、活动遮阳、被动式节能措施基本未被应用，冬季室内热舒适性差，仍存在缺乏合理有效的采暖措施，建筑新风、热水等供应系统缺乏的问题。夏热冬暖地区除缺乏新风和热水供应系统外，遮阳、通风等被动式节能措施未被有效应用，室内舒适性不高的同时增加了建筑能耗。大城市普遍存在停车、垃圾分类回收设施、绿化等基础设施不足；北方农村

专栏九　"十二五"期间建筑节能工作主要指标与节能减排综合性工作方案的比对

项目		内容	属性	"十二五"节能减排综合性工作方案提出的目标和任务
新建建筑		北方严寒及寒冷地区、夏热冬冷地区全面执行新颁布的节能设计标准，执行比例达到95%以上；北京、天津等特大城市执行更高水平的节能标准；建设完成一批低能耗、超低能耗示范建筑。	约束性	新建建筑严格执行建筑节能标准，提高标准执行率
既有居住建筑节能改造	北方采暖地区	实施既有居住建筑供热计量及节能改造4亿平方米以上。	约束性	北方采暖地区既有居住建筑供热计量和节能改造4亿平方米以上
	过渡地区、南方地区	实施既有居住建筑节能改造试点5000万平方米。	约束性	夏热冬冷地区既有居住建筑节能改造5000万平方米
大型公共建筑节能监管	监管体系	加大能耗统计、能源审计、能效公示、能耗限额、超定额加价、能效测评制度实施力度。	预期性	加强公共建筑节能监管体系建设，完善能源审计、能效公示。
	监管平台	建设省级监测平台20个，实现省级监管平台全覆盖，节约型校园建设200所，动态监测建筑能耗5000栋。	约束性	——
	节能运行和改造	促使高耗能公共建筑按节能方式运行，实施10个以上公共建筑节能改造重点城市，实施高耗能公共建筑节能改造达到6000万平方米，高校节能改造示范50所。	约束性	公共建筑节能改造6000万平方米，推动节能改造与运行管理
		实现公共建筑单位面积能耗下降10%，其中大型公共建筑能耗降低15%。	预期性	——
可再生能源建筑应用		新增可再生能源建筑应用面积25亿平方米，形成常规能源替代能力3000万吨标准煤。	预期性	推动可再生能源与建筑一体化应用
绿色建筑规模化推进		新建绿色建筑8亿平方米。规划期末，城镇新建建筑20%以上达到绿色建筑标准要求。	预期性	制定并实施绿色建筑行动方案
农村建筑节能		农村危房改造建筑节能示范40万户	预期性	——
新型建筑节能材料推广		新型墙体材料产量占墙体材料总量的比例达到65%以上，建筑应用比例达到75%以上。	约束性	推广使用新型节能建材和再生建材，继续推广散装水泥
建筑节能体制机制		形成以《节约能源法》和《民用建筑节能条例》为主体，部门规章、地方性法规、地方政府规章及规范性文件为配套的建筑节能法规体系。省、市、县三级职责明确、监管有效的体制和机制。建筑节能技术标准体系健全。基本建立并实行建筑节能统计、监测、考核制度。	预期性	——

注：预期性指标是期望的发展目标，要不断创造条件，努力争取实现。约束性指标是在预期基础上进一步强化了责任的指标，要确保实现。

冬季室内温度偏低，较同一气候区城镇住宅室内温度低7℃～9℃，农民生活热水用量远远低于城镇。农村建筑使用初级生物质能源的利用效率很低，能源消耗结构不合理。

3.社会主义新农村建设为建筑节能和绿色建筑发展提供了更大的发展空间

农村地区具有建筑节能和绿色建筑发展的广阔空间。每年农村住宅面积新增超过8亿平方米，人均住房面积较1980年增长了4倍多，农村居民消费水平年均增长6.4%。将建筑节能和绿色建筑推广到农村地区，发挥"四节一环保"的综合效益，能够节约耕地、降低区域生态压力、保护农村生态环境、提高农民生活质量，同时能吸引大量建筑材料制造企业、房地产开发企业等参与，带动相关产业发展，吸纳农村剩余劳动力，是实现社会主义新农村建设目标的重要手段。

二、主要目标、指导思想、发展路径

（一）总体目标

到"十二五"期末，建筑节能形成1.16亿吨标准煤节能能力。其中发展绿色建筑，加强新建建筑节能工作，形成4500万吨标准煤节能能力；深化供热体制改革，全面推行供热计量收费，推进北方采暖地区既有建筑供热计量及节能改造，形成2700万吨标准煤节能能力；加强公共建筑节能监管体系建设，推动节能改造与运行管理，形成1400万吨标准煤节能能力。推动可再生能源与建筑一体化应用，形成常规能源替代能力3000万吨标准煤。

（二）具体目标

1. 提高新建建筑能效水平。到2015年，北方严寒及寒冷地区、夏热冬冷地区全面执行新颁布的节能设计标准，执行比例达到95%以上，城镇新建建筑能源利用效率与"十一五"末相比，提高30%以上。北京、天津等特大城市执行更高水平的节能标准，新建建筑节能水平达到或接近同等气候条件发达国家水平。建设完成一批低能耗、超低能耗示范建筑。

2. 进一步扩大既有居住建筑节能改造规模。实施北方既有居住建筑供热计量及节能改造4亿平方米以上，地级及以上城市达到节能50%强制性标准的既有建筑基本完成供热计量改造并同步实施按用热量分户计量收费。启动夏热冬冷地区既有居住建筑节能改造试点5000万平方米。

3. 建立健全大型公共建筑节能监管体系。通过能耗统计、能源审计及能耗动态监测等手段，实现公共建筑能耗的可计量、可监测。确定各类型公共建筑的能耗基线，识别重点用能建筑和高能耗建筑，促使高耗能公共建筑按节能方式运行，实施高耗能公共建筑节能改造达到6000万平方米。争取在"十二五"期间，实现公共建筑单位面积能耗下降10%，其中大型公共建筑能耗降低15%。

4. 开展可再生能源建筑应用集中连片推广，进一步丰富可再生能源建筑应用形式，实施可再生能源建筑应用省级示范、城市可再生能源建筑规模化应用和以县为单位的农村可再生能源建筑应用示范，拓展应用领域，"十二五"末期，力争新增可再生能源建筑应用面积25亿平方米，形成常规能源替代能力3000万吨标准煤。

5. 实施绿色建筑规模化推进。新建绿色建筑8亿平方米。规划期末，城镇新建建筑20%以上达到绿色建筑标准要求。

6. 大力推进新型墙体材料革新，开发推广新型节能墙体和屋面体系。依托大中型骨干企业建设新型墙体材料研发中心和产业化基地。新型墙体材料产量占墙体材料总量的比例达到65%以上，建筑应用比例达到75%以上。

7. 形成以《节约能源法》和《民用建筑节能条例》为主体，部门规章、地方性法规、地方政府规章及规范性文件为配套的建筑节能法规体系。规划期末实现地方性法规省级全覆盖，建立健全支持建筑节能工作发展的长效机制，形成财政、税收、科技、产业等体系共同支持建筑节能发展的良好局面。建立省、市、县三级职责明确、监管有效的体制和机制。健全建筑节能技术标准体系。建立并实行建筑节能统计、监测、考核制度。

（三）指导思想

以邓小平理论和"三个代表"重要思想为指导，全面贯彻落实科学发展观，紧紧抓住城镇化、工业化、社会主义新农村建设的战略机遇期，以转变城乡建设模式为根本，以提高资源利用效率、合理改善舒适性为核心，以实现国家节能减排目标为目的，坚持政府主导，充分发挥市场作用，建立严格的管理制度，实施有效的激励引导，调动各方面的积极性，从政策法规、体制机制、规划设计、标准规范、科技推广、建设运营和产业支撑等方面全面推进建设领域节能减排事业，促进资源节约型、环境友好型社会建设。

（四）发展路径

1. 绿色化推进，促进建筑节能向绿色、低碳转型。根据不同建筑类型的特点，将绿色指标纳入城市规划和建筑的规划、设计、施工、运行和报废等全寿命期各阶段监管体系中，最大限度地节能、节地、节水、节材，保护环境和减少污染，开展绿色建筑集中示范，引导和促进单体绿色建筑建设，推动既有建筑的改造，试点绿色农房建设。

2. 区域化推进。引导建筑节能工作区域推进，充分评估各地区建筑用能需求和资源环境特点，结合实际制定区域内建筑节能政策措施，因地制宜的推动建筑节能工作深入开展。以区域推进为重点规模化发展绿色建筑，将既有建筑节能改造与城市综合改造、旧城改造、棚户区改造结合起来，集中连片的开展可再生能源建筑应用工作，发挥综合效益。

3. 产业化推进。立足国情，借鉴国际先进技术和管理经验，提高自主创新能力，突破制约建筑节能发展的关键技术，形成具有自主知识产权的技术体系和标准体系。推动创新成果工程化应用，引导新材料、新能源等新兴产业的发展，限制和淘汰高能耗、高污染产品，培育节能服务产业，促进传统产业升级和结构调整，推进建筑节能的产业化发展。

4. 市场化推进。引导建筑节能市场由政府主导逐步发展为市场推动，加大支持力度，完善政策措施，充分发挥市场配置资源的基础性作用，提升企业的发展活力，构建有效市场竞争机制，加大市场主体的融资力度。

5. 统筹兼顾推进。控制增量，提高新建建筑能效水平，加强新建建筑节能标准执行的监管。改善存量，提高建筑管理水平，降低运行能耗，实施既有建筑节能改造。注重建筑节能的城乡统筹，农房建设和改造要考虑新能源应用和农房保温隔热性能的提高，鼓励应用可再生能源、生物质能，因地制宜地开发应用节能建筑材料，改进建造方式，保护农房特色。

三、重点任务

（一）提高能效，抓好新建建筑节能监管

1. 继续强化新建建筑节能监管和指导。一是提高建筑能效标准。严寒、寒冷地区，夏热冬冷地区要将建筑能效水平提高到"三步"建筑节能标准，有条件的地方要执行更高水平的建筑节能标准和绿色建筑标准，力争到2015年，北京、天津等北方地区一线城市全部执行更高水平节能标准。二是严格执行工程建设节能强制性标准，着力提高施工阶段建筑节能标准的执行率，加大对地级、县级地区执行建筑节能标准的监管和稽查力度，对不符合节能减排有关法律法规和强制性标准的工程建设项目，不予发放建设工程规划许可证，不得通过施工图审查，不得发放施工许可证。三是建立行政审批责任制和问责制，按照"谁审批、谁监督、谁负责"的原则，对不按规定予以审批的，依法追究有关人员的责任。要加强施工阶段监管和稽查，确保工程质量和安全。四是大力推广绿色设计、绿色施工，广泛采用自然通风、遮阳等被动技术，抑制高耗能建筑建设，引导新建建筑由节能为主向绿色建筑"四节一环保"的发展方向转变。

2.完善新建建筑全寿命期管理机制。制定并完善立项、规划、土地出（转）让、设计、施工、运行和报废阶段的节能监管机制。一是严格执行民用建筑规划审查，城乡规划部门要就设计方案是否符合民用建筑节能强制性要求征求同级建设主管部门意见。二是严格执行新建建筑立项阶段建筑节能的评估审查。三是在土地招拍挂出让规划条件中，要对建筑节能执行标准和绿色建筑的比例做出明确要求。四是严格执行建设单位、设计单位、施工单位不得在建筑活动中使用列入禁止使用目录的技术、工艺、材料与设备的要求。五是严格执行民用建筑能效测评标识和民用建筑节能信息公示制度。新建大型公共建筑建成后必须经过能效专项测评，凡达不到工程建设强制性标准的，不得办理竣工、验收、备案手续。六是建立健全民用建筑节能管理制度和操作规程，对建筑用能情况进行调查统计和评估分析、设置建筑能源管理岗位，提高从业人员水平，降低运行能耗。七是研究建立建筑报废审批制度，不符合条件不予拆除报废，需拆除报废的建筑所有权人、产权单位应提交拆除后的建筑垃圾回用方案，促进建筑垃圾再生回用。

3.实行能耗指标控制。强化建筑特别是大型公共建筑建设过程的能耗指标控制，应根据建筑形式、规模及使用功能，在规划、设计阶段引入分项能耗指标，约束建筑体型系数、采暖空调、通风、照明、生活热水等用能系统的设计参数及系统配置，避免片面追求建筑外形，防止用能系统设计指标过大，造成浪费。实施能耗限额管理。各省（区、市）应在能耗统计、能源审计、能耗动态监测工作基础上，研究制定各类型公共建筑的能耗限额标准，并对公共建筑实行用能限额管理，对超限额用能建筑，采取增加用能成本或强制改造措施。

（二）扎实推进既有居住建筑节能改造

1.深入开展北方采暖地区既有居住建筑供热计量及节能改造。一是以围护结构、供热计量和管网热平衡为重点实施北方采暖地区既有居住建筑供热计量及节能改造。依据各地上报的改造工作量与各地签订既有居住建筑供热计量及节能改造任务协议。二是启动"节能暖房"重点市县，到2013年，地级及以上城市要完成当地具备改造价值的老旧住宅的供热计量及节能改造面积40%以上，县级市要完成70%以上，达到节能50%强制性标准的既有建筑基本完成供热计量改造。鼓励用3～5年时间节能改造重点市县全部完成节能改造任务。三是北方采暖地区既有居住建筑供热计量及节能改造要注重与热源改造、市容环境整治等相结合，与供热体制改革相结合，发挥综合效益。

2.试点夏热冬冷地区节能改造。以建筑门窗、遮阳、自然通风等为重点，在夏热冬冷地区进行居住建筑节能改造试点，探索该地区适宜的改造模式和技术路线。综合考虑各省市经济发展水平、建筑能耗水平、技术支撑能力等因素的基础上，对改造任务进行分解落实。

3.形成规范的既有建筑改造机制。一是住房城乡建设主管部门应对本地区既有建筑进行现状调查、能耗统计，确定改造重点内容和项目，制定改造规划和实施计划。改造规划要报请同级人民政府批准。二是在旧城区综合改造、城市市容整治、既有建筑抗震加固中，有条件的要同步开展节能改造。既有建筑节能改造工程完工后，应进行能效测评与标识，达不到设计要求，不得进行竣工验收。三是住房城乡建设部门要积极与同级有关部门协调配合，研究适合本地实际的经济、技术政策和标准体系，做好组织协调工作，注重探索和总结成功模式，确保改造目标的实现。

4.确保既有建筑节能改造的安全与质量。完善既有建筑节能改造的安全与质量监督机制，落实工程建设责任制。严把材料关，坚决杜绝伪劣产品入场；严把规划、设计和施工关，加强施工全过程的质量控制与管理；严把安全关，积极采取措施，做好防火安全等。

（三）深入开展大型公共建筑节能监管和高耗能建筑节能改造

1.推进能耗统计、审计及公示工作。各省（区、市）应对本地区地级及以上城市大型公共建筑进行全口径统计，将单位面积能耗高于平均水平和年总能耗高于1000吨标煤的建筑确定为重点用能建筑，并对50%以上的重点用能建筑进行能源审计。应对单位面积能耗排名在前50%的高能耗建筑和具有标杆作用的低能耗建筑进行能效公示，接受社会监督。

2.加强节能监管体系建设。一是中央财政支持有条件的地方建设公共建筑能耗监测平台，对重点建筑实行分项计量与动态监测，强化公共建筑节能运行管理，规划期末完成20个以上省（自治区、直辖市）公共建筑能耗监测平台建设，对5000栋以上公共建筑的能耗情况进行动态监测，建成覆盖不同气候区、不同类型公共建筑的能耗监测系统，实现公共建筑能耗可监测、可计量。二是要重点加强高校节能监管，规划期内建设200所节约型高校，形成节约型校园建设模式，提高节能监管体系管理水平。

3.实施重点城市公共建筑节能改造。财政部、住房城乡建设部选择在公共建筑节能监管体系建立健全、节能改造任务明确的地区启动建筑节能改造重点城市。规划期内启动和实施10个以上公共建筑节能改造重点城市。到2015年，重点城市公共建筑单位面积能耗下降20%以上，其中大型公共建筑单位建筑面积能耗下降30%以上。原则上改造重点城市在批准后两年内应完成的改造建筑面积不少于400万平方米。各地要高度重视公共建筑的节能改造工作，突出改造效果及政策整体效益。

4.推动高校、公共机构等重点公共建筑节能改造。要充分发挥高校技术、人才、管理优势，会同财政部、教育部积极推动高等学校节能改造示范，高校建筑节能改造示范面积应不低于20万平方米，单位面积能耗应下降20％以上。规划期内，启动50所高校节能改造示范。积极推进中央本级办公建筑节能改造。财政部、住房城乡建设部将会同国务院机关事务管理局等部门共同组织中央本级办公建筑节能改造工作。

（四）加快可再生能源建筑领域规模化应用

1. 建立可再生能源建筑应用的长效机制。可再生能源建筑应用要坚持因地制宜的原则。做好可再生能源建筑应用的全过程监管，加强可再生能源建筑应用的资源评估、规划设计、施工验收、运行管理。一是住房城乡建设部门要实施可再生能源建筑应用的资源评估，掌握本地区可再生能源建筑资源情况和建筑应用条件，确保可再生能源建筑应用的科学合理。二是要制定可再生能源建筑应用专项规划，明确应用类型和面积，并报请同级人民政府审批。三是制定推广可再生能源建筑应用的实施计划，切实把规划落到实处。四是加强推广应用可再生能源建筑应用的基础能力建设。完善可再生能源建筑应用施工、运行、维护标准，加大可再生能源建筑应用设计、施工、运行、管理、维修人员的培训力度。五是加强可再生能源建筑应用关键设备、产品的市场监管及工程准入管理。六是探索建立可再生能源建筑应用运行管理、系统维护的模式。确保项目稳定高效运行。鼓励采用合同能源管理等多种融资管理模式支持可再生能源建筑应用。

2. 鼓励地方制定强制性推广政策。鼓励有条件的省（区、市、兵团）通过出台地方法规、政府令等方式，对适合本地区资源条件及建筑利用条件的可再生能源技术进行强制推广，进一步加大推广力度，力争规划期内资源条件较好的地区都要制定出台太阳能等强制推广政策。

3. 集中连片推进可再生能源建筑应用。选择在部分可再生能源资源丰富、地方积极性高、配套政策落实的区域，实行集中连片推广，使可再生能源建筑应用率先实现突破，到2015年重点区域内可再生能源消费量占建筑能耗的比例达到10％以上。一是做好可再生能源建筑应用省级示范。进一步突出重点，放大政策效应，在有条件地区率先实现可再生能源建筑集中连片应用效果，即在可再生能源资源丰富、建筑应用条件优越、地方能力建设体系完善、已批准可再生能源建筑应用相关示范实施较好的省（区、市），打造可再生能源建筑应用省级集中连片示范区。二是继续做好可再生能源建筑应用城市示范及农村县级示范。示范市县在落实具体项目时，要做到统筹规划，集中连片。已批准的可再生能源建筑应用示范市县要抓紧组织实施，在确保完成示范任务的前提下进一步扩大推广应用，新增示范市县将优先在集中连片推广的重点区域中安排。三是鼓励在绿色生态城、低碳生态城（镇）、绿色重点小城镇建设中，将可再生能源建筑应用作为约束性指标，实施集中连片推广。

4. 优先支持保障性住房、公益性行业及公共机构等领域可再生能源建筑应用。优先在保障性住房中推行可再生能源建筑应用，在资源条件、建筑条件具备情况下，保障性住房要优先使用太阳能热水系统。加大在公益性行业及城乡基础设施推广应用力度，使太阳能等清洁能源更多地惠及民生。积极在国家机关等公共机构推广应用可再生能源，充分发挥示范带动作用。住房城乡建设部、财政部将在确定可再生能源建筑应用推广领域中优先支持上述领域。

5.加大技术研发及产业化支持力度。鼓励科研单位、企业联合成立可再生能源建筑应用工程、技术中心，加大科技攻关力度，加快产学研一体化。支持可再生能源建筑应用重大共性关键技术、产品、设备的研发及产业化，支持可再生能源建筑应用产品、设备性能检测机构和建筑应用效果检测评估机构等公共服务平台建设。完善支持政策，努力提高可再生能源建筑应用技术水平，做强做大相关产业。

（五）大力推动绿色建筑发展，实现绿色建筑普及化

1.积极推进绿色规划。以绿色理念指导城乡规划编制，建立包括绿色建筑比例、生态环保、公共交通、可再生能源利用、土地集约利用、再生水利用、废弃物回用等内容的指标体系，作为约束性条件纳入区域总体规划、控制性详细规划、修建性详细规划和专项规划的编制，促进城市基础设施的绿色化，并将绿色指标作为土地出让转让的前置条件。

2.大力促进城镇绿色建筑发展。在城市规划的新区、经济技术开发区、高新技术产业开发区、生态工业示范园区、旧城更新区等实施100个以规模化推进绿色建筑为主的绿色生态城（区）。政府投资的办公建筑和学校、医院、文化等公益性公共建筑，直辖市、计划单列市及省会城市建设的保障性住房，以及单体建筑面积超过2万平方米的

机场、车站、宾馆、饭店、商场、写字楼等大型公共建筑，2014年起执行绿色建筑标准。引导房地产开发类项目自愿执行绿色建筑标准，鼓励房地产开发企业建设绿色住宅小区。到规划期末，北京市、上海市、天津市、重庆市、江苏省、浙江省、福建省、山东省、广东省、海南省，以及深圳市、厦门市、宁波市、大连市等省份及城镇新建房地产项目50%达到绿色建筑标准。积极推进绿色工业建筑建设。加强对绿色建筑规划、设计、施工、认证标识和运行监管，研究制定相应的鼓励政策与措施。建立和强化大型公共建筑项目的绿色评估和审查制度。

3.严格绿色建筑建设全过程监督管理。地方政府要在城镇新区建设、旧城更新、棚户区改造等规划中，严格落实各项绿色建设指标体系要求；要加强规划审查，对达不到要求的不予审批。对应按绿色建筑标准建设的项目，要加强立项审查，未达到要求的不予审批、核准和备案；加强土地出让监管，不符合土地出让规划许可条件要求的不予出让；要在施工图设计审查中增加绿色建筑内容，未通过审查的不得开工建设；加强施工监管，确保按图施工；未达到绿色建筑认证标识的不得投入运行使用。自愿执行绿色建筑标准的项目，要建立备案管理制度，加强监管。建设单位应在房屋施工、销售现场明示建筑的各项性能。

4.积极推进不同行业绿色建筑发展。实现绿色建筑规模化发展要充分发挥和调动相关部门的积极性，将绿色建筑理念推广应用到相关领域、相关行业中。要会同教育主管部门积极推进绿色校园，会同卫生主管部门共同推进绿色医院，会同旅游主管部

门共同推进绿色酒店，会同工业和信息化部门共同推进绿色厂房，会同商务部门共同推进绿色超市和商场。要建立和完善覆盖不同行业、不同类型的绿色建筑标准。会同相关部门出台不同行业、不同类型绿色建筑的推进意见，明确发展目标、重点任务和措施，加强考核评价。会同财政部门出台支持不同行业、不同类型绿色建筑发展的经济激励政策。地方建筑主管部门要积极与地方相关部门协调，出台适合本地的标准和经济激励政策，科学合理制定推进方案，完善评价细则，以绿色建筑引导不同行业、不同类型绿色建筑的发展。

（六）积极探索，推进农村建筑节能

鼓励农民分散建设的居住建筑达到节能设计标准的要求，引导农房按绿色建筑的原则进行设计和建造，在农村地区推广应用太阳能、沼气、生物质能和农房节能技术，调整农村用能结构，改善农民生活质量。支持各省（自治区、直辖市）结合社会主义新农村建设建设一批节能农房，支持40万农户结合农村危房改造开展建筑节能示范。

（七）积极促进新型材料推广应用

因地制宜、就地取材，结合当地气候特点和资源禀赋，大力发展安全耐久、节能环保、施工便利的新型建材。加快发展集保温、防火、降噪、装饰等功能于一体的与建筑同寿命的建筑保温体系和材料。积极发展加气混凝土制品、烧结空心制品、防火防水保温等功能一体化墙体和屋面、低辐射镀膜玻璃、断桥隔热门窗、太阳能光伏发电或光热采暖制冷一体化屋面和墙体、遮阳系统等新型建材及部品。推广应用再生建材。引导发展高强混凝土、高强钢，大力发展商品

混凝土。深入推进墙体材料革新，推动"禁实"向纵深发展。在全国范围选择确定新型节能建材产品技术目录，并依据产品质量、施工质量、节能效果等因素对目录进行动态调整。研究建立绿色建材认证制度，引导市场消费行为。会同质量监督部门加强建材生产、流通和使用环节的质量监管和稽查。加大对新型建材产业和建材综合利废的支持力度，择优扶持相关企业，组织开展新型建材产业化示范和资源综合利用示范工程的建设。

（八）推动建筑工业化和住宅产业化

加快建立预制构件设计、生产、新型结构体系、装配化施工等方面的标准体系，推动结构件、部品、部件的标准化，丰富标准件的种类，提高通用性、可置换性。推广适合工业化生产的预制装配式混凝土、钢结构等建筑体系。加快发展建设工程的预制、装配技术，提高建筑工业化技术集成水平。支持整合设计、生产、施工全过程的工业化基地建设，选择条件具备的城市进行试点，加快市场推广应用。

（九）推广绿色照明应用

积极实施绿色照明工程示范，鼓励因地制宜地采用太阳能、风能等可再生能源为城市公共区域提供照明用电，扩大太阳能光电、风光互补照明应用规模。

四、保障措施

（一）完善法律法规

严格执行《节约能源法》、《可再生能源法》，加大力度落实《民用建筑节能条例》所规定的各项制度，出台《绿色建筑行动方案》等文件。

（二）强化考核评价

强化目标监管，将建筑节能和绿色建筑纳入国家节能总体目标，纳入落实省级政府对和地方政府降低单位国内生产总值能耗考核体系，纳入国务院节能减排检查并提高考核权重，实施建筑领域节能减排检查。各省级住房城乡建设主管部门要研究建立建设领域节能减排统计、监测和考核体系，严格落实节能减排目标责任制和问责制，组织开展节能减排专项检查督察，对本地区住房城乡建设主管部门落实国务院节能减排综合性工作方案的情况进行督察，及时向住房城乡建设部报告。住房城乡建设部每年组织开展建筑节能专项检查行动，严肃查处各类违法违规行为和事件。各级相关主管部门，要完善配套措施，加强机构、人才队伍建设，落实激励政策，按照法律法规和强制性标准进行考核评价，落实责任制，实行问责制，对不能实现责任目标的依法依规进行处理，对突出贡献的单位和个人予以表彰奖励。

（三）创新体制机制

推动建筑节能和绿色建筑工作要依靠体制机制的创新。规划期内要着重建立和完善如下体制与机制。

1. 延伸建筑节能和绿色建筑的监管。一是前移新建建筑监管关口。在城市规划审查中增加对建筑节能和绿色生态指标的审查内容，在城市的控制性详规中落实相关指标体系，各级政府对不符合节能减排法律法规和强制性标准要求的规划不予以批准。在新建建筑的立项审查中增加建筑节能和绿色生态的审查内容，对不满足节能减排法律法规和强制性标准要求的项目不予立项。将建筑节能标准、可再生能源利用强度、再生水利用率、建筑材料回用率等涉及建筑节能和绿色建筑发展指标列为土地转让规划的重要条件。二是将新建建筑监管扩展到装修、报废和回收利用阶段。推行绿色建筑的项目实行精装修制度。建立建筑报废审批制度，不符合条件的建筑不予拆除报废；需拆除报废的建筑，所有权人、产权单位应提交拆除后的建筑垃圾回用方案，促进建筑垃圾再生回用。

2. 创新绿色建筑的监管模式。增加绿色建筑设计专项审查内容，地方各级建设主管部门在施工图设计审查中实施绿色建筑专项审查，达不到要求的不予通过。建立绿色施工许可制度，地方各级建设主管部门对不满足绿色建造要求的建筑不予颁发开工许可证。实行民用建筑绿色信息公示制度，建设单位在房屋施工、销售现场，根据审核通过的施工图设计文件，把民用建筑的绿色建筑方面的性能以张贴、载明等方式予以明示。加大绿色建筑评价标识实施力度。完善绿色建筑评价标准体系，制定针对不同地区、不同建筑类型的绿色建筑评价标识细则，科学地开展评价标识工作。鼓励地方制定适合本地区的绿色建筑评价标识指南。引导和规范科研院所、相关行业协会和中介服务机构开展绿色建筑技术研发、咨询、检测等各方面的专业服务。建立绿色建筑全寿命周期各环节资格认证制度，培训绿色生态城（区）规划和绿色建筑设计、施工、安装、评估、物业管理、能源服务等方面的人才，开展专业培训，实现凭证上岗。

3. 加快形成建筑节能和绿色建筑市场机制。加快推进民用建筑能效测评标识工作，修订《民用建筑能效测评标识管理暂行办法》、《民用建筑能效测评机构管理暂行办法》。严格贯彻《民用建筑节能条例》规定，对新建国家机关办公建筑和大型公共建筑进行能效测评标识。指导和督促地方将能效测评作为验证建筑节能效果的基本手段以及获得示范资格、资金奖励的必要条件。加大民用建筑能效测评机构能力建设力度，完成国家及省两级能效测评机构体系建设。加强建筑节能服务体系建设，以国家机关办公建筑和大型公共建筑的节能运行管理与改造、建设节约型校园和宾馆饭店为突破口，拉动需求、激活市场、培育市场主体服务能力。加快推行合同能源管理，规范能源服务行为，利用国家资金重点支持专业化节能服务公司为用户提供节能诊断、设计、融资、改造、运行管理一条龙服务，为国家机关办公楼、大型公共建筑、公共设施和学校实施节能改造。研究推进建筑能效交易试点。

（四）实行经济激励

1. 加大建筑节能和绿色建筑领域投入。要加大中央预算类投资和中央财政节能减排专项资金支持建筑节能和绿色建筑的力度，完善中央财政激励政策体系，设立建筑节能和绿色建筑发展专项资金，重点支持绿色建筑工程及集中示范城（区）建设、既有建筑节能改造、政府办公建筑和大型公共建筑节能监管体系建设、可再生能源建筑应用、供热系统节能改造、墙体材料革新、技术创新、基础能力建设等。地方财政配套资金标准不得少于中央财政补贴标准。

2. 加大既有居住建筑节能改造支持力度。对工作积极性高，前期任务完成好的地区，优先安排供热计量及节能改造任务及中央财政奖励资金。对节能改造重点市县，优

先安排节能改造任务和补助资金。经考核如期完成改造目标的重点市县，依据节能效果、供热计量收费进展等因素，给予专门财政资金奖励，用于推进供热计量收费改革等相关建设性支持。制定夏热冬冷地区既有居住建筑节能改造补贴政策。

3. 加大公共建筑节能监管体系建设和改造支持力度。中央财政支持有条件的地方建设公共建筑能耗监测平台和高校节能监管平台、支持重点城市公共建筑和高校等重点公共建筑进行节能改造。对重点城市公共建筑的节能改造，综合考虑节能改造工作量，改造内容及节能效果等因素确定补贴实际标准。中央本级办公建筑节能改造工作补贴标准依据改造工作量、节能效果、改造成本等因素核定。

4. 加大可再生能源建筑应用推广支持力度。中央财政将优先在重点区域内推广示范城市、示范县，继续给予可再生能源建筑应用示范城市、示范县补贴。对已批准的示范市县，中央财政对符合条件的新增推广面积给予补贴，以鼓励示范市县充分发挥潜力。在确定可再生能源建筑应用重点区域时，对地方出台强制性推广政策的地区予以倾斜。对应用太阳能采暖制冷、城市生活垃圾及污水沼气利用、工业余热及深层地热能梯级利用等新技术，并列入各地示范任务的中央财政将加大补贴力度。中央财政安排的可再生能源建筑应用专项资金，支持可再生能源建筑应用重大共性关键技术、产品、设备的研发及产业化。按研发及产业化实际投入的一定比例对相关企业及科研单位等予以补助，并支持可再生能源建筑应用产品、设备性能检测机构、建筑应用效果检测评估机构等公

共服务平台建设。

5.加大绿色建筑规模化推广应用的支持力度。财政部会同住房城乡建设部研究制定支持绿色建筑发展的财政政策，重点支持绿色建筑工程及绿色生态城区建设。对达到国家绿色建筑评价标准二星级及以上的建筑给予财政资金奖励。改进和完善对绿色建筑的金融服务，金融机构可对购买绿色住宅的消费者在购房贷款利率上给予适当优惠。发展改革、住房城乡建设部门要研究提高绿色建筑规划和设计收费标准。国土资源部门要研究制定促进绿色建筑发展在土地转让方面的政策。住房城乡建设部门要研究制定容积率奖励方面的政策，在土地招拍挂出让规划条件中，要明确绿色建筑的建设用地比例。

6.建立多元化的资金筹措机制。地方财政部门要把既有居住建筑节能改造、公共建筑节能监管和改造、可再生能源建筑规模化应用、绿色建筑作为节能减排资金安排的重点，建立稳定、持续的财政资金投入机制，创新财政资金使用方式，放大资金使用效率。居住建筑和教育、科学、文化、卫生、体育等公益事业使用的公共建筑节能改造费用，由政府、建筑所有权人共同负担。要落实好已发布的节能服务机制的优惠政策，积极支持采用合同能源管理方式，能效限额下的能效交易机制。搭建建筑节能量交易平台，促使建筑通过节能改造或购买节能量的方式实现能耗降低的目标。激发改造需求，增大节能服务市场。

（五）提高技术标准

要加快完善建筑节能标准体系，针对住宅、农村建筑、公共建筑、工业建筑等不同类型建筑，分别制修订相关工程建设节能标准，在设计、施工、运行管理等环节落实建筑节能要求。重点制修订《居住建筑节能设计标准》、《建筑节能气象参数标准》、《既有居住建筑节能改造技术规程》、《夏热冬暖地区居住建筑节能设计标准》。完善可再生能源建筑应用技术指南、标准和关键设备可靠性适用性评估标准。加快制定政府办公建筑和大型公共建筑能耗限额标准，研究制定基于实际用能状况，覆盖不同气候、不同类型建筑的建筑能耗限额。制定绿色建筑强制性标准，编制绿色建筑区域规划建设指标体系、技术导则和标准体系，制（修）订绿色建筑相关工程建设、运营管理标准和产品标准，研究制定绿色建筑工程定额，完善绿色建筑评价标准体系。制定修订一批建筑节能和绿色建筑相关产品标准，为推进建筑节能提供相关产品技术支撑。省级住房城乡建设部门要制定建筑节能和绿色建筑的相关技术标准、导则和实施细则。鼓励地方制定更加严格的绿色建筑标准和规范。

（六）增强能力建设

会同国家统计局建立健全建筑能耗统计体系，提高统计的准确性和及时性。建立国家建筑节能与绿色建筑监管机构，对各地组织推进绿色建筑发展工作进行指导、监督、检查。加强绿色建筑评价机构能力建设，研究推行第三方评价，严格评价监管。加强建筑节能服务能力建设，在建筑节能运行和改造中大力推行合同能源管理方式，引进和培育专业服务管理公司。加强第三方节能量审核评价及建筑能耗测评机构能力建设，充分运用现有的节能监管及建筑能效测评体系，客观审核与评估节能量。建立产学研一体的技术进步机制，形成机构合理创新能力强的科技队伍。加强建筑规划、设计、施工、评价、运行等机构和人员的培训，将绿色建筑作为专业工程师继续教育培训、执业资格考试和相关企业资质申请的重要内容。加强绿色建筑认证标识体系的建立，研究建立绿色建筑评价职业资格制度。鼓励高等院校开设绿色建筑相关课程。组织规划设计单位、规划设计人员开展绿色建筑规划与设计竞赛活动。

（七）推动技术进步

"十二五"期间，在国家科技支撑计划项目中，开展对绿色建筑、建筑节能的技术研究，实现绿色建筑设计、建造、评价和改造的一条龙技术服务支撑，建设综合性技术服务平台，建立以实际建筑能耗数据为导向的建筑节能技术支撑体系。设立建筑节能与绿色建筑科技发展专项，加快建筑节能与绿色建筑共性和关键技术研发，重点攻克绿色建筑规划与设计、既有建筑节能改造、可再生能源建筑应用、节水与水资源综合利用、废弃物资源化、环境质量控制等方面的技术，加强绿色建筑技术标准规范研究，开展绿色建筑技术的集成示范。开发具有自主知识产权的关键技术、产品和设备，实现重点技术领域的突破，建立完整的技术支撑体系。加强过程管理，建立产学研联合模式与机制、加强与部门和地方的沟通。依托高等院校、科研机构等，按照我国主要气候分区，加快国家绿色建筑工程技术中心建设。编制建筑节能与绿色建筑重点技术推广目录，定期发布技术、产品推广、限制和禁止使用目录。加大与科技部、教育部等相关部委的交流和合作，提高国家科技支撑计划等科技专题对建筑节能的支撑力度。推进全方位、多层次、宽领域的国际合作，学习借鉴国际先进经验，建立适合国情的建筑节能和绿色建筑的技术发展模式。

（八）严格市场监管

加强建筑节能工程全过程的质量监管，加强安全控制，强化对保温材料，计量器具，关键设备、门窗等关键材料产品的质量管理，确保工程质量。充分利用市场机制，大力推进体制机制创新，形成政府推动、社会力量广泛参与的工作局面。加强建筑节能服务市场监管，制定建筑节能服务市场监督管理办法、服务质量标准以及公共建筑合同管理文本。在节能改造明显的领域，鼓励采用合同能源管理的方式进行改造，对投资回收期长的基础改造及难以有效实现节能收益分项的领域，要通过财政资金补助的方式推进改造工作。

（九）加强组织协调

有关管理部门和地方政府要加强对建筑节能和绿色建筑工作的组织领导，统筹安排，明确目标，协调配合，形成合力，增强管理能力。建立住房城乡建设、财政、发展改革、工业和信息化、商务、教育、机关事务管理部门（机构）参加的议事协调机制，统一部署建筑节能和绿色建筑工作中的重大问题。对既有居住建筑节能改造、公共建筑节能监管体系建设与改造、可再生能源建筑应用以及供热计量改革等重点工作，要建立统一部署、分工负责、相互配合的协调机制，扎实推进各项工作。

（十）做好宣传教育

充分利用媒体广泛宣传建筑节能和绿色建筑的法律法规和政策措施，普及节能知识，树立节能意识，促进行为节能。将建筑节能和绿色建筑相关内容纳入全国节能宣传周、科技活动周、城市节水宣传周、世界环境宣传日、世界水日等活动的重要内容。编写绿色建筑和建筑节能科普读物，开展经常性的宣传活动。新闻媒体要积极宣传绿色建筑法律法规、政策措施、典型案例、先进经验，加强舆论监督，营造建筑节能和绿色建筑的良好氛围。

五、组织实施

一是明确规划的实施主体与责任，做好统筹协调。各有关部门按照规划确定的目标和任务，根据各自的职责密切配合，共同实施建筑节能专项规划。将规划目标和任务分解到年，落实到工程和项目，组织编制并实施年度工作计划和项目计划，加强对计划的论证和管理，提高计划的实施质量，并对计划的执行情况进行后评估，切实增强计划编制的科学性和可操作性。通过年度计划的有效实施，确保规划目标与任务的完成。

各省级人民政府要部署本地区"十二五"建筑节能工作，进一步明确相关部门责任、分工和进度要求，力求结合地方实际，做好地方规划与本规划提出的发展战略、主要目标和重点任务的协调，特别要加强约束性指标的衔接，制定具体实施方案，确保实现"十二五"建筑节能目标和任务。二是对规划的进度和完成情况进行评估考核。实行综合评价考核，加强规划监测评估。各级政府和有关部门要制定和完善建筑节能和绿色建筑绩效评价考核体系，考核结果作为领导班子调整和领导干部选拔任用、奖励惩戒的重要依据。完善监测评估制度，加强监测评估能力建设，强化对规划实施情况跟踪分析。地方政府和规划实施部门要对约束性指标和主要预期性指标完成情况进行评估，依据客观实际，适时调整计划，确保计划和规划目标的顺利完成。

附表

建筑节能领域主要法律法规 附表1

名称	审议通过时间	施行时间
《中华人民共和国可再生能源法》	2005 年 2 月 28 日	2006 年 1 月 1 日
《中华人民共和国节约能源法》	2007 年 10 月 28 日	2008 年 4 月 1 日
《民用建筑节能条例》	2008 年 7 月 23 日	2008 年 10 月 1 日

建筑节能领域主要地方性法规 附表2

省份	条例名称	施行时间
山西	《山西省建筑节能管理条例》	2008 年 10 月 1 日
陕西	《陕西省建筑节能条例》	2007 年 1 月 1 日
湖北	《湖北省建筑节能管理条例》	2009 年 6 月 1 日
湖南	《湖南省民用建筑节能条例》	2010 年 3 月 1 日
河北	《河北省民用建筑节能条例》	2009 年 10 月 1 日
青岛	《青岛市民用建筑节能条例》	2010 年 1 月 1 日
深圳	《深圳经济特区建筑节能条例》	2006 年 11 月 1 日
大连	《大连民用建筑节能条例》	2010 年 10 月 1 日
上海	《上海市建筑节能管理条例》	2011 年 1 月 1 日
吉林	《吉林省民用建筑节能与发展应用新型墙体材料管理条例》	2010 年 9 月 1 日
广东	《广东省建筑节能管理条例》	2011 年 7 月 1 日
安徽	《安徽省发展新型墙体材料条例》	2008 年 1 月 1 日
重庆	《重庆市建筑节能条例》	2008 年 1 月 1 日
天津	《天津市建筑节能管理条例》	正在审核

部分地区颁布政府令情况

附表3

省份	文件名称	编号
陕西	《陕西省墙体材料革新与节能建筑管理办法》	省政府59号令
广东	《广东省发展应用新型墙体材料管理规定》	省政府95号令
湖北	《湖北省建筑节能管理办法》、《湖北省推广应用新型墙体材料管理规定》、《湖北省发展散装水泥管理办法》、《湖北省节能监督检测管理办法》	省政府令第281号、137号、237号、220号
安徽	《安徽省新型墙体材料推广应用管理办法》	省政府159号令
福建	《福建省发展应用新型墙体材料管理法》	省政府99号令
江西	《江西省鼓励发展新型墙体材料暂行办法》	省政府第25号令
北京	《北京市建筑节能管理规定》、《北京市节能监查办法》	市政府令80号、174号
山西	《山西省限制生产使用实心黏土砖鼓励发展新型墙体材料规定》、《山西省人民政府关于加强建筑节能工作的意见》	政府令84号、晋政发[2005]22号
上海	《上海市建筑节能管理办法》	市政府第50号令
天津	《天津市建筑节能管理规定》、《天津市墙体材料革新和建筑节能管理办法》	市政府令第56、107号
辽宁	《辽宁省城市供热管理办法》	省政府令第152号
吉林	《吉林省发展应用新型墙体材料管理规定》	省政府令第137号

"十二五"期间中央财政支持建筑节能主要经济激励政策　　附表4

文件名称	实施对象	补贴（贴息）方式和标准
财政部关于印发《国家机关办公建筑和大型公共建筑节能专项资金管理暂行办法》的通知（财建[2007]558号）	国家机关办公建筑和大型公共建筑	✓ 中央财政支持国家机关办公建筑和大型公共建筑能耗监管体系建设（能耗统计、能源审计、能效公示） ✓ 中央财政对建立政府办公建筑和大型公共建筑能耗监测平台给予一次性定额补助
财政部关于印发《北方采暖地区既有居住建筑供热计量及节能改造奖励资金管理暂行办法》（财建[2007]957号）	实施北方采暖地区既有居住建筑供热计量及节能改造。包括建筑围护结构节能改造，室内供热系统计量及温度调控改造，热源及供热管网热平衡改造	✓ 气候区奖励基准分为严寒地区和寒冷地区两类：严寒地区为55元/m²，寒冷地区为45元/m² ✓ 单项改造对应权重为：建筑围护结构节能改造、室内供热系统计量及温度调控改造、热源及供热管网热平衡：60%、30%、10%
财政部、建设部关于印发《可再生能源建筑应用示范项目评审办法》的通知（财建[2006]459号）	开展可再生能源建筑应用示范工程，主要支持以下技术领域： ✓ 与建筑一体化的太阳能供应生活热水、供热制冷、光电转换、照明； ✓ 利用土壤源热泵和浅层地下水源热泵技术供热制冷； ✓ 地表水丰富地区利用淡水源热泵技术供热制冷； ✓ 沿海地区利用海水源热泵技术供热制冷； ✓ 利用污水源热泵技术供热制冷	✓ 根据增量成本、技术先进程度、市场价格波动等因素，确定每年不同示范技术类型的单位建筑面积补贴额度 ✓ 对可再生能源建筑应用共性关键技术集成及示范推广，能效检测、标识，技术规范标准验证及完善等项目，根据经批准的项目经费金额给予全额补助
财政部关于印发《太阳能光电建筑应用财政补助资金管理暂行办法》的通知（财建[2009]129号）	开展太阳能光电建筑应用专项示范，主要支持具备以下条件项目： ✓ 单项工程应用太阳能光电产品装机容量应不小于50kWp； ✓ 优先支持太阳能光伏组件应与建筑物实现构件化、一体化项目； ✓ 优先支持并网式太阳能光电建筑应用项目 优先支持学校、医院、政府机关等公共建筑应用光电项目	✓ 2009年补助标准原则上定为20元/瓦，实际标准将根据与建筑结合程度、光电产品技术先进程度等因素分类确定 ✓ 2010年补贴标准为：对于建材型构件型光电建筑一体化项目，补贴标准原则上定为17元/瓦；对于与屋顶、墙面结合安装型光电建筑一体化项目，补贴标准原则上定为13元/瓦

文件名称	实施对象	补贴（贴息）方式和标准
财政部、住房城乡建设部关于印发《可再生能源建筑应用城市示范实施方案》的通知（财建[2009]305号） 财政部、住房和城乡建设部关于印发《加快推进农村地区可再生能源建筑应用的实施方案》的通知（财建[2009]306号）	开展可再生能源建筑应用集中示范，主要支持具备以下条件的地区： ✓ 已对太阳能、浅层地能等可再生资源进行评估，具备较好的可再生能源应用条件； ✓ 已制定可再生能源建筑应用专项规划； ✓ 在今后2年内新增可再生能源建筑应用面积应具备一定规模； ✓ 可再生能源建筑应用设计、施工、验收、运行管理等标准、规程或图集基本健全，具备一定的技术及产业基础； ✓ 推进太阳能浴室建设，解决学校师生的生活热水需求； ✓ 实施太阳能、浅层地能采暖工程，利用浅层地能热泵等技术解决中小学校采暖需求	✓ 资金补助基准为每个示范城市5000万元，具体根据2年内应用面积、推广技术类型、能源替代效果、能力建设情况等因素综合核定，切块到省。推广应用面积大，技术类型先进适用，能源替代效果好，能力建设突出，资金运用实现创新，将相应调增补助额度，每个示范城市资金补助最高不超过8000万元；相反，将相应调减补助额度 ✓ 农村可再生能源建筑应用补助标准为：地源热泵技术应用60元/平方米，一体化太阳能热利用15元/平方米，以分户为单位的太阳能浴室、太阳能房等按新增投入的60%予以补助。以后年度补助标准将根据农村可再生能源建筑应用成本等因素予以适当调整。每个示范县补助资金总额最高不超过1800万元
财政部 国家发展改革委关于印发《高效照明产品推广财政补贴资金管理暂行办法》（财建[2007]1027号）	大宗用户和城乡居民用户	✓ 大宗用户每只高效照明产品，中央财政按中标协议供货价格的30%给予补贴；城乡居民用户每只高效照明产品，中央财政按中标协议供货价格的50%给予补贴 ✓ 补贴资金采取间接补贴方式，由财政补贴给中标企业，再由中标企业按中标协议供货价格减去财政补贴资金后的价格销售给终端用户

部分省市出台的经济激励政策 附表5

山西	《山西省节能专项资金管理办法》：省级节能资金主要采用贴息、补助、拨款、以奖代补等四种支持方式。贴息额度按企业节能降耗项目贷款规模的一年或二年期利率核定。补助额度按企业节能降耗项目投资的3%～10%核定。拨款项目主要适用节能表彰奖励、社会公共节能、建筑节能、监测体系和技术服务体系建设、节能新技术、新工艺研发推广、节能示范工程、节能表彰奖励等方面的支出，奖励资金主要用于工作经费补助和节能减排工作成绩突出的班子成员以及工作人员的奖励。以奖代补适用于承担较大节能量项目的企业。
江苏	《省政府关于印发推进节约型社会建设若干政策措施的通知》、江苏《省政府办公厅关于加强建筑节能工作的通知》：节能减排既改项目、资源综合利用项目予以减免所得税；将墙改资金返退与建筑节能相挂钩；对从事可再生能源设备生产、技术开发的企业，减征所得税；对全装修成品住宅给予适当补贴政策；对垃圾资源化再生利用企业、处理利用污水处理厂污泥的企业给予税费减免优惠等等。
上海	《上海市建筑节能专项扶持暂行办法》：通过积极落实建筑节能试点、示范项目，实现以点带面的目标。全年共落实试点示范项目44个，总计279.69万平方米，全年共安排建筑节能专项扶持资金8095万元，其中6755万元用于扶持建筑节能试点示范项目，1340万元为用于"建筑节能监管体系建设"地方财政配套资金。
广西	《关于印发广西壮族自治区建筑节能财政奖励资金管理暂行办法的通知》、《关于印发广西壮族自治区新型墙体材料专项基金征收使用管理实施细则的通知》、《关于报送2010～2012年广西建筑节能工作财政资金需求规划的函》。
天津	《天津市新型墙体材料专项基金》、《天津市发展循环经济资金》、《供热计量改造补助资金》：采暖费"暗补"变"明补"情况：天津市出台了采暖补贴标准和热费改革实施方案，停止福利用热制度，建立"谁用热、谁交费"的供热收费制度，实现了用热的商品化、货币化。低收入困难群体采暖保障情况：天津市对低收入困难群体都出台了保障措施，采取了发放补贴，减免热费等优惠政策。
湖北	《湖北省新型墙材专项基金征收使用管理办法实施细则》：应按照规定缴纳新型墙体材料专项基金，工程开工前到墙体材料革新办公室办理缴纳手续。各级建设行政主管部门应将缴纳新型墙体材料专项基金手续列入办理建筑规划许可证和建筑施工许可证审查项目的管理程序。未按规定缴纳专项基金的，不予办理上述许可证，不得批准开工建设。

"十一五"期间建筑节能领域颁布执行的主要国家、行业标准规范　　附表6

标准	编号	颁布年度
《严寒和寒冷地区居住建筑节能设计标准》	JGJ26-2010	2010
《夏热冬冷地区居住建筑节能设计标准》	JGJ134-2010	2010
《民用建筑太阳能光伏系统应用技术规范》	JGJ203-2010	2010
《太阳能供热采暖工程技术规范》	GB50495-2009	2009
《地源热泵系统工程技术规范》	GB50366-2009	2009
《供热计量技术规程》	JGJ173-2009	2009
《建筑节能施工质量验收规范》	GB50411-2007	2007
《绿色建筑评价标准》	GB/T50378-2006	2006

省级配置建筑节能专职管理人员情况　　附表7

编制人数	省份
20人以上	上海、北京、天津、江苏、重庆、浙江、山西、山东
10～20人	宁夏、广西、湖北、浙江、福建、内蒙古、黑龙江、吉林、陕西、重庆
10人以下	江西、河北、辽宁、安徽、海南、青海、广东、云南、新疆、贵州、湖南、新疆生产建设兵团、四川

新建节能建筑、城镇既有建筑分省情况一览表 附表8

省份	"十一五"期间建成节能建筑面积（万平方米）	城镇既有建筑面积（万平方米）	公共建筑面积（万平方米）	节能建筑占城镇既有建筑的比例
宁夏	4413.96	13777.75	4580.46	32.04%
海南	3525.1	13359.7	4735.1	26.39%
广东	32167.4	246034.5	69950	13.07%
广西	8625	112000	16000	7.70%
湖北	14840	85669.53	26078.42	17.32%
浙江	13000	150000	26500	8.67%
云南	18000	113562	9685	15.85%
安徽	20133.3	64136.5	18024.5	31.39%
湖南	9600	58162.2	16093.5	16.51%
福建	18713	100849	20055	18.56%
江西	1189.48	65510.5	25844.5	1.82%
新疆	—	30223.11	10400.62	—
新疆生产建设兵团	1257.6802	5746.9014	1290.427	21.88%
贵州	243.98	34000	13600	0.72%
内蒙古	16565	45000	11894	36.81%
江苏	55765.84	194554.52	56733.1	28.66%
北京	12943.75	62631	24000	20.67%
天津	9873	31490.81	12006.17	31.35%
河北	19805.5	54621.8	12413.21	36.26%
河南	13800	83127	29315	16.60%
黑龙江	18900	73600	19100	25.68%

续表

省份	"十一五"期间建成节能建筑面积（万平方米）	城镇既有建筑面积（万平方米）	公共建筑面积（万平方米）	节能建筑占城镇既有建筑的比例
山东	22300	134700	36400	16.56%
山西	8099.31	50855.19	12667.04	15.93%
上海	20956.01	69172	18961	30.30%
四川	27470	75537.52	23214.88	36.37%
甘肃	4728.98	28262.13	13510.79	16.73%
重庆	17617.92	53512.05	17123.86	32.92%
辽宁	28033	91624	25157	30.60%
吉林	20467.06	47157.46	9738	43.40%
青海	1988.95	5950.09	1267.01	33.43%
合计	445023.2202	2194827.261	586338.6	20.28%

节能检查执法告知书违规情况汇总表　　　附表9

违规主要方面	违规事件占违规总量的比重	违规的主要表现
制度方面	3.5%	城乡规划主管部门依法对民用建筑进行规划审查，没有就设计方案是否符合民用建筑节能强制性标准征求同级主管部门意见。
		部分房地产公司未能在商品房买卖合同中载明相关节能信息
		商品房销售及施工现场未进行节能信息公示
设计及审图阶段方面	24%	设计图纸变更后，没有重新审查及备案
		保温层设计计算违规
		非周边地面和外门未进行节能设计
		节能设计违规
		施工实施后未对设计进行变更
监理、施工、竣工验收方面	72%	没有按要求安装分户热计量装置或无法调节
		监理无细则、见证取样、旁站、巡视等任何相关的监理资料
		材料进场检验不合格，无进场复检报告，检测指标不全。已施工的外墙保温板无现场粘结强度，锚固件的现场拉拔试验。
		未按审查合格的设计文件施工
		未设置防火隔离带
		无图施工
		施工现场管理混乱，建筑质量不满足要求。
		验收未采用《建筑节能施工质量验收规范》
城市照明方面	0.5%	照度超标、照明密度超标

"十一五"期间北方采暖地区既有居住建筑供热计量及节能改造面积统计表　　附表10

地区	完成面积（万平方米）
北京	2031
天津	1381
河北	3341
山西	467
内蒙古	1327
辽宁	1445
大连	500
吉林	1300
黑龙江	1681
山东	1820
青岛	304
河南	380
陕西	208
甘肃	353
青海	53
宁夏	200
新疆	1249
新疆生产建设兵团	133
合计	18173

"十一五"期间节约型校园建设情况附　　　表11

批次	高校
第一批	华南理工大学
	中共中央党校
	同济大学
	浙江大学
	江南大学
	清华大学
	天津大学
	重庆大学
	北京师范大学
	山东建筑大学
	内蒙古工业大学
	合肥工业大学
第二批	北京交通大学
	中国海洋大学
	成都电子科技大学
	天津工业大学
	天津科技大学
	山西大学
	太原理工大学
	内蒙古师范大学
	内蒙古财经大学
	宁波大学
	温州医学院
	福建农林大学
	郑州大学
	南昌大学
	广西大学
	西华大学
	贵州大学
	西安建筑科技大学
第三批	国家行政学院
	北京大学
	中国人民大学
	复旦大学
	吉林大学
	东南大学

批次	高校
第三批	湖南大学
	厦门大学
	西南交通大学
	哈尔滨工程大学
	北京航空航天大学
	南京理工大学
	南京航空航天大学
	北方工业大学
	天津医科大学
	河北医科大学
	石家庄铁道大学
	中北大学
	山西财经大学
	内蒙古农业大学
	内蒙古科技大学
	大连外国语学院
	沈阳建筑大学
	青岛理工大学
	山东理工大学
	山东工商学院
	南京工业大学
	浙江工商大学
	上海电力学院
	安徽建筑工业学院
	华东交通大学
	福州大学
	河南财政税务高等专科学校
	湖南工业大学
	中南林业科技大学
	广东工业大学
	桂林理工大学
	海口经济学院
	成都医学院
	重庆科技学院
	宁夏大学
	青海民族大学

"十一五"期间中央财政支持的可再生能源建筑应用示范市、县情况一览表　附表12

所在省	示范类型	示范城市及示范县	批准年度
北京	县	平谷区	2009 年
天津	县	宁河县	2009 年
河北	市	唐山市	2009 年
河北	县	辛集县	2009 年
河北	县	宁晋县	2009 年
山西	市	太原市	2009 年
山西	县	临猗县	2009 年
内蒙古	市	赤峰市	2009 年
内蒙古	县	太仆寺旗	2009 年
内蒙古	县	察哈尔右翼后旗	2009 年
内蒙古	县	阿尔山市（县）	2009 年
辽宁	市	盘锦市	2009 年
辽宁	县	铁岭县	2009 年
辽宁	县	喀喇沁左翼蒙古族自治县	2009 年
辽宁	县	新宾满族自治县	2009 年
大连	县	瓦房店市（县）	2009 年
吉林	市	松原市	2009 年
吉林	县	梅河口市（县）	2009 年
吉林	县	珲春市（县）	2009 年
黑龙江	市	佳木斯市	2009 年
黑龙江	县	宝清县	2009 年
黑龙江	县	通河县	2009 年
江苏	市	南京市	2009 年
江苏	县	赣榆县	2009 年
浙江	县	嘉善县	2009 年
浙江	县	建德市（县）	2009 年
宁波	市	宁波市	2009 年
安徽	市	合肥市	2009 年
安徽	市	铜陵市	2009 年
安徽	县	利辛县	2009 年
福建	市	福州市	2009 年
福建	县	武平县	2009 年
江西	市	新余市	2009 年
江西	县	鄱阳县	2009 年
山东	市	威海市	2009 年
山东	市	德州市	2009 年

所在省	示范类型	示范城市及示范县	批准年度
山东	县	沂水县	2009 年
青岛	市	青岛市	2009 年
河南	市	鹤壁市	2009 年
河南	市	洛阳市	2009 年
河南	县	宝丰县	2009 年
河南	县	太康县	2009 年
湖北	市	武汉市	2009 年
湖北	市	襄樊市	2009 年
湖北	县	钟祥县	2009 年
湖北	县	鹤峰县	2009 年
湖南	市	株洲市	2009 年
湖南	县	衡东县	2009 年
深圳	市	深圳市	2009 年
广西	市	钦州市	2009 年
广西	县	恭城瑶族自治县	2009 年
海南	县	文昌市（县）	2009 年
海南	县	陵水县	2009 年
四川	县	康定县	2009 年
重庆	市	重庆市	2009 年
甘肃	县	白银靖远县	2009 年
云南	市	丽江市	2009 年
青海	市	西宁市	2009 年
青海	县	尖扎县	2009 年
宁夏	县	海原县	2009 年
新疆	市	吐鲁番地区	2009 年
新疆	县	昌吉市（县）	2009 年
新疆生产建设兵团	县	农一师三团	2009 年
北京	县	延庆县	2010 年
天津	市	滨海新区	2010 年
天津	县	蓟县	2010 年
天津	县	静海县	2010 年
河北	市	承德市	2010 年
河北	县	迁安市(县)	2010 年
河北	县	大名县	2010 年
河北	县	南宫县	2010 年

续表

所在省	示范类型	示范城市及示范县	批准年度
山西	县	平定县	2010 年
山西	县	侯马市（县）	2010 年
内蒙古	县	克什克腾旗	2010 年
内蒙古	县	满洲里市（县）	2010 年
内蒙古	县	扎兰屯市（县）	2010 年
内蒙古	县	阿拉善左旗	2010 年
辽宁	县	开原市（县）	2010 年
辽宁	县	昌图县	2010 年
辽宁	县	宽甸满洲自治县	2010 年
吉林	县	通化县	2010 年
吉林	县	集安市（县）	2010 年
吉林	县	蛟河市（县）	2010 年
黑龙江	市	鸡西市	2010 年
黑龙江	县	桦川县	2010 年
黑龙江	县	宁安县	2010 年
黑龙江	县	林甸县	2010 年
上海	县	崇明县	2010 年
江苏	市	扬州市	2010 年
江苏	县	海安县	2010 年
江苏	县	涟水县	2010 年
浙江	县	安吉县	2010 年
浙江	县	嵊州市（县）	2010 年
浙江	县	海盐县	2010 年
宁波	县	宁海县	2010 年
安徽	市	芜湖市	2010 年
安徽	市	黄山市	2010 年
安徽	县	南陵县	2010 年
福建	县	永安县	2010 年
福建	县	华安县	2010 年
江西	市	萍乡市	2010 年
江西	市	景德镇市	2010 年
江西	县	新干县	2010 年
山东	市	烟台市	2010 年
山东	县	垦利县	2010 年
山东	县	兖州市（县）	2010 年

所在省	示范类型	示范城市及示范县	批准年度
山东	县	巨野县	2010 年
青岛	县	即墨市（县）	2010 年
河南	县	鲁山县	2010 年
河南	县	西平县	2010 年
湖北	市	宜昌市	2010 年
湖北	市	咸宁市	2010 年
湖北	县	宜都县	2010 年
湖北	县	天门县	2010 年
湖南	市	长沙市	2010 年
湖南	市	怀化市	2010 年
湖南	县	石门县	2010 年
湖南	县	炎陵县	2010 年
湖南	县	津市（县）	2010 年
广西	市	南宁市	2010 年
广西	市	柳州市	2010 年
广西	县	岑溪县	2010 年
广西	县	灵川县	2010 年
海南	市	三亚市	2010 年
海南	县	儋州县	2010 年
四川	市	成都市	2010 年
四川	县	盐边县	2010 年
重庆	县	云阳县	2010 年
重庆	县	巫溪县	2010 年
陕西	县	洛南县	2010 年
陕西	县	镇安县	2010 年
甘肃	县	榆中县	2010 年
甘肃	县	临泽县	2010 年
贵州	市	贵阳市	2010 年
云南	市	昆明市	2010 年
云南	县	宣威县	2010 年
青海	市	玉树州	2010 年
青海	县	泽库县	2010 年
青海	县	共和县	2010 年
宁夏	市	银川市	2010 年
新疆	县	奇台县	2010 年
新疆	县	乌苏市（县）	2010 年
新疆生产建设兵团	县	农三师图木舒克市（县）	2010 年
新疆生产建设兵团	县	农五师八十六团（县）	2010 年

（选自住房和城乡建设部《关于印发
"十二五"建筑节能专项规划的通知》）

关于推进夏热冬冷地区既有居住建筑节能改造的实施意见

（2012年4月1日　建科[2012]55号）

上海、江苏、浙江、安徽、福建、江西、湖北、湖南、重庆、四川、贵州省（市）住房和城乡建设厅（建委，建设交通委）、财政厅（局）：

《国务院关于印发"十二五"节能减排综合性工作方案的通知》（国发[2011]26号）明确提出，"十二五"期间完成夏热冬冷地区既有建筑节能改造5000万平方米。为贯彻国务院部署，推动夏热冬冷地区既有建筑节能改造工作，现提出以下实施意见。

一、充分认识夏热冬冷地区既有居住建筑节能改造的重要性与紧迫性

夏热冬冷地区既有居住建筑普遍缺乏节能措施，室内舒适性较差。近年来，随着经济社会发展和人民生活水平的提高，夏热冬冷地区住宅空调和采暖需求逐年上升。空调用电成为夏季居民用电的主要部分，用电高峰负荷已经对电网容量与安全形成挑战。冬季普遍采用电采暖，部分地区开始建设集中采暖设施为居住建筑供热，能耗大大增加。对夏热冬冷地区既有建筑实施节能改造，一方面可以提升建筑用能效率，降低建筑用能需求，有效缓解建筑能耗增长压力；另一方面可以提高建筑室内热舒适性，有效改变居住建筑室内夏季过热、冬季过冷的状况，减少室内噪声，更好地惠及民生。各级住房和城乡建设、财政部门要把既有居住建筑节能改造作为贯彻落实国务院节能减排、改善民生战略的重要措施，抓紧抓好。

二、工作目标与基本原则

（一）工作目标。"十二五"期间，夏热冬冷地区力争完成既有居住建筑节能改造面积5000万平方米以上。积极探索适用夏热冬冷地区的既有建筑节能改造技术路径及融资模式，完善相关政策、标准、技术及产品体系，为大规模实施节能改造提供支撑。

（二）基本原则。推进夏热冬冷地区既有居住建筑节能改造应坚持以下原则：一是坚持因地制宜、合理适用。要在充分考虑地区气候特点、建筑现状、居民用能特点等因素基础上，确定改造内容及技术路线，优先选择投入少、效益明显的项目进行改造。二是窗改为主、适当综合。改造应以门窗节能改造为主要内容，具备条件的，可同步实施加装遮阳、屋顶及墙体保温等措施。三是统筹兼顾、协调推进。改造应根据地区实际与旧城更新、城区环境综合整治、平改坡、房屋修缮维护、抗震加固等工作相结合，整合政策资源，发挥最大效益。四是政府引导、多方

投入。中央财政适当奖励、地方财政稳定投入，引导受益居民、产权单位及其他社会资金自愿投资改造，建立稳定、多元的投融资渠道。五是点面结合、重点突破。在实施单一改造项目同时，应选择积极性高、组织能力强、改造资金落实好的市县，优先安排节能改造任务，实现集中连片的推进效果。

三、认真做好既有居住建筑节能改造各项工作

（一）做好既有居住建筑现状调查。各地住房和城乡建设主管部门应组织对本辖区内既有居住建筑的建成年代、结构形式、用能状况、室内热环境及居民改造意愿等基本信息进行调查、统计，建立既有居住建筑信息数据库，为制定节能改造计划，确定节能改造项目提供依据。

（二）编制节能改造计划及实施方案。省级住房和城乡建设、财政主管部门应在充分调查摸底基础上，制定"十二五"既有居住建筑节能改造规划，确定既有居住建筑节能改造目标、分年度改造计划。应根据规划编制改造实施方案。实施方案应包括改造目标分解落实情况、节能改造重点市县、改造技术方案和融资模式、改造效益分析、相应保障措施等内容。各省（区、市）要在2012年5月31日前将节能改造规划及实施方案报住房和城乡建设部、财政部。住房和城乡建设部、财政部将在充分论证基础上，确定节能改造任务及奖励资金分配方案。

（三）鼓励重点市县实施整体综合节能改造。为突出政策综合效益和改造整体效果，鼓励有积极性的重点市县加大改造力度，实施集中连片的既有居住建筑节能改造，并将节能改造与旧城改造、城市市容整治、老旧小区改造等工作统筹推进，充分发挥整体效果。对节能改造重点市县，财政部、住房和城乡建设部将优先安排节能改造任务及相应补助资金，并在改造完成后根据实际改造效果给予专门资金奖励。申请节能改造的重点市县，要抓紧制定改造方案，提出节能改造目标，保障措施并落实改造项目，并随省级改造实施方案一并上报财政部和住房和城乡建设部。

（四）组织实施节能改造。各地住房和城乡建设、财政主管部门应综合考虑建筑物寿命、建筑所有权人改造意愿等因素选择改造项目。防止假借改造名义实施大拆大建。应根据建筑形式、居民承受能力等因素，进行节能改造方案优化设计，并组织专家进行技术经济论证。按照公正公平公开原则，采取招投标方式优选施工单位。严格加强施工过程的质量安全管理，切实加强改造工程的防火安全管理。加强改造项目选用的门窗、遮阳系统、保温材料等产品的工程准入控制，优先选择获得国家节能性能标识、列入推广目录的材料及产品。

（五）建立改造项目专项验收与评估机制。各地住房和城乡建设、财政主管部门要建立节能改造项目的评估机制，对改造项目的实施量、工程质量等进行专项验收，委托具备条件的建筑能效测评机构对改造项目的节能效果、居民室内舒适度改善等情况进行测评。对达不到预期目标的，应分析原因，提出限期整改要求，并监督落实。

四、完善配套措施，保障节能改造任务的落实

（一）加强组织协调。各地住房城乡建

设、财政主管部门应根据本地区实际情况，建立健全有效的节能改造工作协作机制，统一协调解决工作中的重大问题，特别要与有关部门加强沟通，力求节能改造与旧城改造、城市市容整治、平改坡、可再生能源建筑应用等工作同步实施。要充分发挥墙改节能办、街道办事处、居民委员会等单位的作用，做好节能改造的组织实施、宣传动员等工作。

（二）建立多元化资金筹措机制。夏热冬冷地区既有居住建筑节能改造所需资金主要由受益居民及产权单位投入。中央财政设立专项资金，支持夏热冬冷地区既有居住建筑节能改造工作。地方各级财政要把节能改造作为节能减排资金安排的重点，建立稳定、持续的财政资金投入机制。

（三）强化技术标准产品支撑。住房城乡建设部将编制《夏热冬冷地区既有居住建筑节能改造技术导则》，指导改造实施工作。各地住房和城乡建设主管部门要结合当地实际编制节能改造相关技术规程、图集、工法等，指导和规范节能改造项目的实施。应通过发布技术产品推广目录、公告等形式，引导改造工程选用性能优良的技术及产品。在推广成熟的改造技术基础上，积极探索新技术及产品的应用。

（四）加大宣传培训力度。各级住房和城乡建设、财政主管部门要大力宣传既有居住建筑节能改造的重要意义，争取和动员相关部门、产权单位、居民等积极参与既有居住建筑节能改造工作。及时总结与宣传节能改造范例，扩大社会影响，推动节能改造工作。要加大节能改造相关政策、技术标准、施工技术要求等的培训力度，提高管理、设计、施工等相关从业人员的技术水平。

（五）健全监督考核机制。住房和城乡建设部、财政部将组织对既有居住建筑节能改造工作进展情况，以及中央财政奖励资金的使用情况等进行监督检查。各地住房和城乡建设、财政主管部门应建立责任考核机制，将节能改造目标及任务落实情况作为责任部门领导及相关人员的绩效考核内容。有关检查考核结果将作为财政部清算中央财政节能改造奖励资金的主要依据之一。

（选自住房和城乡建设部《关于推进夏热冬冷地区既有居住建筑节能改造的实施意见》）

关于进一步推进公共建筑节能工作的通知

（2011年5月4日　财建[2011]207号）

各省、自治区、直辖市、计划单列市财政厅（局）、住房城乡建设厅（委），新疆生产建设兵团财务局、建设局：

近年来，按照国务院节能减排综合性工作方案的统一部署，财政部、住房城乡建设部在全国范围内开展国家机关办公建筑和大型公共建筑的能耗统计、能源审计、能效公示工作，在部分省市开展公共建筑能耗动态监测平台建设试点，取得了良好效果，为节能量审核、制定能耗定额、建立能效交易机制提供有力支撑，充分激发了节能改造市场需求。但当前还存在大型公共建筑能耗水平高、增长势头猛、节能改造进展缓慢等突出问题。为切实加大组织实施力度，充分挖掘公共建筑节能潜力，促进能效交易、合同能源管理等节能服务机制在建筑节能领域应用，财政部、住房城乡建设部将进一步开展公共建筑节能工作，现就有关事项通知如下。

一、明确"十二五"期间公共建筑节能工作目标

建立健全针对公共建筑特别是大型公共建筑的节能监管体系建设，通过能耗统计、能源审计及能耗动态监测等手段，实现公共建筑能耗的可计量、可监测。确定各类型公共建筑的能耗基线，识别重点用能建筑和高能耗建筑，并逐步推进高能耗公共建筑的节能改造，争取在"十二五"期间，实现公共建筑单位面积能耗下降10%，其中大型公共建筑能耗降低15%。

二、加强新建公共建筑节能管理

（一）严格执行节能标准。新建公共建筑应按照节能省地及绿色生态的要求指导工程建设全过程，要严格执行工程建设节能强制性标准，把能耗标准作为建筑项目核准和备案的强制性门槛，遏制高耗能建筑的建设。新建公共建筑要大力推广绿色设计、绿色施工，广泛采用自然通风、遮阳等被动节能技术。

（二）实行建筑能耗指标控制。要强化公共建筑特别是大型公共建筑建设过程的能耗指标控制，应根据建筑形式、规模及使用功能，在规划、设计阶段引入分项能耗指标，约束建筑体型系数、采暖空调、通风、照明、生活热水等用能系统的设计参数及系统配置，避免建筑外形片面追求"新、奇、特"，用能系统设计指标过大，造成浪费。新建大型公共建筑建成后必须经建筑能效专项测评，凡达不到工程建设节能强制性标准的，有关部门不得办理竣工验收备案手续。

三、深入开展公共建筑节能监管体系建设

各省（区、市）应以大型公共建筑为重点，深入推进公共建筑节能监管体系建设。

（一）推进能耗统计、审计及公示工作。各省（区、市）应对本地区地级及以上城市大型公共建筑进行全口径统计，将单位面积能耗高于平均水平和年总能耗高于1000吨标煤的建筑确定为重点用能建筑，并对50％以上的重点用能建筑进行能源审计。应对单位面积能耗排名在前50％的高能耗建筑，以及具有标杆作用的低能耗建筑进行能效公示。

（二）加强节能监管体系建设。中央财政支持有条件的地方建设公共建筑能耗监测平台，对重点建筑实行分项计量与动态监测，并建立能耗限额标准，强化公共建筑节能运行管理，争取用3年左右完成覆盖不同气候区、不同类型公共建筑的能耗监测系统。要重点加强高校节能监管，提高节能监管体系管理水平。示范省市及高校节能监管体系补助按照《财政部关于印发国家机关办公建筑和大型公共建筑节能专项资金管理暂行办法的通知》（财建[2007]558号）的有关规定执行。2011年度补助资金申请截止时间为6月20日。

（三）实施能耗限额管理。各省（区、市）应在能耗统计、能源审计、能耗动态监测工作基础上，研究制定各类型公共建筑的能耗限额标准，并对公共建筑实行用能限额管理，对超限额用能建筑，采取增加用能成本或强制改造措施。

四、积极推动公共建筑节能改造工作

"十二五"期间，财政部、住房和城乡建设部将切实加大支持力度，积极推动重点用能建筑节能改造工作，有效改变公共建筑能耗较高的局面。

（一）实施重点城市公共建筑节能改造。各地应高度重视公共建筑的节能改造工作。为突出改造效果及政策整体效益，财政部、住房和城乡建设部将选择在公共建筑节能监管体系建立健全、节能改造任务明确的地区，启动一批公共建筑节能改造重点城市。到2015年，重点城市公共建筑单位面积能耗下降20％以上，其中大型公共建筑单位建筑面积能耗下降30％以上。改造重点城市在批准后两年内应完成改造建筑面积不少于400万平方米。对改造重点城市，中央财政将给予财政资金补助，补助标准原则上为20元/平方米，并综合考虑节能改造工作量、改造内容及节能效果等因素确定。重点城市节能改造补助额度，根据补助标准与节能改造面积核定，当年拨付补助资金总额的60％，待竣工验收，财政部、住房和城乡建设部对实际工作量及节能效果审核确认后，拨付后续补助资金。财建[2007]558号文件规定的建筑节能改造贴息政策停止执行。申请公共建筑节能改造重点城市，要制定实施方案。

（二）推动高校等重点公共建筑节能改造。要充分发挥高校技术、人才、管理优势，积极推动高校节能改造示范，高校建筑节能改造示范应不低于20万平方米，单位面积能耗应下降20％以上。申请高校建筑节能改造示范，要编制实施方案与资金申请表，由财政部、住房和城乡建设部组织论证后确定。补助标准及资金拨付，按照上述重点城市公共建筑节能改造办法执行。2011年申报

截止日期为6月20日。

（三）积极推进中央本级办公建筑节能改造。财政部、住房和城乡建设部将会同国务院机关事务管理局等部门共同组织中央本级办公建筑节能改造工作，并给予资金补助，具体补助标准根据改造工作量、节能效果、改造成本等因素核定。

五、大力推进能效交易、合同能源管理等节能机制创新

公共建筑节能工作要充分利用市场机制，大力推进体制机制创新，形成政府推动、社会力量广泛参与的工作局面。

（一）积极发展能耗限额下的能效交易机制。各地应建立基于能耗限额的用能约束机制，同时搭建公共建筑节能量交易平台，使公共建筑特别是重点用能建筑通过节能改造或购买节能量的方式实现能耗降低目标，将能耗控制在限额内，从而激发节能改造需求，培育发展节能服务市场。对能效交易机制已经建立和完善的城市，财政部、住房和城乡建设部将在确定公共建筑节能改造重点城市时，向实行能效交易的地区倾斜。

（二）加强建筑节能服务能力建设。各地要在公共建筑节能改造中大力推广运用合同能源管理的方式，要加强第三方的节能量审核评价及建筑能效测评机构能力建设，充分运用现有的节能监管及建筑能效测评体系，客观审核与评估节能量。要加强建筑节能服务市场监管，制定建筑节能服务市场监督管理办法、服务质量评价标准以及公共建筑合同能源管理合同范本。要将重点城市节能改造补助与合同能源管理机制相结合，对投资回收期较长的基础改造及难以有效实现节能收益分享的领域，主要通过财政资金补助的方式推进改造工作。在节能改造效果明显的领域，鼓励采用合同能源管理的方式进行节能改造，并按照《财政部、国家发展改革委关于印发合同能源管理项目财政奖励资金管理暂行办法的通知》（财建[2010]249号）的规定执行。

六、加强公共建筑节能组织管理

各地要加强对公共建筑节能工作的组织领导，建立住房城乡建设、财政、发改、商务、教育、机关事务等主管部门（机构）参加的议事协调机制，统一研究部署节能工作中的重大问题。省级住房和城乡建设部门要抓紧制定公共建筑节能运行管理、节能改造等方面的技术标准、导则。各地应在公共建筑节能改造中大力推广应用新型节能技术、材料、产品，带动相关产业发展。要加强对公共建筑节能监管体系建设及节能改造全过程的质量安全监管，在用电分项计量改造、用能设备改造、围护结构节能改造工程中，加强安全控制，强化对计量器具、关键设备、保温材料、门窗等关键材料产品的质量管理，确保工程质量。

（选自财政部、住房和城乡建设部《关于进一步推进公共建筑节能工作的通知》）

关于进一步深入开展北方采暖地区既有居住建筑供热计量及节能改造工作的通知

（2011年1月21日　财建［2011］12号）

北京市财政局、建委、市政管委，天津市财政局、建委，河北省、山西省、内蒙古自治区、辽宁省、吉林省、黑龙江省、山东省、河南省、陕西省、甘肃省、青海省、宁夏回族自治区、新疆维吾尔自治区财政厅、住房城乡建设厅，大连市、青岛市财政局、建委、新疆生产建设兵团财政局、建设局：

北方采暖区既有居住建筑供热计量及节能改造（以下简称供热计量及节能改造）实施以来，各地住房和城乡建设、财政主管部门积极落实改造项目，多方筹措资金，认真组织实施，圆满地完成了国务院确定的"十一五"改造任务，取得了良好的节能减排效益及社会经济效益，得到了地方政府、有关企业和居民群众的广泛支持和积极参与，形成了良好的工作局面。"十二五"期间，财政部、住房和城乡建设部将进一步加大工作力度，完善相关政策，深入开展供热计量及节能改造工作。现就有关事项通知如下。

一、明确"十二五"期间改造工作目标

进一步扩大改造规模，到2020年前基本完成对北方具备改造价值的老旧住宅的供热计量及节能改造。到"十二五"末，各省（区、市）要至少完成当地具备改造价值的老旧住宅的供热计量及节能改造面积的35%以上，鼓励有条件的省（区、市）提高任务完成比例。地级及以上城市达到节能50%强制性标准的既有建筑基本完成供热计量改造。完成供热计量改造的项目必须同步实行按用热量分户计价收费。住房和城乡建设部、财政部将对以上目标按年度分解，逐年考核，并将考核结果上报国务院。

二、尽快落实各省供热计量及节能改造任务并签订改造协议

为进一步健全激励约束机制，鼓励地方加快节能改造工作，中央财政奖励标准在"十二五"前3年将维持2010年标准不变，2014年后将视情况适度调减。各省（区、市）根据"十二五"改造规划，及早确定2011～2013年节能改造目标，并于2011年2月底前上报财政部和住房和城乡建设部。为确保改造目标完成，加快工作进度，财政部、住房城乡建设部将按各地上报的改造工作量与各地签订改造协议。对工作积极性高、提出改造申请早、前期完成任务好的地方将优先签订改造协议，优先安排改造任务及中央财政奖励资金。

三、鼓励具备条件的城市尽早完成节能改造任务

为充分调动城市积极性，突出政策效益和改造整体效果，对工作积极性高、前期工作基础好、配套政策落实的市县进一步加大政策激励力度，启动一批供热计量及节能改造重点市县（"节能暖房"工程重点市县，下同）。供热计量及节能改造重点市县要切实加快工作进度，到2013年地级及以上城市要完成当地具备改造价值的老旧住宅的供热计量及节能改造面积40%以上，县级市要完成70%以上，达到节能50%强制性标准的既有建筑基本完成供热计量改造。鼓励用3～5年时间节能改造重点市县全部完成节能改造任务，从而实现重点突破，并形成示范带动效应。对节能改造重点市县，财政部、住房和城乡建设部将优先安排节能改造任务及相应补助资金，对经考核如期完成上述改造目标的重点市县，将根据节能效果、供热计量收费进展等因素，给予专门财政资金奖励，用于推进热计量收费改革等相关建设性支出。申请供热计量及节能改造重点市县，要抓紧制定改造方案，提出详细的节能改造目标，保障措施并落实改造项目，由省（区、市）财政、住房和城乡建设部门汇总，于2011年2月底前上报财政部和住房和城乡建设部。财政部与住房和城乡建设部将对节能改造方案进行论证，按照"成熟一批、启动一批"的原则组织实施并下达财政补助资金。

四、建立多元化的资金筹措机制

各地要建立以市场化融资为主体的多元化资金筹措机制。各级财政要把供热计量及节能改造作为节能减排资金安排的重点，建立稳定、持续的财政资金投入机制。要落实好已发布的节能服务机制的优惠政策，积极支持采用合同能源管理方式，开展供热计量及节能改造并进行分户计量收费。要积极引导供热企业、居民、原产权单位及其他社会资金投资改造项目，进一步拓展节能改造资金来源。

五、积极推广新型建材应用

在供热计量及节能改造中大力推广应用新型节能技术、材料、产品，带动相关产业发展。各省（区、市）要在充分论证的基础上，于2011年2月底前选择上报拟在改造中使用的新型节能技术、材料、产品。住房和城乡建设部和财政部将结合各省推荐情况，在全国范围选择确定新型节能建材产品技术目录。各地应从目录中选用相关技术、材料及产品应用于节能改造工程。住房和城乡建设部和财政部将根据产品质量、施工质量、节能效果等因素，对目录进行动态调整，择优扶持相关企业。

六、切实加强组织实施

各地要高度重视供热计量及节能改造工作，接此通知后迅速开展方案制定、市县申报等工作，确保按时上报相关材料。要加强组织领导，建立住房和城乡建设、财政、物价、供热、房产等主管部门参加的议事协调机制，统一研究部署改造工作中的重大问题。要注重发挥政策和资金整体效益，尤其要将供热计量及节能改造与保障性住房建设、棚户区改造、旧城区综合整治、城市市容整治等工作相衔接，统筹推进，加快"节能暖房"工程建设。绿色重点小城镇试点也

要积极推进既有居住建筑供热计量及节能改造，中央财政将安排相应的补助资金。要加强对改造工程全过程的质量安全控制，强化对计量器具、保温材料、门窗等材料产品的质量安全管理，确保将建筑节能改造工程建成精品工程与安全工程。

（选自财政部、住房和城乡建设部《关于进一步深入开展北方采暖地区既有居住建筑供热计量及节能改造工作的通知》）

相关政策法规简介

《夏热冬冷地区既有居住建筑节能改造补助资金管理暂行办法》

发布单位：财政部

发布时间：2012年4月9日

文件编号：财建【2012】148号

中央财政将安排资金专项用于对夏热冬冷地区实施既有居住建筑节能改造进行补助，补助资金采取由中央财政对省级财政专项转移支付方式。

补助资金使用范围：建筑外门窗节能改造支出；建筑外遮阳系统节能改造支出；建筑屋顶及外墙保温节能改造支出；财政部、住房城乡建设部批准的与夏热冬冷地区既有居住建筑节能改造相关的其他支出。

补助资金将综合考虑不同地区经济发展水平、改造内容、改造实施进度、节能及改善热舒适性效果等因素进行计算，并将考虑技术进步与产业发展等情况逐年进行调整。2012年补助标准具体计算公式为：

某地区应分配补助资金额＝所在地区补助基准×∑（单项改造内容面积×对应的单项改造权重）。

地区补助基准按东部、中部、西部地区划分：东部地区15元/平方米，中部地区20元/平方米，西部地区25元/平方米。

单项改造内容指建筑外门窗改造、建筑外遮阳节能改造及建筑屋顶及外墙保温节能改造三项，对应的权重系数分别为30%、40%、30%。

《关于贯彻落实国务院关于加强和改进消防工作的意见的通知》

发布单位：住房和城乡建设部

发布时间：2012年2月10日

文件编号：建科【2012】16号

为贯彻落实国务院《关于加强和改进消防工作的意见》（国发[2011]46号），严格执行现行有关标准规范和公安部、住房和城乡建设部联合印发的《民用建筑外墙保温系统及外墙装饰防火暂行规定》（公通字[2009]46号）。

要严格执行《民用建筑外墙保温系统及外墙装饰防火暂行规定》中关于保温材料燃烧性能的规定，特别是采用B1和B2级保温材料时，应按照规定设置防火隔离带。各地可在严格执行现行国家标准规范和有关规定的基础上，结合实际情况制定新建建筑节能保温工程的地方标准规范、管理办法，细化技术要求和管理措施，从材料、工艺、构造等环节提高外墙保温系统的防火性能和工程质量。

《关于做好2012年扩大农村危房改造试点工作的通知》

发布单位：住房和城乡建设部、国家发展和改革委员会、财政部

发布时间：2012年6月29日

文件编号：建村【2012】87号

2012年中央扩大农村危房改造试点实施范围是中西部地区全部县（市、区、旗）和辽宁、江苏、浙江、福建、山东、广东等省全部县（市、区）。任务是支持完成400万农村贫困户危房改造，其中：优先完成陆地边境县边境一线13万贫困农户危房改造，支持东北、西北、华北等"三北"地区和西藏自治区试点范围内13.08万农户结合危房改造开展建筑节能示范。各省（区、市）危房改造任务由住房和城乡建设部会同国家发展和改革委员会、财政部确定。

补助对象重点是居住在危房中的农村分散供养五保户、低保户、贫困残疾人家庭和其他贫困户。各地要按照优先帮助住房最危险、经济最贫困农户解决最基本安全住房的要求，合理确定补助对象。补助标准为每户平均7500元，在此基础上对陆地边境县边境一线贫困农户、建筑节能示范户每户再增加2500元补助。2012年中央安排扩大农村危房改造试点补助资金318.72亿元（含中央预算内投资35亿元），由财政部会同国家发展和改革委员会、住房和城乡建设部联合下达。

《关于组织开展全国既有玻璃幕墙安全排查工作的通知》

发布单位：住房和城乡建设部
发布时间：2012年3月1日
文件编号：建质【2012】29号

排查已投入使用的既有玻璃幕墙，既有玻璃幕墙安全维护情况，既有玻璃幕墙实体质量安全情况。各地住房城乡建设(房地产)主管部门要督促和指导既有玻璃幕墙建筑产权人自查，在此基础上，对辖区内既有玻璃幕墙进行抽查，重点抽查高层建筑、人流密集区域、青少年或幼儿活动公共场所以及有安全隐患投诉的既有玻璃幕墙。经安全排查，对于不符合现行国家标准规范要求的既有玻璃幕墙，产权人应于2012年7月31日前完成整改，确保玻璃幕墙使用安全。

《北京市既有非节能居住建筑供热计量及节能改造项目管理办法》

发布单位：北京住房和城乡建设委员会、北京市政市容管理委员会、北京市规划委员会、北京市发展和改革委员会、北京财政局
发布时间：2011年12月23日
文件编号：京建法【2011】27号

本办法适用于本市行政区域内除中央国家机关和部队产权外的所有城镇既有非节能居住建筑改造项目。全市既有非节能居住建筑的改造任务，不分产权单位隶属关系，统一由所在区县政府组织、协调、推进。既有非节能居住建筑供热计量及节能改造工作与给排水、燃气、热网、电力、通信、道路、绿化等改造工作相衔接，统筹推进。实行多元化资金筹措和以奖代补、定额补助。

《北京市房屋建筑抗震节能综合改造工程设计单位合格承包人名册管理办法》

发布单位：北京市住房和城乡建设委员会、北京市规划委员会、北京市财政局
发布时间：2012年3月21日
文件编号：京建法【2012】6号

本办法所称北京市房屋建筑抗震节能综合改造工程是指，对本市1980年以前（不含1980年）建成的未采取抗震设防措施、未采取建筑节能措施的既有住宅，进行抗震节能

综合改造的工程。名册适用于列入2012年至2015年北京市住宅综合改造工程，凡参与市、区县政府出资并依法应当招标的住宅综合改造工程项目的设计单位，均应当为本合格承包人名册内的企业。

名册内所有单位排名不分先后，均为合格设计单位，均有平等参与本市住宅综合改造工程设计的权利。设计费按照《工程勘察设计收费管理规定》和《国家发展改革委关于降低部分建设项目收费标准规范收费行为等有关问题的通知》计算并下浮20%。采用工业化加固改造方式的，加固改造系数取为1.4；采用传统加固改造方式的，加固改造系数取为1.2。

《关于加强老旧小区房屋建筑抗震节能综合改造工程质量管理的通知》

发布单位：北京市安全生产监督管理局
发布时间：2012年8月14日
文件编号：京建发【2012】368号

为加强老旧小区房屋建筑抗震节能综合改造工程质量监督管理，保证老旧小区房屋建筑抗震节能综合改造工程质量，北京市安全生产监督管理局发布了《关于加强老旧小区房屋建筑抗震节能综合改造工程质量管理的通知》。

该通知要求老旧小区房屋建筑抗震节能综合改造工程的实施责任主体对工程质量负首要责任；老旧小区房屋建筑抗震节能综合改造工程必须严格落实项目法人责任制、工程监理制、合同管理制和质量终身责任制等制度；老旧小区房屋建筑抗震节能综合改造工程必须严格执行有关建筑材料和工程施工的技术标准和验收规范；以及市、区县质量监督机构应依据有关法律法规和工程建设强

制性标准，加强对老旧小区房屋建筑抗震节能综合改造工程质量的监督管理。

《上海市建筑节能项目专项扶持办法》

发布单位：上海市发展和改革委员会，上海市城乡建设和交通委员会，上海市财政局
发布时间：2012年8月6号
文件编号：沪发改环资【2012】088号

为进一步加大对本市建筑节能工作的推进力度，规范建筑节能扶持资金使用管理，根据《上海市建筑节能条例》、《上海市节能减排专项资金管理办法》的有关规定，制定《上海市建筑节能项目专项扶持办法》。本办法自2012年9月15日起施行，有效期三年，原《市建设交通委、市发展改革委、市财政局关于印发〈上海市建筑节能项目专项扶持暂行办法〉的通知》（沪建交联[2009]816号）同时废止。

《办法》在既有建筑改造方面共涉及两类项目：既有建筑节能改造示范项目、既有建筑外窗或外遮阳节能改造示范项目。既有建筑节能改造示范项目的支持范围要求既有建筑改造节能标准达到50%及以上，居住建筑建筑面积1万平方米以上，公共建筑单体建筑面积2万平方米以上。其中公共建筑必须实施建筑用能分项计量，且与本市国家机关办公建筑和大型公共建筑能耗监测平台数据联网。符合既有建筑节能改造示范项目支持范围的，每平方米补贴60元。既有建筑外窗或外遮阳节能改造示范项目的支持范围要求居住建筑面积5千平方米以上，公共建筑单体建筑面积1万平方米以上。符合既有建筑外窗或外遮阳节能改造示范项目支持范围，对实施建筑外窗或外遮阳（建筑外窗已

符合相关标准要求）节能改造的，按照窗面积每平方米补贴150元；对同时实施建筑外窗和外遮阳节能改造的，按照窗面积每平方米补贴250元。

《关于加快推进本市国家机关办公建筑和大型公共建筑能耗监测系统建设的实施意见》

发布单位：上海市人民政府

发布时间：2012年5月11号

文件编号：沪府发【2012】49号

为加强本市国家机关办公建筑和大型公共建筑节能管理，根据《中华人民共和国节约能源法》、《民用建筑节能条例》、《上海市节约能源条例》、《上海市建筑节能条例》等法律法规，现就加快推进本市国家机关办公建筑和大型公共建筑能耗监测系统建设（以下简称"建筑能耗监测系统"）提出实施意见。

《意见》提出总体工作目标为构建"全市统一、分级管理、互联互通"的建筑能耗监测系统，加强建筑节能基础工作，提升本市建筑节能管理水平及用能效率。对单体建筑面积在1万平方米以上的国家机关办公建筑和2万平方米以上的公共建筑（以下简称国家机关办公建筑和大型公共建筑），有计划、有步骤地推进用能分项计量装置的安装及联网，到2015年，建成基本覆盖本市国家机关办公建筑和大型公共建筑的能耗监测系统。

《意见》提出了各阶段推进目标，2012年，建成建筑能耗监测市级平台、17个建筑能耗监测区级分平台和1个市级机关办公建筑能耗分平台，实现市级平台与分平台数据自动交换；完成600栋以上既有国家机关办

公建筑和大型公共建筑用能分项计量装置的安装及联网（其中新增400栋以上）。2013年，完成1400栋左右既有国家机关办公建筑和大型公共建筑用能分项计量装置的安装及联网（其中新增800栋左右）。2014年，本市国家机关办公建筑和大型公共建筑能耗监测基本实现全面覆盖，重点用能建筑的节能管理基本实现数字化。

《重庆市公共建筑节能改造重点城市示范项目管理暂行办法》

发布单位：重庆市城乡建设委员会、重庆市财政局

发布时间：2012年7月20日

文件编号：渝建发【2012】111号

2011年财政部、住房和城乡建设部启动了公共建筑节能改造重点城市建设工作，重庆市被国家列为全国首批重点城市，按照目标任务要求，我市要在两年内完成400万平方米的公共建筑节能改造任务。各区每年应至少组织实施8万平方米的示范项目，各县每年应至少组织实施3万平方米的示范项目。

"公共建筑节能改造重点城市示范项目"是指通过市城乡建设、财政主管部门批准，列入市公共建筑节能改造重点城市示范项目实施计划，并对采暖通风空调及生活热水系统、供配电与照明系统、监测与控制系统、围护结构等进行一项或多项节能改造，改造后实现单位建筑面积能耗下降20%及以上目标的项目。

鼓励优先采用合同能源管理模式实施公共建筑节能改造，"补助资金"来源由中央财政和市级配套财政资金组成，按照节能量

审核机构核定的节能率和改造建筑面积进行补助。单位建筑面积能耗下降25%（含）以上的，按40元/平方米进行补助；单位建筑面积能耗下降20%（含）至25%的，按35元/平方米进行补助。

《吉林省2012年"暖房子"工程实施意见》

发布单位：吉林省暖房办
发布时间：2012年3月5日
文件编号：吉暖【2012】1号

为进一步推进全省"暖房子"工程建设，加强工程建设管理，提高工程建设质量，现就2012年"暖房子"工程的实施工作制定如下意见：

2012年"暖房子"工程继续坚持区域性整体改造，以提高供热保障能力和房屋保暖能力、改善人居环境、推动节能减排综合协调发展为目标，以完善各项政策措施、提高管理和施工水平、确保工程质量为核心，建立"暖房子"工程常态化推进管理工作机制，全力推进这项重大民生工程、节能减排工程、城市景观提升工程、重大发展工程，让更多群众受益。

实施中务必做到"四个更加注重"，即更加注重质量安全，强化工程全过程监管；更加注重关键部位和细微环节处理，严格规范建设标准；更加注重轻重缓急，科学安排建设项目；更加注重长效机制，加强建后管理与维护。

《进一步加强"暖房子"工程和保障性安居工程质量管理的相关规定》

发布单位：吉林省住房和城市建设厅

发布时间：2012年6月27日
文件编号：吉建质【2012】96号

"暖房子"工程和保障性安居工程是我省改善民生、造福百姓的标志性工程，涉及面广，公益性强，社会影响大，其工程质量事关广大群众切身利益和社会的和谐稳定。为加强"暖房子"工程和保障性安居工程的质量管理，落实相关部门及责任单位的质量责任，规范参建各方质量行为，增强各方责任主体质量意识，建成百姓放心工程、满意工程，特做如下规定：

一、各级住房和城乡建设行政主管部门要根据职责分工，认真履行"暖房子"工程和保障性安居工程的基本建设程序，严格执行工程质量管理的法律法规，切实履行工程质量监督管理职责，杜绝出现工程质量问题，把"暖房子"工程和保障性安居工程质量管理纳入工作考核、约谈和问责范围。

二、要加大监督检查和工程质量责任追究力度，依法严肃查处设计、施工、监理过程中存在的违法违规行为，对于违反工程建设强制性标准，造成质量问题的要依照有关法律法规从严从重从快严厉处罚。

三、对于造成工程质量事故的，出现违反国家强制性标准质量问题的，视情节轻重，将依法对责任单位予以暂扣资质、停业整顿、降低资质等级，直至吊销资质证书的处罚。依法对责任人予以停止执业、吊销执业资格证书，直至终身不予注册的处罚。构成犯罪的，依法追究刑事责任。

四、严格执行责任追究制度，除追究直接责任人的责任外，还要追究单位法定代表人的责任。依照有关法律法规责任单位给予经济处罚的，处罚的金额按国家法律规定上限三倍以上实施处罚。

《进一步加强"暖房子"工程质量监督管理工作的通知》

发布单位：吉林省延州暖房办

发布时间：2012年7月6日

文件编号：延州暖办【2012】7号

为进一步加强全州"暖房子"工程质量监管工作，确保"暖房子"工程建设质量，现将有关问题通知如下：

一、加强"基层"处理监管

二、加强建筑材料入场监管

三、加强样板、示范先行监管

四、加强质量监管队伍建设

二、标准规范

工程建设标准和相关产品标准，对于确保既有建筑改造领域的工程质量和安全、促进既有建筑改造事业的健康发展具有重要的基础性保障作用。本篇选列2011~2012发布实施的工程建设国家标准5部、工程建设行业标准8部、地方标准14部和中国工程建设标准化协会（CECS）标准4部，涉及工程建设标准体系中的建筑设计、建筑地基基础、建筑结构、建筑维护加固与房地产、建筑环境与节能、建筑电气、建筑工程质量等多个专业领域。

国家标准简介

《节能建筑评价标准》GB/T50668—2011

主编单位：中国建筑科学研究院

参编单位：中国建筑西南设计研究院、中国建筑设计研究院、深圳建筑科学研究院有限公司、上海建筑设计研究院、重庆大学、哈尔滨工业大学、河南省建筑科学研究院、中国城市科学研究会绿色建筑研究中心、黑龙江寒地建筑科学研究院、陕西省建筑科学研究院、天津大学、北京立升茂科技有限公司

主要起草人：王清勤、林海燕、冯雅、赵建平、潘云钢、郎四维、叶青、曾捷、寿炜炜、李百战、董重成、栾景阳、卜增文、陈琪、尹波、郭振伟、张锦屏、李荣、朱能、孙大明、李楠、谢尚群、吕晓辰、张淼、高沛峻

简介：根据原建设部《关于印发<2006年工程建设标准规范制定、修订计划（第一批)>的通知》（建标[2006]77号）的要求，标准编制组经广泛调查研究，认真总结实践经验，参考有关国内标准和国外先进标准，并在广泛征求意见的基础上，制定本标准。

本标准的主要技术内容是：1.总则；2.术语；3.基本规定；4.居住建筑；5.公共建筑。

本标准适用于新建、改建和扩建的居住建筑和公共建筑的节能评价。

本标准由住房和城乡建设部负责管理，由中国建筑科学研究院负责具体技术内容的解释。

《坡屋面工程技术规范》GB50693—2011

主编单位：中国建筑防水协会

参编单位：中国建筑材料科学研究总院苏州防水研究院、北京市建筑设计研究院、深圳大学建筑设计研究院、中国砖瓦工业协会、中国绝热节能材料协会、欧文斯科宁（中国）投资有限公司、格雷斯中国有限公司、曼宁家屋面系统（中国）有限公司、永得宁国际贸易（上海）有限公司、巴特勒（上海）有限公司、上海建筑防水材料（集团）公司、嘉泰陶瓷（广州）有限公司、北京圣洁防水材料有限公司、渗耐防水系统（上海）有限公司、北京铭山建筑工程有限公司

主要起草人：王天、朱冬青、李承刚、朱志远、孙庆祥、颉朝华、王兵、张道真、丁红梅、姜涛、方虎、张照然、张浩、葛兆、尚华胜、杜昕

简介：根据原建设部《关于印发<2005年工程建设标准规范制订、修订计划（第一批)>的通知》（建标函[2005]84号）的要求，规范编制组经广泛调查研究，认真总结实践经验，参考有关国际标准和国外先进标准，并在广泛征求意见的基础上，编制本规范。

本规范的主要技术内容是：总则、术语、基本规定、坡屋面工程材料、防水垫层、沥青瓦屋面、块瓦屋面、波形瓦屋面、金属板屋面、防水卷材屋面、装配式轻型坡屋面等。

本规范适用于新建、扩建和改建的工业建筑、民用建筑坡屋面工程的设计、施工和质量验收。

本规范由住房和城乡建设部负责管理和对强制性条文的解释，由中国建筑防水协会负责具体技术内容的解释。

《砌体结构加固设计规范》GB50702—2011

主编单位：四川省建筑科学研究院、中国华西企业有限公司

参编单位：湖南大学、同济大学、哈尔滨工业大学、福州大学、武汉大学、中国建筑西南设计院、上海市民用建筑设计院、重庆市建筑科学研究院、陕西省建筑科学研究院、亨斯迈化工精细材料有限公司、上海安固建筑材料有限公司、厦门中连结构胶有限公司、上海同华加固工程有限公司、南京市凯盛建筑设计研究院有限责任公司

主要起草人：梁坦、吴体、梁爽、王晓波、吴善能、施楚贤、刘新玉、唐岱新、许政谐、林文修、陈大川、雷波、何英明、张成英、唐超伦、陈友明、张坦贤、刘延年、黄刚、黎红兵

简介：本规范是根据原建设部《1989年工程建设专业标准制订修订计划》的要求，由四川省建筑科学研究院会同有关单位编制完成的。

本规范在编制过程中，编制组开展了各种结构加固方法的专题研究；进行了广泛的调查分析和重点项目的验证性试验和工程试用；总结了近20年来我国砌体结构加固设计经验，并与国外先进的标准、规范进行了比较分析和借鉴。在此基础上以多种方式广泛征求了有关单位和社会公众的意见并进行了试设计和对加固效果的评估。据此，还对主要条文进行了反复修改，最后经审查定稿。

本规范共分13章和2个附录，主要技术内容包括：总则、术语和符号、基本规定、材料、钢筋混凝土面层加固法、钢筋网水泥砂浆面层加固法、外包型钢加固法、外加预应力撑杆加固法、粘贴纤维复合材加固法、钢丝绳网聚合物改性水泥砂浆面层加固法、增设砌体扶壁柱加固法、砌体结构构造性加固法、砌体裂缝修补法。

本规范适用于房屋和一般构筑物砌体结构的加固设计。

本规范由住房和城乡建设部负责管理和对强制性条文的解释；由四川省建筑科学研究院负责具体技术内容的解释。

《无障碍设计规范》GB50763—2012

主编单位：北京市建筑设计研究院

参编单位：北京市市政工程设计研究总院、上海市市政规划设计研究院、北京市园林古建设计研究院、中国建筑标准设计研究院、广州市城市规划勘测设计研究院、北京市残疾人联合会、中国老龄科学研究中心、重庆市市政设施管理局

主要起草人：焦舰、孙蕾、刘杰、杨旻、刘思达、聂大华、段铁铮、朱胜跃、赵林、祝长康、汪原平、吕建强、褚波、郭景、易晓峰、廖远涛、王静奎、郭平、杨宏

简介：本规范是根据住房和城乡建设部《关于印发〈2009年工程建设标准规范制订、修订计划〉的通知》（建标〔2009〕88号）的要求，由北京市建筑设计研究院会同

有关单位编制完成。

本规范在编制过程中，编制组进行了广泛深入的调查研究，认真总结了我国不同地区近年来无障碍建设的实践经验，认真研究分析了无障碍建设的现状和发展，参考了有关国际标准和国外先进技术，并在广泛征求全国有关单位意见的基础上，通过反复讨论、修改和完善，最后经审查定稿。

本规范共分9章和3个附录，主要技术内容有：总则，术语，无障碍设施的设计要求，城市道路，城市广场，城市绿地，居住区、居住建筑，公共建筑及历史文物保护建筑无障碍建设与改造。

本规范适用于全国城市新建、改建和扩建的城市道路、城市广场、城市绿地、居住区、居住建筑、公共建筑及历史文物保护建筑等。本规范未涉及的城市道路、城市广场、城市绿地、建筑类型或有无障碍需求的设计，宜按本规范中相似类型的要求执行。农村道路及公共服务设施宜按本规范执行。

本规范由住房和城乡建设部负责管理和对强制性条文的解释，由北京市建筑设计研究院负责具体技术内容的解释。

《民用建筑太阳能空调工程技术规范》 GB50787—2012

主编单位：中国建筑设计研究院、中国可再生能源学会太阳能建筑专业委员会

参编单位：上海交通大学、国家太阳能热水器质量监督检验中心（北京）、北京市太阳能研究所有限公司、青岛经济技术开发区海尔热水器有限公司、深圳华森建筑与工程设计顾问有限公司

主要起草人：仲继寿、王如竹、王岩、张昕、翟晓强、朱敦智、张磊、何涛、王红朝、孙京岩、郭延隆、张兰英、林建平、曾雁

简介：根据住房和城乡建设部《关于印发<2008年工程建设标准规范制订、修订计划（第一批）>的通知》（建标[2008]102号）的要求，规范编制组经广泛调查研究，认真总结实践经验，参考有关国际标准和国外先进标准，并在广泛征求意见的基础上，编制本规范。

本规范的主要技术内容是：1.总则；2.术语；3.基本规定；4.太阳能空调系统设计；5.规划和建筑设计；6.太阳能空调系统安装；7.太阳能空调系统验收；8.太阳能空调系统运行管理。

本规范适用于在新建、扩建和改建民用建筑中使用以热力制冷为主的太阳能空调系统工程，以及在既有建筑上改造或增设的以热力制冷为主的太阳能空调系统工程。

本规范由住房和城乡建设部负责管理和对强制性条文的解释，由中国建筑设计研究院负责具体技术内容的解释。

行业标准简介

《既有建筑地基基础加固技术规范》JGJ123—2012

主编单位：中国建筑科学研究院

参编单位：福建省建筑科学研究院、河南省建筑科学研究院、北京交通大学、同济大学、山东建筑大学、中国建筑技术集团有限公司

主要起草人：滕延京、张永钧（以下按姓氏笔画排列）

叶观宝、冯禄、刘金波、张天宇、李安起、李湛、张鑫、赵海生、崔江余

简介：本规范是根据中华人民共和国住房和城乡建设部建标[2009]88号《2009年工程建设标准规范制订、修订计划》的要求，由中国建筑科学研究院会同有关设计、勘察、施工、研究与教学单位，对行业标准《既有建筑地基基础加固技术规范》JGJ123-2000修订而成。

本规范的主要技术内容有：总则、术语和符号、基本规定、地基基础鉴定、地基计算、增层改造、纠倾加固、移位加固、托换加固、事故预防与补救、加固方法、检验与监测及有关附录。

本规范修订的主要技术内容是：1.术语；2.既有建筑地基基础加固设计的基本要求；3.邻近新建建筑、深基坑开挖、新建地下工程对既有建筑产生影响时，应采取对既有建筑的保护措施；4.不同加固方法的承载力和变形计算方法；5.托换加固；6.地下水位变化过大引起的事故预防与补救；7.检验与监测；8.既有建筑地基承载力持载再加荷载荷试验要点（附录B）；9.既有建筑桩基础单桩承载力持载再加荷载荷试验要点（附录C）。

本规范修订调整的主要技术内容有：1.既有建筑地基基础鉴定评价的要求；2.原规范纠倾加固和移位一章，调整为纠倾加固、移位加固两章；3.增层改造、事故预防和补救、加固方法等的内容；4.其他与现行国家标准表述不一致的修订；5.充实了条文说明的内容。

本规范适用于既有建筑因勘察、设计、施工或使用不当；增加荷载、纠倾、移位、改建、古建筑保护；遭受邻近新建建筑、深基坑开挖、新建地下工程或自然灾害的影响等需对其地基和基础进行加固的设计、施工和质量检验。

本规范由住房和城乡建设部负责管理和对强制性条文的解释，由中国建筑科学研究院负责日常管理和具体技术内容的解释。

《混凝土基层喷浆处理技术规程》JGJ238—2011

主编单位：云南工程建设总承包公司、云南建工集团有限公司

参编单位：云南省建筑科学研究院、云南省建筑工程设计院、北京建工集团有限责

任公司、中建一局集团第三建筑有限公司、甘肃省建设投资（控股）集团总公司、昆明理工大学、云南大学

主要起草人：纳杰、陈文山、谢其华、甘永辉、陈宇彤、孟红、刘国强、杨杰、熊英、邓丽萍、宁宏翔、欧阳文、王景、杨习涛、孙群、彭彪、杜庆檐、张辉、钟阳、汪亚冬、王伟、刘源、徐清、吕龙

简介：根据住房和城乡建设部《关于印发〈2009年工程建设标准规范制订、修订计划〉的通知》（建标〔2009〕88号）的要求，规程编制组经广泛调查研究，认真总结实践经验，参考有关国际标准和国外先进标准，并在广泛征求意见的基础上，编制本规程。

本规程的主要技术内容：1.总则；2.术语；3.材料技术要求；4.施工；5.验收。

本规程适用于新建、扩建和改建的建筑工程的混凝土基层喷浆处理施工与质量验收。

本规程由住房和城乡建设部负责管理，由云南工程建设总承包公司负责具体技术内容的解释。

《无机轻集料砂浆保温系统技术规程》JGJ253—2011

主编单位：广厦建设集团有限责任公司、宁波荣山新型材料有限公司

参编单位：浙江大学、中国建筑科学研究院、中国建筑材料科学研究总院、上海市建设工程安全质量监督总站、上海市建筑科学研究院、浙江省建筑科学设计研究院、河南省建筑科学研究院、南京臣功节能材料有限公司、乐意涂料（上海）有限公司、浙江大森建筑节能科技有限公司、浙江东宸建设控股集团有限公司、浙江鸿翔保温科技有限公司、浙江新世纪工程检测有限公司、杭州泰富龙新型建筑材料有限公司、杭州元创新型材料科技有限公司、杭州安阳建材科技有限公司、太原思科达科技发展有限公司、江西扬泰建筑干粉有限公司、深圳市思科达科技有限公司、深圳贝特尔建筑材料有限公司、安徽芜湖中川节能建材有限公司、武汉奥捷高新技术有限公司、南阳天意保温耐火材料有限公司、昆山长绿环保建材有限公司、余姚市飞天玻纤有限公司

主要起草人：阮华、钱晓倩、林炎飞、李陆宝、楼明、王小山、方明晖、潘延平、宋波、王智宇、刘勇、周东、刘明明、王新民、苑麒、栾景阳、韩玉春、朱国亮、周强、张继文、邓威、水贤明、张定干、李珠、王博儒、林德、赵享鸿、张迁、张建中、王海宾、刘德亮、周瑜、陈伟前、朱仟忠、顾剑英、庄继昌

简介：根据住房和城乡建设部《关于印发〈2009年工程建设标准规范制订、修订计划〉的通知》（建标〔2009〕88号）的要求，规程编制组经广泛调查研究，认真总结实践经验，参考有关国际标准和国外先进标准，并在广泛征求意见的基础上，编制本规程。

本规程的主要技术内容是：1.总则；2.术语；3.基本规定；4.性能要求与进场检验；5.设计；6.施工；7.质量验收。

本规程适用于以混凝土和砌体为基层墙体的民用建筑工程中，采用无机轻集料砂浆保温系统的墙体保温工程的设计、施工及验收。

本规程由住房和城乡建设部负责管理和对强制性条文的解释，由广厦建设集团有限责任公司负责具体技术内容的解释。

《混凝土结构耐久性修复与防护技术规程》JGJ/T259—2012

主编单位：中冶建筑研究总院有限公司

参编单位：国家工业建筑诊断与改造工程技术研究中心、上海房地产科学研究院、南京水利科学研究院、中国建筑材料科学研究总院、中国京冶工程技术有限公司、武汉理工大学、清华大学、北京交通大学、铁道部运输局、广东省建筑科学研究院、阿克苏诺贝尔特种化学（上海）有限公司、富斯乐有限公司、广州市胜特建筑科技开发有限公司

主要起草人：惠云玲、郝挺宇、郭小华、陈洋、岳清瑞、洪定海、王玲、陈友治、朋改非、林志伸、郭永重、邱元品、朱雅仙、常好诵、陈秋霞、陈夏新、陈琪星、覃维祖、陆瑞明、赵为民、常正非、张量、吴如军、韩金田、范卫国、徐龙贵、周云龙

简介：根据原建设部《关于印发〈2001～2002年度工程建设城建、建工行业标准制订、修订计划〉的通知》（建标[2002]84号）的要求，编制组经广泛调查研究，认真总结实践经验，参考有关国际标准和国外先进标准，并在广泛征求意见的基础上，编制本规程。

本规程的主要内容是：1.总则；2.术语；3.基本规定；4.钢筋锈蚀修复；5.延缓碱骨料反应措施及其防护；6.冻融损伤修复；7.裂缝修补；8.混凝土表面修复与防护。

本规程适用于既有混凝土结构耐久性修复与防护工程的设计、施工及验收。本规程不适用于轻骨料混凝土及特种混凝土结构。

本规程由住房和城乡建设部负责管理，由中冶建筑研究总院有限公司负责具体技术内容的解释。

《外墙内保温工程技术规程》JGJ/T261—2011

主编单位：中国建筑标准设计研究院、武汉建工股份有限公司

参编单位：中国建筑科学研究院、国家防火建筑材料质量监督检验中心、浙江大学、北京中建建筑科学研究院有限公司、中国建筑材料检验认证中心、中国聚氨酯工业协会、圣戈班石膏建材（上海）有限公司、四川科文建材科技有限公司、可耐福石膏板（天津）有限公司、宜春市金特建材实业有限公司、拜耳材料科技（中国）有限公司、欧文斯科宁（中国）投资有限公司、杭州泰富龙新型建筑材料有限公司、浙江鑫得建筑节能科技有限公司、上海贝恒化学建材有限公司、绍兴市中基建筑节能科技有限公司、太原思科达科技发展有限公司、山东联创节能新材料股份有限公司、江苏万科建筑节能工程有限公司、天津住宅集团建设工程总承包有限公司、南阳银通节能建材高新技术开发有限公司、上海天宇装饰建材发展有限公司、上海卡迪诺节能科技有限公司、湖北邱氏节能建材高新技术有限公司、河南玛纳建筑模板有限公司

主要起草人：曹彬、陆兴、费慧慧、魏素巍、王新民、李晓明、冯雅、赵成刚、张三明、胡宝明、王建强、宋晓辉、柳建峰、杜长青、沙拉斯、刘建勇、姜涛、田辉、朱国亮、孙强、余骏、马恒忠、刘元珍、孙振国、邵金雨、冯云、杜峰、徐松、王宝玉、刘定安、杨金明、邱杰儒、鲍威

简介：根据住房和城乡建设部《关于印发〈2010年工程建设标准规范制订、修订计

划>的通知》（建标[2010]43号）的要求，《外墙内保温工程技术规程》编制组经大量调查研究，认真总结实践经验，参考有关国际标准和国外先进标准，并在广泛征求意见的基础上，编制本规程。

本规程的主要技术内容是：1.总则；2.术语；3.基本规定；4.性能要求；5.设计与施工；6.内保温系统构造和技术要求；7.工程验收。

本规程适用于以混凝土或砌体为基层墙体的新建、扩建和改建居住建筑外墙内保温工程的设计、施工及验收。

本规程由住房和城乡建设部负责管理，由中国建筑标准设计研究院负责具体技术内容的解释。

《被动式太阳能建筑技术规范》JGJ/T267—2012

主编单位：中国建筑设计研究院、山东建筑大学

参编单位：中国建筑西南设计研究院、国家住宅与居住环境工程技术研究中心、中国建筑标准设计研究院、甘肃自然能源研究所、大连理工大学、天津大学、国家太阳能热水器质量监督检验中心（北京）、中国可再生能源学会太阳能建筑专业委员会、深圳华森建筑与工程设计咨询顾问有限公司、上海中森建筑与工程设计顾问有限公司、昆明新元阳光科技有限公司

主要起草人：仲继寿、张磊、王崇杰、薛一冰、冯雅、喜文华、陈滨、张树君、王立雄、鞠晓磊、刘叶瑞、何涛、曾雁、管振忠、高庆龙、刘鸣、朱佳音、杨倩苗、徐丹、朱培世、郝睿敏、梁咏华、鲁永飞

简介：根据住房和城乡建设部《关于印发<2008年工程建设标准规范制订、修订计划（第一批）>的通知》（建标[2008]102号）的要求，规范编制组经广泛调查研究，认真总结实践经验，参考有关国际标准和国外先进标准，并在广泛征求意见的基础上，编制本规范。

本规范的主要技术内容是：1.总则；2.术语；3.基本规定；4.规划与建筑设计；5.技术集成设计；6.施工与验收；7.运行维护及性能评价。

本规范适用于新建、扩建、改建被动式太阳能建筑的设计、施工、验收、运行和维护。

本规范由住房和城乡建设部负责管理，由中国建筑设计研究院负责具体技术内容的解释。

《建筑物倾斜纠偏技术规程》JGJ270—2012

主编单位：中国建筑第六工程局有限公司、中国建筑第四工程局有限公司

参编单位：山东建筑大学、广东省建筑科学研究院、天津大学、中国建筑股份有限公司、中国建筑西南勘察设计研究院有限公司、中铁西北科学研究院有限公司、天津中建建筑技术发展有限公司、北京交通大学、江苏东南特种技术工程有限公司、武汉大学设计研究总院、贵州中建建筑科研设计院有限公司、陕西省建筑科学研究院、哈尔滨工业大学、黑龙江省四维岩土工程有限公司

主要起草人：王存贵、虢明跃、唐业清、刘祖德（以下按姓氏笔画排序）

王桢、王成华、王林枫、刘波、刘洪波、李林、李今保、李重文、肖绪文、何新东、余流、杨建江、陆海英、张鑫、张晶波、张云富、张新民、张立敏、徐学燕、康景文

简介：根据住房和城乡建设部《关于印发＜2008年工程建设标准规范制定、修订计划（第一批）＞的通知》（建标〔2008〕第102号）的要求，规程编制组经广泛调查研究，认真总结实践经验，参考有关国际标准和国外先进标准，并在广泛征求意见的基础上，制定本规程。

本规程的主要技术内容是：1.总则；2.术语和符号；3.基本规定；4.检测与鉴定；5.纠倾设计；6.纠倾施工；7.施工监测；8.工程验收。

本规程适用于建（构）筑物纠倾工程的检测、鉴定、设计、施工、监测和验收。

本规程由住房和城乡建设部负责管理，由主编单位负责具体技术内容的解释。

《建筑结构体外预应力加固技术规程》JGJ/T279—2012

主编单位：中国京冶工程技术有限公司、浙江舜杰建筑集团股份有限公司

参编单位：同济大学、中国建筑科学研究院、中冶建筑研究总院有限公司、北京市建筑设计研究院、北京市建筑工程研究院有限责任公司、上海同吉建筑设计工程有限公司 南京工业大学

主要起草人：尚仁杰、吴转琴、陈坤校、熊学玉、李晨光、李东彬、束伟农、宫锡胜、顾炜、李延和、仝为民、邵卫平

简介：根据原建设部《关于印发＜2002～2003年度工程建设城建、建工行业标准制定、修订计划＞的通知》（建标〔2003〕104号）的要求，规程编制组经广泛调查研究，认真总结工程实践经验；参考有关国际标准和国外先进标准，在广泛征求意见的基础上，编制本规程。

本规程的主要技术内容是：1.总则；2.术语和符号；3.基本规定；4.材料；5.结构设计；6.构造规定；7.防护；8.施工及验收。

本规程适用于房屋建筑和一般构筑物的混凝土结构采用体外预应力加固法进行加固的设计、施工及验收。

本规程由住房和城乡建设部负责管理，由中国京冶工程技术有限公司负责具体技术内容的解释。

地方标准简介

《袖阀管注浆加固地基技术规程》
DBJ04/T290—2012（山西省）

备案号：J12025—2012

主编单位：山西四建集团有限公司、山西博奥建筑纠偏加固工程有限公司

主编人：霍小妹

适用范围：本规程适用于既有建筑地基的加固、新建建筑的地基处理以及建筑深基坑人工底板的设计、施工和验收。

联系方式：太原市小店区体育北街7号

邮编：030012

《公共建筑用能监测系统工程技术规范》DGJ08—2068—2012（上海市）

备案号：J11542—2012

主编单位：上海市建筑科学研究院（集团）有限公司、上海市建筑建材业市场管理总站

主编人：何晓燕

适用范围：本规范适用于所有新建、改扩建、既有公共建筑的用能监测系统的建设、运行管理与维护。

联系方式：上海市宛平南路75号

邮编：200032

《无机保温砂浆系统应用技术规程》
DG/TJ08—2088—2011（上海市）

备案号：J11914—2011

主编单位：同济大学、上海市建筑科学研究院（集团）有限公司

主编人：王培铭

适用范围：本规程适用于新建、扩建、改建的民用建筑节能工程。既有建筑节能改造和工业建筑节能工程在技术条件相同时也可执行。

联系方式：上海市宛平南路75号

邮编：200032

《既有建筑结构加固工程现场检测技术规程》DGJ32/TJ136—2012（江苏省）

备案号：J12031—2012

主编单位：江苏省建筑科学研究院有限公司、江苏省建筑工程质量检测中心有限公司

主编人：杨晓虹

适用范围：本规程适用于既有建筑结构加固工程中有关新增混凝土、外加砂浆面层等加固质量的现场检测。

联系方式：江苏南京市北京西路12号

邮编：210008

《无机保温砂浆墙体保温系统应用技术规程》DB34/1503—2011（安徽省）

备案号：J11950—2011

主编单位：安徽省建筑科学研究设计院

主编人：徐峰

适用范围：本规程适用于安徽省范围内采用无机保温砂浆墙体保温系统的新建、扩建和改建的民用建筑墙体节能工程。

联系方式：安徽省合肥市环城南路28

邮编：230001

《自密实混凝土加固工程结构技术规程》DBJ/T13—150—2012（福建省）

备案号：J12109—2012

主编单位：福州大学、福建省中嘉建设工程有限公司

主编人：郑建岚

适用范围：本规程适用于工程结构采用增大截面法加固所进行的结构设计、自密实混凝土配合比设计、生产、施工。

联系方式：福建省福州市福州地区大学城学园路2号

邮编：350108

《非承重砌块自保温体系应用技术规程》DBJ/T14—079—2011（山东省）

备案号：J11881—2011

主编单位：山东省建设发展研究院、山东绿建节能科技有限公司

主编人：朱传晟、宋亦工、孙增桂、王洪飞

适用范围：本规程适用于8度和8度以下抗震设防地区的新建、改建和扩建的民用建筑框架结构、框架—剪力墙结构节能工程的设计、施工及验收。

联系方式：济南市经六路三里庄17号

邮编：250001

《既有建筑物结构安全性检测鉴定技术标准》DBJ/T15—86—2011（广东省）

备案号：J11908—2011

主编单位：广东省建筑科学研究院

主编人：邓浩

适用范围：本标准适用于既有建筑物结构安全性检测鉴定，以及建筑物改变使用条件、功能或改扩建的检测鉴定。

联系方式：广东省广州市先烈东路121号

邮编：510500

《非承重节能型烧结页岩空心砌块墙体工程技术规程》DBJ50—127—2011（重庆市）

备案号：J11865—2011

主编单位：重庆市建设技术发展中心、重庆市建筑节能中心

主编人：赵辉

适用范围：本规程适用于重庆市新建、改建、扩建民用建筑工程非承重墙采用节能型烧结页岩空心砌块的材料、构造设计、施工及验收。

联系方式：重庆市渝中区上清寺路69号

邮编：400015

《岩棉板薄抹灰外墙外保温系统应用技术规程》DBJ50/T—141—2012（重庆市）

备案号：J12058—2012

主编单位：中煤科工集团重庆设计研究院

主编人：谢自强

适用范围：本规程适用于重庆地区新建、扩建、改建民用建筑采用岩棉板薄抹灰外墙外保温系统的建筑节能工程。

联系方式：重庆市九龙坡区二郎科技新城科城路6号

邮编：400039

《既有村镇住宅抗震加固技术规程》DBJ/T61—68—2012（陕西省）

备案号：J12073—2012

主编单位：长安大学、陕西省住房和城乡建设厅

主编人：王毅红

适用范围：本规程适用于抗震设防烈度为6~8度地区经抗震鉴定后需要进行抗震加固的一二层既有村镇住宅。不适用于历史保护建筑的抗震加固。

联系方式：西安市北大街199号

邮编：710003

《西安市既有公共建筑节能改造技术规范》DBJ61/T69—2012(陕西省)

备案号：J12178—2012

主编单位:西安市城乡建设委员会、长安大学

主编人：李晓光

适用范围：本规范适用于西安市既有公共建筑的外围护结构及用能系统的节能改造。

联系方式：西安市南二环路中段

邮编：710064

《砖砌体嵌筋抗震加固技术规程》DB62/T25—3051—2011(甘肃省)

备案号：J11954—2011

主编单位：甘肃土木工程科学研究院

主编人：何忠茂

适用范围：本规程适用于抗震设防烈度为6~8度地区，经抗震鉴定后需要进行抗震加固的既有黏土实心砖砌体建筑的设计及施工。

联系方式：兰州市段家滩1188号

邮编：730020

《建筑外墙外保温工程防火技术规程》DB64/696—2011(宁夏回族自治区)

备案号：J11931—2011

主编单位：宁夏建筑设计研究院有限公司

主编人：李志辉

适用范围：本规程适用于宁夏回族自治区行政区内新建、改建和扩建的建筑及既有建筑节能改造外保温工程的设计、施工及验收。

联系方式:宁夏银川市兴庆区进宁北街68号

邮编：750001

CECS协会标准简介

《**房屋裂缝检测与处理技术规程**》CECS 293：2011

主编单位：湖南大学、福建省建筑科学研究院

主编人：卜良桃

适用范围：本标准适用于既有和在建的民用与工业房屋中混凝土结构、砌体结构、钢结构的裂缝检测、裂缝处理、施工及检验，不适用于有特殊用途或在特殊环境中使用的房屋及特种结构的裂缝检测与处理。

联系方式：湖南省长沙市麓山南路2号

邮编：410082

《**建（构）筑物托换技术规程**》CECS 295：2011

主编单位：广东金辉华集团有限公司、北京交通大学

主编人：唐业清、崔江余、李甫

适用范围：本规程适用于桥梁、城市隧道、建筑物等托换工程的设计、施工、质量控制、监测与验收。

联系方式：北京市海淀区上园村3号

邮编：100044

《**乡村建筑外墙无机保温砂浆应用技术规程**》CECS 297：2011

主编单位：中国建筑科学研究院

主编人：曹力强

适用范围：本规程适用于乡村建筑无机保温砂浆外墙外保温工程的设计、施工和验收。

联系方式：北京市北三环东路30号

邮编：100013

《**乡村建筑屋面泡沫混凝土应用技术规程**》CECS 299：2011

主编单位：中国建筑科学研究院

主编人：曹力强

适用范围：本规程适用于新建、扩建或改建的乡村建筑屋面泡沫混凝土保温工程的设计、施工及验收。

联系方式：北京市北三环东路30号

邮编：100013

三、科研项目

　　2012年6月，国家正式启动了"十二五"国家科技支撑计划重大项目"既有建筑绿色化改造关键技术研究与示范"，项目包括"既有建筑绿色化改造综合检测评定技术与推广机制研究"、"典型气候地区既有居住建筑绿色化改造技术研究与工程示范"、"城市社区绿色化综合改造技术研究与工程示范"、"大型商业建筑绿色化改造技术研究与工程示范"、"办公建筑绿色化改造技术研究与工程示范"、"医院建筑绿色化改造技术研究与工程示范"和"工业建筑绿色化改造技术研究与工程示范"七个课题。本篇分别从研究背景、研究目标、研究任务、预期成果、课题特点等方面对课题进行简要介绍。

既有建筑绿色化改造综合检测评定技术与推广机制研究

一、课题背景

绿色建筑是在建筑的全寿命周期内，最大限度地节约资源、保护环境和减少污染，为人们提供健康、舒适和高效的使用空间，建造使用人与自然和谐共生的建筑。"十二五"规划纲要的出台，显示我国绿色建筑将要从"启蒙"阶段迈向"快速发展阶段"。2008年绿色建筑评价活动启动初期，我国绿色建筑评价标识项目为10个；2009年获得绿色建筑评价标识的项目增加为20个；2010年获得绿色建筑评价标识的项目达到82个；2011年获得绿色建筑评价标识的项目增加到171个；截止2012年5月，全国已经评价出471项绿色建筑评价标识项目，取得绿色建筑标识的建筑达3532栋，总建筑面积达4653万平方米。可见，在我国城市化发展和城镇化战略转型的关键时期，绿色建筑的理念逐渐被市场和行业接受，绿色建筑已成为我国建筑业领域可持续发展的主导方向。

然而，截止2012年，我国既有建筑面积约为500亿平方米，且绝大部分的非绿色"存量"建筑都存在能耗高、安全性差、使用功能不完善等问题，2011年底，我国城镇节能建筑仅占既有建筑总面积的23%。此外，既有建筑的耐久性、舒适性、室内外环境等问题也逐渐引起了政府部门和广大人民群众的高度重视。据统计，我国每年拆除的

建筑面积约为4亿平方米，其中包括大量20世纪70年代和80年代建造的房屋，甚至包括20世纪90年代建造的房屋。拆除使用年限较短的非绿色"存量"建筑，不仅是对资源和能源的极大浪费，而且还会造成生态环境的二次污染和破坏。因此，在综合检测和评定的基础上对既有建筑进行绿色化改造，同时制定有效的既有建筑绿色化改造推广机制是解决我国非绿色"存量"建筑面临问题的最好途径之一。

在此背景下，"十二五"国家科技支撑计划课题《既有建筑绿色化改造综合检测评定技术与推广机制研究》全面启动。本课题符合《国家中长期科学和技术发展规划纲要（2006～2020年）》中重点领域"城镇化与城市发展"的"建筑节能和绿色建筑"优先主题任务要求。

通过本课题的实施，将研究既有建筑绿色化改造综合性能诊断、评价关键技术，开发既有建筑性能诊断和评价软件，制定绿色化改造标准或导则，建立绿色化改造平台，提出绿色化改造政策和市场推广机制建议，全面推进我国既有建筑绿色化改造工作顺利进行。

二、课题目标和研究内容

（一）课题的总体目标

本课题立足我国既有建筑发展现状，在既有建筑改造相关单项关键技术研究的基础上，通过集成创新及模式创新，分别展开既有建筑绿色化改造测评诊断成套技术、配套政策和推广机制研究及综合性技术服务平台和技术推广信息网络平台建设，为既有建筑绿色化改造提供可靠的鉴定评价工具、完善的配套政策参考、可行的运作推广模式以及全面的技术服务平台，形成健全的、良性的、可持续的既有建筑绿色化改造领域的研究发展能力。

（二）课题的研究内容

本课题主要开展既有建筑绿色化改造测评诊断成套技术研究，既有建筑绿色化改造评价方法研究，既有建筑绿色化改造政策研究，既有建筑绿色化改造市场推广机制研究和既有建筑绿色化改造综合性技术服务平台建设五个方面的研究任务。

1. 既有建筑绿色化改造测评诊断成套技术研究

针对建筑的结构性能、能效水平、室内外环境质量等方面因素，研究包括诊断指标、检测方法、分析手段、评估原则等在内的既有建筑综合性能测评诊断成套技术体系，研究开发既有建筑性能诊断软件，编制既有建筑绿色化改造检测标准或导则。

2. 既有建筑绿色化改造评价方法研究

基于技术经济性分析和性能评价，研究既有建筑绿色化改造潜力评估技术指标体系与评价方法，研究不同地区、不同类型建筑的权重体系及与既有建筑综合性能测评衔接的既有建筑绿色化改造效果定量化评价技术与方法，开发既有建筑绿色化改造评价工具。

3. 既有建筑绿色化改造政策研究

研究国内外既有建筑绿色化改造方面的相关政策，分析比对政策间的差异性、适应性和借鉴的可行性，研究适用于我国既有建筑绿色化改造的法规政策、激励机制、投融资模式、监管体制，提出既有建筑绿色化改造的政策与机制建议。

4. 既有建筑绿色化改造市场推广机制研究

分析我国既有建筑改造市场的现状和绿色化改造的潜力，研究合同能源管理（EPC）、能效交易、规划方案下清洁发展机制（PCDM）等建筑节能运作机制的优缺点和适用性，研究适用于不同类型建筑的既有建筑绿色化推广模式及与既有建筑绿色化运作模式相匹配的推广机制。

5. 既有建筑绿色化改造综合性技术服务平台建设

研究开发既有建筑绿色化改造信息动态数据库，建设既有建筑绿色化改造推广信息网络平台和既有建筑绿色化改造综合性技术服务平台，完善既有建筑节能改造政策和市场推广机制。

三、预期成果

本课题将形成与既有建筑绿色化改造相关的系列研究成果，主要分为以下几种形式：

（一）建立一套既有建筑综合性能测评诊断成套技术，基于此技术，开发绿色既有建筑监测、检测系统与装置和既有建筑性能诊断与评价软件，为有效甄别既有建筑性能缺陷、提高绿色化改造效益提供技术基础。

（二）制定既有建筑改造领域的协会标

准或导则、指南，为绿色建筑检测和既有建筑绿色化改造效果评价及从技术经济性和技术可行性两方面对既有建筑绿色化改造潜力进行分类提供技术依据。

（三）提出既有建筑绿色化改造政策及市场推广机制建议，为促进我国既有建筑绿色化改造工作的全面、顺利开展提供必要的政策支持和保障。

（四）建立既有建筑绿色化改造综合性服务平台，为既有建筑绿色化改造提供"一站式"服务平台和全面的技术保障。

（五）召开全国性的既有建筑绿色改造技术交流会和培训会，培养一批既有建筑绿色改造技术人员。

四、课题特点

本课题的主要创新点如下：

（一）多目标、多手段、多因素的既有建筑绿色化改造测评诊断方法；

（二）以定量化判别为主要模式的既有建筑绿色化改造评价方法；

（三）立足国情，提出先进的既有建筑绿色化改造的政策与机制建议；

（四）既有建筑绿色化改造推广的模式创新；

（五）既有建筑绿色化改造综合性技术服务平台的集成创新。

（中国建筑科学研究院供稿，王俊、
王清勤执笔）

典型气候地区既有居住建筑绿色化改造技术研究与工程示范

一、课题背景

既有居住建筑绿色化改造已成为国民经济发展的重要方向，得到国家的高度关注。《中华人民共和国循环经济促进法》已对既有建筑改造做了相关规定；《中华人民共和国国民经济和社会发展第十二个五年规划纲要》和《国家中长期科学和技术发展规划纲要（2006～2020年）》等重要规划文件均提出发展绿色建筑；针对绿色建筑专门拟定的《"十二五"绿色建筑科技发展专项规划》、"绿色建筑行动方案"等专项政策也已经出台。而各级地方政府对既有建筑的绿色化改造也极其关心，虽然国家层面既有建筑绿色化改造的强制或激励政策暂未出台，一些地方政府如天津、深圳、苏州等已出台了相关政策，大力促进既有建筑的绿色化改造。

我国既有建筑总面积已超过460亿平方米，但其中仅0.2亿平方米为绿色建筑，仅占既有建筑总面积的0.04%（2010年数据）。此外，每年新增的20亿平方米新建建筑中，绿色建筑的数量和面积也极其有限。既有居住建筑占既有建筑总面积的一半左右，而绝大部分的非绿色既有居住建筑存在资源消耗水平偏高、环境负面影响偏大、室内外环境仍需改善、使用功能有待提高等问题，对其进行绿色化改造显得十分必要。

目前我国实施既有居住建筑绿色化改造面临以下突出问题：1）绿色建筑技术体系、绿色建造与改造工艺和技术、绿色建筑评价标准体系尚未形成，既有居住建筑改造缺乏绿色化技术指导；2）发达国家绿色建筑技术和评价体系严重不适合我国不同气候地区的资源能源供应特点和建筑功能需求，简单套用会带来很大隐患；3）既有居住建筑普遍存在居住功能不完善、居住舒适度不高、结构安全储备不足、能耗大、资源利用率低等问题，急需通过绿色化改造改变现状；4）既有居住建筑的典型气候适应性较差，缺乏不同气候地区既有居住建筑绿色化改造技术体系，以及相关的关键技术支撑。以上这些问题均需开展相关专项研究加以解决。

二、课题目标和研究内容

（一）课题的总体目标

课题针对上述社会发展需求及现存问题，提出的总体目标是：根据我国城镇化发展进程中大规模既有居住建筑绿色化改造的需求，以寒冷和严寒、夏热冬冷、夏热冬暖等典型气候地区的既有居住建筑为研究对象，针对其在建筑形式与功能、结构安全性、居住舒适度、新能源利用与节能减排等方面存在的问题，进行绿色化改造关键共性技术和适用于典型气候地区的绿色化改造建筑新技术研究，建立符合我国国情和不同气候地区特点的既有居住建筑绿色化改造集成技术体系，并在典型气候地区进行示范和推广。

（二）课题的研究内容

课题共设置5个研究任务，具体研究内容如下：

任务1：既有居住建筑绿色化改造关键共性技术研究。研究内容包括：

（1）既有居住建筑绿色化再生设计的功能组织和空间整合技术；

（2）既有居住建筑绿色高效加固技术；

（3）改造用绿色化建筑材料的关键技术研究；

（4）高性能的绿色功能材料及应用技术研究。

任务2：寒冷和严寒地区既有居住建筑绿色化改造建筑新技术研究。研究内容包括：

（1）寒冷和严寒地区既有居住建筑围护结构绿色化改造技术；

（2）建筑热源改造升级和基于可再生能源的绿色化改造技术；

（3）基于余热回收的既有居住建筑能效提升改造技术；

（4）既有居住建筑热力入口、供热末端能效提升技术；

（5）既有建筑内外隔声减噪效果提升改造技术；

（6）既有居住区冬夏季风环境、光环境质量提升改造技术。

任务3：夏热冬冷地区既有居住建筑绿色化改造建筑新技术研究。研究内容包括：

（1）绿色能源供应：夏热冬冷地区既有居住建筑太阳能应用优化方案；

（2）绿色环境营造：夏热冬冷地区既有住区的绿化、下垫面、建筑外表面等热岛效应影响因素敏感性及其改造技术；

（3）绿色构件应用：夏热冬冷地区既有居住建筑遮阳综合改造技术、可规模化应用于既有建筑改造中的隔声门窗等建筑产品；

（4）绿色设施优化：包括供水系统、屋顶水箱及管道系统的给水系统健康化改造技术，节水化改造综合技术体系；

（5）绿色材料研发：夏热冬冷地区既有老式居住建筑夏季防潮适宜改造技术。

任务4：夏热冬暖地区既有居住建筑绿色化改造建筑新技术研究。研究内容包括：

（1）外窗和屋面隔热性能提升技术；

（2）非传统水源收集利用技术；

（3）建筑新型绿化技术；

（4）建筑通风与净化技术。

任务5：典型气候地区既有居住建筑绿色化改造技术集成和综合示范。研究内容包括：

（1）提出基于专项绿色化改造技术研究的典型气候地区既有居住建筑绿色化改造集成技术指南；

（2）在寒冷和严寒地区完成既有居住建筑绿色化改造工程综合示范两项，并进行改造效果评价分析；

（3）在夏热冬冷地区完成既有居住建筑绿色化工程综合示范两项，并进行改造效果评价分析；

（4）在夏热冬暖地区完成既有居住建筑绿色化工程综合示范两项，并进行改造效果评价分析。

三、课题的预期成果

1.形成关键技术4项：既有居住建筑绿

色化改造关键共性技术；寒冷与严寒地区既有居住建筑绿色化改造适宜新技术；夏热冬冷地区既有居住建筑绿色化改造适宜新技术；研发夏热冬暖地区具有空气净化功能的主动式居住建筑通风技术。

2. 在绿色改造功能材料研发、分体式空调冷凝热回收装置和建筑排水热能回收装置、结构整体加固技术、低碳维修技术、新型隔声门窗等相关领域形成新技术、新产品、新装置6项，其中申请或获得国家发明专利授权2项，获得软件著作权1项。编制既有居住建筑绿色化改造领域相关地方标准1部。

3. 在不同气候地区（寒冷和严寒地区、夏热冬冷、夏热冬暖）共完成既有居住建筑绿色化改造示范工程6项。在寒冷和严寒地区（如北京、哈尔滨、天津等地）完成既有居住建筑绿色化改造示范工程两项、总建筑面积不少于5000㎡；并完成改造效果综合评价；在夏热冬冷地区（如上海、南京、杭州等地）完成既有居住建筑绿色化改造示范工程两项、总建筑面积不少于5000㎡；在夏热冬暖地区（如深圳、广州等地）完成既有居住建筑绿色化改造示范工程两项、总建筑面积不少于5000㎡。

4. 课题实施过程中培养研究生不少于3名，培养青年技术骨干15名。

5. 在研究基础上发表学术论文20篇，完成研究报告5本。

四、课题的技术难点与创新点

课题的技术难点为：1. 基于既有居住建筑特点的绿色化再生设计方法；2. 既有居住建筑绿色高效加固技术；3. 绿色改造用功能材料的应用技术；4. 寒冷和严寒地区热源绿色化改造和可再生能源替代技术；5. 夏热冬冷地区既有居住建筑的遮阳综合改造技术；6. 夏热冬暖地区既有居住建筑的通风技术。

课题的创新点为：1. 既有居住建筑绿色高效加固技术方法和施工工艺；2. 可满足典型气候地区既有居住建筑绿色化改造不同功能需求的绿色功能材料及应用技术体系；3. 低品位能源和太阳能等可再生能源与常规能源互补供热的设计方法；4. 适合夏热冬冷地区既有居住建筑应用的遮阳形式，以及可规模化应用的隔声门窗产品；5. 既有居住建筑隔声与通风的外窗综合性能提升改造技术体系，及带净化功能的主动式通风技术。

五、课题研究前景

课题的实施可支撑和保障典型气候地区各类既有居住建筑的绿色化改造，既有助于提高既有居住建筑的室内外环境质量和综合品质、提升既有居住建筑的使用功能和结构安全性能，从而改善人民群众的生活品质；又可以显著改善既有居住建筑的整体能耗水平，避免大拆大建所产生的巨大资源能源浪费，从而实现建筑领域的节能减排和可持续发展。课题研究成果具有显著推广价值和广阔应用前景。

（上海市建筑科学研究院(集团)有限公司供稿，李向民、许清风执笔）

城市社区绿色化综合改造技术研究与工程示范

一、研究背景

既有建筑绿色化改造是提升建筑品质、提高人们居住水平、满足快速城市化需求的重要手段。成片更新改造是我国既有建筑改造的主要方式，目前几乎所有大中城市均不同程度以旧城或者旧村更新改造方式进行城市更新。然而，当前城市更新改造多数是拆除重建，或者"穿衣戴帽"，真正通过改造实质提升建筑品质、提高能源资源利用效率、改善城市环境的项目很少。

"十五"、"十一五"期间，我国在"绿色建筑"和"既有建筑改造"方面积累了大量研究成果和工程实践，但主要集中于针对单体建筑的改造技术，针对社区层级的改造技术的研究处于空白，而这正是解决成片更新改造的关键技术。为此，2012年5月获得立项的"十二五"国家科技支撑计划项目"既有建筑绿色化改造关键技术研究与示范"研究课题三"城市社区绿色化综合改造技术研究与工程示范"将展开针对城市社区层级的绿色化综合改造技术研究和工程示范。

二、研究目标

针对我国城市成片更新改造现状和改造需求，通过本课题的实施，研究建立针对既有城市社区的绿色化改造综合技术体系，包括社区改造基础信息快速获取和海量信息处理技术、社区绿色化改造规划方法、社区资源利用优化集成技术、社区环境综合改善技术、社区精细化运营管理技术和评价技术，推动社区绿色化改造的实施，提高我国城市成片更新改造水平，加快推进我国城市实现整体绿色转型。

三、研究内容

针对研究目标，课题分为六个方面的研究内容，具体如下：

研究内容1：城市社区绿色化改造基础信息数字化平台构建技术研究与示范。采用三维扫描、卫星遥感和传统测绘技术，快速获取既有城市社区基础信息；运用数字化处理技术对社区基础信息进行处理；开发城市社区绿色化改造基础信息数字化平台，为既有城市社区绿色化综合改造的诊断分析、规划设计、改造实施、运营管理等工作提供数据支撑平台。

研究内容2：城市社区绿色化改造规划设计技术研究与示范。研究既有城市社区功能评价方法；研究既有城市社区功能复合升级技术，包括：土地利用价值提升策略、空间资源优化策略、社区绿色交通设计与优化方法、城市社区文脉延续提升策略；整合资源改造规划方法，研究既有城市社区绿色化综合改造模式，建立一套既有城市社区绿色化综合改造规划设计方法，并进行工程应用示范。

研究内容3：城市社区资源利用优化集成技术研究与示范。研究既有城市社区能源利用现状诊断技术、能源改造规划技术，可再生能源匹配供应技术和绿色高效能源系统改造技术；研究既有城市社区水资源利用现状诊断技术、水资源改造规划技术，非传统水资源优化利用技术，包括中水与雨水联合利用技术及水资源优化配置技术、防洪抗涝与雨水利用相结合的新模式和社区污水资源合理利用技术；研究既有城市社区固体废弃物资源利用优化集成技术，包括改造过程中产生的固体废弃物（如建筑垃圾及土方）和居民生活垃圾的减量化、资源化综合利用技术。集成以上研究成果，进行工程示范。

研究内容4：城市社区环境综合改善技术研究与示范。研究城市社区环境（声环境、光环境、热环境、空气质量、交通环境、景观绿化环境）综合评价技术，建立城市社区环境综合评价指标体系；研究城市社区环境综合诊断分析技术，确定既有城市社区环境的影响因子，综合评估既有城市社区环境现状；研究城市社区环境综合改造集成技术体系，根据既有城市社区类型和改造模式，提出有助于城市社区环境品质提升的集成改造技术体系。集成以上研究成果，进行工程示范。

研究内容5：城市社区运营管理监控平台构建技术研究与示范。基于城市社区绿色化改造基础信息平台，研究既有城市社区绿色化综合改造过程与改造后运营的监控方法和技术，包括：改造实施过程中对资源消耗（能源、水资源和材料消耗）、环境品质的监测技术；改造后运营阶段对社区能源消耗、水资源消耗、物理环境、交通组织、垃圾排放及碳排放等信息的监测以及相应的管控方法。在城市社区绿色化改造基础信息平台基础上，开发城市社区运营管理监控平台，并进行工程示范。

研究内容6：城市社区绿色化综合改造标准及评价指标体系研究。研究总结既有城市社区绿色化综合改造相关技术和实际应用效果，编制城市社区绿色化综合改造相关技术规程或标准文稿，并争取经有关部门同意立项后形成送审稿或颁布。建立城市社区绿色化综合改造的评价方法和评价指标体系。

四、预期成果

本课题预期形成6本研究报告、2套方法技术指标、1套软件、2项标准文稿、4项以上示范工程、多项专利与著作权、多本专著与论文，以及培养一支综合性高层次研究队伍。

（一）研究报告

1. 城市社区绿色化改造基础信息数字化平台构建技术研究报告。解决城市社区绿色化改造所需的基础信息的快速获取和处理问题，提出适合于我国的城市社区绿色化改造基础信息数字化平台构建方法。

2. 城市社区绿色化改造规划设计技术研究报告与示范工程总结报告。解决城市社区土地价值提升与改造模式问题，提出城市社区绿色化改造规划设计方法。

3. 城市社区资源利用优化集成技术研究报告与示范工程总结报告。解决城市社区资源利用诊断问题和高效利用问题，提出合理高效的资源利用集成技术。

4. 城市社区环境综合改善技术研究报告

与示范工程总结报告。解决城市社区环境综合评价问题，提出有助于城市社区环境品质提升的集成改造技术体系。

5.城市社区运营管理监控平台构建技术研究报告与示范工程总结报告。解决城市社区运营管理协同问题，提出集城市社区基础信息、改造过程、改造后运营管理于一体的城市社区运营管理监控平台构建技术。

6.城市社区绿色化综合改造标准及评价指标体系研究报告。解决城市社区绿色化改造技术标准需求问题，提出城市社区绿色化改造评价指标体系。

（二）方法技术指标

1.构建一套城市社区绿色化综合改造规划设计指南。提出城市社区土地价值提升和改造模式确定等关键策略，建立完整的社区改造规划指南。

2.建立一套城市社区绿色化综合改造技术体系和评价指标。提出全寿命周期的、全项目过程的技术体系和评价指标。

（三）形成的知识产权、技术标准

1.开发软件1套：城市社区运营管理监控平台软件；

2.完成2项行业、地方标准（规程）修编或制订研究和文稿编制，经有关部门同意立项后形成送审稿或颁布。

（四）示范工程

本课题实施过程中，将进行城市社区绿色化综合改造示范，示范技术涵盖基础信息数字化平台构建技术、绿色化改造规划技术、资源利用优化集成技术、环境综合改善

技术和运营管理平台构建技术。示范项目4个，其中综合示范项目1个，分项技术示范项目3个。示范项目所在地包括大城市和中小城市（城镇）。

（五）其他成果

1.申请专利4项，软件著作权2项。

2.培养领军人物1人，培养副高级以上专业职称的青年骨干10人，培养研究生10人。

3.编写专著2本，发表学术论文12篇。

五、课题特点

（一）全社会视野：从全社会和谐发展的角度出发，以实现人居环境改善和人们幸福感提升为目的，研究着眼于土地利用价值提升以及实现资源高效利用。

（二）全生命周期：以全生命周期为时间范畴，以动态的眼光看社区改造更新需求，从全周期考量社区绿色化改造规划、设计、实施和运营技术效益。

（三）全信息化手段：研究建立城市社区绿色化改造基础信息平台和运营平台，充分实现信息化在城市社区绿色化改造全过程的应用。

（四）全过程示范：集成本课题涵盖城市社区绿色化改造全过程的研究成果，进行囊括城市社区绿色化改造所涉及的规划设计、改造实施和改造后运营的全过程工程示范。

（深圳市建筑科学研究院有限公司供稿，叶青、郭永聪执笔）

大型商业建筑绿色化改造技术研究与工程示范

一、课题背景

随着我国经济的增长，商业建筑面积占建筑总面积的比例不断扩大。据统计，2008年，大型商业建筑的面积约占总建筑面积的2%左右，但建筑能耗却占总建筑能耗的17%左右。现有商业建筑在耗能、耗地、耗材等方面数量巨大，功能结构也较为单一，对其进行绿色化改造是目前国内亟待关注及控制的主要方向。

我国的绿色商业建筑改造尚处于起步阶段，目前正在引进国外先进的绿色商业建筑技术。经过近十年的实践，我国已经有了不少高质量的绿色商业建筑改造案例，如上海、北京等城市的绿色商业建筑改造和南京地区的商业建筑改造等等。绿色商业建筑改造在我国具有非常广阔的前景。

随着能源问题和环境问题的日益突出，国家大力倡导进行大型公共建筑绿色化改造。本课题依据绿色、生态和可持续发展原则，在大型商业建筑功能提升与环境改善关键技术、大型商业建筑能源系统提升与节能关键技术、大型商业建筑绿色化改造节地关键技术、大型商业建筑绿色化改造节材关键技术上形成突破和创新，采用主动和被动技术相结合的方法，研发适用于大型商业建筑绿色化改造的成套技术，为大型商业建筑绿色化改造提供技术支撑，因地制宜地进行示范工程建设，总结示范经验，实施推广应用，最终实现商业建筑"四节一环保"的绿色改造目标，充分满足我国商业建筑绿色化改造的经济和社会发展的重大需求。

二、课题目标

通过本课题的实施，将实现商业建筑绿色化改造技术的创新，提升商业建筑的功能与改善建筑环境，节约能源，提高土地利用率，降低材料消耗率，推动商业建筑绿色化改造技术水平达到国家倡导的"四节一环保"政策的要求。

通过课题的研究和实施，促进多学科交叉发展，培养具有勇于创新、学术水平高、实践能力强的中青年研究团队和技术团队，促进我国既有建筑绿色化改造技术水平的提高，并形成人才梯队。

通过本课题的研究和实施，将在大型商业建筑绿色化改造领域形成一系列支撑既有商业建筑绿色化改造的关键技术，形成一些关键专利产品，开发一些关键计算软件和评估软件。

三、课题研究内容

本课题从5个方面对既有大型商业建筑绿色化改造开展研究并进行工程示范：

（一）大型商业建筑功能提升与环境改

善关键技术

大型商业建筑绿色改造的空间功能提升技术可行性评估研究。包括：大型商业建筑绿色改造空间功能评估技术研究；大型商业建筑绿色改造功能空间可持续设计及其关键技术研究；基于当代大型商业功能需求的既有大型商业建筑功能空间匹配及其技术指标研究。

大型商业建筑室内空气品质改善关键技术研究。包括：既有大型商业建筑室内空气品质调研和状况评价；以室内空气品质为指标评价既有大型商业建筑设计的合理性及其改造方案；自然能被动利用技术对改善室内空气品质的研究；暖通空调系统模式及运行调控方案对改善室内空气品质的研究。

大型商业建筑绿色改造的室内自然采光与人工照明集成关键技术研究。包括：既有大型商业建筑室内自然采光与照明现状评估研究；既有大型商业建筑自然采光引入设计技术研究；既有大型商业建筑室内人工照明优化配置关键技术研究。

大型商业建筑边庭与中庭空间改造设计关键技术研究。包括：大型商业建筑边庭与中庭空间改造设计关键技术研究；大型商业建筑边庭与中庭空间改造的绿色视觉景观环境营造技术；大型商业建筑边庭与中庭空间的声景营造技术研究。

大型商业建筑改造的减尘降噪等环保关键技术研究。包括：研发新的工程技术，尽可能减少高噪声、高粉尘等高污染改造工艺的使用；研究低噪声少振动或无噪声无振动的中小型设备的应用；研究新材料的应用技术，如预制材料、预拌（或易拌制）材料，减少施工现场对材料的二次加工量；研究环

保型材料的应用。

（二）大型商业建筑能源系统提升与节能关键技术研究

适用于大型商业建筑节能的系统化技术研究。包括：研究不同气候区域大型商业建筑的采暖空调负荷特性及运行特点，分析建筑能耗的构成特性；据此研究大型商业建筑外围护结构的适宜节能技术路线，及被动式技术的相关节能策略；研究大型商业建筑的自然通风、自然采光、热循环利用、中庭空间空调等与节能相关性最大的要点问题。

大型商业建筑精细化节能运行管理的关键技术研究。依据能源系统需求管理的理论，研究大型商业建筑精细化管理模式，确定适用于大型商业建筑空间管理的能效管理方法；针对不同负荷特性的空间（建筑内外区、不同建筑楼层等），提出室内温湿度、空气品质的实时控制策略、全空气系统全年运行策略、与人流量适应的变风量运行策略、与气候变化等负荷变化随动的冷热源调节策略；研究室内购物条件下的高效照明技术、室内热回收技术等。

适用于大型商业建筑节能效率提升的设备改造技术研究。开展大型商业建筑用能系统动态负荷特性实时监测技术及配套设备开发研究；研究空调系统中冷热源、输送系统以及空调末端装置多环节之间协同优化运行的设备改造关键技术；研制开发适用于大型商业建筑的具有除湿热回收和热量转移提升功能的新风热回收装置。

适用于大型商业建筑的可再生能源利用关键技术研究。从建筑各项用能出发，重点研究适用于大型商业建筑的太阳能强化通风—采光—热回收技术、太阳能光伏照明技

术或呼吸幕墙技术；研究太阳能跨季节储热供热技术以及复合式地（水）源热泵技术应用于大型商业建筑改造的可行性。

（三）大型商业建筑绿色化改造节地关键技术研究

大型商业建筑增层及增建地下空间改造的可行性评估研究。考虑增层或增建地下空间对既有结构、地基基础和周边设施安全的影响等各项因素，建立综合改造的技术可行性评估体系，并提出最佳的增层及增建地下空间改造策略。

大型商业建筑增层的关键技术研究。包括：研究既有大型商业建筑基础加固的新旧基础共同作用机理，增层及增建地下空间前后的地基承载能力评估办法；研究既有大型商业建筑结构体系改造的理论和设计技术；研究新老结构、设备和管线的连接及对设备和管线的保护及改造再利用的相关技术。

大型商业建筑增建地下空间的关键技术研究。包括：隔震技术在既有商业建筑地下空间增建和加固中的应用；既有商业建筑地下空间增建施工工艺研究；地下空间开发的信息化施工技术研究。

（四）大型商业建筑绿色化改造节材关键技术研究

基于节材的大型商业建筑室内功能空间业态可持续设计关键技术研究。针对大型商业建筑室内功能业态转换频度高、功能需求转换快带来的重复装修与改造的特点，研究适用于大型商业建筑室内空间可持续业态设计技术。

适用于大型商业建筑的减震体系及减震产品研发。针对大型商业建筑改造面临结构不规则、改造限制条件多，空间变化大，改造频率高等要求，研究适用于大型商业建筑的减震结构体系，提出一整套的应用技术，包括减震产品技术、减震结构设计方法，以及相关的工程应用技术。

基于全寿命期评价的高强早强高耐久性加固材料研发。针对大型商业建筑加固改造承载能力要求高的特点，以及目前加固结构耐久性差的问题，通过增加无机添加剂，对水泥基材料进行改性，研究出适于各种类型大型商业建筑改造的高强早强、与原结构兼容性好、耐久性能好，同时还具备良好施工性能、成本合理的加固材料。

（五）大型商业建筑绿色化改造工程示范

综合考虑建筑功能提升与环境改善、节能、增加空间利用率和节材的大型商业建筑绿色化改造技术集成体系，及其各方面的集成交叉效应和不同适宜性。

应用示范：4项大型商业建筑绿色化改造示范工程，并获得绿色建筑标识。

各研究任务间的关系如图1。

四、预期成果

课题将形成指导既有商业建筑绿色化改造关键技术4项；申请专利2项，其中发明专利不少于1项；开发相关评估软件2套；开发新型装置1套；在专业杂志和国内外学术会议上发表论文10篇，培养研究生5名以上；建设商业建筑绿色化改造示范工程4项。

五、项目特点

本课题特点可总结归纳为"三个突出"，即：

（一）突出大型商业建筑绿色化改造技术的集成性。在课题的研究和示范项目的实

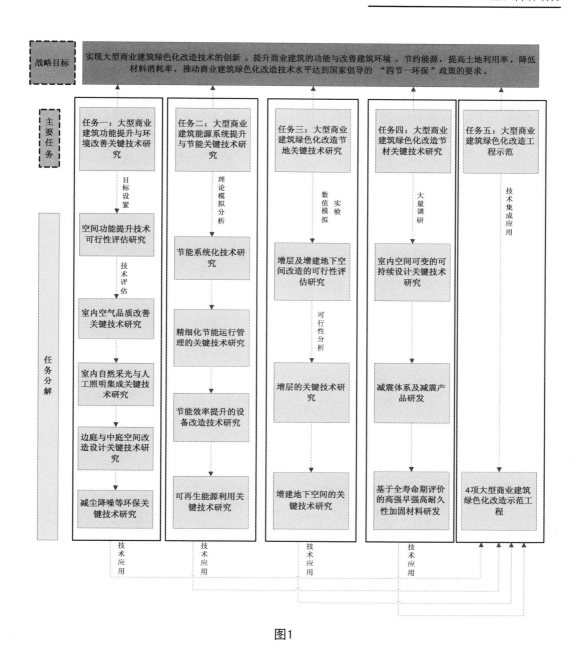

图1

践过程中，始终将既有建筑绿色化改造的各专业技术集成性放在突出的位置，改造不仅仅注重各专业，还注重各专业的相互配合和多种技术的集成性，以显著提高改造的效率和效果。

（二）突出工程建设项目的示范作用。集成示范工程是科技支撑计划成果的具体体现形式，既体现了新技术的实用性，又展示了新技术的具体应用示范作用，为后续的具体成果转化提供很好的指导作用。

（三）突出课题成果直接为社会化服务。当前，既有建筑改造和绿色建筑在我国加速发展，但二者在技术方面的积累仍有所不足，通过综合性的集成技术服务平台和示范工程项目的建设，将有助于全社会既有建筑改造行业更好更快地将科技成果应用到具体工程实践中去，为"十二五"建筑节能降耗提供具体的技术支撑平台。

（上海维固工程实业有限公司供稿，
陈明中、黄坤耀执笔）

办公建筑绿色化改造技术研究与工程示范

一、研究背景

自20世纪90年代以来，我国每年竣工的办公建筑面积平均以4％的增长速度发展，随着我国城市化进程的加快，我国办公建筑业呈现高速增长的趋势，目前办公建筑已占国内现有建筑的30％左右。办公建筑业的快速发展，改善了办公环境，提高了办公建筑的整体水平。与此同时，我国大部分办公建筑提供所谓"舒适"的办公环境——温度、湿度、照明、通风等，主要依靠中央空调、人工照明等机械设备，造成办公建筑高能耗、多排废、多污染，同时由于室内缺乏自然通风，办公人群出现疲劳、嗜睡、头痛等与工作环境有关的疾病，如"办公建筑综合症"（Office Syndrome）、"病态建筑综合症"（Sick-Building Syndrome）等，从而严重影响办公人群的身心健康和工作效率。

因此，我国既有办公建筑绿色化改造技术在提高效率，节约资源，改善环境等方面的潜力巨大，迫切需要通过科技创新和技术进步，突破既有办公建筑绿色化改造技术的瓶颈，以推动我国建设事业的可持续发展。

"十一五"期间，我国实施完成了"既有建筑综合改造关键技术研究与示范"国家科技支撑计划重大项目，以及"建筑节能关键技术研究与示范"、"城市综合节水技术开发与示范"、"现代建筑设计与施工关键技术研究"等资源节约方向的国家科技支撑计划项目，取得了丰硕的成果。但是针对办公建筑绿色化改造的内容不多，相关研究成果不足，办公建筑的绿色化改造整体还处在起步阶段，技术体系尚未形成。"十二五"期间，还需要更深入的技术研究作支撑，对改造过程中的共性和个性技术进行研究，并通过建设不同改造类型的示范项目，推动办公建筑的绿色化改造实践。

二、课题概况

（一）研究目标

本课题在对我国既有办公建筑绿色化改造实际发展状况的研究基础上，结合我国国内对既有办公建筑绿色化改造技术的潜在需求，借鉴国外既有办公建筑绿色化改造技术的发展趋势，重点研究既有办公建筑的室内环境与室外环境绿色化改造技术研究，既有办公建筑绿色化改造的节能节水技术研究，既有办公建筑设备系统提升改造成套技术研究，既有办公建筑绿色化改造的装修与加固技术研究，既有办公建筑绿色化改造工程示范，并结合办公建筑绿色化改造工程示范，逐步解决我国既有办公建筑绿色化改造技术的水平和效率不高以及资源浪费的问题。为提升办公建筑绿色化改造的整体技术水平，促进建设事业的可持续发展起到重要的作用。

本课题重点攻克办公建筑绿色化改造中的关键技术问题，涉及室外环境、室内环境、节能、节水、设备的升级改造、装修与加固中的节材技术、改造施工技术等方面，旨在解决办公建筑绿色化改造中的共性技术问题，为推动国内办公建筑绿色化改造提供技术支撑。

（二）研究内容

课题以五项任务，十二项专题的形式对既有办公建筑的绿色化改造开展研究并进行工程示范，其体系构架如图1所示。

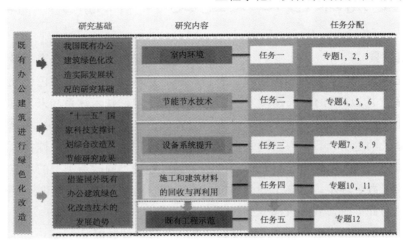

研究基础	研究内容	任务分配	
既有办公建筑进行绿色化改造	我国既有办公建筑绿色化改造实际发展状况的研究基础	室内环境 → 任务一	专题1，2，3
	"十一五"国家科技支撑计划综合改造及节能研究成果	节能节水技术 → 任务二	专题4，5，6
	借鉴国外既有办公建筑绿色化改造技术的发展趋势	设备系统提升 → 任务三	专题7，8，9
		施工和建筑材料的回收与再利用 → 任务四	专题10，11
		既有工程示范 → 任务五	专题12

图1 课题的主要研究内容

任务一：既有办公建筑的室内环境绿色化改造技术研究。

任务分解为：既有办公建筑室内环境绿色化改造的设计原理与评估方法研究；既有办公建筑室内空间高效再组织利用和多重利用技术研究；与室内环境绿色化改造相适应的温湿度控制、照明、采光、降噪等技术研究。

任务二：既有办公建筑绿色化改造的节能节水技术研究。

任务分解为：既有办公建筑绿色化改造的建筑围护结构新技术研究，即研究既有办公建筑外窗隔热性能提升技术，研究既有办公建筑外墙的保温隔热技术，研究既有办公建筑的采光与外遮阳技术；既有办公建筑节水与非传统水源收集利用综合改造关键技术研究，即研究雨水、中水等非传统水源收集利用综合改造技术；研究针对既有办公建筑的节能节水的人员行为引导和约束机制。

任务三：既有办公建筑设备系统提升改造关键技术研究。

任务分解为：既有办公建筑设备分类分项计量系统技术研究，即研究既有办公建筑中空调通风设备、给水排水设备、电气设备的分类分项计量系统技术，根据不同功能、不同办公区域等要求，实现分类分项计量，以利于节能节水；既有办公建筑采暖与通风空调系统提升改造关键技术研究，即研究既有办公建筑新风系统的能量回收利用技术，研究既有办公建筑的制冷机、锅炉、水泵、末端换热设备等综合节能技术，研究既有办公建筑冷热水输送的节能改造技术；既有办公建筑智能化系统提升改造关键技术研究，即研究既有办公建筑楼宇自控系统的提升改造关键技术，研究既有办公建筑网络电话、门禁、监控等系统提升改造关键技术。

任务四：既有办公建筑绿色化改造的施工和建筑材料的回收与再利用技术研究。

任务分解为：既有办公建筑绿色化改造

中建筑材料的回收与再利用技术研究；既有办公建筑绿色化改造中施工技术研究。

任务五:既有办公建筑绿色化改造工程示范。

在上述任务研究的基础上，运用课题的科研成果，同时兼顾办公建筑绿色化改造的集成交叉效应和不同适用性，完成多项既有办公建筑示范工程，并获得绿色建筑标识。

（三）技术路线

本课题以产学研用联合的模式，充分发挥政府科研管理机构、研究单位和中央国有企业的优势，以技术集成、工程示范和推广扩散为科研对象，首先开展既有办公建筑的室内外环境绿色化改造和节能节水技术研究，在已有成果的基础上，进一步开展办公建筑的设备系统提升改造成套技术和装修与

加固技术的研究，从而实现绿色化改造的技术集成，进而推广应用到示范工程中。

在办公建筑绿色化改造的理论、技术、示范工程研究与推广的链性研发体系基础上，完成办公建筑绿色化改造相应的检测评定平台、信息平台和设计施工指南，从而保证课题按时优质高效地完成既定任务。在实施过程中课题采用的技术路线如图2所示。

三、预期成果

课题最终形成办公建筑绿色化改造研究成果与示范工程建设，并拥有其中大多数成果的知识产权，预期形成的成果如下:

（一）课题根据办公建筑绿色化改造的情况，形成包括室内环境绿色化改造的设计

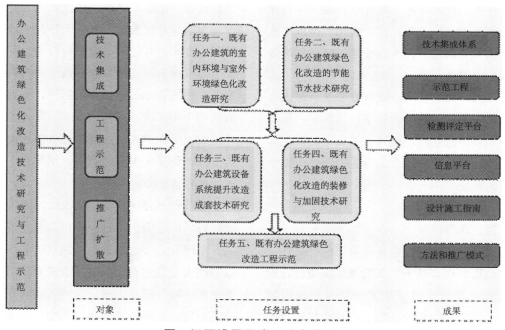

图2 课题设置思路及技术路线

原理与评估方法；室内空间高效再组织利用和多重利用技术；与室内环境绿色化改造相适应的温湿度控制、照明、采光、降噪等技术；建筑围护结构新技术；节水与非传统水

源收集利用综合改造关键技术；节能节水的人员行为引导和约束机制；采暖与通风空调系统提升改造关键技术；建筑智能化系统提升改造关键技术；施工和建筑材料的回收与

再利用技术等。

（二）课题成果将应用于具有代表性的办公建筑示范工程建设，为我国既有办公建筑改造提供范例，促进我国既有建筑绿色化改造技术的推广应用，提高我国办公建筑绿色化改造整体水平，促进相关行业发展。

（三）开发既有办公建筑绿色化改造效果分析计算软件，为办公建筑绿色化改造提供专业、便捷、高效的计算机应用软件。

（四）修编或制订既有办公建筑绿色化改造的行业、地方或协会标准（规程），规范相关产业的健康发展，为既有办公建筑绿色化改造建设的前期检测评估、改造方案设计、相关产品选用、施工工艺选用、后期评价推广等提供重要依据。

（五）课题将建立既有办公建筑绿色化改造服务平台，为课题相关成果迅速推广应用提供重要的保障，为办公建筑绿色化改造提供相应的平台。

（六）课题将形成既有办公建筑室内环境改造、节能改造等新技术、新产品、新装置等。并进行推广、促进相关行业的发展，提高我国绿色化改造产品竞争力、促进整个行业的发展。

四、课题特点

（一）注重办公建筑绿色化的针对性。本课题研究内容基于我国的基本国策，针对现阶段我国既有办公建筑的特点和使用情况，在调查和分析的基础上，形成相适用的技术集成体系。

（二）注重示范工程建设的示范效果。课题将在各项研究的基础上，运用课题的研究成果，兼顾办公建筑绿色化改造的集成交

叉效应和不同适用性，开展示范工程建设，以此检验课题技术成果的适用性。并注重示范工程对于课题成果技术推广的作用。

（三）注重课题成果的推广。近年来，我国绿色建筑蓬勃发展，技术支撑尚显不足，课题将建设既有办公建筑绿色化改造服务平台，推广相应技术，将有利于全行业乃至整个社会了解和重视绿色化建筑的建设，提高我国既有办公建筑绿色化改造整体水平、推进我国既有办公建筑绿色化进程。

五、结束语

对既有办公建筑进行绿色化改造有助于建设出一个舒适的办公环境，通过对既有办公建筑室外的绿化改造、对室内的建筑布局重新设置等措施，有效利用既有办公建筑，可减少新建建筑面积，节省大量的土地，保护国土资源。对建筑拆除中材料的再利用，采用节水设备等措施，可有效节约材料和水资源。在既有办公建筑不用拆迁、不用搬移的基础上实施进行绿色化改造，降低了因拆迁造成的不便和损失，使土地资源和现有建筑资源得到最大限度的利用，也契合了建设节约型和谐社会的要求。

对既有办公建筑绿色化改造，赋予既有建筑以新的生命力，是一种可持续发展的模式。对既有办公建筑进行绿色化改造不仅可以节约大量的建设资金、减少资源浪费和改善空间环境，满足人民日益增长的物质文化需求，同时也保留了城市的历史，多了一份文化底蕴。而对既有办公建筑绿色化改造的研究可以推动和指导实践，对于我国正在进行的建设事业有着积极而深远的意义。此外，对既有办公建筑绿色化改造的研究，势

必对建筑相关行业的技术及产品有推动作用，使一批新的技术及产品应运而生，促进经济发展并提升相关行业国际竞争力。

（中国建筑科学研究院供稿，李朝旭、
王清勤、赵海执笔）

医院建筑绿色化改造技术研究与工程示范

一、课题背景

2007年底，全国医院床位总数达327.9万张，比2003年增加32.4万张，年平均增长2.6%，其中每千人口医院床位由2003年的2.34张增加到2007年的2.54张。加之随着经济发展和人们生活水平的提高，我国医院建筑面积正在突飞猛进的增长，成为我国医院建筑能耗增长的刚性动力。有关资料表明，医院空调系统的一次能源消耗量一般是办公建筑的1.6～2.0倍，医院能源支出达到医院总运行费用支出的10%以上。不仅如此，现有医院建筑在耗地、耗水等方面数量巨大，功能结构也较为单一。而且我国不少医院的室内外环境污染和交叉感染状况也令人担忧。有关权威部门统计，我国医院内感染发生率约为10%，每年有数百万住院患者发生院内感染，平均延长住院日达15～18天。时至今日，对医院建筑进行绿色化改造成为国内亟待关注及发展的主要方向，我国在各个层面也在大力倡导进行大型公共建筑绿色化改造，并给予了相关政策扶持。2010年，国际卫生组织WHO已将绿色医疗的推广，作为2010年以及今后几年的重点工作之一，并在我国内地重点扶持相关项目。2010年8月中国医院协会医院建筑分会与WHO在南昌召开会议，确定共同推动我国绿色安全医院建设。从国际大背景来看，推动"绿色医院"建设，是顺应世界发展潮流的必然趋势。

但目前医院绿色化建设还处于初级阶段，医院建筑绿色化改造还存在很多亟待解决的问题，主要体现在以下几个方面：（1）缺乏针对医疗功能用房有特殊要求的区域的绿色化改造成套技术；（2）医院建筑能耗巨大，且能源结构不合理，清洁或可再生的能源份额很少，缺乏适用于医院用能特点的分项计量系统和能耗监测平台；（3）医院建筑室内环境交叉感染严重，需要专门的环境质量改善与安全保障技术；（4）医院建筑室外环境需要进行生态化、人性化改造设计，医疗废气、废水、废物无害化处理技术有待升级。

针对上述问题，本课题拟针对医院建筑所处的地域特点、气候特征、资源条件及功能结构，依据绿色、生态、可持续设计原则，在医疗功能用房绿色化改造、医院能源系统节能改造与能效提升、医院建筑室内环境质量改善与安全保障、医院建筑室外环境绿色化综合改造、医院建筑绿色化改造工程示范等关键技术上形成突破和创新，最终实现医院建筑安全性能升级、环保改造、节能优化、功能提升的目标，充分满足我国医院建筑绿色化改造的经济和社会发展的重大需求。

二、课题目标和研究内容

（一）课题的总体目标

本课题主要针对医院建筑所处地域特点、气候特征等，依据绿色、可持续原则，在医疗功能用房绿色化改造、医院能源系统节能改造与能效提升、室内环境质量改善与安全保障、室外环境绿色化综合改造及绿色化改造工程示范等关键技术上形成突破和创新，研发适用于医院建筑绿色化改造的关键设备，并提供技术支撑；提出适用于医院建筑、高效、节能的绿色化改造技术条件、优化设计方法等，形成适用于医院建筑绿色化改造的综合技术集成体系；因地制宜进行示范工程建设，实施产业化推广应用，全面提升建筑功能、优化能源系统结构、改善室内外环境，最终实现医院建筑安全性能升级、节能优化等目标，充分满足我国医院建筑绿色化改造的经济和社会发展的重大需求。

（二）课题的研究内容

课题从5个方面对医院建筑的绿色化改造开展研究并进行工程示范：

1.医疗功能用房绿色化改造技术研究

针对医院规模扩大及功能分化带来的整合集中化趋势，研究功能用房自然通风、自然采光等被动技术的适宜性和可行性，分析医疗功能用房的功能集中化程度，构建功能布局"适度集中化"评价指标体系；优化装饰材料与墙体材料配置方案，提出适用于医疗功能用房的高效集约化改造设计模式，实现建筑节材与装饰装修改造综合性能提升的有机结合；针对医疗功能用房环境参数要求明显高于普通房间的特点，重点研究大风量、高耗能用房的空气处理过程优化改造技术；研究特殊功能用房机电设备系统的故障预测、诊断及排除技术，全面保障和提升该类用房的系统安全运行性能。

2.医院能源系统节能改造与能效提升技术研究

基于我国不同气候区医院建筑的功能特征及用能特点，形成具有较强可操作性的多指标综合评价体系，开发相应的综合评价软件，构建有效指导医院建筑能源系统优化设计和节能改造的决策支持系统；针对医院不同区域能耗差异较大的特点，研究医院既有能源系统分项计量改造技术，并建立医院建筑能耗监测的数据采集模型及指标体系，研发适用于医院用能特点的能耗监测系统；研究既有常规能源与可再生能源的复合能源系统协同优化设计技术；针对多元化的建筑能源模式，形成适用于医院建筑用能特点的能源系统升级改造与能效提升关键技术集成体系，有效提高能源利用效率；研究医院能源系统运营管理评价指标体系；结合医院建筑负荷特征，研究医院既有能源系统的运行调控策略及高效管理模式。

3.医院建筑室内环境质量综合改善与安全保障技术研究

构建专门适合于医院建筑普通功能用房的热舒适评价指标体系以及空气品质分级指标体系，并开发相应的评价软件系统。研究适用于医院普通功能用房室内环境质量综合改善和提升的相关技术；研究洁净功能用房换气次数与室内污染物分布、去除效果的关联性及敏感性，形成洁净功能用房下限换气次数的理论计算方法体系；研究在保证室内功能前提下的节能降耗技术，实现污染有效控制和系统高效节能的有机结合；研发基于虚拟仪器及虚拟专属仪器的通用测试装置或系统用于医院建筑空气质量监测；研发面向运行阶段的医院建筑室内空气质量监测预警系统，为控制和改善医院建筑室内空气质量提供依据。

4.医院建筑室外环境绿色化综合改造技

术研究

在现有医院用地空间的条件下，综合考虑与周边环境的协调，运用生态学原理与技术，研究立体化、网络化、生态化等多样化的绿化配置新技术，形成适合于医院建筑的复合绿化景观体系；针对既有景观用水资源的可持续利用，研究医院建筑景观用水水质及水量保障技术；以人性化为着眼点，研究适合医院建筑的热岛强度降解型景观体系；研究有效降低和避免室外再生风、二次风的模拟优化技术，保证病人活动区域的正常行走及舒适性；针对医疗废气的来源以及成分特性，研究对外安全排放处理技术；针对现

行医疗废水消毒工艺消毒效果差、余氯浓度高等问题，提出优化方案和改进措施。

5.医院建筑绿色化改造示范工程建设

重点研究将以上四个任务的关键技术应用于工程示范项目，着重研究上述医院建筑绿色化改造技术的适用性，通过改造工程的设计和实施，发挥研究成果在节能、节材、节地、节水、环境保护和运营管理方面的作用。建设4项医院建筑绿色化改造示范工程，解决相关技术、产品、设备与工程应用的协调、匹配、优化集成等难题，并获得绿色建筑标识。

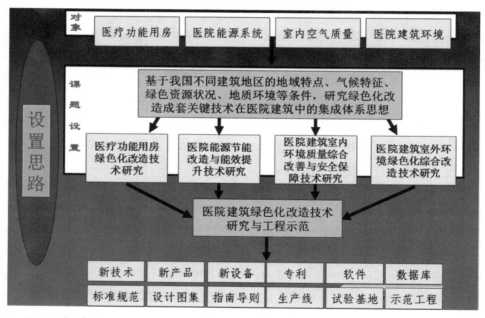

三、课题预期成果

本课题将形成与医院建筑绿色化改造相关的系列研究成果，并拥有其中大多数成果的知识产权，预期形成的成果如下：

（一）制定医院建筑绿色化改造相关的标准规范，且覆盖有关建筑绿色改造的各领域，为我国绿色医院建筑改造的改造方案设

计、相关技术选用、施工工艺作法等提供技术依据。

（二）形成医院建筑绿色化改造的关键技术体系，为增强我国在既有医院建筑改造的核心竞争力方面提供强有力的技术支撑。

（三）研发既有医院建筑绿色化改造的相关产品和装置，提高我国医院建筑产品的

技术含量。

（四）建设多项各具典型特点的既有医院建筑绿色化改造示范工程，解决医院建筑绿色改造设计技术、产品、设备与工程应用的协调、匹配、优化集成等难题，总结示范经验，实施产业化推广应用。

（五）培养一支熟悉医院建筑绿色化改造的建设人才队伍，充分满足我国医院建筑绿色化改造的重大需求。

四、课题特点

（一）本课题的研究成果，一方面有利于完善适合我国国情的医院建筑绿色改造标准体系；另一方面，根据发达国家经验预测我国城市发展带来的能源问题，随着我国城市化进程的不断推进，医院建筑能耗的比例将继续增加，加大医院建筑绿色改造进程，将对我国建筑实现可持续发展起到至关重要的作用。

（二）本课题研究符合国家现行政策导向和相关政策，立足于实际需求，结合工程实践中所面临的众多亟待解决的关键技术难题，致力于其应用基础和经济实用、因地制宜、安全高效的相关技术措施研究。课题研究成果对于医院建筑绿色化改造方面有重大意义，因此该课题具有良好的市场基础，市场需求急迫。

（三）本课题的研究代表了医疗行业自身产业升级朝着可持续化的方向发展，其改造成功的绿色医院的节能效果、人与环境和谐相处都将给医院的长期运行带来巨大的社会效益和经济效益，增强医院的核心竞争力。

（中国建筑技术集团有限公司供稿，
赵伟、狄彦强、张宇霞执笔）

工业建筑绿色化改造技术研究与工程示范

一、课题背景

工业建筑是城市建筑的重要组成部分。以上海为例，至2010年底，上海市既有建筑面积为9.35亿平方米，其中工业建筑面积2.02亿平方米，占比达到21.6%。城市化的快速扩张与经济转型的双重背景使得工业厂区由原先的城市边缘地区逐渐转变为城市中心区，由于产业转型、土地性质转换、技术落后、污染严重的等各种问题，大量的传统工业企业逐渐退出城市区域，在城市中遗留下大量废弃和闲置的旧工业建筑。截至2005年初，上海中心城区因搬迁而空出的厂房已达400万平方米，类似情况也在国内许多一、二线城市出现。如何处理这些废弃和闲置的旧工业建筑，是城市规划者、建筑师、企业、政府必须面对的问题。如果将这些旧厂房全部拆除，从生态、经济、历史文化角度都是对资源的一种浪费，因而对既有工业建筑进行改造再利用成为符合可持续发展原则的有效策略。传统的改造设计中，建筑师是从艺术和文化角度来进行改造，虽然使建筑改变了使用功能避免被拆除的命运，但是由于缺乏减少能源消耗、创造健康舒适生态环境等要求的考虑，旧工业建筑并未达到再利用的根本目的。

工业建筑改造再利用与绿色建筑相结合，是破解城市旧工业建筑改造问题的新思路。将旧工业建筑进行绿色化改造再利用，以绿色环保为契合点，可以实现城市的环境效益与社会效益共赢。同时，可以利用城市工业建筑再生模式来发挥城市优势生产要素，以及通过各项政策、技术等手段实现旧工业建筑再生与升级。将旧工业建筑改造为办公、宾馆、商场等类型的绿色建筑，使改造后的建筑最大限度地节约资源，保护环境和减少污染，为使用者提供健康、舒适的室内环境。这不仅是对工业建筑改造方式的拓展与提升，也是促进国内绿色建筑发展的有效措施。

为提升国内旧工业建筑改造再利用的水平，研发工业建筑绿色化改造技术体系，国家科技支撑计划项目《既有建筑绿色化改造关键技术研究与示范》设立课题七"工业建筑绿色化改造技术研究与工程示范"，由上海现代建筑设计（集团）有限公司作为课题承担单位，联合建研科技股份有限公司、北京建筑技术发展有限责任公司以及北京交通大学共同研究。

二、课题目标与研究内容

（一）课题的总体目标

"工业建筑绿色化改造技术研究与工程示范"课题旨在从改造可行性评估、室内环境、能源利用、雨水资源利用、结构加固、改造施工等方面，解决工业建筑绿色化改造中的共性技术问题，以及办公建筑、商场建筑、宾馆建筑和文博会展建筑等不同改造目的下的个性技术问题，形成工业建筑绿色化

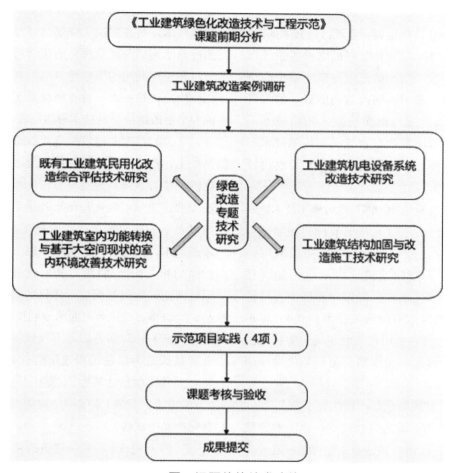

图1 课题总体技术路线

改造技术体系，并建立4个工业建筑绿色化改造示范项目，培养一支熟悉工业建筑绿色化改造建设的人才队伍，取得多项具备一定国内外影响力的科研成果。

（二）课题的研究内容

课题从5个方面开展工业建筑绿色化改造技术研究与示范工作：

1.既有工业建筑民用化改造综合评估技术研究

重点研究：（1）工业建筑改造利用的技术经济性分析方法与指标体系构建；（2）工业建筑民用化改造中不同建筑功能取向的适宜性研究；（3）工业建筑民用化改造中不同绿色建筑技术的适宜性研究。

2.工业建筑室内功能转换与基于大空间现状的室内环境改善技术研究

针对工业建筑改造为绿色办公建筑、商场建筑、宾馆建筑以及文博会展建筑，重点研究：（1）与工业建筑空间特点相匹配的功能类型转换和基于被动节能的空间整合设计；（2）工业建筑大进深空间光环境改善策略；（3）高大空间的通风利用改造技术；（4）工业建筑围护结构改造与立体绿化集成技术；（5）基于功能转换的大空间气流组织策略。

3.工业建筑机电设备系统改造技术研究

重点研究：（1）既有机电设备系统现状评估技术；（2）供配电与照明系统改造技术；（3）基于不同改造功能目标的可再生能源（太阳能与地源热泵）利用技术；（4）能耗监测管理平台建设与控制技术；（5）大屋面工业建筑雨水收集与再利用技术。

4.工业建筑结构加固与改造施工技术研究

重点研究：（1）基于节材的耗能减震加固技术在工业建筑结构改造中的应用；（2）用于大空间建筑室内增层的加固技术；（3）以低噪声、低振动和低尘为特征的工业建筑绿色拆除施工技术；（4）可再利用材料的回收利用在工业建筑中的利用技术；（5）拆除、加固和新建一体化设计施工技术。

5.工业建筑绿色化改造工程示范

针对南方、北方气候特点，将工业建筑改造为绿色民用建筑进行4项工程示范，并获得绿色建筑标识，总示范面积超过2万平方米。

三、预期成果

（一）形成5项工业建筑绿色化改造关键技术体系。包括：既有工业建筑功能转变合理性评估方法，旨在解决旧工业建筑是否适合改造再利用的评估问题；基于工业建筑空间特点的被动式节能改造技术，旨在解决旧工业建筑进行绿色化改造利用时通风、采光等性能改善的问题；基于工业建筑特点的围护结构节能改造技术，旨在解决旧工业建筑进行绿色化改造时围护结构应用技术问

题；考虑雨水回用的工业建筑屋顶绿化综合改造技术，旨在解决工业建筑进行绿色化改造时雨水回用与屋顶绿色的结合问题；基于节材和空间利用的工业建筑结构耗能减震加固和增层改造技术，旨在解决旧工业建筑加固和增层改造中节材技术应用问题。

（二）在工业建筑绿色化改造技术研究基础上，形成工业建筑照明系统改造、智能化能源监管系统、建筑垂直绿化系统、大屋面工业建筑屋顶绿化与雨水收集系统集成利用以及工业建筑绿色化拆除施工等方面的5项新技术，同时开发防火与保温一体化的围护结构相关新产品1项。其中获得关于照明系统改造、防火与保温一体化的围护结构产品、建筑垂直绿化等方面的专利授权4项。

（三）针对南方、北方气候特点，将工业建筑改造为绿色民用建筑进行4项工程示范，并获得绿色建筑标识，总示范面积超过2万平方米；建立1条围护结构防火与保温一体化产品中试线。

（四）完成1项工业建筑改造利用方面地方标准（规程）制订（征求意见稿）；编写关于工业建筑绿色化改造技术方面的专著1本，编写关于工业建筑绿色化改造方面的设计施工指南1部。

四、课题特点

（一）紧扣工业建筑特征。与民用建筑相比，工业建筑项目在空间、结构以及设备等方面具备显著的特征，使得工业建筑进行民用化改造的技术方式有自身的特征。课题紧扣工业建筑的空间特征，研究功能转换与被动节能的空间整合设计；紧扣大屋面的特征研究可再生能源与雨水资源的利用；紧扣

结构特征研究耗能减震加固技术的应用。

（二）突出技术研究重点。在研究范围上以工业建筑改造为办公、商场、宾馆以及文博会展四种功能形式为重点；在工业建筑绿色化改造技术研究上，以被动式设计、围护结构改造、可再生能源利用、雨水资源利用、结构加固节材等技术为重点。

（三）强调工程项目示范。课题针对南方、北方气候特点，将工业建筑改造为绿色民用建筑进行4项工程示范，总示范面积超过2万平方米。示范项目均将严格按照绿色建筑的要求落实各项示范技术，并以获得绿色建筑标识作为示范项目建设的基本要求。

（上海现代建筑设计(集团)有限公司供稿，田炜、李海峰执笔）

四、技术成果

　　"十一五"和"十二五"期间，国家、地方政府和企业都加大了既有建筑改造的科研投入力度，形成了众多具有推广价值的既有建筑改造技术成果，推动我国既有建筑改造相关产业的不断进步，经济效益和社会效益显著。本篇选录了部分既有建筑改造技术成果进行简单介绍，以期和读者进行交流。

新拌混凝土关键参数的快速测试技术及仪器

一、成果名称

新拌混凝土关键参数的快速测试技术及仪器

二、完成单位

完成单位：中国建筑科学研究院

完成人：田冠飞、丁威、冷发光、田凯、鲍克蒙、朱简书蕾、周永祥、张仁瑜、赵霄龙、邓家禄、韦庆冬、李定幸、余虎

三、成果简介

近年来混凝土技术已取得了突飞猛进的发展，但工程质量和耐久性问题非常突出。目前，我国在混凝土质量控制方面，仍然采用的是事后验收、补救的方式，一旦进场混凝土质量不合格，后期的补救措施非常繁琐，损失非常巨大。

本项成果包括新拌混凝土工作测定仪与水溶性氯离子含量测定仪。新拌混凝土工作测定仪是基于旋转扭矩原理，将插入混凝土内部的旋转探头所受阻力与混凝土的工作度建立联系，氯离子含量测定仪是以离子选择电极法为基础，以氯离子选择性电极为指示电极，双液接甘汞电极为参比电极，插入溶液中组成工作电池，将采集到的电压信号换算为氯离子浓度值。仪器参数为：新拌混凝土工作度测定仪，内置温度传感器探头，可对坍落度在120mm～260mm的混凝土进行准确测量，测量误差小于5%；温度测量范围为-20℃～80℃；数据存储容量为1000个；仪器重量750g。水溶性氯离子含量测定仪，具有温度补偿及打印功能，测量范围在10^{-1}～10^{-5}mol/L，测量误差不大于10%；可选择双电极或复合电极两种结构形式进行使用。

新拌混凝土工作度测定仪和水溶性氯离子含量测定仪的研制成功，为混凝土质量的事前控制提供了设备保障。随着混凝土技术的不断发展，有了本设备支持，混凝土质量事后控制的方式将逐渐转为事前控制，可以严密杜绝强度不达标或水溶性氯离子含量超标的混凝土进入施工现场，避免钢筋锈蚀、延长混凝土结构使用寿命、避免重复性建设和节省自然资源、保护环境。因此，本项目的成功具有巨大的社会、经济和环境效益。

既有建筑抗震鉴定加固软件JDJG

一、成果名称

既有建筑抗震鉴定加固软件JDJG

二、完成单位

完成单位：中国建筑科学研究院

完成人：顾维平、陈岱林、金新阳、任卫教、梁文林、刘岩、严亚林、刘建勇、许锦燕、邵弘、黄吉峰、肖丽、王雁昆、张吉、刘慧鹏、马恩成、夏旭勇、朱磊、张志远、秦东、郭华峰、蔡国强、康靖、郭丽云、王文婷、李航等

三、成果简介

目前我国既有建筑面积已达460亿平方米，建筑行业正从大规模新建时期逐渐向新建与维修改造并重的时期过渡。对于既有建筑的加固改造研究我国已做了大量工作，取得不少的成果，有关加固改造方面的技术和规范标准相对来说已比较成熟，而相应的计算机设计软件却较为薄弱。

鉴定加固软件的主要功能特点如下：

（一）软件拥有功能强大、易于使用的既有建筑的数字模型建模工具。新开发的既有建筑数字模型软件采用的平面层模型输入方式和建模与荷载导算同步完成的工作方法极大地方便了软件使用者；建立的数字模型携带了既有建筑鉴定与加固的全部信息；数字模型软件使用具有自主知识产权的图形平台，建立的结构模型可进行三维动画观看与漫游。

（二）根据相关规范建立既有建筑的结构分析模型。一般加固改造后的结构与构件存在二次受力问题，原有部分和后增加部分的受力阶段不一致。软件采用一次受力分析模型，通过对新增部分的材料强度折减来考虑二次受力的影响。

（三）适用于量大面广的混凝土结构、砌体结构及钢结构的鉴定与加固。软件对于不同时期建筑物（A、B、C三类）的采用不同的鉴定与加固方法，三种鉴定加固设计标准的选择对应的加固后续使用年限分别为30年、40年、50年。对同一建筑，既可提供鉴定分析步骤，又可提供各种方法的加固设计，两者可分别进行。

（四）软件可提供多种加固方法进行建筑加固设计。对多层砌体房屋墙体有的面层加固法或板墙加固法。对混凝土构件的加固方法有：增大截面加固法，置换混凝土加固法，外粘型钢加固法，粘贴纤维复合材加固法，粘贴钢板加固法、聚合物砂浆钢绞线加固法和增设柱、墙、支撑等构件加固法。对钢结构可采用改变结构计算图形加固法和加大构件截面加固法。

（五）根据《四川省建筑抗震鉴定与加固技术规程》的相关要求，对于地震后修复的震损建筑加固后进行承载力验算时，原结构部分的承载力可以考虑折减，此折减系数可由用户指定。

（六）对于用户输入了实配钢筋的构件（梁、柱），当按加固设计所选用的标准计算时，考虑相应的加固方案后的计算面积将与原实配面积做比较，如果现计算面积大于原实配面积，程序会给出不满足要求的提示，如现计算面积小于原实配面积，程序也会给出满足要求的提示。

本研究成果获得软件著作权一项，软件已在近500家设计部门中得到应用，软件的实际应用工程达数千项。在全国的抗震加固工程中和中小学校舍加固工程中，软件发挥了重要作用，不仅加快设计速度，还大大提高了设计质量，取得了很好的社会经济效益。

大型复杂结构可视化仿真设计软件

一、成果名称

大型复杂结构可视化仿真设计软件

二、完成单位

完成单位：中国建筑科学研究院

完成人：杨志勇、黄吉锋、陈晓明、肖川、郭华锋、张欣、段进、肖丽、王雁昆、张廷全、李党、聂祺

三、成果简介

大型复杂结构可视化仿真设计软件主要特点

（一）完善了建模功能，能够根据不同的结构模型生成分析计算模型。

研究中以平面建模软件PMCAD和空间建模软件SpasCAD为基础，建立了较为完善的结构模型定位网格，结构模型构件信息，结构荷载信息，结构约束信息，结构计算信息模型。实现了平面建模、空间建模的无缝化连接，既考虑了设计院用户多年形成的建模习惯，又适应了大型复杂结构平、立面布置特异，结构模型复杂、信息量大的特点。形成了大型复杂结构可视化仿真设计软件的实用化信息模型基础。

（二）实现了多个可用于大型复杂结构线弹性阶段分析、设计软件的信息共享，数据互通。

实现了SATWE、PMSAP、EPDA等软件的建筑结构信息统一、共享，可以很大程度上满足规范对于大型复杂结构多软件、多模型的设计复核工作，方便广大设计人员，避免不必要的错误，优化整个结构设计过程。

（三）实现了结构局部部位细化设计软件与整体结构设计软件之间的信息模型互通、共享。

较好地实现了复杂楼板设计软件SlabCAD、剪力墙细分有限元设计软件FEQ与整体结构设计软件之间的信息共享。在进行局部分析时共享整体结构的模型信息和结果信息是实现大型复杂结构可视化仿真设计软件实用化信息模型的一个重要方面。

（四）改进了大型复杂结构罕遇地震下非线性仿真分析的功能和方法。

大型复杂结构强烈地震作用下非线性仿真设计近年来愈来愈受到结构设计人员的重视，但是要精确而又简单地实现非线性动力仿真分析并非易事。本课题在研究过程中针对弹塑性动力时程分析方法和静力pushover方法做了大量工作。目前已经完全实现了读取线弹性分析软件SATWE、PMSAP的结构模型信息，免去了用户复杂繁琐的建模工作。并能够针对弹塑性分析的特点对模型进行合理简化和适当补充。

我国是世界上地震灾害最严重国家。在目前尚无法准确预报地震的情况下，建筑物的抗震安全性是关乎国家民族和国计民生的大事。汶川地震和青海玉树地震及国外大震的震害分析表明进行地震作用下建筑物的弹

塑性分析十分必要。抗震性能化设计是未来建筑抗震设计的发展方向，这一点在最新颁布的抗震设计规范中已经得到充分体现。弹塑性动力仿真分析是抗震性能化设计的关键技术，弹塑性静力和动力分析软件是影响抗震性能化设计发展和推广应用的一个瓶颈。

一套功能完善、使用方便、技术可靠的弹塑性仿真分析软件是我国抗震设计行业的迫切需求，因此研究弹塑性静力和动力分析的算法、计算机仿真实现及相关商业软件开发具有广泛的应用前景。

办公楼建筑和大型公共建筑能耗监测系统软件

一、成果名称

办公楼建筑和大型公共建筑能耗监测系统软件

二、完成单位

完成单位：中国建筑科学研究院

完成人：郭春雨、王良平、杨国民、徐满俊、赵志安、杨国威、路志宏、刘刚

三、成果简介

能耗监测系统软件平台包括八个组成部分，分别为：1.基础信息维护系统；2.数据采集系统；3.数据传输接收系统；4.数据处理（拆分计算）系统；5.能耗数据监测展示系统；6.数据上传系统；7.能耗监测业务管理系统；8.楼宇甲方能耗监测展示系统。

成果主要功能：

（一）基础信息维护系统

主要进行基础信息维护和楼宇配置信息维护。基础信息维护包括建筑物基本信息、行政区域、建筑物类型、分类分项能耗字典及其他数据字典等基础信息维护。楼宇配置信息维护包括建筑物能耗采集器信息、计量仪表信息，建筑物用电回路拓扑关系及各个回路计量仪表安装信息，建筑物分类分项能耗与用电回路之间的关系等。

（二）数据采集系统

嵌入于楼宇的数据采集器中，采集楼宇内所有安装的计量仪表的信息数据，通过GPRS传输网络，发送到数据中心的数据传输接收系统

（三）数据传输接收系统

传输接收采集器上传的能耗数据，完成数据合法性校验和认证后将数据分发给异步消息中间件。数据传输系统采用双通道技术，双通道指数据传输通道和信息控制通道。

（四）数据处理（拆分计算）系统

根据楼宇方案中用电回路和分项能耗的关系，采用加法、减法、拆分、百分比预估等方式，对原始采集数据进行拆分计算，得到合理的分项能耗数据。

（五）能耗数据监测展示系统

以数据报表和数据图表的方式，将建筑能耗监测数据展示给最终用户。数据展示的度量值一般包括：能耗（或者总能耗）、单位建筑面积能耗、单位空调面积能耗或者其他度量值。展示维度一般包括：能耗分类、能耗分项、时间轴（可以细分为逐日、逐月、逐年、任选时间段等）、行政区域、建筑物类型等。主要功能节点包括：

（六）数据上传系统

按照部级针对数据上传的内容和格式的要求，通过定时任务调度子系统，自动从数据中心数据库中提取能耗分类分项数据，合

并整理打包后发送到部级数据中心，数据交换格式为XML数据包。

（七）能耗监测业务管理系统

针对北京市建筑能耗监测业务进行管理的一个平台，北京市建委可以针对监测楼宇、设备资产、通讯SIM卡、各种能耗监测合同等进行管理，同时系统提供多方协同工作平台，比如能耗监测管理单位、能耗监测技术支撑单位、能耗监测现场施工服务单位、监理单位、采集器提供商、计量仪表提供商等进行协同沟通管理。协作的内容包括公告、消息、组织和人员管理、流程管理（主要指方案审批和竣工验收等规范化流程）、设备网络和计量仪表的监控预警等等。

（八）楼宇甲方能耗监测展示系统

主要是给楼宇甲方或者具有多个楼宇的公司，面向单个楼宇进行能耗监测管理，能够针对楼宇能耗数据按照时间维度进行横向对比，也能通过系统提供的所在行政区和北京市的能耗平均数据或者所属建筑分类的能耗平均数据，进行多个维度的对比分析，和能耗的最高值、最低值及标杆建筑能耗进行对比分析，从而清楚楼宇本身的耗能定位，及时发现差距和不足，以利于节能改造。系统还能给出本楼宇的月度和年度能耗分析报表，给用户以专业化的指导。

能耗监测系统软件的开发和应用，使国家机关办公建筑和大型公共建筑的用能方式得到了科学的监督和指导，让国家机关办公建筑和大型公共建筑的日常运行费用大幅下降从而节省了大量宝贵的公共财政开支和资金。

聚氨酯/膨胀珍珠岩类复合保温材料关键技术

一、成果名称

聚氨酯/膨胀珍珠岩类复合保温材料关键技术

二、完成单位

完成单位：中国建筑科学研究院

完成人：艾明星、曹力强、郭向勇、赵霄龙、冷发光、丁威、周永祥

三、成果简介

通过利用硅烷偶联剂对膨胀玻化微珠及闭孔珍珠岩颗粒进行表面改性，获得高活性的增强粒子；通过复配技术调配低黏度的聚氨酯组合料多异氢酸酯及聚醚多元醇，并控制聚氨酯的乳白时间，获得充足的混合搅拌时间；利用共混法采用受迫发泡，制备不同百分含量的聚氨酯/膨胀玻化微珠复合保温材料；利用预混法采用自由发泡，分别制备出三种类型聚氨酯/膨胀珍珠岩类复合保温材料。研究表明膨胀珍珠岩颗粒的类别、粒径、与聚氨酯的相对含量对复合材料的密度、导热系数、抗压强度、燃烧性能等具有重要的影响。当以 $40cm^3$ 膨胀珍珠岩与 5g 聚氨酯组合料白料先预混，再与 6g 黑料混合发泡时，所形成的复合材料其导热系数达到 $0.027W/(m \cdot k)$，抗压强度 0.47MPa，体积吸水率 1.1%，燃烧等级可达到 B 级。此外，通过调整原料的相对含量，可设计出满足不同工程需求的复合材料。以此为基础，对硬泡聚氨酯/膨胀珍珠岩类复合保温材料的生产工艺进行了研究，并进行了生产线的初步设计，为构建具有高效保温、防火安全、耐久性优异、经济适宜的建筑节能材料奠定了基础。

通过融合有机保温材料和无机保温材料的优异特性，摒弃两者的缺点，开发高效难燃安全保温的有机/无机复合材料，使其具有技术先进、工艺简单、性能优越、安全可靠的技术特点，真正实现建筑节能与防火安全并举，将推动其在建筑节能领域的应用发展，具有深远的社会、经济和环境意义。

既有建筑绿色化改造中体外预应力应用技术

一、成果名称

既有建筑绿色化改造中体外预应力应用技术

二、完成单位

完成单位：同济大学

完成人：周建民、王红军

三、成果简介

体外预应力加固钢筋混凝土结构具有以下优点：①加固设备简单、人力投入少、施工工期短、经济效益明显；②预应力筋的位置在梁外，使得施工过程中摩擦损失减少，且更换预应力筋方便易行；③原结构所受损伤小，梁下净空影响小；④加固效果明显，安全可靠；⑤施工对周围环境污染少。因此，在既有建筑结构绿色化改造中推广使用体外预应力技术的前景是非常广阔的。基于此背景，为了进一步摸清体外预应力加固的混凝土梁（特别是低强度混凝土梁）受弯性能，同济大学对14根试验梁（其中，矩形简支梁10根，T形简支梁2根，连续梁2根）进行了试验研究。试验现场照片见下图。研究取得的成果为：

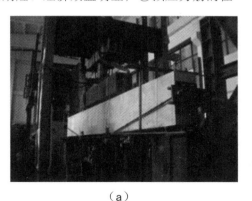
（a）

（b）

试验现场照片

（1）锚固区与转向块部位混凝土是否满足局压要求，是利用体外预应力加固低强度混凝土梁的前提。

（2）体外预应力加固的混凝土梁，其承载力、刚度和抗裂性能等方面都得到很大改善。

（3）体外预应力混凝土梁承载力受混凝土强度、非预应力筋面积、截面形式以及支座形式等因素的影响。其中，截面形式的影响尤为明显，在相同情况下，T形梁的承载力比矩形梁高很多；其次是混凝土强度。根据试验结果，利用《无粘结预应力混凝土结构技术规程》（JGJ 92-2004）得到的计算值偏低，主要原因在于应力增量的取值过于保守。

（4）体外预应力混凝土梁的抗弯刚度受截面形式以及受拉钢筋的影响较大，其次是混凝土强度。试验表明，根据《无粘结预应力混凝土结构技术规程》得到的计算结果偏大。

（5）试件的抗裂性能受混凝土强度、截面形式以及受拉钢筋的影响较大，而支座形式的影响并不明显。

结合体外预应力技术在既有建筑绿色化改造实际工程应用的需求，课题组还开发了一种可拆卸的转向块和锚固端板，并获得了相关专利。该专利的创新点在于：①锚固端板和转向块的安装非常灵活，施工方便、简单，能满足体外预应力加固既有建筑结构的工程要求；②所设计的转向块和锚固端能大大降低摩擦损失，有效解决端部低强混凝土局压破坏问题；③该转向块由钢材预制，拆卸方便，可以重复利用。

提高木梁耐火极限的方法

一、成果名称

提高木梁耐火极限的方法

二、完成单位

完成单位：上海市建筑科学研究院科技发展总公司、江苏省金陵建工集团有限公司

完成人：许清风、李向民、徐强、钱艺柏、史文杰

三、成果简介

目前，我国木结构和砖木结构火灾频发，其中木构件的耐火极限普遍不能满足现行规范要求，亟需进行提高。现阶段，常把其中的木构件更换为混凝土构件以提高其耐火极限，这种方法既耗时又费力，难以大面积推广。因此，需要采取一种新方法，能简单有效地提高木梁耐火极限。

研究成果主要内容：

本发明涉及建筑领域，公开了一种提高木梁耐火极限的方法，其步骤包括：（1）在木梁表面的前后左右四个面固定垂直于木梁方向的第一层木条；（2）在第一层木条的基础上，沿木梁方向布置第二层木条；（3）在第二层木条表面涂抹纸筋石灰膏，形成厚度为6～12毫米的纸筋石灰膏抹面。通过本方法可显著提高和改善木梁的耐火极限，木梁的耐火极限可以提高至少30分钟。

一种加固木梁的方法

一、成果名称

一种加固木梁的方法

二、完成单位

完成单位：上海市建筑科学研究院（集团）有限公司、上海市建筑科学研究院科技发展总公司

完成人：许清风、李向民、陈建飞、邱文军

三、成果简介

我国传统建筑多为木结构或砖木结构。由于老化或使用荷载增加常导致木梁抗弯承载力不足，需进行加固。过去一般多采用整根更换的方式，但由于我国木结构多采用榫接，更换木梁就需要拆开原先的结构，势必影响到相连木柱、斗栱和木屋架的整体性和安全使用，严重的甚至会破坏建筑的建筑立面和风貌特征。若采取在木梁受拉面粘贴竹片的加固方法可有效避免拆坏原有结构，并保证木梁承载力满足后续使用要求。

研究成果主要内容：

本发明涉及建筑工程领域，具体涉及建筑加固改造，公开了一种加固木梁的方法，步骤包括：（1）对木梁受拉面进行表面平整度处理、并用丙酮擦洗，如底面有裂缝或凹坑时，采用修补胶进行修补；（2）选用经过表面加工处理的3～7mm厚、10～25mm宽、与木梁等长的竹片，并用丙酮擦洗；在木梁受拉面涂抹底胶，然后用结构胶将至少一层竹片粘贴在木梁受拉面，并压实保证竹片、结构胶和木梁结合紧密。本发明能有效避免拆坏原有结构，还能保证木梁的承载力和耐久性，满足后续使用要求。竹片是一种可再生材料，且具有很好的抗拉强度，使用竹片加固木梁可有效降低既有建筑加固改造行业对资源能源的消耗。

粘贴钢板加固木梁的方法

一、成果名称

粘贴钢板加固木梁的方法

二、完成单位

完成单位：上海市建筑科学研究院（集团）有限公司、江苏省金陵建工集团有限公司、上海市建筑科学研究院科技发展总公司

完成人：李向民、许清风、朱雷、钱艺柏、史文杰

三、成果简介

我国现存的文物建筑多为木结构或砖木结构。由于老化或使用荷载增加常导致木梁抗弯承载力不足，需进行加固。过去一般多采用整根更换的方式，但由于我国木结构多采用榫接，更换木梁就需要拆开原先的结构，会导致相连木构件的附加损伤，势必影响到相连木柱、斗拱和木屋架的整体性和安全使用，甚至可能损坏文物建筑所蕴含的历史文化价值和历史风貌特征。若采取在木梁受拉面粘贴钢板并用膨胀螺栓锚固的加固方法可有效避免拆坏原有结构，并保证木梁承载力满足后续使用要求。

研究成果主要内容：

本发明涉及建筑工程领域，具体涉及建筑加固改造，尤其是木梁的维修加固，是一种利用粘贴钢板加固木梁的方法。本发明公开了一种粘贴钢板加固木梁的方法，其技术方案为，根据简支木梁的受力模式（上部为受压边缘，下部为受拉边缘），在木梁受拉边缘通过粘贴钢板并用膨胀螺栓锚固提高其承载能力。本方法不仅能克服替换法的缺点，有效避免拆坏原有结构，还能保证木梁的承载力和耐久性满足后续使用要求；加固后的木梁，其承载力增加超过50%。

钢筋混凝土表面专用修补砂浆

一、成果名称

钢筋混凝土表面专用修补砂浆

二、完成单位

完成单位：上海市建筑科学研究院（集团）有限公司

完成人：赵立群、张鑫、王琼、陈宁、於林锋、杨利香等

三、成果简介

传统的水泥修补砂浆脆性大而韧性不足，将其用于混凝土修补，容易造成界面粘结不牢、开裂而导致混凝土再度损坏等质量问题，在使用中受到一定的限制。而聚合物砂浆由于聚合物及活性成分的掺入，改善了水泥砂浆的物理、力学及耐久性能，与普通水泥砂浆相比，它抗拉强度高、抗拉弹性模量较低，且耐磨、耐腐蚀、抗渗、抗冻性能优异，与旧混凝土具有良好的粘结性能，适用于因碳化、气蚀、冻融破坏及化学侵蚀而引起的混凝土表层开裂、表面剥蚀破坏的修补，还可应用到防腐、防渗等工程中。

上海市建筑科学研究院研制的钢筋混凝土修补砂浆是以少量水溶性聚合物改性剂，再掺入一定量的活性成分、膨胀成分而配制成的具有防渗、防碳化、防腐功能的修补砂浆。修补砂浆的28d强度为42.6MPa，达到强度等级M30的要求，14d拉伸粘结强度可达

1.66MPa，吸水率为6.5%，完全满足钢筋混凝土修补对砂浆的要求。

研究成果主要内容：

1. 从聚合物砂浆作用机理出发，研究几种不同可溶性聚合物胶粉对修补砂浆性能的影响：胶粉的加入量应根据砂浆的抗压强度、抗折强度和拉伸粘结强度设计要求和试验结果而定；在修补砂浆中，如果对拉伸粘结强度要求不是特别高的话，胶粉掺量应控制在一定范围内。

2. 为了满足修补砂浆有时候需要快速凝固的情况，通过掺加不同比例的高铝水泥来调节砂浆的早期强度：高铝水泥能显著提高砂浆的早期强度，在要求快速修补的场合，高铝水泥是必需的组分。

3. 为了保护内部混凝土以及砂浆内部的钢丝网不受水分和溶解于水中的氧分子腐蚀，通过加入一定量的防水剂来降低用于混凝土表面修补的修补砂浆的吸水率，提高砂浆表面的憎水效果。

4. 纤维素醚水化形成的络合物一方面起到保水增稠作用，另一方面也推迟了水泥水化速度，因此纤维素醚也有一个合理的掺量，其用量应根据水泥用量和其他组分决定。在修补砂浆配合比试验中，所选用的纤维素醚掺量不能太多，用量大将使水泥水化速度减缓，导致拉伸粘结强度降低，而且纤维素醚应与砂浆稠化粉复配用于修补砂浆。

快速除污功能的干式管壳式污水源热泵机组

一、成果名称

快速除污功能的干式管壳式污水源热泵机组

二、完成单位

完成单位：哈尔滨工业大学

完成人：姜益强、姚杨、马最良、沈朝

三、成果简介

目前，污水源热泵发展迅速，但由于污水软垢的影响，使得污水源热泵机组的换热类型的灵活性受到了很大限制。污水源热泵的换热问题一直不能很好地解决（海水、湖水、河水热泵也存在同样的问题），提高污水换热器的换热效率是污水源热泵研制需解决的问题之一。

本课题首次提出的具有快速除污功能的水-水或水-制冷剂壳管式换热器如图1所示。污水在管外流动，制冷剂在管内流动。

多根换热管U形的盘旋于换热壳体内，形成2管程结构。折流板为可活动部件，折流板与中间转轴螺纹连接，当转动中间转轴时，会带动折流板左右移动。折流板的中间胶皮夹层刮擦换热管，可实现污水换热器的除污自净，快速便捷。其应用范围为二级污水、地表水的水-水换热器，水-制冷剂换热器等。其独创性在于：

（一）除污时系统不用停机，只靠毛刷往复移动，就可实现清洗污垢的目的，节省了大量人力、降低了运行费用；

（二）由于除污耗时大大缩短，从而延长了机组的运行时间，提高了系统运行的可靠性；

（三）壳体可开启，便于维修保养，如此也相当于延长了换热器的使用寿命；

（四）与现有污水换热设备相比，不仅结构简单、初投资少，而且减少了冷热量的无谓损耗，系统运行效率高，节能效果更好。

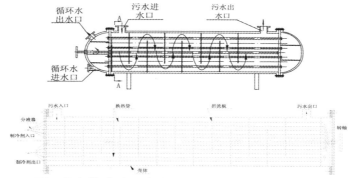

图1 具有快速除污功能的干式壳管式换热器示意图

研究成果主要内容：

（一）首次提出了具有快速除污功能的水-水或水-制冷剂壳管式换热器，其可以实现污水除污器运行状态下的除污自净，且除污时间大大缩短。

（二）有快速除污功能的水/制冷剂壳管式换热器的基础上，研制了具有快速除污功能的干式壳管式污水源热泵机组，其流程图和机组所用除污型干式壳管式污水蒸发器见图2和图3。

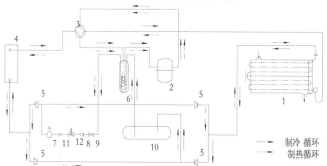

制冷循环
制热循环

图2 具有快速除污功能的干式壳管式污水源热泵机组

壳体直径 D (m)	0.22
单程换热管管长 L (m)	1.1
换热管根数	80
折流板间距 B (m)	0.07
换热管中心距 S (m)	0.02
换热管内径 d_n (mm)	8
换热管外径 d_i (mm)	10
管程数	2
换热面积（㎡）	2.38

图3 除污型干式壳管式污水蒸发器实物图

（三）基于理论分析结果，试制了样机，并在深圳某洗浴中心进行了一年的实验研究，实验结果表明，前30天换热量逐渐降低，由月初的8300W降低到月末的5600W，约为干净状态的67.5%。除污后污水换热量大幅度提升，换热量提升到8100W，基本恢复到干净状态时的换热量，表明所设计的除污型污水换热器具有很高的除污效率，机组换热器换热效果好，除污方便快捷，除污效率高，除污后换热量基本可以恢复。若将各部件进行优化匹配、保温处理后，将会得到更高的机组COP，在提供51℃热水的情况下，

其COP值介于3.67到5.2之间，如图4所示。

目前，污水源热泵发展迅速，但其核心部分——污水换热器的除污问题一直没有得到很好地解决，造成污水源热泵系统或污水作为冷却水的冷水机组运行效率随着时间的运行逐渐下降，甚至到保护性停机，使得系统的可行性大大降低。如果利用国外进口的胶球管内运行除污技术，价格较为昂贵，甚至超过热泵机组的价格。

具有快速除污功能的干式管壳式污水源热泵机组，具有自主知识产权，其核心技术是自除污干式壳管式换热除污技术，不仅适

用于污水，也适用于地表水。此外，还可利用该技术对原有热泵换热器进行改造。此核心技术不仅具有很好的节能环保效益，更具有广阔的市场价值，如每年4000万平方米的建筑应用污水或地表水采暖或空调，则每年将创10亿元的市场空间。

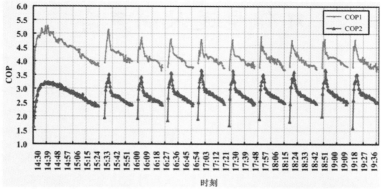

图4 具有快速除污功能的干式壳管式污水源热泵机组COP

该部分获得的系列发明专利，具有快速除污功能的干式壳管式污水源热泵机组 （ZL 200810064454.X）；具有快速除污功能的完全可拆的壳管式换热器（ZL 2008100064925.7）；具有快速除污功能的干式管壳式换热器（ZL 200810136804.9）。

环保型通风隔声窗

一、成果名称

环保型通风隔声窗

二、完成单位

完成单位：上海市建筑科学研究院(集团)有限公司

完成人：吴剑春、叶剑军

三、成果简介

近年来市场新兴的各种形式的通风隔声窗（该类窗体的技术特征是在常规窗体的结构基础上在某个或几个部位设置了特殊的风道或气孔以允许室内外进行空气交换，但同时为确保尽可能不使室外的各种噪声随空气进入室内，该风道进行了专业的消声设计）技术虽然同时兼顾了通风和隔声的功能，但对于引入的新风的质量却始终无法给予保障。

本发明所述窗体集全开启、通风和全封闭3种形式于一身，并可通过简易的操作完成3种形式之间的切换。相对于其他通风隔声类窗体其结构新颖性表现在：

（一）两级过滤方式滤除外界空气中的有害成分

说明：对于室外扬尘和交通尾气污染严重的地区有显著效果，特别设计了抽屉式的净化插口，下部抽屉除尘为主形成第一次过滤，上部抽屉净化交通尾气为主形成第二次过滤，窗体非通风状态时可以实心抽屉阻断通风。

（二）设于结构外层的助流风机

说明：为进一步有效的加大室外低风压状态下的通风量，在窗体底部加设小型机械风机，同时为避免引起的二次噪声污染，风机巧妙地加设于外窗外部。

研究成果主要内容：

在综合考虑各项因素的前提下，成功设计研发高性能的通风隔声一体化外窗，按设计方案试制样窗并通过通风和隔声性能鉴定。其特征如下：

1. 相对于市场上厚度（进深）普遍大于200mm的一体化外窗设计，本课题组研发的外窗厚度可控制在180mm以内，一定程度加大了其适用场合，尤其是对南方建筑和老式既有建筑的应用。

2. 机械通风型外窗在通风状态下计权隔声量Rw'可达到34dB，作为外立面窗体经交通噪声频谱修正后达30dB；自然通风型外窗在通风状态下计权隔声量Rw'可达到32dB，作为外立面窗体经交通噪声频谱修正后达29dB。

3. 采用了透明微穿孔板消声结构这一无污染消声措施，并设置滤尘网对室外进风进行过滤，降低了室外粉尘和固体颗粒物进入室内的比率，同时有效延长了消声风道的使用寿命。

社会效益：在2010上海世博会城市最佳实践区"沪上生态家"工程中得到成功应

用，在设计之初通过现场调研和模拟预测后在噪声污染严重部位确定工程应用点，在世博试运行期间进行工程效果验收测试后证明，窗具有较好的现场隔声效果并可为室内提供较好的室外通风。后又于2010～2011年在上海闵行江川社区医院，上海静安孙克仁老年福利院两项改建工程中对新型产品进行推广示范，通风和隔声效果显著，反响良好。

纳米稀土隔热透明涂料及其制备方法

一、成果名称

纳米稀土隔热透明涂料及其制备方法

二、完成单位

完成单位：中国建筑科学研究院深圳分院

完成人：王立璞、张琴、陈煜健

三、成果简介

近年来，我国的经济飞速发展，资源能源问题日益突出，因而节能环保在当前显得尤为重要。尤其近几年的城市更新，更是凸显大量既有建筑由于围护结构的缺陷而导致高能耗、高污染、高碳排放等问题。据统计建筑能耗的30%～50%是消耗在围护结构上面，主要的消散途径是窗户。目前开发出许多新的玻璃产品如中空玻璃、low-e玻璃等，虽然效果不错，但是由于造价高昂，导致推广应用有一定的困难。特别是对大量的既有建筑如果将其玻璃全部更换为中空玻璃或low-e玻璃，无论从经济性还是从环保性来说都是有很大问题的。该技术为一种纳米稀土隔热透明涂料，将其喷涂或刷涂在玻璃表面可以有效地隔绝红外线和紫外线，从而起到隔热作用。

现有的透明隔热技术多采用纳米ATO或ITO等粉体作为分散材料来，但由于其要求分散浓度高、分散难度大，并且涂层效果不理想等一系列原因导致其隔热性能不理想。为了克服上述缺点，本发明提供一种全新的纳米隔热透明涂料及其制备方法：将稀土材料六硼化镧制成纳米级粉体，然后通过超声分散、砂磨研磨分散将其制备成粒径为30纳米左右的纳米六硼化镧纯水分散液。然后将分散液加入水性丙烯酸树脂或水性聚氨酯树脂、复合醇、助剂，然后再强制搅拌分散即可得到纳米稀土隔热透明涂料。

研究成果的效果：

该涂料在3mm白玻涂刷后其可见光透过率为86%，红外线反射率为91%，紫外线反射率95%，温降约5摄氏度。

酚醛保温装饰板外墙节能改造应用技术

一、技术成果名称

酚醛保温装饰板外墙节能改造应用技术

二、完成单位及完成人

完成单位：江苏省建筑科学研究院有限公司、江苏丰彩新型建材有限公司

完成人：朱殿奎、张新生、汤亚兴、吴志敏、沈志明、李晴、朱灿银

三、成果简介

外墙保温装饰板以往主要采用XPS板等有机保温材料为其保温芯材，近年国内接连发生多起火灾事故，外墙节能改造中的火灾危害尤其严重（如上海"11·15"火灾）。开发高性能的无机不燃的保温材料迫在眉睫。目前应用的无机保温材料如岩棉板、发泡水泥保温板等保温系统由于材料的缺陷，易发生开裂、空鼓、渗水、保温层脱落等质量通病，而有机保温材料如XPS等大量添加阻燃剂必然引起保温材料综合性能降低。

江苏省建筑科学研究院有限公司采用改性酚醛树脂泡沫板开发了该系统，是由酚醛树脂保温复合板为保温层、聚合物粘结砂浆和专利锚固件双重固定的方式安装在外墙的外侧。酚醛树脂材料由于其亚甲基相连苯环的刚性结构，使得材料具有很高的阻燃性。然而，经过发泡后的酚醛树脂泡沫脆性较大，易掉粉，因此需要进行增韧改性。改性后的酚醛树脂发泡板，在不降低阻燃性的同时，大大增强了泡沫的韧性，降低了脆性，减小了泡沫的粉化。本系统的核心产品酚醛树脂保温复合板，即选用增韧改性酚醛树脂发泡板，在工厂流水线上与增强板进行复合，并对复合板材表面进行功能化处理。此种酚醛树脂保温复合板除了具备酚醛树脂泡沫优异的阻燃性，在抗压、抗折、耐候性等方面具有良好的表现，是一种综合性能优异的保温复合板材。本技术拥有相关授权发明专利2项，实用新型专利3项。

本系统采用改性酚醛树脂泡沫板为主体保温材料，经检测，其导热系数为0.032W/(m•K)，压缩强度206 KPa，表观密度为65kg/m³，垂直于板面拉伸强度为160KPa。经过复合后的阻燃型保温复合材料其燃烧等级可达到复合A级（《建筑材料燃烧性能分级方法》GB8624-1997）。系统耐候性、抗冲击性、耐冻融性等均达到（《外墙外保温工程技术规程》JGJ144-2004）中的相关指标要求。

本技术保温效果好，施工快速便捷，针对既有建筑改造的特点和节能需求，自小试、中试后进入市场后，以其自身优异的阻燃性和保温性，对于传统的板材保温系统形成较大的冲击，市场反应良好，在南京晓庄国际等重大项目上得到应用，获得使用方的好评。

随着酚醛保温装饰板外墙节能改造应用技术的推广，市场逐渐走向成熟，并带来优异的经济和社会效益。截至2011年12月，本系统已实现推广面积10万平方米，实现销售收入4000多万元。目前建筑外围护结构火灾基本多是由于保温材料燃烧而引起的，阻燃型酚醛发泡保温材料的开发与应用，能有效提高外墙保温系统的消防安全性能，推动了建筑节能的发展。

可喷射加固料的配制技术

一、成果名称

可喷射加固料的配制技术

二、完成单位

完成单位：上海维固工程实业有限公司

完成人：王鸿博、徐宝利

三、成果简介

普通的加固砂浆用于较大面积加固时容易收缩开裂，导致内部钢筋加快锈蚀，加固砂浆水灰比较高，内部空隙较多，容易被水分和二氧化碳渗透，导致加固后结构的耐久性较差，使用周期较短。

传统的人工抹灰施工效率较低，在加固料与基面之间容易出现空鼓，减小了两者间有效的接触面积，进而降低加固效果。此外，钢筋与基面的间隙也不易被砂浆充分填充，进一步减少了有效粘结面积。

可喷射加固料是一种以高强度硅酸盐水泥为基料的建筑高性能加固砂浆，主要由硅酸盐水泥、超塑化剂、活性火山灰材料、抗裂增强纤维、补偿收缩材料和级配良好的石英砂等组成，产品结构致密，可抵御水分与二氧化碳的侵蚀，具有优异的界面粘结性能和补偿收缩开裂性能，特别适用于机械化喷射施工。

四、主要内容

（一）研究成果

可喷射加固料的配制技术充分考虑到材料的物理力学性能及喷射施工性能。在材料的物理力学性能方面，通过掺入超塑化剂与活性火山灰材料，加固料的水灰比较低，内部空隙极少，防水渗透效果较强；通过掺入膨胀剂，补偿加固料水化过程产生的收缩变形，加固料的体积稳定性较好；纤维素醚的加入使得加固料具有良好的机械化喷射施工效果。

可喷射加固料的机械化喷射施工效率较高，是传统抹灰工艺的3倍，大大缩短了工期，带来显著的经济效益。加固料喷涂时与基面的附着力强，充分填充钢筋与基面间隙，有效粘结面积增大，保证了与结构协同变形。该加固料良好的触变性能和机械施工性能，适用于在构件垂直面和仰面施工，且不易出现流坠现象。垂直面单次施工层厚可达30mm，仰面单次施工层厚可达15mm。

（二）产品用途

可喷射加固料主要用于混凝土结构的修补与加固工程，具体包括：

1. 混凝土结构表面缺陷的修补工程。

2. 混凝土结构的墙面、梁面、柱面及板底采用钢筋网—高性能复合砂浆面层的增大截面法加固工程。

（三）工程实践案例

本产品已经成功应用于多个加固项目。沈阳佳建是大型建筑的商业化改造项目，在柱子的加固中采用了钢筋网—可喷射加固料

施工工艺。设计加固厚度60mm，施工分2遍喷射而成，现场喷射施工效率高，劳动强度小，施工结束后未发现明显开裂现象，采用

小锤敲击未发现空鼓现象，加固料面层平整度较高，施工质量得到业主与监理的一致好评。

图1 喷射施工机组

图2 加固料喷射施工

图3 加固料抹平收光

图4 覆盖薄膜养护

图5 养护结束后效果

图6 整体加固效果

地源热泵系统运行性能远程监测技术

一、成果名称

地源热泵系统运行性能远程监测技术

二、完成单位

完成单位：河北工业大学

完成人：王华军、齐承英、顾吉浩、杜红普

三、成果简介

近年来，地源热泵系统在我国北方地区应用比较广泛，成为我国可再生能源建筑空调应用的主要形式之一。地源热泵系统建设是一项综合技术性较强的复杂工程，建筑设计、水文地质、传热学、流体力学、计算机与自动控制等诸多学科的相互交叉。由于目前设计、施工及管理水平的差异，地源热泵系统的实际性能差距很大，严重者出现运行能耗过高、甚至系统瘫痪的现象，这在一定程度上制约了该技术的规模化应用。2009年，财政部、建筑部联合发布《可再生能源建筑应用城市示范实施方案》和《可再生能源建筑应用示范项目数据监测系统技术导则》（试行），在全国范围内开展可再生能源建筑应用示范试点工作，并提出了建设地源热泵数据监测系统的若干要求。

从目前来看，地源热泵系统运行性能主要依靠机房管理人员人工读取相关监测仪表的数据来完成，此种方法显然费时费力，不利于系统运行管理和维护，已经不能适应可再生能源建筑规模化应用的技术需求。因此，市场上希望出现面向地源热泵系统运行性能的自动监控装置，来完成系统实时监测、分析诊断及优化管理等任务。

针对现有技术的不足，我们提出并建立一种针对地源热泵系统运行性能的自动监测及远程传输技术及装置。该装置能够以现场集中总线方式采集地源热泵系统的相关运行性能参数数据，并通过GPRS无线传输的方式发送至指定的通讯服务器中，供用户实时访问浏览，从而完成系统性能的在线监测、诊断、干预及管理等工作。

其主要工作原理如下：内部设计了一个单片机模块（ISCM），其一侧通过外围电路与数据接口模块（DIM）相连接，可以实现地源热泵系统运行数据的集中采集、转换与处理；另一侧通过外围电路与包含GSM接口器的数据处理单元（DTU）相连接，并与发射天线（ATN）相连接，可以通过GPRS通信网络和既定通讯协议，实现向远程通讯服务器实时集中传输地源热泵系统的运行数据。用户端可以通过互联网来登陆通讯服务器的数据库，从而掌握地源热泵系统的实际运行状况。

该技术已经获得国家实用新型专利（ZL 201120181877.7），已经在津冀地区进行了应用。该发明装置采用了模块化设计，结构紧凑，安装简便，适合批量化生产，广泛适用于各类地源热泵系统，包括土壤源热泵、水源热泵、地表水源热泵、污水源热泵、海水源热泵等。

剪切型并联软钢建筑结构抗震阻尼器

一、成果名称

剪切型并联软钢建筑结构抗震阻尼器

二、完成单位

完成单位：上海建科结构新技术工程有限公司

完成人：徐启明、梁小龙、王凯、杨俊、杨晓婧、徐建设、张卉、段旭杰、吴周偲

三、成果简介

随着我国城市化进程的迅猛发展，伴随着日益多样化的使用要求，大量复杂体型高层及超高层建筑结构不断涌现，这对抗震设计带来了新的巨大挑战——建筑结构除了需要能够满足承载力计算要求外，还要能够实现性能化的设计目标。在这种情况下，按传统的结构布置形式，梁、柱等构件的设计截面必须很大，导致结构自重加大也即地震反应增大；此外还有一个重要的矛盾在于，传统结构经历地震冲击后，即使没有发生整体倒塌，但梁、柱等构件的修复代价往往也会很高，并会对建筑结构的正常使用带来影响。

本发明所要解决的技术问题是提供一种能有效消耗地震能量，且造价低，同时便于修复更换的剪切型并联软钢建筑结构抗震阻尼器。

该阻尼器包括两块矩形低屈服点软钢板、两块侧部加劲钢肋板和两块节点板；两块低屈服点软钢板的板面相互平行，且四周边沿齐平；两块侧部加劲钢肋板分置于两块低屈服点软钢板的左右两侧，两块节点板分置于两块低屈服点软钢板的上下两侧；两块低屈服点软钢板的板面与各侧部加劲钢肋板的板面、各节点板的板面均垂直。

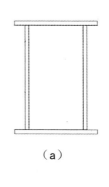

（a）

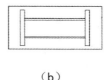

（b）

**剪切型并联软钢建筑结构抗震
阻尼器示意图**

本发明提供的剪切型并联软钢建筑结构抗震阻尼器，将上、下节点板分别与建筑结构的梁板构件及钢支撑连接后，能与主体结构共同工作，有效消耗地震能量，且造价低廉。在小震阶段，低屈服点软钢板可以增大结构侧向刚度，减小层间位移；在大震阶段，低屈服点软钢板的滞回变形可以消耗地

震能量，从而保护结构的主体构件；通过开孔，可以大幅提高软钢板的变形能力、优化应力分布，避免形成贯穿的X形交叉裂缝，从而全面的改善其滞回耗能性能。而且地震后便于修复更换，其修复及更换的经济代价也较小，基本不对建筑结构的后续正常使用带来影响。

一种新型的垂直绿化装置

一、成果名称

一种新型的垂直绿化装置

二、完成单位

完成单位：上海现代建筑设计（集团）有限公司

完成人：丁建华、田炜、汪孝安

三、成果简介

建筑垂直绿化装置主要集中在三个主要方面：一是传统的植物花槽、花箱或植物盆景等设施，在建筑外围护界面突出部位的后期嵌入设置；二是建筑土建施工中，在建筑外围护结构上设计独立的植物种植槽，如需攀爬植物时，则另外通过上下层的钢丝或钢索进行垂直植物攀爬的牵引；三是藤本植物沿建筑围护结构进行直接攀爬。因此，现行的垂直绿化装置主要存在的问题包括：建筑垂直绿化缺少与建筑围护结构的一体化设计与施工；建筑垂直绿化难以以标准单元形式进行工厂规模化生产以及现场规模化施工；建筑垂直绿化的植物攀爬装置缺少灵活性，很难适应不同的开启与悬挑需求，同时，难以实现建筑内部功能空间的自然采光、自然通风以及建筑遮阳的调节与整合设计。

因此，如何提供一种可实现工厂规模化生产、组装，并实现现场的规模化拼装施工的垂直绿化装置是本领域技术人员亟待解决的一个技术问题。

该技术提出一种新型的垂直绿化装置，至少包括一块垂直绿化单元，垂直绿化单元包括支撑框架、植物攀爬网架以及花箱，支撑框架安装于外围护结构上，花箱设置于支撑框架的底部，植物攀爬网架安装于支撑框架上。垂直绿化单元可工厂规模化生产、组装，并可现场的规模化拼装施工，故可有效提高施工效率，且该垂直绿化装置从设计到施工安装可以实现与建筑围护结构的一体化，使垂直绿化装置成为建筑的一部分或者是从属于建筑围护结构的构件一部分，不再是传统的两个独立的组成部分。另外，通过调整垂直攀爬构件的角度来调整建筑外部风、光以及热环境对建筑室内空间的作用，改善不同地域环境下的建筑室内物理环境特征，增加室内舒适感。

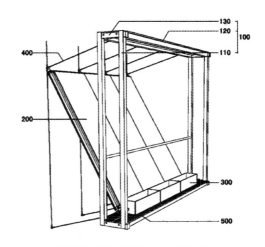

新型建筑垂直绿化装置示意

OPF傲德酚醛防火保温板

一、成果名称

OPF傲德酚醛防火保温板

二、完成单位及成员

完成单位：北京莱恩斯高新技术有限公司

完成人：孙垂海、陈硕、魏培哲

三、成果简介

酚醛保温板作为一种新型的外墙外保温材料，由于其优异的防火性能，已越来越受到关注。传统酚醛泡沫保温板酸性高、脆性大、易掉粉的缺点阻碍了它的应用，OPF傲德酚醛防火保温板是通过对酚醛树脂进行综合改性，提高了酚醛的各种物理性能，将该酚醛泡沫板应用于外墙外保温工程中，能有效减少了火灾隐患，大幅提高外墙外保温工程的安全性和可靠性。

（一）通过对酚醛树脂进行接枝改性，使形成的酚醛泡沫的分子结构具有柔性链段，从而提高了酚醛泡沫的韧性，解决了酚醛脆性大，易掉粉的问题；

（二）通过采用弱酸性催化剂，使酚醛泡沫固化后的酸性降低，PH值提高到大于5；

（三）通过采用特殊助剂，氧指数可达40以上，使酚醛泡沫遇火后形成具有耐高温的碳化层，阻止火焰的传播，提高了耐火等级。用1200℃气焊火焰喷射，不被穿透；

（四）通过采用特殊发泡和稳泡助剂，使酚醛泡沫泡孔均匀，导热系数在0.030

W/(m·K)以下，体积吸水率小于6%。

OPF傲德酚醛防火保温板采用了流水线生产，具有质量稳定，生产效率高等优点。获得了1项国家发明专利，6项实用新型专利。通过了大型耐候性实验验证和国家级燃烧性复合A级的检测，于2008年通过了建设部科技发展促进中心的科技评估；并获得了北京市工法；被评为"2010年全国建设行业科技成果推广项目"；于2012年被列入"北京市绿色建筑适用技术推广目录"。

图1 北京亦庄国际十二平方公里安置房项目

图2 山东青岛即墨坊子街改造项目

应用工程：

截至2011年底，OPF傲德酚醛防火保温板应用面积已突破1000万平方米。图1为北京市亦庄十二平方公里项目，该项目位于亦庄开发区西南部，保温面积约80万平方米。

图2为山东青岛即墨坊子街项目，该项目位于山东青岛即墨市，保温面积约23万平方米。

高效保温隔热隔声安全型真空玻璃

一、成果名称

高效保温隔热隔声安全型真空玻璃

二、完成单位

完成单位：青岛亨达玻璃科技有限公司

完成人：徐志武、王辉、刘成伟

三、成果简介

（一）技术简介

目前我国约有460亿平方米的既有建筑，因而既有建筑的节能改造成为了建筑行业进行能耗减负的重头戏。由于在建筑围护结构中玻璃门窗的能耗占建筑能耗的50%，因而玻璃门窗的节能改造成为重中之重。玻璃门窗的改造主要包括玻璃和窗框的改造，由于玻璃占整窗面积约70%，因此整窗节能改造的关键在节能玻璃的选择。目前国内的节能玻璃主要包括双白中空玻璃、Low-E中空玻璃、还有近几年投入市场的第三代节能玻璃新产品-真空玻璃。

长久以来，建筑玻璃中具有指标意义的深加工制品如钢化玻璃、夹层玻璃、中空玻璃等，都是由西方发达国家率先研制成功并大规模应用后才传入中国的。真空玻璃则不然，目前世界上只有中国和日本的企业能够进行批量生产，其他国家的相关研究都还处在试验室阶段。真空玻璃是我国玻璃工业中为数不多的具有自主知识产权的高新技术产品。它的研发与国外最先进技术保持一致，并在某些制作工艺尤其是应用领域方面走在了世界的前列。

（二）主要组成材料

Low-E玻璃、浮法玻璃、低熔点玻璃粉、特种支撑物。

（三）技术原理

真空玻璃可比喻为平板形保温瓶，二者相同点是两层玻璃的夹层均为气压低于10-1pa的真空，使气体传热可忽略不计；二者内壁都镀有低辐射膜，使辐射传热尽可能小。二者不同点：一是真空玻璃用于门窗必须透明或透光，不能像保温瓶一样镀不透明银膜，镀的是不同种类的透明低辐射膜；二是从可均衡抗压的圆筒型或球型保温瓶变成平板，必须在两层玻璃之间设置"支撑物"方阵来承受每平方米约10t的大气压，使玻璃之间保持间隔，形成真空层。"支撑物"方阵间距根据玻璃板的厚度及力学参数设计，在20～40mm之间。为了减小支撑物"热桥"形成的传热并使人眼难以分辨，支撑物直径很小，目前的产品中的支撑物直径在0.3～0.5mm之间，高度在0.1～0.2mm之间。真空玻璃的结构如图1所示

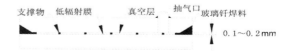

图1　真空玻璃的基本结构

由于结构不同，真空玻璃与中空玻璃的

传热机理也有所不同。图2为简化的传热示意图，真空玻璃中心部位传热由辐射传热和支撑物传热构成，其中忽略了残余气体传热。而中空玻璃则由气体传热（包括传导和对流）和辐射传热构成。

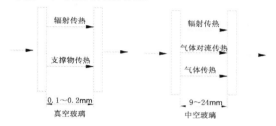

图2 真空玻璃和中空玻璃的传热机理示意图

由此可见，要减小因温差引起的传热，真空玻璃和中空玻璃都要减小辐射传热，有效的方法是采用镀有低辐射膜的玻璃（LOW-E玻璃），在兼顾其他光学性能要求的条件下，其发射率（也称辐射率）越低越好。二者的不同点是真空玻璃还要尽可能减小点阵支撑物的传热。

（四）性能特点

真空玻璃与中空玻璃性能对比：

1.高效隔热保温

因为在中空玻璃中，气体的热传导仍然存在，因而使总的热阻减少了，而在真空玻璃中由于真空层的存在，有效地阻止了热的传导与对流，其传热系数K值已降至0.9W/m²K以下。如果将真空玻璃与其他玻璃组合成复合中空玻璃后，还将更大地提高其隔热保温性能，可以满足许多特殊要求的场合。

2.防结露结霜

由于真空玻璃具有真空层，难以传热可消解温差变化，使玻璃表面温度不会下降，因此可大幅度防止结露结霜现象，尤其是玻璃内结露。真空玻璃经测试，其结露因子CRFG高达81。与同规格中空玻璃相比，真空玻璃开始结露的温度要比中空玻璃低得多。

3.优良的隔声性能

由于真空玻璃的两片玻璃是被玻璃粉牢固地烧结在一起的。中间又是真空层，所以可以有效克服中空玻璃在中低频段容易产生共鸣的弱点，发挥其良好的隔声效果。从检测数据可以看出真空玻璃在大多数频段，特别是中低频段隔声性能明显优于中空玻璃。单片真空玻璃隔声量36dB以上，复合中空和夹胶后可达到40dB以上。

4.超强的密封性和持久稳定性能

真空玻璃是完全用玻璃材料密封的，和目前已有长久寿命的电视显像管类同，其真空度可保持二十年不变，比用树脂材料密封的中空玻璃寿命长的多。真空玻璃经高温—高湿，耐低温及浸水紫外线照射后热阻变化很小（在仪器测试误差范围内），说明真空玻璃有着超强的密封稳定性

（五）应用情况

作为既有建筑，其门窗设计的窗扇厚度所配置的玻璃绝大多数为单层普通玻璃，以塑钢窗为例：原设计的窗扇安装玻璃余隙尺寸为t≤9mm，无法更换其最小厚度为14mm的中空玻璃。如果使用中空玻璃因其厚度限制，必须更换既有建筑的窗框、门框，及原有整体配置，由此，破坏了房屋原有的装修和门框、窗框及承载墙的连接部分。更换中的物料、工时、门框、窗框等整体配置费用，内外装修恢复费用是十分惊人的，并且在改造施工中势必会影响居民正常的生活和工作及企事业单位工作正常运转，扰民、误工等问题随之而来很难处理。

由于真空玻璃的厚度最薄仅为6mm，实际仅是两片单层玻璃叠加的厚度，即$\delta=3+3$。其超薄的厚度使建筑师的设计空间变大，完全可以在不更换既有建筑门框、窗框等配置的基础上进行施工，不破坏室内外已有的装修，避免了巨大的改造费用，降低了改造成本，大大缓解施工扰民问题，因此提高了社会效益，是既有建筑门窗节能改造中唯一高科技节能隔音玻璃。

作为目前国际上极力推崇的第三代节能门窗玻璃，采用高效节能真空玻璃改造既有房屋建筑门窗，以其优越的技术性能，超薄的几何尺寸，简单的工艺程序是目前其他透明玻璃材料无法替代的，其极佳的配置效果体现了房屋建筑的功能"节约建筑能源"这一主题，同时使房屋冬暖夏凉、节能降噪，是保证实现国家建筑节能目标的有力武器，作为一种升级换代的绿色产品，在北京、上海、青岛既有建筑的旧门窗改造中被客户所选用，其迅速提高的房屋建筑节能降噪效果和经济效益受到了用户的好评和推广，其在建筑行业市场前景十分广阔。

INSULADD（盈速粒）隔热保温涂料添加剂

一、成果名称

INSULADD（盈速粒）隔热保温涂料添加剂

二、完成单位

完成单位：M. J. Trading International, Inc. 精瑞（北京）不动产开发研究院有限公司

完成人：钟志明、王明、赵凤山

三、成果简介

INSULADD（盈速粒）是20世纪90年代美国国家航空航天局（NASA）的科研人员为解决航天飞行器传热控制问题研究开发的一种新型太空绝热反射瓷层转为民用化一项技术成果。

INSULADD（盈速粒）是由直径45～150μm的中空陶瓷微珠经级配而成。它具有如下特性：

性状：白色干粉末状、无气味、无毒性

密度：0.37g/cc

耐高温：熔点在1750℃左右

高抗压强度：＞492.1kg/cm²（7000psi）

高硬度：硬度为7

高稳定性：惰性极强，很难与其他物质发生化学反应

高附着力：ASTMD-3359附着力测试为100%

导热系数：0.06 W/（m²K）

表面太阳反射比为0.83，半球发射率为0.87

INSULADD（盈速粒）可以添加到任何一种合成树脂乳液涂料和溶剂型涂料中，能与各种不同性质的涂料完美地结合成性能优异的保温隔热涂料。

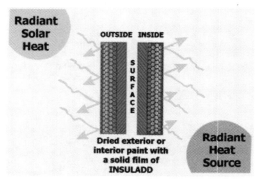

图1　INSULADD（盈速粒）作用原理

INSULADD（盈速粒）的隔热保温原理如图1所示。将含有INSULADD（盈速粒）的涂料涂于建筑的内外墙面，将在建筑物内外表面形成极薄的中空瓷层，构成有效的热屏障。在夏季，建筑外表面的INSULADD（盈速粒）可以以0.83以上的反射比反射太阳的热辐射，同时又以0.87以上的半球发射率将吸收的部分热量发射出去，有效地降低建筑外表面的温度，从而降低室内得热；在冬季，外墙内表面的INSULADD（盈速粒）将室内的辐射热反射回室内，同时以较高的发射率将内墙面的得热辐射到室内，从而降低室内向室外的传热。此外，盈速粒极低的导热系数

对阻挡热量传导也具有一定的作用。

（一）INSULADD（盈速粒）用于建筑节能的实验研究结果如下：

1. 美国Geoscience公司对INSULADD（盈速粒）用于建筑外墙的隔热效果进行了对比试验分析，结果表明，涂有INSULADD（盈速粒）涂料的外墙表面温度比涂有普通涂料的外墙表面温度低11.1℃，热流减少31.9%，相当于墙体热阻增加了R = 1.06㎡K/W（原墙体热阻为2.11㎡K/W）。

2. 美国缅因州VIE公司对公司所在小城Veazie（纬度相当中国的黑龙江省）某教堂的主堂进行了INSULADD（盈速粒）保温效果测试。结果表明，INSULADD（盈速粒）用于建筑保温，节能效果十分显著，全年大约节省燃气20%。

3. 华南理工大学建筑节能研究中心于2008年夏末秋初典型日（最高气温30℃左右）在广州连续进行了7天节能比对测试，结果表明，在外墙和屋顶外表面使用INSULADD（盈速粒）涂料与使用同种普通涂料相比较，节电率约为24.8%。

4. 国家建筑工程质量监督检验中心于2007年冬季典型日（最低温-9℃）在北京进行了为期9天的节能对比测试，结果表明，在外墙和屋顶内表面使用INSULADD（盈速粒）涂料与使用同种普通涂料相比较，节电率为12%以上。

经专家鉴定："INSULADD（盈速粒）用于外墙外表面时，对于提高外墙夏季隔热性能具有明显效果；用于墙体内表面时，对于提高冬季保温性能具有一定的效果。该技术可以用于新建建筑和既有建筑的节能改造，具有良好的应用前景。"

该技术已在海南、广东、广西、福建等地约500万平方米的新建建筑中应用，达到了当地建筑节能标准的要求；在江西、安徽、河北、天津等地的示范工程中，采取与其他围护结构节能技术复合方式，也可达到当地建筑节能标准要求，同时建筑节能成本显著降低。

《公共建筑节能改造应用技术规程》5.1.1节规定："对既有公共建筑的外围护结构节能改造应根据建筑自身特点和所处环境，充分考虑对居民干扰小、工期短、对环境污染小、工艺便捷、投资收益比高的因素，确定采用的构造形式以及相应的改造技术。"

（二）INSULADD（盈速粒）用于既有建筑节能改造具有明显优势：

1. INSULADD（盈速粒）是由直径45～150μm的中空陶瓷微珠级配而成。可以添加到任何内、外墙涂料中。是一种对环境无危害、不燃的材料。符合隔热保温材料的A级防火要求。

2. INSULADD（盈速粒）属于涂料添加剂，施工工艺与普通涂料相同，施工方便、工期短、对居民影响小。与其他保温材料相比，还不会对建筑空间大小产生影响。

3. INSULADD（盈速粒）材料成本和施工成本远低于其他隔热保温材料。

YGHY聚氨酯复合板

一、成果名称

YGHY聚氨酯复合板

二、完成单位及成员

完成单位：廊坊华宇创新科技有限公司

完成人：高春青、朱贤

三、成果简介

硬泡聚氨酯的导热系数是目前所有保温材料中最低的，能很好地满足建筑节能65%和75%的要求。传统聚氨酯保温板的燃烧性能是其薄弱环节，廊坊华宇通过材料改性和优化板材构造相结合的技术路线开发成的YGHY聚氨酯复合板，在最大程度发挥聚氨酯材料优点的同时，大幅度提升了聚氨酯保温板的安全性能，将其应用于外墙外保温工程中，能杜绝火灾隐患，确保外墙外保温工程的安全性和可靠性。

（一）首先通过材料改性使聚氨酯硬泡具有足够的阻燃性能，遇火后形成炭化结焦层，覆盖在表面阻隔空气，阻止火焰的蔓延，离开火源后瞬间自熄。

（二）再通过构造进一步优化板材的安全性能，在阻燃的聚氨酯板6个表面都复合不燃的水泥基材料，使复合板由高度阻燃的聚氨酯芯材和不燃的表皮组成。实践证明，采用双重技术路线的YGHY聚氨酯复合板是不可能被电焊火花等点燃而发生火灾的，在施工过程包括运输、堆放等过程没有火灾隐

患，不但适于新建建筑，还特别适合边住人、边改造，施工现场人员复杂的既有建筑改造工程，完工后具有复合A级外保温系统的建筑更是安全的。

（三）水泥基覆盖层使YGHY聚氨酯复合板与基层墙体的粘结成为水泥与水泥粘接，施工简单而可靠性高。

（四）采用自主研发的原料配方和高压发泡工艺，使泡孔细密而均匀，闭孔率高，YGHY聚氨酯复合板导热系数在$0.021W/m^2K$以下，体积吸水率低于1.5%，均大幅度优于相关标准的指标。

（五）采用聚氨酯改性聚异氰脲酸酯技术，增加泡沫交联密度，在提高阻燃性能的同时确保泡沫的尺寸稳定性。

（六）YGHY聚氨酯复合板的主体可在连续生产线上，利用聚氨酯发泡过程中产生的"自粘结性"一次加工成形。每条生产线的年产能达到300万平方米，实现最大程度的厂内机械化制作，具有很高的质量可控性。

（七）应用工程：

到2012年9月，应用YGHY聚氨酯复合板的工程面积已超过200万平方米。

图1为YGHY聚氨酯复合板生产线，该生产线自意大利引进，年生产能力300万平方米。

图2为北京市明悦湾项目，该项目位于北京市大兴区，保温面积约90000平方米。

图3为廊坊市金桥小区项目，该项目位于河北廊坊市，保温面积约140000平方米。

图1 YGHY聚氨酯复合板生产线

图2 北京市明悦湾项目

图3 廊坊市金桥小区项目

建筑外墙保温用A级防火保温板

一、成果名称

建筑外墙保温用A级防火保温板

二、完成单位

完成单位：北京建筑技术发展有限责任公司

完成人：罗淑湘、孙桂芳、邱军付、王永魁、鲁虹、崔伟腾

三、成果简介

（一）技术创新性

建筑外墙保温用A级防火保温板技术创新性主要体现在单一产品的创新性、系统和应用技术创新、体系创新三个方面：

1. 单一产品的创新性

（1）大掺量粉煤灰泡沫混凝土的开发：大幅度提高废弃物的利用率，降低水泥用量，提高产品耐久性及综合性能；

（2）复合保温板做法创新：有机-无机保温材料六面复合，防火-保温优势互补（PIR聚氨酯+大掺量粉煤灰泡沫混凝土）；

（3）有机-无机复合保温板生产设备开发：自主开发出国内首套有机-无机复合保温板生产设备，实现六面包覆复合工艺。

2. 系统和应用技术创新

（1）系统的构造做法、配套材料、施工工艺的创新；

（2）开发出满足不同区域、不同建筑条件、不同节能要求的保温系统及做法；

（3）有机-无机复合保温板施工应用技术创新：针对复合保温板的性能特点和应用技术，编写与之相关的标准、规程、施工技术等。

3. 体系创新

所研发的产品技术构成一个完整的、创新的技术体系。

（二）产品性能特点

建筑外墙保温用A级防火保温板主要包括燃烧性能为A1级的泡沫混凝土保温板、燃烧性能为复合A级的聚氨酯复合保温板。

泡沫混凝土保温板及聚氨酯复合保温板（复合A级保温板）是北京建筑技术发展有限责任公司针对目前建筑外墙保温材料使用有机保温材料防火性能差，建筑工地火灾事故频发及响应国家相关部门提出的建筑外墙保温材料的防火性能必须为A级的号召而开发的两种外墙保温用板材。

泡沫混凝土保温板特点：

1. 燃烧性能为A1级，属不燃无机保温材料。

2. 轻质保温。产品干密度低于250kg/m³，在无机制品领域中属轻质类产品。导热系数在0.05～0.07W/m²K范围内，保温效果好。

3. 粘结力强。与建筑主体墙材相容性、亲和力好，粘结牢固，不易脱落，解决系统空鼓、开裂、脱落等通病，保温系统具有透气性，抗风压、抗震性好。

4. 施工方便。保温板可粘贴或干挂施

工，可用于外墙内保温、外墙外保温，也可用于屋面保温隔热，施工方式灵活多样，适应性强，应用面广。

5. 性价比高，绿色环保。产品生产能大掺量利用工业废渣作为生产原料，节能利废，经济适用。

6. 耐久性好，抗老化能力强，可实现与建筑物同寿命。

7. 适用范围广。可创建多种保温系统，可粘贴、可干挂，适用于各气候分区。泡沫混凝土保温板既可以单独使用，用做外墙保温板或防火隔离带板，也可以与有机保温板复合使用。可广泛应用于民用、商用、公用等建筑的外墙外保温、外墙内保温、分户隔墙、吊顶、楼梯间、屋面、顶棚等需要保温隔热的部位，也适用于对防火要求较高的场所和部位作为内部保温装修或者防火隔离材料。

8. 泡沫混凝土保温板外墙外保温系统能满足全国各地现阶段的建筑节能要求。

聚氨酯复合保温板（复合A级保温板）是结合了有机保温材料和无机保温材料的特点而开发的一种复合保温板。将有机保温材料与无机保温材料复合使用，充分发挥无机保温材料和有机保温材料的技术优势，取长补短，既可满足建筑保温系统防火性能的要求，又可满足保温性能的要求，且能保证外保温系统长久的使用寿命，其综合性能是目前任何一种材料不论是无机保温材料还是有机保温材料都无法比拟的。

聚氨酯复合保温板（复合A级保温板）特点：

1. 保温、防火性好。无机保温板与有机保温板复合不仅能满足建筑外墙保温材料防火的要求，还能满足建筑的节能要求。

2. 轻质、耐久。无机保温板与聚氨酯复合的保温材料，可大大降低保温材料厚度和保温板材的容重，同时减轻建筑主体结构荷载，有机保温材料被无机保温材料覆盖，可有效提高有机保温材料的抗冲击性和使用的耐久性。

3. 施工方便。聚氨酯复合的保温板施工可采取粘贴或干挂施工，可用于外墙内保温、外墙外保温，也可用于屋面保温隔热，施工方式灵活多样，适应性强，应用面广。

4. 可满足建筑节能更高标准的要求。聚氨酯复合的保温板外墙保温系统不仅可满足北京市建筑节能65%的标准要求，以及全国各地区的建筑节能要求，而且还能满足建筑节能更高标准的要求。

5. 价格适中，便于推广。随着建筑节能与防火保温要求的不断提高，单纯使用无机或单纯使用有机保温材料，满足既节能又防火的要求，单纯的无机或有机外保温系统材料造价和施工造价都非常高，造成性价比极低的现象。而采用聚氨酯复合的保温板外墙保温系统，结合了有机与无机保温材料的优势，取长补短，使系统材料在满足更高节能要求及防火要求下，材料价格和施工价格增加不大，价格适中，便于市场推广应用。

6. 适用范围广。可应用于工业与民用建筑的外墙外保温、外墙内保温、分户隔墙、吊顶、楼梯间、屋面、顶棚等需要保温隔热的部位。

泡沫混凝土保温板及聚氨酯复合保温板（复合A级保温板）外墙外保温系统的实施不仅能解决建筑节能对高效、防火、耐久的保温材料与体系的急迫需求，同时还能推动我国安全、高效、耐久的建筑保温隔热材料与体系的发展，为建筑用保温隔热材料及体系的更新换代以及提高常用保温系统的防火 性能提供有力的技术支撑。

聚氨酯复合保温板（复合A级保温板）性能要求　　　　　　表1

项目	性能指标
干表观密度，kg/m³	≤160
燃烧性能注	应符合GB 8624-1997规定的复合A级要求
抗压强度，kPa	≥150
垂直于板面方向的抗拉强度，kPa	≥60
导热系数（平均温度25℃）W/(m²·K)	≤0.04
软化系数	≥0.60

注：聚氨酯芯板燃烧性能应不低于B1级，其他性能应符合现行国家或相关标准要求。

图1　泡沫混凝土保温板

图2　聚氨酯复合保温板（复合A级保温板）

图3　建筑外墙保温用A级防火保温板性能特点

BTW热固型绝热保温板

一、成果名称

BTW热固型绝热保温板

二、完成单位

完成单位：北京北鹏新型建材有限公司

完成人：吕大鹏

三、成果简介

BTW热固型绝热保温板是采用进口的新型材料制作而成的改性聚氨酯材料，通过对其物理及化学性能指标的综合平衡，达到极高的保温隔热性能，更强的系统兼容性，以及更优越的阻火及耐候性。该材料除了具备普通有机外墙保温材料的所有性能外，还具有以下特点：

（一）是经典的有机保温隔热材料通过化学方法进一步改性和精炼的产品，保温和绝热性能有较大改善。它含有特殊的化学物质，可以更好的反射热辐射，阻断热传导和热对流，作为外保温材料可以有效减少建筑物的能耗损失。它的绝热能力比EPS提高35%，比酚醛保温材料提高25%，与目前市场上外墙外保温的上述普通保温材料相比，能够有助于提高能效并减少二氧化碳的排放。

（二）该保温板具备有机保温材料所有优越的材料性能和施工性能，可以确保外墙外保温系统各组成材料之间的匹配性。需要注意的是：经典的有机保温材料组成的外墙外保温系统已经运用近50年，被工程时间和实践证实是技术、工艺和材料最为成熟的外保温系统，能够为用户大大降低质量风险和减少维修损失。

图1 BTW热固型绝热保温板成品示图

（三）优异的环保性能。北鹏公司被联合国环保署和中华人民共和国环保部首推外墙外保温用保温隔热材料生产供应商。

（四）BTW热固性绝热保温板的燃烧性能完全达到B1级，复合型板材达到A级（GB8624-1997《建筑材料燃烧性能分级方法》）的指标，具有良好的防火性能。随着公安部、住房和城乡建设部公通字[2009]46号《民用建筑外保温系统及外墙装饰防火暂行规定》的要求实施，其应用范围将更加广泛，特别是在既有建筑节能改造领域，具有较高的性价比。

（五）新型BTW热固型绝热保温板是无机和有机材料的完美组合，燃烧烟尘释放量较小（烟密度指数是建筑材料防火灾性能的重要指标之一，因为建筑火灾中95%的人员伤亡来自于火灾烟尘），热固性能使其火焰传播性大幅度降低，可以防止现场保温材料的火焰传播。

（六）主要性能指标

燃烧性能：A级

导热系数：0.023W/m²K

尺寸稳定性：0.8%

氧指数：30%

吸水量：182g/m²

水蒸气湿流密度：2.87g/m²h

平均烟气温度：79℃

烟密度等级（SDR）：2

热释放量：1.4MJ/kg

图2 水文社区住宅节能改造项目

图3 永金里住宅小区外墙节能改造

TH硬泡聚氨酯复合板外墙外保温系统

一、成果名称

TH硬泡聚氨酯复合板外墙外保温系统

二、完成单位

完成单位：烟台同化防水保温工程有限公司

完成人：夏良强、王建武、谈乾生、王华永、曹士才、王传光

三、成果简介

（一）技术特点

TH硬泡聚氨酯复合板外墙外保温系统是以TH硬泡聚氨酯复合板为保温层，配以TH胶粘剂、TH抹面胶浆、耐碱玻纤网格布（或热镀锌钢丝网）、机械锚固件以及柔性饰面砖饰面材料组成的复合墙体保温系统。该系统技术充分发挥聚氨酯复合板良好粘结特质和聚合物水泥砂浆的抗裂保护特质，具有优异的保温、隔热、耐候、防渗、抗裂等性能，满足国家有关建筑节能的要求，施工工艺简单可行，节能效果好。

TH硬泡聚氨酯复合板是在专用生产线上以硬泡聚氨酯为芯材、两面附以水泥片材面层一次挤压复合成型的保温板材。水泥片材面层的使用是为了增加聚氨酯硬泡保温板与基层墙面的粘结强度、增加抗冲击强度、防紫外线、抗老化和减小运输中的破损。硬泡聚氨酯与两面无机片材，通过自身发泡、渗透粘结而成，粘结力好，界面质量可靠。通过工厂化预置，有效控制产品质量，规避现场复杂的作业环境对质量的影响。该产品具有良好的阻燃性能，芯材自身离火自熄，遇火形成焦化层阻止火势蔓延，不熔滴流淌，无火焰传播。加之外覆的无机材料，使整个系统达到阻燃A级。同时，保温、隔热性能优良，具有极低的吸水率和优异的耐候性，整个保温系统更稳定、持久。

TH柔性饰面砖是以增强材料和聚合物砂浆构成基层，精选天然彩砂，配合丙烯酸乳液，以特殊生产工艺技术复合在一起，制成具有一定防水性、抗冲击、抗强度压、可弯曲的高耐候性饰面砖。其六大特点如下：

1. 重量轻，$4\sim6kg/m^2$，仅为釉面砖$1/5\sim1/6$的重量。

2. 耐候性好，以天然彩砂为面层材料，配以耐候性极佳的丙烯酸乳液为粘结剂，是耐候性极佳的装饰建材。

3. 安全可靠，质轻而可弯曲，粘结强度高，无龟裂脱落现象。

4. 耐冻融，薄型柔性饰面砖透气性好，耐冻融。

5. 可弯曲，质地坚韧而可弯曲，可用于弧型墙面。

6. 施工方便。

TH硬泡聚氨酯复合板墙体保温新技术于2008年被山东省科技厅、建设厅联合鉴定为"具有国际先进水平"，该技术凭借高效保温A级不燃等显著特点，被评为全国建设行

业科技成果推广项目、山东省优秀节能成果、山东省建设科技成果二等奖，并获得了十余项专利，是国家发改委中央投资项目。

（二）应用案例

太仓高尔夫湖滨花苑是太仓的高档住宅小区，为32层高度100m的高层住宅。采用TH硬泡聚氨酯复合板外墙外保温系统，使用20mm厚的硬泡聚氨酯复合板。这种保温措施，提高了墙体的热阻，改善了室内的热环境。2006年5月，江苏省建筑工程质量检测中心对该工程进行现场节能测试，采用TH硬泡聚氨酯外墙外保温系统后已经达到节能65%的要求。该项目所采用的硬泡聚氨酯复合板具有导热系数低，高强度，防火性能良

好，无毒无刺激性等特点，外墙不但保温效果好，而且解决了外墙的开裂、渗漏的通病。"高尔夫湖滨花苑"建筑节能技术系统被列为"建设部2006年科学计划项目"计划——试点示范工程。

该技术先后在国务院国管局部级宿舍楼、人民大会堂宴会厅、万人大礼堂、国家粮食储备库等国家大型建筑屋面保温工程得到应用；并在山东、浙江、江苏、陕西等全国各地的外墙保温装饰工程得到了广大应用；2011-2012年该系统技术被大量应用于南京保障房外墙外保温工程以及北京、山东等地既有建筑节能改造工程。

图1 太仓高尔夫湖滨花苑工程

图2 烟台富豪新天地小区（柔性饰面砖）

智能化直流变频多联机

一、成果名称

智能化直流变频多联机

二、完成单位

完成单位：大金（中国）投资有限公司

完成人：郑磊

三、成果简介

（一）技术成果介绍

大金的智能化直流变频多联机系统拥有

诸多的先进技术及多样化的特点：

1. 系统组成简单，安装工期短；

2. 管道占用空间少，施工便利，提高美观性；

3. 室外机灵活小巧，便于运输与安装；

4. 系统使用灵活，高效节能；

5. 多种室内机系列与机型，轻松配合室内装潢。

这些先进的技术和特点，也使得系统能灵活对应既有建筑的改建项目，最大限度地满足用户的需求。

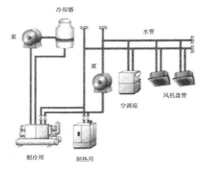

传统中央空调系统图

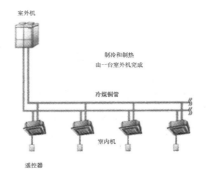

多联机系统图

图1 传统中央空调与多联机的系统结构图

（二）成果应用案例

根据现行大楼的空调使用情况来看，采用多联机作为改造用空调的项目，大致有两类情况，一是使用多联机替换原有的水系统中央空调，二是使用新的多联机替换原有的旧多联机系统。

下面以三个典型的既有建筑空调改造实

例，对一些不同的改造方案进行一个简单介绍。

1. 上海某高级饭店南楼改建项目

该改建项目为冷水机组更换为多联机系统，项目位于上海市南京东路路口，建筑面积约11697平方米。2007年，用户决定对饭店进行改建，包括重新格局、装潢、划分功能等。南楼按计划改造成集展厅、办公和贵宾休息室等多功能于一体的综合大楼。

饭店南楼原使用风冷热泵冷水中央空调系统，改建时考虑到原空调系统使用时间较长，且建筑的格局、功能等都发生了改变，再加上改建后对空调系统的灵活性、节能性以及施工便利性要求都较高。所以针对该项目，大金提出了VRVⅢ中央空调的改造方案，很好地满足了业主以下几方面要求：

（1）工程工期尽量缩短

大金VRVⅢ空调系统可灵活地进行分期施工，已改建完工区域即可对外营业，最大限度地降低了业主的经济损失。

（2）室外机运输及安装要求高

大金VRVⅢ系统的室外机是由多个模块组成的。单模块最大占地面积不到1㎡，仅靠饭店原有电梯就可以送到指定位置，且系统安装便利，更是节省了设备的摆放空间。

图2 南楼外观及与邻楼间过道图

（3）使用效果好，能耗低

多联机系统的独立控制可以很好地满足个性化需求，且能实现同时制冷、制热，确保空调的高舒适性。

同时大金VRVⅢ空调系统采用先进的变频技术，按需输出。针对一些客房区域，可以根据其入住率、使用时间及空调开启情况的不相同，来精确控制外机的输出能力。再加上多联机系统本身的高IPLV（VRVⅢ空

调系统的IPLV最高可达5.8），能够在保证所有用户舒适效果的同时，又达到节能的效果，极大程度地降低了运行能耗。

（4）减少对建筑结构及内装设计的影响

大金VRVⅢ空调系统，内外机采用冷媒铜管连接，配管尺寸小，能够灵活安装布置。同时系统还拥有多种室内机机型，可按房型及房间用途来选择，配合室内装潢。众多的容量规格，也能根据房间不同的负荷需求来精确配置，达到最理想的舒适效果。

2.南京某综合性办公大厦空调改造项目

该改建项目为冷水机组更换为VRV空调系统，项目地址位于南京。整个大厦建筑面积10.8万㎡，1～6层裙楼为商场，7～56层主楼为出租型办公楼，总高218m。作为一幢集商场和办公楼为一体的高能耗楼宇，是一个非常典型的改造案例。

针对该项目采用水源热泵VRV作为改造方案所体现的优势有以下几方面：

（1）可分层进行改造施工，改造期间仅需切断该楼层的水系统连接，即对其他楼层的空调系统使用无影响；

（2）水源热泵VRV适用的水温范围广，可以利用原水环热泵系统的冷却塔、锅炉等水系统的原设备（图3），不仅改造速度快，还最大限度地节省改造成本。

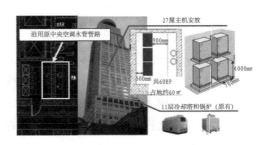

图3 改造后的系统示意图

（3）主机无需与外界空气进行换热，可以放在建筑内部，很好的保证建筑外立面玻璃幕墙的美观；且主机小巧，结构紧凑，可上下叠放（图3），有效提高了空间利用率，以60HP为例，主机占地及维护空间仅约6㎡。同时在不改变机房占地的情况下，也能对应部分区域的扩容需求；

（4）水源热泵VRV保持了大金VRV冷媒系统的卓越性能，其室内冷媒侧灵活高效，每个房间的空调均可独立开关和进行温度控制，很好地满足了加班需求；

（5）主机与室内机采用冷媒管连接，无漏水隐患，不会破坏室内吊顶；

（6）移除了原水环热泵的末端主机，解决了噪音源，同时大金室内机的静音水平也能满足业主的静音要求；

该项目的二期、三期改造工程已于去年全部完成。水源热泵VRV可沿用原有冷却塔、锅炉及水管立管，大幅降低了系统的改造费用，并保证了外立面的美观性。改造后的27层由业主自用办公，在冬季调试期间以及夏季实际使用过程中，水源热泵VRV空调系统的高效、稳定运转均获得了业主的肯定。

3.某工厂综合楼改造项目空调系统改造项目

该项目原先使用的是多联机空调系统，但因为运行年数较久，设备老化而使得空调效果有所下降以及整个系统的维护费用也有大金选用新推出的更新用VRV系列智能化中央空调系统来应对客户的这些要求。更新用VRV系统作为改造用设备拥有三大特点：

（1）仅需替换室内外机，可沿用原先冷媒管道，无需破坏吊顶装潢；

（2）大范围兼容管径，可轻松应对扩容需求；

（3）自动试运转功能，调试更快速精确。

系统的这些特点使得项目的改造周期能大幅缩短。满足了用户要求，仅利用了一个双休日的时间就完成了所有的改造工程，极大程度的减小系统改造对日常办公或使用的影响。

另外，还对更换后的更新用VRV空调系统，分别从耗电量、及室内运行效果等方面进行了运行测试，并与该项目中还未更换仍使用原多联机的系统一同测试进行比对。根据测试结果比较，更新用VRV空调系统要比原先的多联机系统运行能耗有明显的改善。从室内机运行效果来看，作为测试对象的四台内机都能快速地达到设定温度并能稳定的维持空调效果。改造后的整个系统能够很好地满足用户对现行空调的需求。

热源塔热泵系统

一、成果名称

热源塔热泵系统

二、完成单位

完成单位：江苏辛普森新能源有限公司

完成人：王志林

三、成果简介

（一）热源塔热泵系统概述

热源塔热泵是一种以空气为热源，通过塔体与空气进行热量交换，实现制冷、供暖及提供生活热水等多种功能的新型节能设备。热源塔热泵系统的热源虽然也来自于空气，但它有别于传统空气源热泵从空气中获取能量的方式，而是利用水源热泵将热源塔从空气中吸收的低品位热能用于空调制冷、供暖和提供生活热水。在夏季，热源塔热泵机组把热源塔用作冷却塔，利用水的蒸发散热，能效比可达5.5以上；在冬季，热源塔热泵机组利用冰点低于0℃的载体介质，高效提取-9℃以上、相对湿度较高的低温环境下空气中的低品位热能进行供热，解决了传统空气源热泵冬季结霜问题，省去了传统空气源热泵的电辅加热，节能性大大增加。

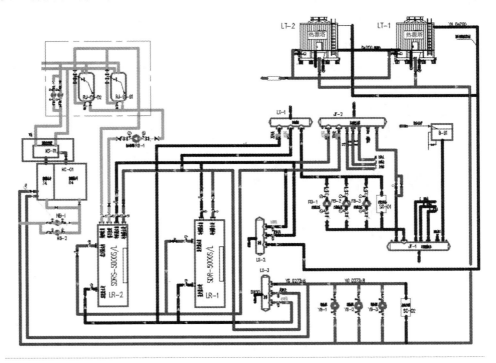

热源塔热泵三联供系统图

（二）热源塔热泵技术应用分析

1.工程概况

本项目为上海市虹桥机场航管办公大楼机房中央空调改造工程，项目总建筑面积15000㎡，共5层。大楼制冷机房及锅炉房邻接大楼统一外设，集中供给整个大楼夏季供冷、冬季采暖及生活热水的使用。现有系统整体使用年限已超过15年，空调末端仍能正常使用。原冷冻机房配备2台制冷量为438kW的活塞机组以满足办公楼制冷需求，1台蒸发量为2t/h的燃油锅炉为空调系统提供热源。

2.改造方案阐述

针对本项目的实际情况与要求，本设计方案决定采用热源塔热泵冷热水机组作为该办公大楼的集中冷热源。热源塔夏季可起到蒸发冷却排除空调系统的余热作用，冬季则成为吸取周围低温空气中的热量作热泵制热的热源。取消了一般水源热泵必需的复杂措施，热源塔热泵的使用完全没有采用电能、燃油、燃气等高品位能源为三用联合系统的辅助能源。节能与环保优势明显。原有机房改造后采用2台500kW制冷量-491kW制热量热源塔热泵主机提供空调制冷与制热需求，其中1台带全热回收功能的热泵机组除提供空调冷热水外，还可提供45℃生活热水。热泵机组夏季制冷供回水温度7℃/12℃，冬季制热供回水温度45℃/40℃。不同季节运行工况转换时切换联箱上的阀门组。办公楼室内空调末端和供回水管路原则上不变，但与机房内水管路对接前应全面清洗，机房内预留热源塔循环溶液回收与浓缩装置及溶液水箱。

3.经济性分析

原有系统未作单列能耗计量，为方便分析，以下仅作主机运行分析。

改造后热源塔热泵机组制冷、制热耗能费用分析见表1、表2。

热源塔热泵机组制冷耗能表　　　　　表1

时间段	每小时耗电量（kWh）	运行台数（台）	每天运行小时（h/d）	运行天数（d）	暂载率	耗电量（kWh）	电价（元/kWh）	小计（万元）
6:00～9:00	98	1	3	120	0.5	17640	0.959	1.69
9:00～17:00	98	2	8	120	0.75	141120	0.959	13.53
17:00～22:00	98	1	5	120	0.75	44100	0.959	4.23
22:00～6:00	98	1	8	120	0.5	47040	0.428	2.01
合计								21.47

热源塔热泵机组制热耗能表　　　　　表2

时间段	每小时耗电量(kWh)	运行台数（台）	每天运行小时（h/d）	运行天数（d）	暂载率	耗电量（kWh）	电价（元/kWh）	小计（万元）
6:00～9:00	123	1	3	120	0.5	22140	0.959	2.12
9:00～17:00	123	2	8	120	0.75	177120	0.959	16.99
17:00～22:00	123	1	5	120	0.75	55350	0.959	5.31
22:00～6:00	123	1	8	120	0.5	59040	0.428	2.53
合计								26.94

活塞机组制冷耗能表　　　　　　　　表3

时间段	每小时耗电量(kWh)	运行台数（台）	每天运行小时(h/d)	运行天数（d）	暂载率	耗电量（kWh）	电价（元/kWh）	小计（万元）
6:00～9:00	166.7	1	3	120	0.5	30006	0.959	2.88
9:00～17:00	166.7	2	8	120	0.75	240048	0.959	23.02
17:00～22:00	166.7	1	5	120	0.75	75015	0.959	7.19
22:00～6:00	166.7	1	8	120	0.5	80016	0.428	3.42
合计								36.52

燃油锅炉制热耗能表　　　　　　　　表4

时间段	对应热源塔热泵制热耗电量(kWh)	锅炉热能总能耗(kW)	锅炉热能总能耗换算(kcal)	每kg柴油产能(kcal/kg)	对应耗油量（kg）	柴油单价（元/kg）	小计（万元）
6:00～9:00	22140	88560	76161600	8755	8699.21	7.5	6.52
9:00～17:00	177120	708480	609292800	8755	69593.70	7.5	52.20
17:00～22:00	55350	221400	190404000	8755	21748.03	7.5	16.31
22:00～6:00	59040	236160	203097600	8755	23197.90	7.5	17.40
合计							92.43

改造前活塞机组制冷与燃油锅炉制热耗能费用分析见表3、表4。

改造后系统主机年总能耗费用为：（21.47+26.94）48.41万元

原系统年总能耗费用为：（36.52+92.43）128.95万元仅主机部分，年省运行费用可达（128.95-48.41）80.54万元

注：上述计算按如下条件进行：

①夏季制冷运行120d，冬季制热运行120d，每天运行24h；

②上海市电价波峰0.959元/kWh，波谷0.428元/kWh；柴油7.5元/kg；

③制冷及制热标准按照热源塔热泵主机额定制冷量500kW及制热量491kW计算；

耗电以额定制冷量及制热量计算；

④柴油每kg产能量：10300kcal/kg，燃油锅炉燃烧率取85%，计算柴油产能为：（10300kcal/kg×85%）8755kcal/kg。

（三）小结

热源塔热泵作为冷热源，加上机组带全热回收措施，可以完全取代传统的冷水机组加锅炉的空调模式，是目前地水源热泵作为空调冷热源受限制时的最佳节能环保空调系统形式，热源塔热泵的使用使得空调机房设备更加紧凑，自动化程度更高，其节能率相对于冷水机组加锅炉系统可达40%以上。

灌注断热铝型材及节能门窗

一、成果名称

灌注断热铝型材及节能门窗

二、完成单位

完成单位：北京鸿恒基幕墙装饰工程有限公司

完成人：王宗木

三、成果简介

隔热铝型材的加工工艺是将特殊设计的铝型材空腔内灌注具有"隔热王"之称的PU树脂，再将相连接的铝壁用机械加工的方法撕开，形成断桥的隔热铝型材。它将PU高硬度、高密度树脂与铝型材进行有机结合。保证了型材的刚性和强度的同时，更好的阻断热传导，达到降低成窗导热系数的目的。如图1～图3所示：

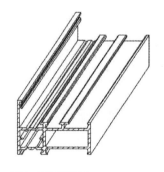 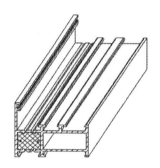 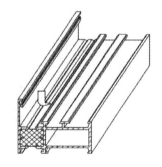

图1 挤压型材　　　　图2 灌注后型材　　　　图3 断桥后型材

这种门窗的有机结合技术在我国尚属首例，取得了国家四项专利，通过国家科技成果鉴定，被专家誉为是我国"铝门窗的一场绿色革命"，被国家建设部确定为"重点科技成果推广项目"，荣获北京市科技成果二等奖并将其推荐给全国的建设单位。

（一）技术特点

1.强度与节能

灌注断桥铝合金门窗型材充分利用铝合金强度高的特性与PU树脂的传热系数低的特性，二者进行了巧妙的结合，优势互补，在设计上改进了等压胶条和密封胶条的设计，节能效果更加显著。中空玻璃隔层加大，采用暖边隔条提高保温性能。

2.气密性

等压胶条与窗扇充分的接触，利用等压原理使等压胶条在型腔内遇到室外空气时压紧型材，起到了良好的密封效果，并在设计型材扇料时设置合理的合页通道增强密封效果。

3.水密性

门窗设计的框与扇均有排水槽设置，保证流水畅通。其中断面设计合理，胶条与型材压合面均匀，起到良好的密封防水效果。

（二）施工流程

1. 铝型材装配工艺流程

准备——领取材料——穿防水胶条——安装角片——组装——检验及入库。

2. 安装工艺流程

测量放线——门窗准备——钻窗框安装孔——安装固定片——窗框固定——装窗扇并调整——塞泡沫条做框密封——装零配件——检查清洗——验收。

（三）应用案例

惠新西街节能改造项目位于朝阳区惠新西街，每栋楼建筑面积约11000㎡，共18层，计144户。此项目是中国既有建筑节能改造"第二批示范城市既有建筑改造示范工程"，本建筑采用了灌注断桥铝合金门窗，取得了很好的效果，铝合金门窗的性能指标达到节能50%的效果。

图4 正在改造的12号楼

图5 改造后的12号楼

冷热水用快速插入式紫铜管接头

一、成果名称

冷热水用快速插入式紫铜管接头

二、完成单位

完成单位：浙江快捷管业有限公司

完成人：王德明、王西龙、郑诚、李国强

三、成果简介

该冷热水用快速插入式紫铜管接头由管件本体、密封圈、卡簧、活动套等部件构成。管件本体利用紫铜材料冲压与焊接而成；密封圈采用三元乙丙橡胶（EPDM）材质的O型密封圈。卡簧采用不锈钢冲压成型，卡簧上带有抓手，阻止管道轴向向外移动；活动套采用紫铜材料冲压而成。在管道连接时，直接把管道插入到接头的承口底部，卡簧上的爪手紧紧扣住管道，并与O型密封圈一起，实现管道的快速连接和密封。该接头在连接塑料管和薄壁管时，可选配塑料衬套，用于支撑管道，防止管道径向变形。该接头拆卸时，可采用专用工具推动活动套撑开卡簧，拆卸管道。

该接头采用紫铜材料，具有卫生性能好、美观、耐久等优点，同时安装方便快捷，接口密封性能好，可广泛适用于建筑冷热水管道系统。

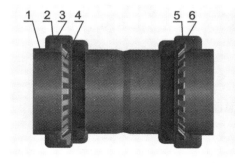

零件号No.	零件名称	材　料	数　量
1	活动套	紫铜	2
2	本体	紫铜	1
3	衬套	紫铜	2
4	卡簧	不锈钢	2
5	靠垫	紫铜	2
6	O型圈	EPDM	2

图1 冷热水用快速插入式紫铜管接头

主要技术性能指标：

（一）连接可靠性：1/2″、3/4″、1″管分别在667、1223、2113N拉拔力作用下，持续60min，连接处无松动和断裂，零件无裂缝、损坏。

（二）密封性能：在常温下，管接头密封性能试验压力在1.0MPa下，保持3min无渗漏。

（三）静内压强度：分别在24℃，3.0MPa和82℃，1.0MPa下，试验720h，零件无渗漏、损坏，未变形。

（四）液压爆裂：分别在24℃，4.0MPa和82℃，3.0MPa下，试验60s，管接头未破裂。

（五）盐雾试验：在（35±2）℃，试验72h，接头无明显的点蚀、裂纹、气泡。

（六）热循环：管接头和管子构成的组件在（690±69）kPa的内部压力下，外部温度在82℃～15℃之间做1000次热循环，组件未分离、无泄漏。

随着国民经济的快速发展，国内高档的小区和公共建筑的建筑面积逐年飞速递增，对质量和性能优异的管道材料的需求不断增加，同时人们生活水平的提高，对用水安全要求也越开越高，对供水管道的卫生性能提出了更高的要求，也越来越注重管材外观。该冷热水用快速插入式紫铜管接头性能优越、卫生性能好、外观美观、使用寿命长、安装快捷方便，满足消费者需求，因此，市场前景广阔。

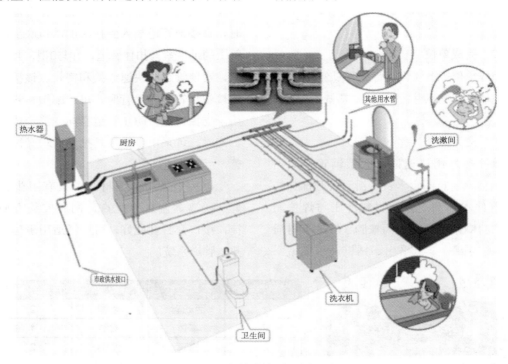

图2　居室管路安装示意图

三维玄武岩岩棉板

一、成果名称

三维玄武岩岩棉板

二、完成单位

完成单位：山东鲁阳股份有限公司

完成人：鹿俊华、毕研海、鹿成会、徐军祥

三、成果简介

（一）技术背景

建筑节能已成为当今社会可持续发展的主流。近年国内先后发生了多起与外墙外保温系统有关的火灾事故，更凸显了建筑外保温材料防火安全的重要性。作为建筑外墙外保温系统，其应用的关键与核心材料，即是其中的保温材料，然而目前现有市场上的保温材料大都是有机材料，虽然保温性能优越，但其防火性能和耐久性是有机材料的致命弱点。有机保温材料燃烧性能达不到A级，无法在明火下阻燃，而且释放有毒气体。国内外已经越来越重视研究、开发、应用以岩棉为代表的无机物为主的建筑外墙保温系统。

（二）技术特点

高强度三维岩棉板的成功开发与系统应用研究，升级了我国摆锤法生产二维岩棉板的生产技术，对传统岩棉板的生产设备进行了改革创新，为我国高强度三维岩棉板的生产提供了新的技术。该产品性能优异，适应了建筑外墙市场发展的方向，产生了显著的经济效益和社会效益。岩棉外保温薄抹灰系统应用技术在欧洲已经有三十五年以上的应用历史，工程实践的跟踪证明此种做法是成熟和可靠的，完全可以达到建筑外墙与建筑同寿命。岩棉外墙外保温系统凭借其高透气性、高防火性能、高隔音吸声及憎水性能，得到越来越广泛的应用，它不仅用于新建建筑的保温隔热，也广泛地用于既有建筑的节能改造。

图1 高档三维玄武岩岩棉板与其三维打折断面

1. 以玄武岩、白云石等为主要原料，经高温熔化辅以先进的摆锤折叠技术、打摺技术、加压固化技术、憎水处理技术等，三维法生产了具有抗拉强度高、憎水率大（>98%）、酸度系数1.8以上，导热系数低（<0.04W/m²K），纤维更长更细（直径≤5μm）、渣球含量更少（≤5%，>0.25mm）、制品内纤维呈三维分布，形成完全适合上墙的高档玄武岩纤维岩棉板。传统的沉降法与摆锤法生产的岩棉因没有打折形成三维结构的过程，使得拉拔强度与耐压强度指标较低，没有良好的吸水憎水率指标和纤维直径与渣球含量指标，无法达到上墙的要求。

2.本产品的研制成功，为我国建筑外墙领域提供一种强度高、耐候性好，保温性能优异的A级不燃外墙保温材料，推动了我国三维法生产高强度岩棉板的技术发展，缓解了当前高强度岩棉板市场匮乏的局面。顺应了当前的发展的需要，能够满足节能率65%的需要，具有较高社会效益。

3.高档三维玄武岩岩棉板外墙系统兼具

图2 高档三维玄武岩岩棉板的憎水性与防水透气性

保温隔热、防火不燃和拉拔强度高、应用经济、安全可靠、施工工艺简单等优异特性，即能有效发挥岩棉板本身导热系数低带来的保温隔热的整体系统性能特点，达到国家节能的要求，又能解决当前外墙系统的防火问题，规避外墙系统施工过程中发生火灾的严重隐患，与市场上成熟的聚苯板外墙保温系统相近的施工工艺使其能在工程中被普遍应用。

（三）应用案例

沈阳华晨宝马二期项目与长春一汽项目屋面用岩棉板项目：华晨宝马二期项目为华晨宝马2012年新工厂二期工程车身车间、物流车间等屋面建筑用保温工程，总面积近20余万平方米，明年尚有三期工程，需求的产品规格为标称容重180Kg/m³的1200mm×600mm×70mm规格的高档三维玄武岩岩棉板，由鲁阳公司全面供货，实现了耐压与保温和防火、防水四位一体的综合效能，发挥了岩棉板产品作为屋面保温板的优异性能。

图3 施工现场

天津市津南区北马集回迁安置房工程：是天津市政府项目，总投资数亿元，建筑面积10余万平方米，全部采用鲁阳高档三维玄武岩岩棉板作为外墙保温材料，发挥产品兼有的保温、防火、隔热、隔音多重功能，大幅提升墙体系统的安全系数与建筑居住的舒适度。其采用的薄抹灰系统施工方法与现在市场多用的聚苯板薄抹灰外墙外保温系统施工方式类同，适应了目前市场的需求又增加了产品施工的安全效果。

既有建筑幕墙和门窗玻璃的自清洁技术

一、成果名称

既有建筑幕墙和门窗玻璃的自清洁技术

二、完成单位

完成单位：北京中科赛纳玻璃技术有限公司

完成人：戴道荣、张玲娟、张珩

三、成果简介

（一）纳米自清洁技术

1.纳米技术

一般粒径为10～100nm（10^{-9}m）的超微颗粒称为纳米范围。纳米级材料是全新的超微固体材料，由于它的超细化和极大表面活性，具备传统材料没有的优越性，所以成为当代高科技应用研究的热点之一。

纳米TiO_2膜具有自洁功能的主要机理：在微弱光下，即在自然光（紫外光强度约为$0.3mw\cdot cm^{-2}$）或在日光灯（紫外光强度约为$0.2mw\cdot cm^{-2}$）照射下，TiO_2吸收紫外光后，光生电子和空穴分别使TiO_2表面吸附的氧还原和水氧化，生成O-2和－OH活性基因，这些活性基因足以使玻璃表面的有机污物、微生物和细菌分解为CO_2和H_2O等简单无机物。同时，在研究中发现TiO_2薄膜经微弱光照射后，TiO_2表面具有超亲水性和光催化活性，如果遮断光源，这些特性在黑暗中仍能保持一段时间。研究中还发现TiO_2在纳米尺度内,超亲水和光催化性能会大幅度提高。

2.纳米自洁原理

中科赛纳研发的常温、常压状态固化的TiO_2纳米界面自洁膜层的制备技术，在玻璃表面涂敷纳米自洁涂料，玻璃表面的膜层经过太阳光照后，表面的有机污染物被降解，通过降水，超亲水性因子使得水滴在玻璃表面迅速铺展，在玻璃膜层表面形成亲水膜，在重力作用下将附着于玻璃上的污染物携带走，从而达到自洁效果。超强的亲水性，可杜绝雨后玻璃表面形成水珠吸附空气中浮尘，形成顽固水渍。雨水落到纳米自洁玻璃表面，能够快"干"不留"斑"，通过雨水落在玻璃上形成的均匀水膜，冲刷除去玻璃表面的尘埃和已被分解的污垢微粒。

（二）中科赛纳自洁技术的技术关键

1.TiO_2和其他成分及制备出的母液均为纳米级。

2.常温固化，成本低廉，工艺容易控制，加工程序极其简便。

3.具有增透射和减反射效果，保持和增强玻璃原有的透光特性，减少了光污染。

4.避免了彩虹现象。彩虹是室温制膜易产生的现象，它影响了玻璃的透光效果，中科赛纳通过对光学和膜结构的研究，消除了彩虹现象。

5.可高温加工性能：水性纳米自清洁母液先进行的TiO_2完全结晶（即为锐钛矿晶型），之后在常温、常压下喷涂于玻璃表面，常温条件下，玻璃表面的膜层经过固化后，也可以在钢化玻璃的条件下（700℃）高温处理500～600秒，TiO_2涂层的晶型为锐钛矿晶型，并且膜层会更加牢固，因此，水性纳米TiO_2的全结晶和 玻璃利用再加工过程中的高温处理，都是本技术的关键性能。

6. 光催化性能的稳定性：环境（包括载体）中的外来离子吸附或扩散到TiO_2表面、催化分解产物在其表面积累都会导致光催化活性下降，甚至失活。中科赛纳自洁纳米涂层完全可以防止其他离子的干扰，从而保证了自清洁膜层的高效光催化活性，可以更有效地分解附着在玻璃表面的有机污染物。

7. 已合成出高耐磨、水性有机硅聚合物与二氧化钛形成的微相复合物，该复合物不仅保持了原有二氧化钛的光催化和超亲水性能，而且提高了复合物与玻璃之间的粘接性，保证了玻璃上自清洁纳米涂层的牢固性和耐磨性。

（三）纳米自清洁技术在既有建筑幕墙及门窗领域的应用

1. 建筑幕墙及门窗玻璃目前的清洗状况

随着我国城市化建设升级，高层及超高层建筑逐渐已成为现代城市物业形态的主流；但高层及超高层建筑幕墙及门窗玻璃，在长期的日照雨淋及外界环境尘埃的污染环境中，一段时间后建筑幕墙及窗玻璃表面即会形成固化的水渍和污垢层。现代建筑物的华丽外表有目共睹，但如何保持建筑物外表的日久常新也让人绞尽脑汁！

随时间进展，建筑幕墙及玻璃上的阻光污垢会越积越厚，导致建筑自然采光不断衰减。通过检测，在我国空气质量达到或接近二级的城市地区，户外自然环境的实验数据显示：3年形成的自然污垢会导致其采光率甚

至下降为初始安装时的20%～30%。

传统的做法是定期地对建筑表层幕墙及门窗采光玻璃进行专门的清洗保洁。但定期对幕墙及门窗玻璃进行保洁不可避免的产生如下问题：

清洗保洁所使用的清洁剂一般都带有酸碱成分，长期使用不仅会对建筑幕墙或玻璃产生锈蚀，而且会造成环境的二次污染，不符合绿色环保理念。同时定期清洗保洁过程均需用大量的洁净水，与节水减排行动相悖。幕墙与玻璃清洗日积月累会产生不菲的费用开支；在超高层建筑及特殊建筑业态的清洗过程中内会产生很高的安全事故风险。

2. 纳米自清洁技术的应用

由于中科赛纳自洁技术的镀膜工艺条件为常温常压涂覆，所以保证了该技术可以满足在既有建筑的玻璃幕墙及门窗上进行现场涂覆自清洁材料。

如上所述，采用人工清洗既有建筑幕墙或门窗存在着诸多弊端，而采用纳米自洁技术清洗保洁幕墙和门窗免去了人工清洗的诸多弊端。在大型建筑中使用纳米自洁技术，可使建筑外墙长期（15年以上）保持洁净，免人工清洗，在节约人力和资金投入的同时，大量节约水资源，限制了化学清洗剂的使用，达到了环保节能的目的，同时将人工清洗建筑外墙的危险程度降到了最低限度，达到了绿色科技、低碳环保、人文安全的和谐统一。

中科赛纳纳米自清洁技术现已拥有国家授权的自主知识产权的专利，在技术成熟性和市场实用性方面均居于国际领先地位。目前，已在国家大剧院和奥运五棵松体育馆等国内多个代表性建筑上实际应用，效果明

显，反映良好。自清洁玻璃技术的研发，势必将对我国的玻璃行业发展产生巨大的推动作用，同时该技术也为我国建筑领域的低碳环保提供了技术支持（技术延伸阅读www.zksnglass.cn）。

五、论文选编

　　随着政府对既有建筑改造的重视和人们对既有建筑品质要求的不断提高，全国各地众多的科研单位和企业的研发人员积极投身于既有建筑改造的科研中，成功解决了既有建筑改造中遇到的技术难题，并将其以论文的形式发表。本篇选出部分既有建筑节能改造、安全性改造、绿色化评价以及政策法规相关的学术论文，供读者交流。

居住建筑绿色改造中的自然采光优化研究

一、引言

目前，我国城乡既有建筑面积已经达到445亿㎡（城镇为200亿㎡，农村为245亿㎡），其中90%以上是高能耗建筑。而我国各类照明用电约占全社会用电量的12%左右，其中建筑照明与各种环境照明是其主要组成部分。因此，如何实现各种场所的高效的光照舒适环境，合理利用自然光线，减少对照明器具或是其功率的依赖性，对推动实现"十二五"节能减排目标任务、积极应对全球气候变化具有重要意义。本文以既有居住建筑为例，以绿色节能为视角，研究其自然采光设计：首先是确保建筑单体、单体组合或建筑群体有一个良好的自然光环境资源；其次满足室内各种功能生活或工作界面的自然光线需求量；最后控制室内各功能空间因地域气候而产生的建筑防热问题。以上述为目标，研究影响自然采光影响要素的科学、合理调整策略，继而为现行的既有建筑绿色与节能改造设计提供自然采光利用方法的借鉴。

二、既有居住建筑室内自然采光优化的关联性分析和评判依据

（一）自然采光技术优化与绿色节能的关联性解析

1. 关联性

（1）直接表现：建筑各部分功能空间的生活工作界面的视觉需求量与室内空间的照明设计匹配。如：结合室内最佳自然采光分布状况设置匹配的照明布局与照明用具选取，继而减少整个建筑内部空间的用电量；另则，合理的室内自然采光设计与夏季室外防热问题的兼顾考虑，继而减少建筑室内制冷负荷的需求量等。（2）间接表现：使用者对外部天然光线的心理需求，以及自然光线的有益物理性能的需求渴望，通过被动式自然光线引入，提升室内空间的舒适性。

2. 关键因素

建筑外部可利用自然光环境资源现状、建筑功能空间的朝向、功能组合以及建筑群体布局、建筑室内空间组成的布局形式与内部界面的材质肌理（粗糙度、反射系数等）、建筑功能空间的尺寸规格、建筑功能空间外围护结构窗洞口大小、样式、位置等。

（二）自然采光技术优化的参数与评判设定

1. 参数设定

无论是在居住性能评定中，还是在居住绿色星级评价等相关要求中，关于居住建筑自然采光设计的评价指标基本上源于我国两部标准——《建筑采光设计标准》GB/T 50033-2001和《民用建筑设计通则》GB 50352-2005中提及的相关要求。而对居住建筑室内采光质量主要以全阴天状态下的室内生活与工作界面的最低采光系数、临界照度以及采光均匀度三项指标来衡量。以上海地

区居住建筑绿色改造为例：

（1）室外临界照度与光气候系数修订值的确定：依据《建筑采光设计标准》GB/T 50033-2001表3.1.4（见表1-1），得出上海地区光气候区属Ⅳ类，因此，光气候系数K=1.10，室外天然采光临界照度值为4500 1x。

（2）建筑室内界面表面反射比值的确定：依据《建筑采光设计标准》GB/T 50033-2001表4.0.3居住建筑室内表面的反射比参考值表（表1），因为研究主要内容为改造设计方法对建筑自然采光的优化影响，故在进行建筑理论与案例分析时，建筑室内表面反射比值选定为参考值区间平均值进行统一分析标准。

居住建筑室内表面的反射比参考值 表1

表面名称	参考值	模拟分析值
顶棚	0.7～0.8	0.75
墙面	0.5～0.7	0.6
地面	0.2～0.4	0.3
桌面、工作台面、设备表面	0.25～0.45	0.35

（3）建筑室内分析界面标高的确定：依据《建筑采光设计标准》GB/T 50033-2001第5.1.2条有效采光面积：离地面高度在0.50m以下的采光口不应计入有效采光面积。同时，依据《建筑采光设计标准》GB/T 50033-2001 表5.1.1，居住建筑照明标准如下表中规定，最终确定距室内地表以上750mm的水平界面和主要空间外窗窗口中间竖向界面为有效分析界面。

2.评判标准

（1）既有居住建筑功能空间自然采光系数的满足：依据《建筑采光设计标准》GB/T 50033-2001表3.2.1居住建筑的采光系数标准值的规定，即：起居室、卧室、书房、厨房：1%；卫生间、过厅、楼梯间、餐厅：0.5%。通过计算分析既有建筑优化前后的最低自然采光系数变化状况，从而判断优化设计方案的改善程度。

（2）既有居住建筑功能空间自然采光系数满足率评价指标：《建筑采光设计标准》GB/T 50033-2001对居住建筑主要功能空间满足采光系数最低值的比例权重并没有给出确切的规定范围值。因此，研究者将室内自然采光的采光系数满足率分为5个阶段，分别对应5个不同的评价等级，并据此进行相应的评判，具体如下：非常差：0～25%；较差：26%～49%；合格：50%；良：51%～75%；优：76%～100%。对于本工程中涉及的主要房间的室内采光系数最低值满足率大于或等于50%即判定为合格。

三、既有居住建筑绿色化改造的室内自然采光优化研究

对于居住建筑室内自然采光质量而言，室内自然采光与建筑单元形式无直接关系，只与建筑单体自身户型形式以及建筑有效采光口周边的遮挡物有密切关系。因此，研究居住建筑室内自然采光的案例选取主要以上述户型类型为研究出发点，而非居住点、板类型的区分。

（一）居住建筑南北通户型室内空间自然采光技术优化

1.现状分析与问题的提出（见表2）

存在的问题：通过表2分析数值结论可知，套型内部辅助联系空间属黑房间，最小采光系数为0；主卧室有效进深方向平均采光系数分布不均匀；起居室内部有效自然采

南北通户型室内各功能空间自然采光
的满足率统计　　　　表2

类型	计算点数	最低采光系数要求	满足点数	满足比率%
主卧室	600	1.0	329	55
次卧室	587	1.0	360	61.3
起居室	503	1.0	200	39.8
辅助空间	213	0.5	0	0

光最低采光系数满足率较低，照射深度浅。

2. 优化调整策略

调整策略1：将所有的室内内门增设300mm×900mm上亮；

调整策略2：将原有飘窗改为普通窗形式；

调整策略3：将原有阳台进深从1850mm调整为1500mm；

调整策略4：原有封闭阳台调整成开敞阳台；

调整策略5：增设开敞阳台栏板（1100mm）；

其中，step1=调整策略1

　　　step2=调整策略1+2

　　　step3=调整策略1+2+3

　　　step4=调整策略1+2+3+4

　　　step5=调整策略1+2+3+4+5

3. 优化分析比较

主卧室：通过在既有建筑所有内门上口

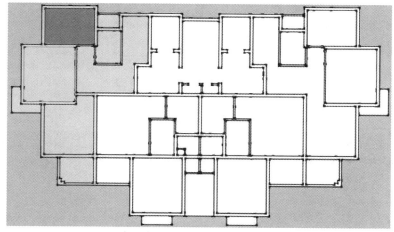

图1　南北通户型主卧室空间

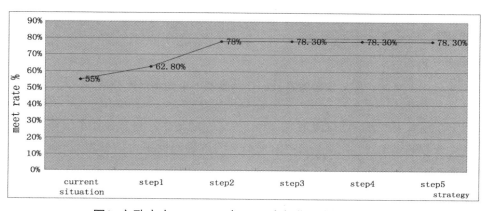

图2　主卧室在step1～5步骤下采光满足率统计分析

增设上亮，对于该空间室内采光系数满足率有7.8%的提升；进一步通过飘窗改成普通窗对该功能性用房采光系数满足率有23%的提升，其他手段影响不大。结合该案例的实际数据统计分析可知，如果中间过渡空间处于错位布置时，因其直接受室外环境作用，除了step1与step2以外，其他3种调节手段对于该房间室内采光标准影响不大（或没有）。

次卧室：该房间位于户型北侧，开窗洞

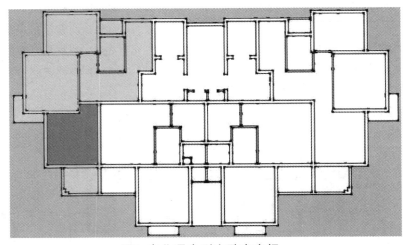

图3 南北通户型次卧室空间

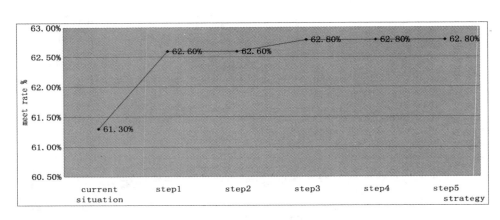

图4 次卧室在step1～5步骤下采光满足率分析

口均匀居中布置时，由于房间进深不大（一般为3600mm～4200mm之间），故其自身的采光效果较好。因此，通过上述五种策略的调整，对于该房间的自然采光效果改善程度不大，只有step1对其空间效果有1.3%的改善。

起居室：该功能性用房通过step1带来的改善幅度不大，仅为9.8%，进一步通过step2的优化带来25.1%的改善量，而继续通过step3改善量提升至12.6%，通过step4改善量提升至26.7%，step5无影响。

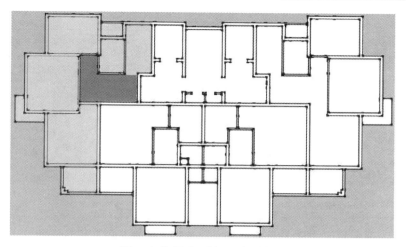

图5 南北通户型起居室空间

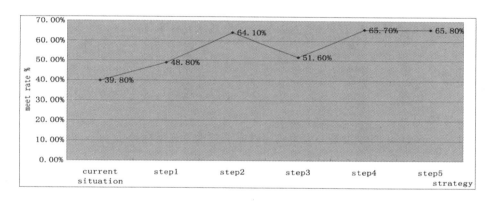

图6 起居室在step1~5步骤下采光系数满足率分析

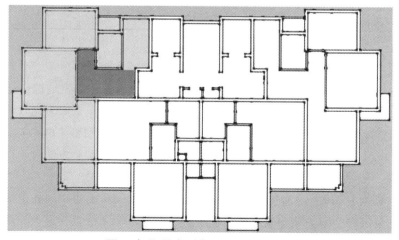

图7 南北通户型餐厅+辅助空间

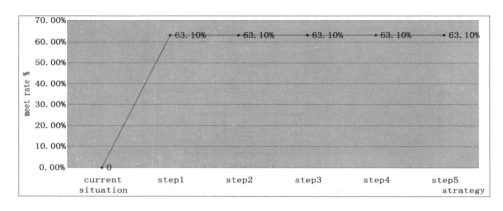

图8 餐厅+辅助空间在step1～5步骤下采光系数满足率分析

辅助空间+餐厅：该空间属于独立过渡空间，通过step1是最直接有效的改善方法，改善程度由0～63.1%达到采光系数满足率良以上的标准，其他手段影响不大（或没有影响）。

（二）居住建筑非南北通户型室内空间自然采光技术优化

1. 现状分析与问题提出

存在的问题：空间内背离采光口方向且空间呈不规则几何空间时，光线通路无法达到，

非南北通户型室内自然采调整前采光指标分析   表3

类型	计算点数	最低采光系数要求	满足点数	满足比率%	平均采光系数%
起居室	441	1.0	124	28.1	0.74
主卧室	600	1.0	400	66.7	2.38
卫生间	0	0.5	0	0	0
厨房	495	0.5	178	36.0	1.12

继而形成比较明显的暗部区域；起居室由于阳台空间进深较大，导致其内部有效自然采光最低采光系数满足率较低，照射深度浅。

2. 优化调整策略［调整策略同（一）2.］

3. 优化分析比较

起居室+餐厅：南端起居室+餐厅（餐厅仍以1.0的标准加以分析），通过step1～4的优化调整使得既有空间的采光效果提升了36.9%，step5无影响。其中step1和step4对

其影响较大。

主卧室：主卧室通过step1和step2的优化调整后，建筑室内采光效果有一定的提升（两种手段分别带来6%与14.3%的提升），但step3～5的调整方法对于该空间的室内采光效果影响不大。

卫生间：卫生空间处于该户型的中部，外部光环境无法直接进入，现状的室内采光系数满足率为0，通过step1调整后，使得原

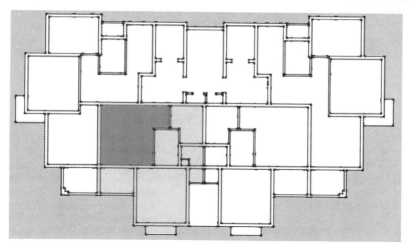

图9 非南北通户型起居室+餐厅空间

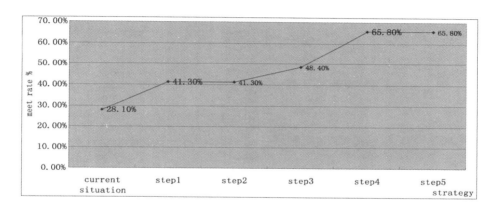

图10 起居室+餐厅空间在step1~5步骤下采光系数满足率分析

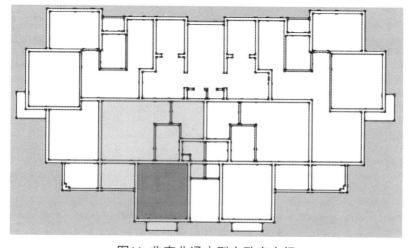

图11 非南北通户型主卧室空间

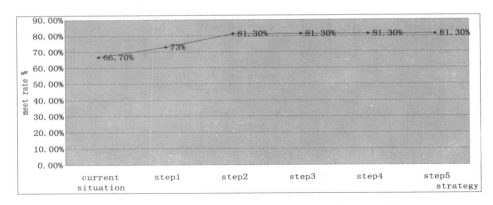

图12 主卧室在step1～5步骤下采光系数满足率分析

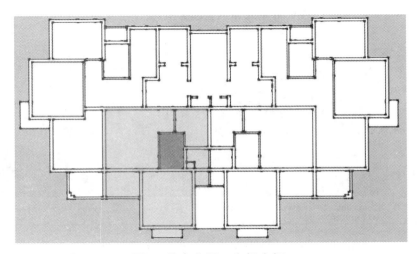

图13 非南北通卫生间空间

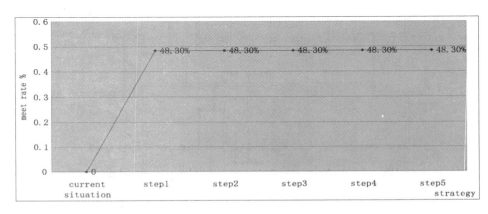

图14 卫生间空间在step1～5步骤下采光系数满足率分析

有空间的室内采光效果有48.3%的提升，效果非常明显，其他四种调节策略对于该种空

间的影响不大。

厨房：原有厨房空间呈"L"形设置，

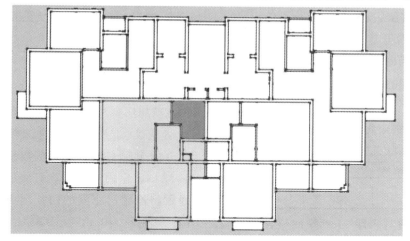

图15 非南北通户型厨房空间

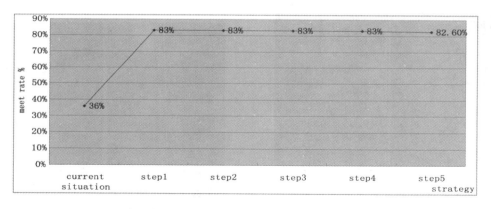

图16 厨房空间在step1～5步骤下采光系数满足率统计分析

且与室外空间仍隔有过渡空间，故其室内最小采光系数的满足率仅为36%，通过step1使得其内部空间的采光效果提升了47%，而step2～5对该空间的改善量不大。

（三）居住建筑起居室+餐厅+走廊的典型空间采光分析

1.起居室与餐厅+走廊空间整合与入射光路呈"L"形布置的工况

起居室与餐厅+走廊空间整合与入射光

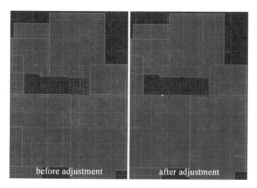

图17 南北通户型走廊空间现状采光

路呈"L"形布置时，转折部分的走廊空间的采光系数最低满足率为32.78%，属室内空间采光较差等级。通过将建筑内部的厨房空间朝向北阳台开启的门处理成半透明玻璃门：透射率为0.2，反射系数为0.15。优化后的走廊空间的采光系数最低满足率达到了91.3%，室内空间采光等级达到优秀标准。

板式居住建筑南北通户型走廊空间现状采光指标统计　　表4

编号	类型	计算点数	最低采光系数要求	满足点数	满足比率%
1	走廊空间	540	0.5	177	32.78
优化		540	0.5	493	91.3

2. 起居室与餐厅+走廊空间整合与入射光路呈折线形布置的工况

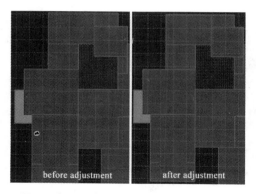

图18　南北通餐厅+走廊空间现状采光

当起居室与餐厅+走廊空间整合与入射光路呈折线形布置时，转折部分的走廊空间的采光系数最低满足率为73.81%，室内空间采光等级属良好标准。通过将厨房空间朝向北阳台开启的门处理成半透明玻璃门：透射率为0.2，反射系数为0.15；将厨房空间朝向内部走廊空间开启的门转化成朝向餐厅开启的门，门为内开，且门处理成半透明玻璃门：透射率为0.2，反射系数为0.15。优化后的走廊空间的采光系数最低满足率达到了89.09%，室内空间采光等级达到优秀标准。

板式居住建筑边套南北通户型餐厅+走廊房间现状采光指标统计　　表5

编号	类型	计算点数	最低采光系数要求	满足点数	满足比率%
1	餐厅+走廊	504	0.5	372	73.81
优化		504	0.5	449	89.09

3. 起居室与餐厅+走廊空间整合与入射光路呈"L"形布置且进深较长的工况

当起居室与餐厅+走廊空间整合与入射光路呈"L"形布置且进深较长时，转折部分的走廊空间的采光系数最低满足率为47.34%，室内空间采光等级属较差标准。通过将原厨房空间的门处理成半透明玻璃门：透射率为0.2，反射系数为0.15。优化后的走廊空间的采光系数最低满足率达到了100%，室内空间采光等级达到优秀的标准。

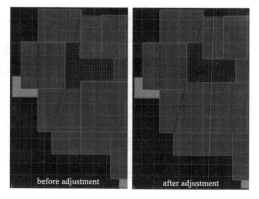

图19　南北通餐厅+走廊空间现状采光

居住建筑边套南北通户型走廊+餐厅空间现状采光指标统计　　表6

编号	类型	计算点数	最低采光系数要求	满足点数	满足比率%
1	餐厅+走廊	414	0.5	196	47.34
优化		414	05	414	100

四、既有居住建筑绿色化改造的室内自然采光优化策略

（一）无论是南北通或者非南北通户型，通过在所有内门上口设置与门同宽（900mm

左右），高度在300～350mm的上亮，可带来与之连通空间采光系数满足率10%左右的提升亮，尤其是对中部辅助空间的改善是从无到有的效果（50%～60%）；

（二）处于居住建筑户型端部，且直接对外开启窗洞口的功能性房间，其室内采光效果受其他优化策略影响不大，可以忽略不计，但需要注意窗洞口的形式与位置引发的室内采光的均匀性；

（三）对于依赖单向自然采光的房间，设置普通窗优势较大，这样设置与不这样设置二者采光系数满足率上相差27.6%。但如果处于夏季防热状态时，尤其该房间在西向或西南向时，飘窗更容易形成过渡空间以减少外部直射光线作用，减弱室内降温负荷的需求量；

（四）无论是南北通或是非南北通的户型，对于端部直接朝南主要功能性用房，在1200～1500mm进深的阳台尺寸内，设置1100mm高度的阳台板对房间采光标准的影响不大，可以忽略（0.2%）；通过调整建筑阳台进深尺寸（由1800mm调整到1500mm）有明显的改善；

（五）居住建筑在综合建筑室内自然采光与自然通风的情况下，居住建筑中的起居室空间、餐厅空间以及走廊空间在建筑平面功能组合上应尽量避免明确的功能界面分隔，最好形成三者空间整合为一，即形成居住建筑的起居室+餐厅+走廊的核心功能，从而能够构建良好的室内空间的综合采光与通风环境；尽量不要使该综合功能与自然光线射入的通路形成垂直布置，即形成上述案例分析中形成的"L"形或折线形平面布局，以避免形成采光较差的区域；

（六）当居住建筑的餐厅空间+走廊空间关联，且与建筑的厨房空间比邻设置时，可以通过将原厨房空间的门处理成半透明玻璃门，调整隔断的透射率与反射系数实现该部分空间的采光标准的优化。

五、结语

既有居住建筑的绿色化改造，较新建绿色建筑设计存在一定的先天限制条件，但无论是何种情况与边界条件，对其内部空间的优化都只是一种精细化设计，是实现设计手段作用后的各种室内物理环境指标的平衡，而非将某种技术的单向物理指标做到极致。

（哈尔滨工业大学建筑学院、上海现代建筑设计（集团）有限公司技术中心、上海城市建设设计研究院园林分院供稿，丁建华、金虹、孟臻执笔）

体外预应力技术在既有建筑绿色化改造中应用的试验研究

利用体外预应力加固钢筋混凝土结构具有以下优点：①体外索加固技术所需设备简单、人力投入少、施工工期短、经济效益明显；②由于预应力筋的位置在梁外，减少了施工过程中的摩擦损失且更换预应力筋方便易行；③对原结构损伤小，可以做到不影响梁下净空；④加固安全可靠、预应力筋保养和检查方便；⑤施工对周围环境影响小，很少产生污染。因此，体外预应力对既有建筑

结构绿色化改造来说被认为是一种具有持续发展前景的技术，并已经在既有建筑改造市场上得到广泛应用。为了推广体外预应力技术在既有建筑绿色化改造中的应用，进一步了解体外预应力混凝土梁受弯性能，特别是针对低强度混凝土梁，同济大学进行了体外预应力加固简支梁与连续梁两种结构形式、共计14根梁的试验研究。

试验构件实际情况 表1

试件编号	f_{cu}	$b \times h \times l$ （mm）	配筋情况					张拉控制有效应力
			预应力筋①	纵向受拉钢筋①	架立筋②	箍筋③	配筋率 ρ （%）	
L1-1	31.44	250×500×4800	2A*15.2	2B20	2⊥16	⊥12@80/200	0.50	$0.65f_{ptk}$
L1-2	40.07	250×500×4800	2A*15.2	2B20	2⊥16	⊥12@80/200	0.50	$0.55f_{ptk}$
L2-1	31.44	250×500×4800	2A*15.2	3B20	2⊥16	⊥12@80/200	0.75	$0.53f_{ptk}$
L2-2	40.07	250×500×4800	2A*15.2	3B20	2⊥16	⊥12@80/200	0.75	$0.52f_{ptk}$
L3-1	31.44	250×500×4800	2A*15.2	2B20	2⊥16	⊥12@80/200	0.50	$0.43f_{ptk}$
L3-2	40.07	250×500×4800	2A*15.2	3B20	2⊥16	⊥12@80/200	0.75	$0.43f_{ptk}$
B1-1	16.04	250×450×4500	2A*15.2	3B25	2⊥16	⊥12@80/200	1.31	$0.45f_{ptk}$
B1-2	35.32	250×450×4500	2A*15.2	3B25	2⊥16	⊥12@80/200	1.31	$0.48f_{ptk}$
B2-1	16.04	250×450×4500	2A*15.2	2B25	2⊥20	⊥12@80/200	0.87	$0.51f_{ptk}$
B2-2	35.32	250×450×4500	2A*15.2	2B25	2⊥20	⊥12@80/200	0.87	$0.45f_{ptk}$
T3-1	16.04	250×450×4500	2A*15.2	3B25	2⊥16	⊥12@80/200	0.49	$0.49f_{ptk}$
T3-2	35.32	250×450×4500	2A*15.2	3B25	2⊥16	⊥12@80/200	1.08	$0.48f_{ptk}$
B4-1	16.04	250×400×7000	2A*15.2	2B20	2⊥16	⊥12@80/200	0.63	$0.41f_{ptk}$
B4-2	35.32	250×400×7000	2A*15.2	2B20	2⊥16	⊥12@80/200	0.63	$0.48f_{ptk}$

注：梁T3-1、T3-2，为T形截面，受压翼缘宽度 b_f' 均为550mm，受压翼缘高度 h_f' 80mm，在翼缘通长配置∏形箍筋 8@200，构造纵筋2⊥16。

一、试件设计及试验方法

本次试验的试件具体情况见表1。

在试验梁中间放置一根分配梁在跨中，采用加载装置对分配梁施加集中力以达到对试验梁两点加载的目的，简支梁加载装置如图1，连续梁加载装置如图2。连续梁有两跨，跨度分别为4.2m与2.8m，长跨在三分点加载，短跨在中点加载。

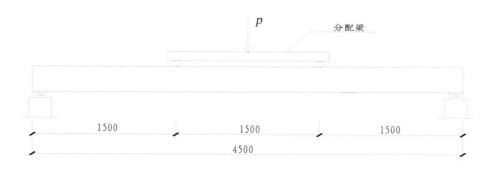

图1 简支梁加载装置

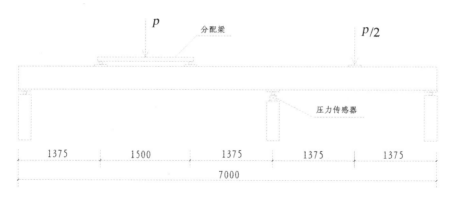

图2 连续梁加载装置

在试件纵筋中部粘贴电阻应变片，以量测加载过程中钢筋的应力变化；在梁跨中一侧面布置位移计，以量测梁侧表面混凝土沿截面高度的应变分布规律，并由此可分析出梁跨中平均曲率。测量挠度采用位移计，分别置于支座及跨中纯弯段处，用以量测两端及跨中的挠度，测点布置见图2。裂缝观测：试验前将梁两侧用白色涂料刷白，并绘制50mm×50mm的网格；试验时借助放大镜用肉眼查找裂缝；构件开裂后立即对裂缝的发展情况进行详细观测，用电子裂缝观测仪等工具测量各级荷载下的裂缝宽度。

二、试验过程及现象

（一）矩形简支梁试验过程及现象

矩形简支梁总共有10根，加载过程相似，由于混凝土强度以及配筋不同，其试验现象稍有差异，大体相近，具体描述如下，图3给出了矩形简支试验梁L2-1的荷载挠度曲线：

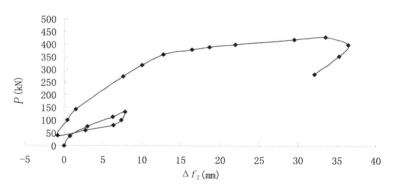

图3 试验梁L2-1荷载挠度曲线

开始加载至开裂前，构件表现为弹性变形的特征，挠度近似为线性增长，钢筋和混凝土应变增长稳定。当荷载达到$0.2\sim0.3P_{u0}$时，在跨中纯弯段出现一条或多条垂直裂缝，此时荷载挠度曲线有明显的转折。随着荷载的进一步增加，纯弯段裂缝逐渐增多，并向上发展，宽度也逐渐加大，斜裂缝也出现。当荷载加至$0.4P_{u0}$时，裂缝基本出齐。当荷载加载至$0.6P_{u0}$时，混凝土侧面纯弯段裂缝较大，最大宽度达到$0.2mm$。将荷载卸载至$0.3P_{u0}$，裂缝宽度减小但不会闭合，继续张拉钢绞线至控制有效应力，裂缝基本都闭合了。试验梁按加固后的承载力分10级进行加载，当加载至$0.4P_u$时，试验梁二次开裂，裂缝出现位置与第一次开裂位置相同，

没有新的裂缝位置产生，非预应力钢筋应力增加较快，预应力筋应力增加较慢，挠度增加缓慢。继续加载，挠度增加比较快，非预应力钢筋应力变化比较大，当加载至$0.8P_u$时，非预应力钢筋屈服。继续加载，预应力钢筋应力增加速度变快，挠度迅速增加，裂缝宽度迅速变大，接近破坏时，试验梁上部混凝土压碎，这时预应力钢筋的应力在$0.8\sim0.85f_{ptk}$

（二）T形简支梁试验过程及现象

本次试验设计了2根T形简支梁，其试验加载制度和矩形简支梁相同，但试验现象有不同之处，图4给出了T形简支试验梁T3-2的荷载挠度曲线：

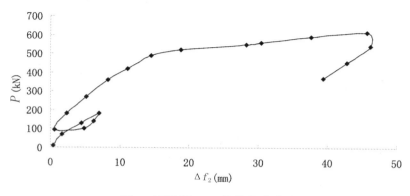

图4 试验梁T3-2荷载挠度曲线

开始加载至开裂前，构件表现为弹性变形特征。挠度增长近似为线性，但增长幅度较矩形简支梁小，钢筋和混凝土应变增长稳定。当荷载加至$0.2\sim0.3P_{u0}$时，在跨中截面（纯弯段）发现数条垂直裂缝，在弯剪段出现很小的斜裂缝，此时荷载挠度曲线有明显转折。随着荷载的进一步增加，纯弯段裂缝逐渐增多，并向上发展，宽度也逐渐加大，斜裂缝发展较少，但是延伸很长，裂缝宽度比纯弯段小点，也较纯弯段裂缝稀疏。当荷载加至$0.4P_{u0}$时，裂缝基本出齐。当荷载加

载至$0.6P_{u0}$时，混凝土侧面裂缝最大宽度达到0.2mm，斜裂缝与纯弯段裂缝延伸至翼缘底部。将荷载卸载至$0.3P_{u0}$，张拉钢绞线至控制有效应力，纯弯段裂缝基本闭合，弯剪断裂缝没闭合，但宽度减小了。

（三）连续梁试验过程及现象

本次试验设计了2根连续梁，短跨与长跨同步加载，其试验加载制度和简支梁相同，试验现象区别很大，图5分别给出了矩形连续梁B4-1的长跨与短跨的荷载挠度曲线，详细过程如下：

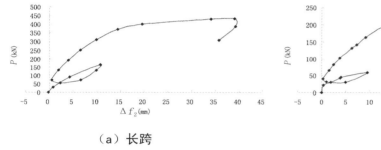

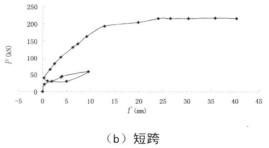

（a）长跨 （b）短跨

图5　试验梁B4-1荷载挠度曲线

开始加载至开裂前，构件表现为弹性变形特征。挠度增长近似为线性，长跨比短跨挠度大，中间支座内力较两端支座大，钢筋和混凝土应变增长稳定。当荷载加至$0.2\sim0.3P_{u0}$时，在长跨跨中纯弯段出现数条垂直裂缝，在中间支座附近出现很小的斜裂缝，短跨跨中没有发现裂缝。随着荷载的进一步增加，长跨纯弯段裂缝逐渐增多，并向上发展，宽度也逐渐加大，中间支座附近斜裂缝延伸发展迅速，当荷载加至$0.4P_{u0}$时，长跨跨中裂缝基本出齐，短跨开始出现裂缝。当荷载加载至$0.6P_{u0}$时，长跨跨中混凝土侧面裂缝最大宽度达到0.2mm，中间支座处斜裂缝宽度也达到0.2mm，而短跨跨中裂

缝宽度不到0.1mm。将荷载卸载至$0.3P_{u0}$，张拉钢绞线至控制有效应力，长跨纯弯段裂缝基本闭合，短跨跨中裂缝闭合，中间支座附近斜裂缝没闭合，但宽度减小了。

三、试验结果分析

如前文所述，本次试验梁主要考虑的因素有：混凝土强度、截面形式（矩形和T形）、受拉非预应力钢筋配筋率、加载制度、结构形式（简支与连续梁），其影响主要表现在梁的承载能力、刚度和挠度以及裂缝等方面。分析这些因素的影响时，可以控制该因素为变量，其他因素不变，采用分组对照比较。

（一）混凝土强度的影响

本次试验梁有四种混凝土强度，其立方体抗压强度标准值分别为16.04MPa、31.44MPa、35.32MPa和40.07MPa，通过六组梁L1-1与L1-2、L2-1与L2-2、B1-1与B1-2、B2-1与B2-2、T3-1与T3-2、B4-1与B4-2的比较研究可以反映出混凝土强度变化对受弯性能影响，具体比较结果见表2.1～2.2。由第二组比较（L2-1与L2-2）结果可知，当混凝土强度提高27%，梁的承载力提高10%，试验梁的短期刚度减小17%，短期最大裂缝宽度变化不大；由第三组至第六组（B1-1与B1-2、B2-1与B2-2、T3-1与T3-2、B4-1与B4-2）的比较结果可知，当混凝土强度提高

120%，试验梁的承载力提高10%～20%，短期刚度减小近50%，而短期最大裂缝宽度增加10%～30%。由此可见，混凝土强度等级的变化对承载力和裂缝宽度有一定影响，对短期刚度的影响最大。

从体外预应力对于低强混凝土梁的适用情况来看，本次试验梁的混凝土轴心抗压强度最低为16.04MPa，经体外预应力加固后，其受弯性能得到很大的提高，尤其是在承载力方面，从第三组至第六组的比较结果可见，低强混凝土梁经体外预应力筋加固后与35MPa的混凝土梁的承载力相差在10%左右，故体外预应力是可以用来加固低强混凝土梁的，而且加固效果明显。

试验梁受弯性能比较　　　　　　表2.1

试验梁受弯性能	第一组比较			第二组比较			第三组比较		
	L1-1	L1-2	比值	L2-1	L2-2	比值	B1-1	B1-2	比值
f_{cu} （MPa）	31.44	40.07	1.27	31.44	40.07	1.27	16.04	35.32	2.20
A_s （mm²）	628	628	1.00	942	942	1.00	1472	1472	1.00
P_u (kN)	437	400	0.92	432	476	1.10	425	579	1.36
挠度 f (mm)	27.25	48.84	1.79	33.54	23.40	0.70	13.94	21.20	1.52
B_s^T (10^3kN·m)	10.28	6.96	0.68	9.84	8.19	0.83	50.92	45.48	0.89
ω_{max}^T (mm)	0.18	0.36	2.00	0.32	0.30	0.94	0.22	0.18	0.82

试验梁受弯性能比较　　　　　　表2.2

试验梁受弯性能	第四组比较			第五组比较			第六组比较		
	B2-1	B2-2	比值	T3-1	T3-2	比值	B4-1	B4-2	比值
f_{cu} （MPa）	16.04	35.32	2.20	16.04	35.32	2.20	16.04	35.32	2.20
A_s （mm²）	981	981	1.00	1472	1472	1.00	628	628	1.00
P_u (kN)	412	468	1.14	518	615	1.19	430	470	1.09
挠度 f (mm)	14.45	26.59	1.84	15.92	30.44	1.91	15.20	17.80	1.17
B_s^T (10^3kN·m)	34.33	17.58	0.51	95.35	21.90	0.23	47.37	29.24	0.62
ω_{max}^T (mm)	0.26	0.31	1.19	0.19	0.26	1.37	0.22	0.24	1.09

注：短期刚度与短期最大裂缝宽度数值是荷载等级下的数据比较，比值均为后一项与前一项比值。

（二）混凝土梁截面形式的影响

截面形式的影响主要表现在T形截面和矩形截面的区别，如试验梁B2-1与T3-1，B2-2与T3-2，具体比较结果见表2.3。由表中数据可知，同样配筋、混凝土强度和截面尺寸的情况下，T形截面承载力较矩形截面提高约30%，短期刚度值提高25%～178%。由此可见，体外预应力加固T形截面梁的效果较加固矩形截面梁更好。

试验梁受弯性能比较　　　　表2.3

试验梁受弯性能	第一组比较			第一组比较		
	B1-1	T3-1	比值	B1-2	T3-2	比值
截面形式	矩形	T形		矩形	T形	
f_{cu}（MPa）	16.04	16.04	1.00	35.32	35.32	1.00
A_s（mm^2）	1472	1472	1.00	1472	1472	1.00
承载力 P_u(kN)	425	518	1.26	579	615	1.31
挠度 f(mm)	13.94	15.92	1.10	21.20	30.44	1.14
B_s^T(10^3kN·m)	50.92	95.35	2.78	45.48	21.90	1.25
ω_{max}^T(mm)	0.22	0.19	0.86	0.18	0.26	1.44

试验梁受弯性能比较　　　　表2.4

试验梁的受弯性能	第一组比较			第二组比较		
	L1-1	L2-1	比值	L1-2	L2-2	比值
非预应力钢筋面积 A_s(mm^2)	628	942	1.5	628	942	1.5
f_{cu}（MPa）	31.44	31.44	1.00	40.07	40.07	1.00
承载力 P_u(kN)	437	432	0.99	400	476	1.19
挠度 f(mm)	27.25	33.54	1.23	48.84	23.4	0.48
刚度 B_s^T(10^{12}N·mm^2)	102.79	98.14	0.95	69.61	81.92	1.18
最大裂缝宽度 ω_{max}^T(mm)	0.18	0.32	1.78	0.36	0.30	0.86

试验梁受弯性能比较　　　　表2.5

试验梁受弯性能	第三组比较			第四组比较		
	B1-1	B2-1	比值	B1-2	B2-2	比值
A_s(mm^2)	1472	981	1.50	1472	981	1.50
f_{cu}（MPa）	16.04	16.04	1.00	35.32	35.32	1.00
承载力 P_u(kN)	425	412	1.03	579	468	1.24
挠度 f（mm）	13.94	14.45	0.96	21.20	26.59	0.80
B_s^T(10^3kN·m)	50.92	34.33	1.48	45.48	17.58	2.59
ω_{max}^T(mm)	0.22	0.26	0.85	0.18	0.31	0.58

（三）非预应力受拉钢筋配筋率的影响

非预应力受拉钢筋配筋率的影响主要体现在试验梁L1-1与L2-1，L1-2与L2-2，B1-1与B2-1，B1-2与B2-2这四组的对照比较，具体比较结果见表2.4~2.59。由表中试验数据可知，当截面尺寸相同时，受拉钢筋用量提高50%，其承载力提高10%~20%，短期刚度提高20%~150%，最大裂缝宽度减小15%~40%。故提高非预应力钢筋的用量，对体外预应力混凝土梁的受弯性能影响较大。

（四）加载制度的影响

加载制度主要有两种：加载—卸载—张拉钢绞线—加载，张拉钢绞线—加载。加载制度的影响主要表现在试验梁L1-1与L3-1，L2-2与L3-2这两组对照比较，具体比较结果见表2.6。由表中试验数据知，同样条件下，两种加载制度的承载力相差不到10%，而且导致承载力偏小的因素还有张拉控制有效应力的影响，这样两种加载制度下，对照比较试验梁的承载力比较接近，可见两种加载制度对于试验梁的承载力影响不大，而后种加载制度的挠度较前者大50%~110%，可见两种加载制度对试验梁的挠度影响较大，即对使用性能较大。

试验梁受弯性能比较　　　　　　　　　　　表2.6

试验梁的受弯性能	第一组比较			第二组比较		
	L1-1	L3-1	比值	L2-2	L3-2	比值
张拉钢绞线先后	后	先		后	先	
张拉有效应力（MPa）	1135	730	0.64	923	778	0.84
A_s（mm²）	628	628	1.00	942	628	0.67
f_{cu}（MPa）	31.44	31.44	1.00	40.07	40.07	1.00
承载力P_u（kN）	437	406	0.93	476	423	0.89
挠度f（mm）	27.25	57.22	2.10	33.54	50.67	1.51

（五）结构形式的影响

结构形式主要有简支梁和连续梁两种，对照比较的试验梁为B1-1与B4-1，B1-2与B4-2，具体比较结果见表2.7。由表中数据可见，经体外预应力加固后，虽然简支梁的配筋率和尺寸都比连续梁大，但承载力却小5%左右.由此可见，在承载力方面，体外预应力加固连续梁的效果要比简支梁更好。

试验梁受弯性能比较　　　　　　　　　　　表2.7

试验梁受弯性能	第一组比较			第一组比较		
	B1-1	B4-1	比值	B1-2	B4-2	比值
支座形式	简支	连续		简支	连续	
A_s（mm²）	1472	628	0.43	1472	628	0.43
f_{cu}（MPa）	16.04	16.04	1.00	35.32	35.32	1.00
承载力P_u（kN）	425	430	1.01	579	540	1.07

四、结论

通过本次试验研究得出以下结论：

（一）使用体外预应力对混凝土梁进行加固后，梁的承载力、刚度和裂缝等受弯性能都得到了很大的改善，例如承载力可以提高到加固前的2～3倍，能解决因承载力不足而导致不满足使用要求的问题；施加体外预应力能使构件产生反拱，从而减小构件的变形，可以避免因出现过大变形而影响使用要求的问题；施加体外预应力能使混凝土受拉区产生预压力，从而提高梁的开裂荷载，推迟裂缝开展，让构件的使用性能得到改善。

（二）体外预应力加固技术适用于低强混凝土梁，只要满足锚固区与转向块部位的局部承压承载力要求，其加固的效果非常明显。本次试验的4根低强混凝土梁在经体外预应力加固后，其承载力提高了150%左右。因此，在建筑绿色化改造中采用体外预应力技术对提高低强混凝土梁的承载力是非常有效的。

（三）混凝土强度、非预应力受拉筋配筋率、截面形式以及结构形式等因素对于体外预应力混凝土梁的承载力都有影响，其中截面形式的影响最为明显，相同情况下，T形梁的承载力比矩形截面梁的承载力高26%～31%，其次是混凝土强度的影响，混凝土强度提高120%，而承载力提高10%～20%。

（四）对于体外预应力混凝土梁刚度，截面形式以及非预应力受拉钢筋配筋率对其影响比较大，混凝土强度其次。

（五）在裂缝方面，混凝土强度、截面形式以及受拉钢筋对其影响较大，而结构形式影响不明显。

（同济大学土木工程学院供稿，周建民、秦鹏飞、蔡惠菊、赵勇执笔）

天津市既有建筑绿色化改造探索与实践

天津市近多年来积极开展既有建筑绿色化改造，通过改造提升了建筑功能，改善了居住和办公条件，降低了能源消耗，同时也对城市环境景观起到了美化作用。天津市国土资源和房屋管理局作为既有建筑的主管部门，始终把建筑绿色化改造作为一项重点工作，先后组织开展了一系列科研攻关和实践探索。

一、天津市既有建筑概况

天津市城镇范围内现有房屋21.3万幢，建筑面积3.5亿平方米，其中住宅12.5万幢，建筑面积2.1亿平方米，非住宅8.8552万幢，建筑面积1.4亿平方米。在既有房屋中，按产权可分为直管公产房屋，单位产房屋和私产房屋。按房屋的建筑年限划分：1980年以前建造的房屋占8.75%；1980年至1989年建造的房屋占17.5%（图1、图2）；1990年以后建造的房屋占73.75%。2010年，我们组织了全市的既有建筑安全普查，对既有住宅的完损情况按照建设部的评定标准进行了分类。其中完好房4.6万幢，建筑面积1.16亿平方米，基本完好房7万幢，建筑面积8545万平方米，一般损坏房0.6万幢，建筑面积747万平方米，严重损坏房658幢，建筑面积41万平方米，危险房144幢，建筑面

图1 1980年代建设的三多里高层

图2 1980年代建设的大板多层住宅

积3万平方米。

天津市既有建筑中，住宅所占比例较大，其中直管公产房屋0.7万幢，建筑面积为1608万平方米（图3）；单位产房屋0.8万幢，建筑面积为1918万平方米；私产房屋10.9万幢，建筑面积为1.74亿平方米。既有住宅建筑按建筑形式可分为高层楼房，中高层楼房，多层楼房，低层楼房和平房。据统计，高层楼房共2951幢、建筑面积3489万平方米、中高层楼房共4066幢、建筑面积2771万平方米，多层楼房31838共幢、建筑面积12277万平方米，低层楼房共12970幢、建筑面积1000万平方米，平房共72900幢、建筑面积1407万平方米。

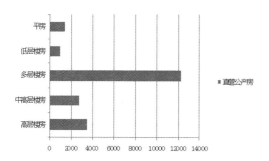

图3 天津市既有住宅形式数量关系图

非住宅共计8.8552万幢，建筑面积1.4亿平方米。主要为公共建筑和工业建筑。相对住宅而言，这部分建筑单体体量较大，建筑类型多样，建筑年代较近，建筑总体状况较好。

因此，近年来，天津把既有建筑绿色化改造的重点放在缺乏节能措施的多层楼房和中高层住宅楼房，同时兼顾具有保护价值的历史风貌建筑和房龄较长、功能设施不完善的部分公共建筑。

二、天津市典型既有建筑绿色化改造项目

（一）多层建筑平屋顶改造（简称"平改坡"）

"平改坡"就是在结构许可条件下，将原为平屋顶的多层既有建筑改造为坡屋顶，同时结合建筑立面、屋面的防水、保温进行的综合改造。"平改坡"是既有建筑综合整修中的重要子项工程，综合性很强，它包括了既有建筑的结构安全、使用功能和环境景观的提升，涉及建筑设计、施工、材料等技术应用和社区管理、经济平衡、居民利益保护等多个方面。

2007年至今，天津共完成"平改坡"楼房改造任务1416幢，屋面改造面积约109.8万平方米。

1.实施原则

在"平改坡"工程的实践中，我们始终坚持了五项原则：一是符合城市规划。既有建筑综合整修必须符合城市规划，要与周边建筑物、街道、区域景观相协调，要求成片、成线实施，形成和谐、宜人、舒适的城市空间环境。二是经济、适用、安全、绿色。既有建筑综合整修必须符合城市建设需要和经济状况，要提提倡合理科学的设计方案，着重考虑既有建筑保温、隔热、屋顶防水的综合治理和整修，倡导简约经济、绿色节能；在建筑综合整修实施过程中对每一栋建筑物的结构都要进行安全鉴定，必要时应进行加固，以确保建筑物改造后使用安全，对于存在安全隐患的建筑物一般不予实施综合整修，注重建筑整体和整修部位的安全性、长久性。三是可持续发展。在整修过程中要考虑建筑和环境的可持续发展，采用的建筑材料、施工工艺应符合环保要求，不能

破坏周围环境；在原建筑结构、周围环境允许的条件下，鼓励将坡顶改造成可利用的空间，增加建筑物使用体量和土地使用强度。

四是因地制宜、整体协调。既有建筑综合整修要根据不同路段、建筑物形式、结构类型、供热率、周围环境等具体情况，确定整修的形式和方案，要充分考虑和尊重原建筑的建筑风格及周边环境，要与房屋整治、景观建设、夜景灯光相结合。五是尊重历史文脉。在既有建筑综合整修中，应尊重原建筑的环境和设计风格，延续城市的发展历史，创造出具有历史特点、时代特色和本市地缘特征的城市建筑和环境。

2.主要形式

天津"平改坡"屋面的建筑形式主要有"双坡顶屋面"、"四坡顶屋面"（图4～图6）、"盔顶"（图7、图8）和"不规则平面的坡屋顶"四种形式。由于结构原因，大部分坡屋顶不能再利用，但有一部分建筑在条件允许下，将顶层加固，加盖坡屋顶后，形成可使用的屋顶空间。

图4 四坡顶屋面（一）

图5 四坡顶屋面（二）

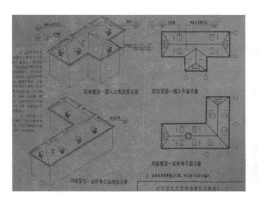

图6 四坡顶屋面形式及其构造索引示意图

图7 曼赛尔屋顶

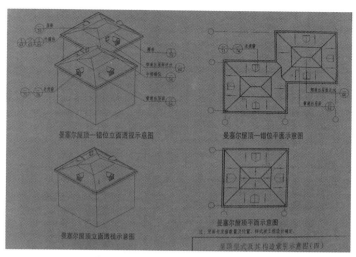

图8 曼赛尔屋顶形式及其构造索引示意图

3.材料和色彩

考虑到满足抗老化、防水、耐火等级等相关建材技术指标以及保温隔热、降噪效果等因素，坡屋顶材料主要采用合成树脂瓦、油毡瓦。

在坡屋顶颜色上，我们结合天津城市的主色调，进行了规范，主要是土红色、蓝灰色、黑灰色等几种色调。

4.新技术探索

在"平改坡"实践中，我们还积极探索了将屋顶改造与新能源、新技术相结合的综合改造方式，实现绿色环保、节能减排的目的。例如，在南开区南丰里四栋楼的"平改坡"工程中，尝试采用风能太阳能供电技术，加装了风能太阳能供电系统，取得了良好的效果（图9、图10）。这种供电系统包括在屋顶坡屋面上铺设的太阳能电池板和安装风力发电系统。太阳能发电设施及重要部件采用日本京瓷公司的产品，安装的太阳能公共照明系统集太阳能、市电、蓄电池联网供电于一体，解决了建筑景观照明和楼道照明的问题。风力发电系统则与太阳能发电有

图9 南丰里"平改坡"前照片

图10 "平改坡"中加装的风能太阳能发电设施

效互补，即便在连续阴雨天气时也能为LED景观灯、楼道照明灯提供电力。这套新型供电系统既减轻电网的供给压力，节约能源费用的支出，达到绿色环保、节能减排的目的。

5.实施后效果

实施"平改坡"的多层楼房，取得多重效果。一是改善了居住条件。我们实测了多层楼房"平改坡"之后的顶层室内温度，平均夏季降低3~4度，冬季提高2~3度，节能6%~10%。顶层住宅房价也在"平改坡"之后有较大幅度的提升，极大改善了顶层住户的居住条件，提升了房屋的价值，深受群众欢迎。二是节约了能源资源。坡屋顶有效起到保暖隔热作用，降低了能源消耗。部分既有建筑结合平改坡工程，建造了可使用的屋顶层，有效提高了土地等城市资源的使用率（图11~图13）。三是提升了环境景观。实施"平改坡"的多层楼房，基本是1970、1980、1990年代建设的多层楼房，外貌较简单，女儿墙等脱落现象较常见，实施"平改坡"后，将原有女儿墙改造为檐口，与坡屋顶整体设计，相得益彰，同时外檐窗套、空调机位也一并整修，使得外貌得到彻底改观。

图11 曲阜道84号办公楼改造前照片

图12 曲阜道84号办公楼"平改坡"后照片

图13 曲阜道84号办公楼改造后建造了可使用的屋顶层

（二）大板楼结构住宅节能改造项目

1970、1980年代，天津市建设了一批大板楼结构的楼房。由于当时建筑标准较低，在建设中未考虑建筑节能，造成这部分楼房保温隔热性能差，导致房屋夏季闷热、冬季寒冷、室内墙体结露、长霉，给居民生活带来了极大不便。从2006年开始，按照住建部的统一部署，天津市重点针对这批楼房进行了节能改造。

1.实施内容和材料

节能工程包括五项：一是外墙保温。采用外墙外保温技术，保温层材料一般为阻燃耐火材料酚醛泡沫板，既考虑保温又考虑防火（图14）；二是屋面保温改造。一般采用挤塑聚苯板保温层，部分建筑加盖坡屋顶（图15）；三是外窗改造。居室外窗更换为中空玻璃（5＋12A＋5mm）平开塑钢窗，阳台窗更换为单玻推拉塑钢窗（图16、图17）；四是楼梯间保温。在楼梯入口安装具有自闭功能的保温安全门，楼梯间窗更换为推拉塑钢窗；五是室内供热系统改造。将供热形式改造为一户一环单管式、散热器为铸铁式、管材为铝塑管（图18）。

图14 外墙保温改造工程

图15 屋面保温改造工程

图16 外窗改造前

图17 外窗更换为中空玻璃平开塑钢窗

图18 室内供热系统改造

2.实施后效果

实施节能改造后的大板楼，取得良好的节能效果。我们实测了大板楼房改造后的室内温度，夏季降低2～3度，冬季提高2～3度，顶层如果实施平改坡，效果更为明显。极大改善了住户的居住条件，提升了房屋的价值，深受群众欢迎。

（三）历史风貌建筑综合整修

历史风貌建筑是天津珍贵的建筑文化遗产资源，也是天津作为国家级文化名城的重要载体。天津长期以来都高度重视对保护工作。自2005年《天津市历史风貌建筑保护条例》颁布以来，按照"保护优先，合理利用；修旧如故，安全适用"的原则，共对261幢历史风貌建筑进行了及时有效的修缮，确保了建筑安全，恢复了昔日风采，凸显了城市风貌特色。在维修工程中，主要的绿色节能做法有：提升外檐窗保温隔热性能，增设屋顶保温材料，更换节能卫生设备，采用地采暖技术等。

1.提升外檐窗保温隔热性能

主要有两种形式：一是对于需要保留原始外檐门窗的，采用实木中空玻璃门窗；二是对于门窗材质可以改变的，采用隔热断桥铝外檐窗。

图19 改造后中空玻璃窗

图20 改造后实木中空玻璃门窗

在庆王府、山益里等工程项目中，按照建筑物原始外檐门窗形式，采用实木中空玻璃门窗，在保留建筑原貌的同时又达到了三步节能的要求（图19、图20）。

在洛阳道1、3号，马场道24号，大理道49、55号整修施工中，按照建筑物原始外檐窗的形式，采用隔热断桥铝外檐窗（图21、图22）。

图21 改造前外檐木质窗

图22 改造后的断桥铝外檐窗

2. 增设屋顶保温材料

在山益里等整修工程中，将破坏严重的原屋面加固后，铺设聚苯保温层，在保温层上再按照传统大泥淀瓦工艺铺设大筒瓦（图23）。将传统工艺与绿色化改造相结合，提升了建筑的保温性能。

3. 更换节能卫生设备

在庆王府、重庆道26～28号等整修工程

中，采用科勒、杜拉维特等最新节能坐便。其用水量为小便1.8升/次、大便6升/次，远远小于传统坐便器9～16升的用水量，节水效果显著（图24、图25）。

图23 山益里增设屋顶保温材料

图24 重庆道26～28号更换的节能坐便

图25 最新节能坐便

4. 采用地采暖技术

在有条件的建筑整修中，增设地采暖系统。地采暖技术与传统供暖方式相比，节约能源约10%～30%（图26）。

图26 建筑整修中增设地采暖系统

三、既有建筑改造政策、技术支持的思考

近年来在既有建筑绿色化实践中，我们认为在政策和技术标准、施工工艺、技术集成等方面还有很大的提升空间。

（一）政策的管理与支持

既有建筑绿色化改造投资大、直接收益小，房屋产权单位、经营管理单位和使用单位的积极性不高。因此建筑绿色化改造的推广需要由政府相关部门来组织实施，并辅以必要的财政资金，才能保障工作的顺利开展。一是审批管理政策的创新。既有建筑的绿色化改造涉及规划、建设、房地产、城市市容、财政等多个管理部门，多项管理政策。天津近年来的实践是成立指挥部，将各项管理职能部门集合在指挥部，统一办理各项手续，快速简便。但如何形成长效机制，尚待进一步探索。二是资金政策的创新。天津实施的既有建筑节能改造得到市政府大力支持。其中"平改坡"工程90%的费用由专项财政资金列支，10%的费用由房屋管理部门从修缮经费中提取。历史风貌建筑的保护整修也有市财政的支持。但相比数量庞大、

产权多元的既有建筑绿色化改造，光靠财政支持是远远不够的，需要创新资金筹措渠道，制定一系列支持的政策。三是后期管理政策的创新。既有建筑绿色化改造后，怎么保护好改造成果？使其能保持较长较好的效果，必须研究长效管理机制。

（二）技术标准的适用与创新

既有建筑绿色化改造是城市建设中新领域，因此需要适用的技术标准予以规范和指导。2008年我们制定了《天津市既有建筑综合设计导则》，2009年制定了《既有建筑平屋顶改造构造图集》，对规范天津市既有建筑综合整修工作，提高整修水平，提供了全面、专业的技术支撑，实现了技术的整合、统一，规范了"平改坡"设计、施工工作，为"平改坡"工作逐步统一标准提供了技术保障。

但目前技术标准整体缺乏，尚需进一步创新。

一是对既有房屋分级评定的创新；

二是现行抗震、消防等标准在既有建筑应用上的创新；

三是既有建筑修缮标准的创新。

（三）适用技术的集成

既有建筑绿色化改造涉及技术和设备、材料较广泛。如何根据实际情况，选用合适的技术进行集成，达到最佳效果，是我们要进一步创新和重点攻关的领域。

（四）注重绿色化改造的实效。

在改造过程中充分考虑到既有建筑的实际情况，选择简单实用的改造内容，使绿色化改造项目与居民的切身利益紧密相关，通过各种节能改造，降低了居民的生活成本，提高居住舒适度，使众多住户切实感受到了

绿色建筑带来的诸多便利和实惠。此外，确保改造工作在不干扰居民正常生活的前提下开展，这样才能得到广大群众的支持。

天津开展既有建筑的绿色化改造工作时间不长，但通过因地制宜、扎实有序的一系列工作，取得了一定的成效。下一步，我们作为"十二五"国家科技支撑计划项目——《既有建筑绿色化改造关键技术研究与示范工程》中的《办公建筑绿色化改造技术研究与工程示范》课题承担单位之一，将结合天

津实践，在上述四个方面进行研究、实践和创新。要结合今年的"用3年时间完成中心城区5600万平方米的旧楼区居住功能综合提升改造"项目，加快加大既有建筑绿色化改造，提高建筑的保温、隔热、隔音性能，全面改善居民居住环境。

（天津市国土资源和房屋管理局、天津市保护风貌建筑办公室供稿，路红、徐连和、傅建华执笔）

建立"旧材银行"，为历史风貌建筑保护维修增添"绿色"

随着人口数量的增长，人类对物质、生活空间、能源的需求急剧扩大，加剧了自然界的生态失衡。在全球的资源消耗中，建筑能耗占了近三分之一，大力发展绿色建筑势在必行。中国近几年在推行绿色建筑、倡导低碳生活方面不遗余力，一场建筑史上的绿色革命，正在蓬勃展开。历史风貌建筑保护工作面临如何落实节能减排措施的挑战。

一、历史风貌建筑的保护要求使节能减排措施的运用受到严格限制

《天津市历史风貌建筑保护条例》于2005年9月实施，《条例》将历史风貌建筑划分为特殊保护、重点保护和一般保护三个保护等级，规定了各自的保护和利用要求如下：

特殊保护的历史风貌建筑，不得改变建筑的外部造型、饰面材料和色彩，不得改变内部的主体结构、平面布局和重要装饰。

重点保护的历史风貌建筑，不得改变建筑的外部造型、饰面材料和色彩，不得改变内部的重要结构和重要装饰。

一般保护的历史风貌建筑，不得改变建筑的外部造型、饰面材料和色彩，和重要装饰。

不得改变建筑的外部造型、饰面材料和色彩，是历史风貌建筑保护不同于一般既有建筑修缮、改造的特殊要求之一。

天津市已分五批确定公布历史风貌建筑746幢，114万平方米（包括各级文物保护单位172处）。其中：特殊保护等级60幢，重点保护等级204幢，一般保护等级482幢。

由于历史风貌建筑因其特殊的历史、文化、科学价值和严格的保护要求，以及《文物保护法》对文物建筑原真性等方面的保护要求，使节能减排措施的运用受到严格限制。

二、历史风貌建筑修缮面临保持原貌的建材缺失的难题

在历史风貌建筑修缮时常遇到保持原貌所需的建筑材料，如：砖、瓦、石材、木料及室内外装饰配件等目前已无生产厂家、或市场采购不到的难题。而另一方面，一些旧建筑在拆除时，有些历史风貌建筑修缮所需的材料被当做建筑垃圾清理掉或作为一般建筑旧料处置。因此，及时将历史风貌建筑修缮所需的旧建筑材料收集、保管、利用好，建立"旧材银行"利用同时期、同材质的旧建筑材料用于历史风貌建筑保护修缮，既保护了历史风貌建筑的历史原貌，又可落实建筑节能减排，为历史风貌建筑保护增添"绿色"，是历史风貌建筑保护与绿色节能环保减排的有机结合（图1～图3）。

图1 用红机砖修补硫缸砖墙面，
影响历史原貌

图2 历史风貌建筑（原武德殿）

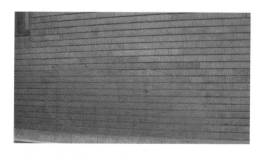

图3 原武德殿外檐瓷砖墙面局部脱落，
因原墙面瓷砖缺失，改用抹水泥砂浆
修补，影响历史原貌。

三、建立并运行"旧材银行"应采取的措施

（一）建立历史风貌建筑所用材料信息档案

对历史风貌建筑所用材料的种类、材质、规格尺寸、色彩、产地、材料自身标记等特征逐幢进行普查、记录、拍照、登记，在普查的基础上建立材料信息档案，并归纳、分析出使用相同材料的历史风貌建筑及材料的信息。材料信息主要包括砖、瓦、石材及相应装饰构件，木料（如：梁、柱、柁、檩、椽、楼梯、护墙板、龙骨、地板、门窗等），五金配件（如：门窗把手、挺钩、闭门器、灯具、及金属装饰件等)(图4~图7)。

图4 历史风貌建筑张勋旧宅需复制添
配陶瓷锦砖样品

图5 历史风貌建筑整修中需复制添配的
铁箅子、砖、瓦等材料样品

图6 历史风貌建筑中需复制添配的砖、
石材、瓦等材料样品

图7 静园整修工程中需复制添配的部
分五金件样品

（二）对有历史风貌建筑修缮所需材料的非历史风貌建筑开展查勘摸底

在建立历史风貌建筑所用材料信息档案的基础上，对有可用于历史风貌建筑修缮材料的非历史风貌建筑进行查勘摸底。应从近期将要实施规划拆迁的非历史风貌旧建筑开始查勘，找出可用于历史风貌建筑修缮的各种材料，将查勘资料建立相应信息档案。对照已建立的历史风貌建筑所用材料信息档案，标明各种材料可用的历史风貌建筑名称及可用部位等（图8）。

图8 非历史风貌建筑拆除时收集的护
墙板、壁炉、楼梯等

（三）"旧材"的合理采集、利用方法

1.本体建筑旧材料移植应用

旧材料的采集、利用首先应在修缮历史

风貌建筑时采集、清理、保管、修整加工后用于本体建筑中，例如：可将结构抗震加固时拆下的内檐混水墙的旧砖、石优先用于修复外檐清水墙，将拆下的破损混油木门窗的木料脱漆处理、修整加工后用于修复清油门窗（图9、图10）。

图9 将历史风貌建筑拆除的同材质旧木料
用于本体历史风貌建筑门窗修补

图10 将静园拆除的内墙旧砖、石用于
本体建筑外檐墙修补

又例如静海站老站房和杨柳青站老站房都是原津浦铁路沿线的站点，同为日耳曼风格，两处老站房建筑所用砖、瓦同材质、同规格尺寸。静海站老站房现作为铁路博物馆予以了保护，而杨柳青站老站房因废弃已残破不堪，急需抢救性收集整理该建筑现存砖、瓦等旧材料，避免原建筑材料继续流失，为该建筑原貌修复做好准备。（图11、图12）

图11 静海站老站房及屋顶

图12 杨柳青站老站房及屋顶

2.异体建筑旧材料移植应用

本体建筑的旧材料无法满足需要时，可从"旧材银行"中调用其他建筑拆取的同时期、同材质旧建筑材料用于该历史风貌建筑的修复。如鞍山道与陕西路交口处建筑，位于旧城区规划改造拆迁片内，既不是历史风貌建筑也不是文物建筑，拆迁时可将建筑外檐硫缸砖拆取、清整加工后用于历史风貌建筑的外檐硫缸砖墙体修补（图13、图14）。

图13 将左图非历史风貌建筑外檐硫缸砖拆取、清整后，用于右图大理道13号历史风貌建筑外檐硫缸砖墙面的修复

图14将左图非历史风貌建筑屋顶木料拆取后用于右图解放北路91～95号原华义银行屋顶修复

历史风貌建筑门窗多为较珍贵木质，有的缺养、缺修，局部木料糟朽，油漆暴皮、脱落，颜色混杂等。修缮中清除木料表层的油漆，对损坏部位进行换料挖补，再刷透明清漆。（图15～图19）

3.异地建筑旧材料移植应用

应及时了解国内其他省市旧建筑拆迁信息，对有可用价值的旧材料可进行收购，清理修补后用于天津市历史风貌建筑的修缮。如重庆道26～28号建筑整修过程中利用从上海旧建筑中拆取的材料对木楼梯、木护墙板进行修复（图20、图21）。

图15 用火喷子烤铲油皮

图16 进一步清除木料表层的油漆

图17 刨除附着木料表层的油漆，
恢复原有木色

图18 对局部损坏部位进行挖补替换

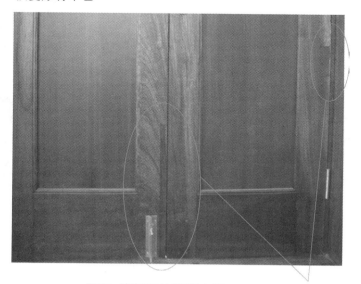

图19 修复后的清漆木门　　　　　挖补部位

图20 重庆道26～28号修复后木楼梯

图21 重庆道26～28号修复后木护墙板

（四）建立相应管理部门、单位之间协调机制

应结合我国推动全社会节能减排绿色环保行动，深入宣传绿色建筑与节能理念，大力宣传利用旧建材用于历史风貌建筑保护的重要性、紧迫性和可操作性，制定由政府指定的历史风貌建筑保护修缮单位优先收购、拆取所需材料及构配件的相关政策和措施。

建立规划、房管、拆迁、历史风貌建筑、文物等管理部门之间协调机制，及时掌握有可用于历史风貌建筑修缮材料的建筑的拆除信息，确保由政府指定的历史风貌建筑保护修缮单位提前着手优先收购、拆取所需材料及构配件，使这些有可用价值的材料不流失（图22）。

图22 已列入拆迁范围内的中式四合院平房建筑

（五）旧材料采集、保管、修整加工过程中应注意的环节

1. 往往在拆迁时拆除期限很紧张，一些

可用旧材料不便在拆迁现场清整加工，可将现场拆下的砖、瓦、石材、屋架等运到库房或存料场后再清整加工。

2.易损坏的材料、装饰应做好拆取方案，保证拆取、运输过程中完好无损。

3.可将拆取的旧材料根据今后历史风貌建筑修缮时的需求量，联系有关厂家复制生产、备用。如泰安道17号孙传芳旧宅瓦屋面的修缮工程中，将可修补利用的旧瓦集中用于屋顶的几个坡面上，按原瓦样式复制添配的新瓦集中用于其余屋面（图23）。

图23 孙传芳旧宅修缮后屋面

落实旧材料的存储仓库，将收集的旧材料分类存储。建立物料出入库分类登记、保管、库存及所利用历史风貌建筑等电子信息，为制定历史风貌建筑修缮方案提供所需材料库存信息。

四、结语

充分、合理利用旧材料用于历史风貌建筑修缮，既是绿色环保节能减排的有效措施，也是历史风貌建筑原貌保护的有效方法。在今后工作中积极宣传推广这方面工作取得的经验很有必要。

（天津市保护风貌建筑办公室供稿，傅建华、孔晖执笔）

绿色节能理念在历史风貌建筑保护工程中的合理应用探讨

一、概述

天津是我国四大直辖市之一，环渤海地区的中心城市，中国北方重要的经济中心。从1840年鸦片战争至1900年八国联军入侵中国的60年间，清政府签订了一系列丧权辱国的条约，天津作为第一批开埠城市，先后出现了九个国家的租界，这在世界城市的发展史上是空前的，九国租界遗存的历史风貌建筑及其建设过程中派生的多元文化，已成为今天城市建设中不可忽视的历史文脉和宝贵的文化资源。这些历史风貌建筑既是建筑文化的集中反映，也是天津市城市特色的主要特征和宝贵的文化资源。保护、开发和利用好历史风貌建筑，对于传承天津历史文脉，提升城市文化品位，打造展示天津的对外窗口，都具有十分重要的意义。

2005年9月天津市颁布了地方性法规《天津市历史风貌建筑保护条例》（以下简称《条例》），此后分5批确定了746幢、114万建筑平方米历史风貌建筑，同时开展了相应的保护工作，逐步建立了历史风貌建筑保护机制。

这些历史风貌建筑不仅作为历史遗存展示着城市生活的过去，更重要的是它们依然在使用，在现代城市生活中仍然发挥着作用。这些历史风貌建筑虽然在设计之初大多采用了当时最先进的设计理念及设备，但是由于这些建筑均有50年以上的建成历史，且大部分用能设备存在不同程度的老化，因此在节能方面与现行节能设计规范存在较大差距。

二、绿色节能理念与历史风貌建筑保护工程的结合

绿色环保理念概括起来主要为"四节一环保"，即节水、节电、节能、节材和环保减排。在天津历史风貌建筑的保护实际中既要贯彻绿色节能理念，又要兼顾天津历史风貌建筑保护的实际要求。

（一）历史风貌建筑保护的特殊性

1. 建筑年代久、风格多

天津的建筑伴随着城市的发展而逐步繁荣。明清两朝以老城为建筑的大本营，以漕运文化为基础，呈现了南北交融的中国传统建筑风格。1860年的第二次鸦片战争，天津被迫开埠，成为9个帝国主义国家的租界，天津的建筑从中国式传统建筑走向了中西荟萃，突出地表现了时代的变迁和观念的转换，有很强的时代标记。因此我们以1860年为分水岭，将天津的历史风貌建筑分为：

（1）古代历史风貌建筑（1860年以前）

古代历史风貌建筑主要为中国传统式建筑，现存50余幢，如建于辽代统和二年（984年）的独乐寺、元朝泰定三年（1326年）的天后宫、明朝初年（1427年）的玉皇阁。

（2）近代历史风貌建筑（1860年以后）

近代历史风貌建筑是天津历史风貌建筑中数量最多、最具特色的瑰宝，主要分布在天津市中心城区海河两岸，建造年代集中在20世纪30年代左右，风格多样，包含了西方古典主义、折中主义、哥特式、中西合璧式、现代建筑等建筑形式。

由于建筑风格及结构形式的多样性，因此就决定了历史风貌建筑在节能改造的过程中没有固定的模式，必须"一楼一议"、"因楼制宜"。

2.多为"双重身份"，改造限制严格

由于历史风貌建筑特殊的历史、文化、建筑价值，因此在节能改造工程中受到严格的限制。《条例》规定："天津市的历史风貌建筑根据建筑的历史、科学、艺术和人文资源价值，分为特殊保护、重点保护和一般保护三个级别。每个级别有着不同的保护标准。

特殊保护的历史风貌建筑，不得改变建筑的外部造型、饰面材料和色彩，不得改变内部的主体结构、平面布局和重要装饰。

重点保护的历史风貌建筑，不得改变建筑的外部造型、饰面材料和色彩，不得改变内部的重要结构和重要装饰。

一般保护的历史风貌建筑，不得改变建筑的外部造型、色彩和重要饰面材料。"

不同保护等级历史风貌建筑改造点位要求　　　　　表1

点位 保护等级	外部造型	饰面材料	外部色彩	内部结构	平面布局	内部装饰
特殊保护	不允许	不允许	不允许	主体结构不允许	不允许	重要装饰不允许
重点保护	不允许	不允许	不允许	重要结构不允许	允许	重要装饰不允许
一般保护	不允许	重要部位不允许	不允许	允许	允许	允许

天津市历史风貌建筑中文物建筑情况　　　　　表2

保护级别		历史风貌建筑			合计
		特殊保护等级	重点保护等级	一般保护等级	
（幢）		60	204	482	746
文物	全国重点文物保护单位	9	3		12
	天津市文物保护单位	38	36	2	76
	天津市区、县文物保护单位	6	56	22	84
合计		53	95	24	172

同时，已挂牌的746幢历史风貌建筑中，有各级文物保护单位172幢（表2），这些建筑在节能改造的过程中既要遵循《条例》中规定的保护标准，同时还必须满足文物建筑保护的具体规定。

（二）绿色节能理念与历史风貌建筑保护工程的结合点

历史风貌建筑保护的特殊性决定了其在绿色节能改造工程中需精心组织、合理施工，本着"原真性"保护的原则，在不破坏原有风貌的情况下最大限度地达到节能环保的要求。

1. 屋面

历史风貌建筑屋顶分为坡屋顶和平屋顶两种形式，在节能改造中主要进行铺设保温材料。

坡屋顶屋面材质多为瓦屋面，在节能环保改造中可在屋面板上加铺保温材料，然后使用原工艺、原材料、原技术进行瓦屋面恢复。加铺保温措施的前提条件是不能破坏历史风貌建筑屋顶的外形原貌。

平屋顶历史风貌建筑及露台等部位可在工程中结合防水材料的铺设改造进行保温材料的铺设，例如，可采用国家专利产品倒置式屋面CXP复合保温板用于平屋顶及露台等部位的保温隔热。

2. 外墙

由于历史风貌建筑保护的特殊要求，在外墙加保温材料会在一定程度上破坏外墙原历史风貌，因此历史风貌建筑外檐墙面的节能改造工程可与外墙整修工程相结合，通过裂缝修复、渗水补漏等措施改善外墙保温性能，部分历史风貌建筑可通过外墙内保温的方式达到节能的要求。

3. 外檐门窗

天津历史风貌建筑的外檐门窗现状大致可以分为三类：原状满足节能环保标准的门窗，原状不满足节能环保标准的门窗，后期改造过的门窗。

对于原状满足节能环保标准的门窗，如三槽窗（两玻一纱）（图1），可适当进行修补，继续使用，也可采取在窗边缘粘贴自粘性密封条，提高原有窗的气密性。

图1　木制三槽窗

对于原状不满足节能环保标准的门窗，可根据实际情况将玻璃更换为中空保温玻璃，并在窗边缘粘贴自粘性密封条，提高原有窗的气密性。

对于后期改造过的门窗，在保持建筑原有历史风貌的条件下，门窗样式应与原历史风貌建筑保持一致，其材质可按照节能环保标准更换门窗框及门窗扇，如使用中空保温玻璃或低辐射玻璃等节能玻璃，窗框可换为断热铝合金等绝热窗框。

4. 设备

历史风貌建筑由于建造年代久远，原建筑所用上、下水设备、供暖设备及电气等设备均已老化，无法使用，并且与现行节能、环保规范存在较大差距，存在提升空间。

（1）用水设备

历史风貌建筑中原有用水设备普遍存在线路年久失修、水管老化、严重锈蚀等现象，既浪费了水资源，又导致了管线供水严重不能满足日常使用需求。因此，可配合建筑整修工程更换及规整管线，从而节约能源，提高供水能力。同时，在不破坏有保留价值的设备的情况下，可将原有的抽水马桶更换为智能节水的卫生器具，节约生活用水。

（2）供暖设备

历史风貌建筑在建造之初，部分有供暖设备的多以燃煤锅炉为主。这种供暖设备耗用不可再生资源，不利于节能环保，且占用空间大，在改造中宜选用对历史风貌建筑结构形式影响相对较小的方式，可考虑更换为集中供热、空调采暖等方式。

① 集中供暖

这种供暖方式需要市政进行统一部署，涉及面较广，对于提高单体建筑节能效果存在一定难度。如果建筑附近有市政供热管线，可就近利用市政管线进行建筑供暖改造，在保证采暖效果的前提下，室内暖气管道、暖气片尽量隐藏。

② 空调采暖

空暖采暖的方式可以实现同一套系统完成冬季供暖和夏季制冷，因此可根据建筑的具体保护实际，增加中央空调等设备，但设备安装应考虑到建筑的整体性，室外机及室内机的摆放不得影响建筑的风貌。

三、绿色节能理念在历史风貌建筑保护工程中的应用实例

（一）屋面

例1：鞍山道70号静园既是特殊保护等级历史风貌建筑，也是天津市文物保护单位，其保护级别高，需采用原样式、原材质、原工艺的方法进行复原整修。原建筑屋面材料多处漏雨、土板糟朽、落水管脱落、躺沟破损。施工中对土板进行全面检查，糟朽部分进行更换，铺设卷材防水、保温材料。同时按照保留的原大筒瓦尺寸、材质烧制了大筒瓦，采用传统的大泥瓦的工艺做法恢复了大筒瓦屋面，并按原材质、原式样恢复了躺沟和落水管（图2）。

图2 大筒瓦屋面施工

（二）外檐门窗

例2：大理道49号建筑物原有门窗为紫棕色钢质门，单槽钢窗，玻璃破损严重，窗框锈蚀严重，保温隔热性能差（图3）。整修门窗依旧采用紫棕色，考虑到原钢窗材质不适宜整修后使用（节能指标达不到现行标准），本次整修改造使用隔热断桥铝合金门窗代替原有钢门窗，样式保持原风格（图4）。

（三）设备

例3：重庆道26～28号，经考察，该建筑所处的五大道地区城市供热管网不能满足本建筑集中供热的需要，且电力系统不足以满足空调动力。因此，为了满足冬季采暖、夏季制冷的双重需求，采用了以燃气为动力冷媒系统中央空调；为了不影响建筑物的整体效

图3 原有外檐门窗　　　　　　　　　　图4 整修后外檐门窗

图5 空调室外机　　　　　　　　　　　图6 吊装新风机

图7 空调室内机及新风口　　　　　　　图8 新风风道

果，将主机安放在后檐平台；为了不破坏室内的装修效果，选用了吊装风机盘管，并将空调系统的管道隐藏在吊顶内；为增加使用舒适程度，增加新风系统（见图5～图8）。

例4：大理道49、55号，建筑各房间均有暖气炉窑，但因年久失修且历经了地震等自然灾害，该采暖系统早已废弃。同时由于建筑所处区域无集中供热管道，为满足冬季采暖和夏季制冷的需求，在综合比较各方案后最终确定采用最新变频技术的多联机空调系统。

同时鉴于该建筑为历史风貌建筑，故将空调室外机置于三层露台一角落，保证了院落景观，且不影响建筑的整体效果。（图9、图10）

内装饰的美观，大理道49、55号空调制冷剂铜管的布置综合运用了地板龙骨内布管、灰线内布管、吊顶内布管和立管墙角暗敷的几种方法。安装后管线完全隐藏，整体效果比较理想。（图12～图14）

图9 空调室外机布置图

图11 室内机置于暖气槽

图10 室外机置于屋顶平台

在选择空调室内机型时，考虑到建筑物内大多数房间仍保留暖气槽，这为空调室内机的布置提供了先天条件，基于此在该项目中选择了坐地明装式空调室内机。在工程中将送风机置于废弃的暖气槽内（图11），既不占用室内空间，又能保证内檐装饰的整体效果和室内标高，另外，建筑卫生间充分的利用吊顶空间，选择了暗藏风管式室内机。

为保证历史风貌建筑内檐历史特征及屋

图12 制冷剂管地板龙骨内布置

图13 制冷剂管灰线内布置

图14 制冷剂立管墙角暗敷

图15 冷凝水穿外墙排

空调冷凝水管的布置则采用直接穿外墙将冷凝水排至院内和剔内墙暗敷排至屋内卫生间两种方法进行施工。如图15所示。

四、结语

历史风貌建筑的保护是一项科学、系统的工程，在保护建筑历史风貌的同时注入节能环保的理念，降低建筑能耗，使建筑的保护与使用走上一条可持续发展的道路。

（天津市国土资源和房屋管理局、天津市保护风貌建筑办公室供稿，路红、徐连和、傅建华、孔晖执笔）

低碳生态城市建设改造技术公众认知研究

一、引言

低碳生态城市的建设是我国处于城市化快速发展阶段，经济转型的重要举措之一。"十二五"期间，我国城镇建筑将从单一的建筑节能走向内涵丰富的绿色建筑，从单体建筑改造走向城市片区大规模综合改造。国家"十二五"科技发展规划中的民生科技示范重点任务中明确提到了绿色建筑规划技术与集成示范的内容，而社区作为城市的细胞单元，提升我国城市片区绿色更新水平，加快推进我国城市实现整体绿色转型。因此，对于城市社区既有建筑的绿色改造技术研究是关系到低碳生态城市建设的重要环节。伴随着我国低碳技术的快速发展，众多的研究已经开始从集中在政府和企业一方，转而到了对于技术的受众——公众的研究。公众作为城市建设最重要的利益相关者而参与城市的低碳化建设成为时代必然的选择。国内外相关研究者对低碳生态城市的公众认知领域进行了分析和研究：谷永新和李洪欣（2008）介绍了低碳城市产生的背景，概念，以及我国低碳城市的发展现状，认为要建立低碳城市就必须大力提高包括可再生能源在内的清洁能源比重。付允、汪云林等（2008）重点阐述了低碳城市的理论内涵，提出低碳城市发展路径。对于促进社区低碳发展总体能力的提升和社区社会结构的改变，为社区的低碳化转型提供本土化的解决方案。戴奕欣（2010）通过对某城市居民低碳技术认知情况的调查研究，构建了适合研究我国低碳技术公众认知的理论模型。

整体而言，国内外学者大多认为绿色建筑规模化发展，低碳社区在推动整个低碳社会进程中具有一定的必要性，而且同时也意识到了公众认知的对于研究的重要影响，但是现阶段缺乏系统性的低碳生态建设领域的公众认知情况研究和定量化的分析。因此，本次研究采用问卷调查的方法，针对低碳生态城市建设的相关内容、方法和技术，进行低碳生态城市建设技术公众认知调查，通过具体数据项的分析，清晰地看出下阶段的低碳生态城市建设重点议题和关键方法，以便更好地优化城市的可持续发展。

二、研究方法与数据分析

本研究的数据采集采用了问卷调查方法，当前，参与式研究的方法在林业、草地管理、生态环境建设中都有一定的成功应用，如在自然保护区综合功能评价、土地可持续利用模式研究中，近年来，也逐渐应用在土地利用规划，低碳生态城市建设中。在本研究中，具体运用了问卷调查法（questionnaires）和半结构式访谈·（semi-structure interview）来进行研究。这两种方式结合，能够了解行业内相关人士对于低碳生态城市建设改造的看法，以期对城市的微循环技术体系进行宣传。基于上述目的和方法，研究于2012年3月29

日～30日开展调查，研究以问题为导向，主要从"必要性"、"方法论"和"存在问题"三个方面来反映被调查者对绿色建筑规模化规划和既有社区的低碳生态化改造的感受力、认可度和重要性判断，而对于重建城市微循环体系而言，依循"问题-技术-实践"的思路，分别从"关键技术问题"、"宏观理论了解"、"具体技术认知"和"重点技术实践"四个方面来反映受访者对低碳生态城市微循环体系的感受力、认可度和重要性判断等方面。共发放160份问卷，回收有效问卷141份。样本量覆盖来全国各省市的管理、建筑、建材、规划、市政、工程、能源等领域的相关从业人员，平均工作年限约为10年。数据的采集及处理运用了Excel、SPSS等软件。

三、分析结果

（一）低碳生态规划与传统规划技术与方法差异认知

1. 低碳生态规划与传统规划的差异认知

受访者认为低碳生态规划和传统规划存在较大差异，其差异的重要性排序主要存在于以下7个方面（图1）：控制方式、规划目标、指导思想、信息化手段、规划流程、规划内容、保障体系等。说明传统规划具有法定的控制方式，如总规、控规和修订性详规阶段等，而现阶段低碳生态规划还没有法定的约束条件，因此低碳生态规划难以像传统的城市规划执行和实施就其指导思想而言，主要是增强绿化整体考虑，更加重视绿色在建筑建设中的影响，需要财政补贴的资金要到位；规划目标，低碳生态强调的是能源消耗和对城市规划建设对于生态环境的影响；规划内容，多种控制性规划的内容，规划流程，着重前端控制，而且城市规划方法论的科学化和理性化；控制方式，融入更多的绿色控制技术，绿色指标的控制等。

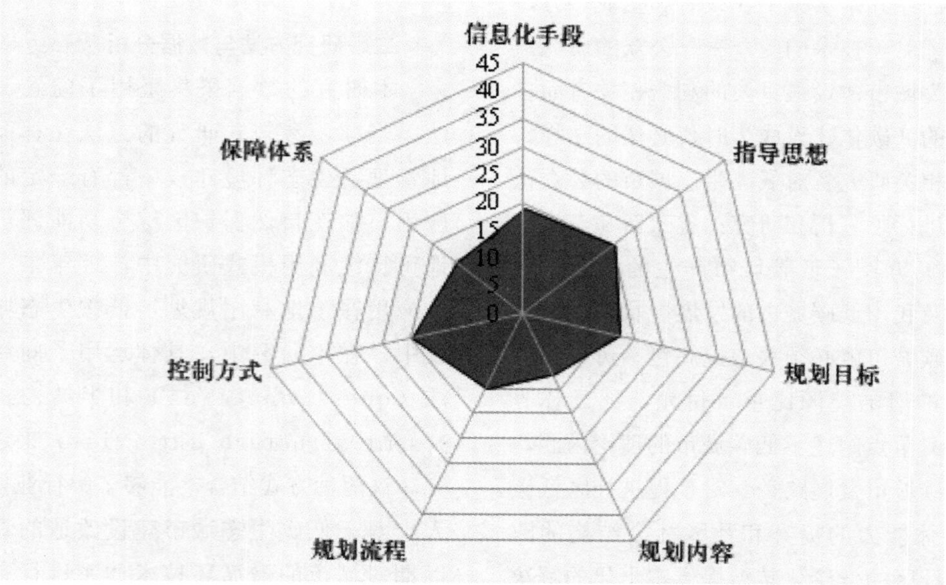

图1 低碳生态规划与传统规划差异认知图

2.低碳生态规划技术手段认知

本研究将低碳生态规划技术划分为能源利用规划、绿色交通规划、城市安全规划、土地集约利用与低冲击、资源利用规划、绿化系统规划和物理环境规划等方面。大部分的受访者（91.6%）认为该技术手段划分体系相对合理。研究组要求受访者对于低碳生态规划的技术手段的重要性排序（图2），按照被选择的频率由高到低依次为：能源利用规划（63.3%）、

绿色交通规划（59.2%）、城市安全规划（57.1%）、土地集约利用与低冲击开发规划（49.0%）、资源利用规划（46.9%）、绿化系统规划（30.6%）、其他（如文化规划）（18.4%）、物理环境规划（14.3%）。说明能源利用规划在现阶段城市发展建设中占有重要的地位，而交通也是当地城市宜居幸福感建设的一个重要的方面。但有的受访者也提出：部分规划内容有交叉重叠的部分。

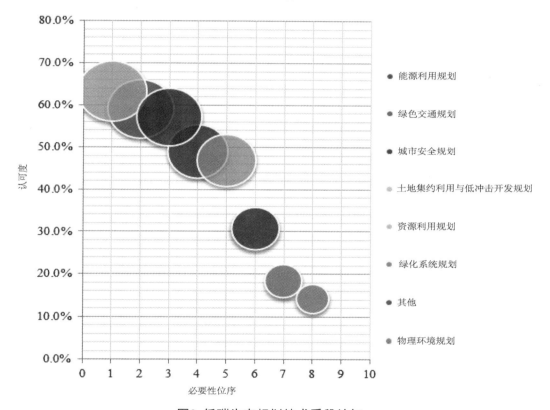

图2 低碳生态规划技术手段认知

3.低碳生态规划的应用困难与改善途径

对于现有的低碳生态规划的应用困难与改善途径进行公众认知调查，受访者认为低碳生态规划的实施应该在传统规划体系上加以改进和完善，而对于存在的主要困难，依

次为：低碳生态规划与传统规划结合不足；缺乏匹配的建设和管理体系；低碳生态规划的研究方法和分类的科学性有待验证等方面。

（二）城市片区绿色建筑规模化的规划诊断评估

面对"十二五"期间，绿色建筑的规模化和区域化的建设对于推动低碳生态城市发展具有重要的促进作用。针对目前我国城市片区绿色建筑规划预评估与诊断技术理论体系缺乏的现状，对于公众的调查显得尤为重要。

1.绿色建筑规模化规划的预评估与诊断的必要性认知

通过对绿色建筑规模化规划前期的预评估与诊断进行公众认知调查，超过98%的受访者肯定了规划前期的生态评估与诊断的必要性，受访者认为生态诊断和评估工作有助于加强绿色建筑规模化规划的合理性、科学

性，使得现有的规划更具有可实施性、前瞻性和系统性，使规划成果能够更好地"平衡多方利益"、"因地制宜"、"与周边环境协调"。

2.绿色建筑规模化规划的预评估内容

对于规划前期评估内容，受访者的认同程度评估如下（图3），由高到低依次为：生态环境、低碳技术条件、能源高效利用与潜力、用地适宜性与潜力、建设可行性、居民需求和政策条件。受访者也提出一些其他需要考虑的内容，包括：市场条件、人文环境、建筑节能技术与成本、周边的市政及其配套设施和已建成和拟建的建筑、区域背景以及绿地环境等。

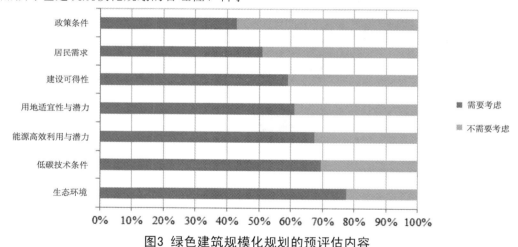

图3 绿色建筑规模化规划的预评估内容

大于90%的受访者认为绿色建筑规模化规划应该纳入社会人文需求因素，受访者认为要纳入社会人文需求的原因主要包括以下四个方面：①"绿色建筑的本质是强调人与自然、人与环境协调和谐可持续发展的"；②"建筑与人相关，需要融入人文需求，以人为本"，"体现地方特色"，"建筑不应该排斥人文，否则会形成城市的文化

缺失"；③"人是建筑的使用者和排放者，其使用和运营对建筑的绿色性影响巨大"；④绿色建筑规划"需要当地居民的认同与配合"。

受访者社会人文需求内容的认同程度评估如下（图4），由高到低依次为：公共服务设施便利性、绿地/公共空间可达性、社区宜居性、基础设施完备性、居民生活满意

度、文脉传承、建筑开放度、就业机会等。另外，受访者还提出"符合当地特色的空间尺度与建筑材料"，地方生活模式、管理模式、商业开发模式也是规划需要考虑社会人文因素。受访者提出，在规划前期的预评估与诊断过程中，为保证评估结果反映各方利益主体的主观意愿，应该采取如下具体方法：历史研究、问卷调查、网络调查、入户调查、学术讨论、多方主体参与的讨论会、听证会等。

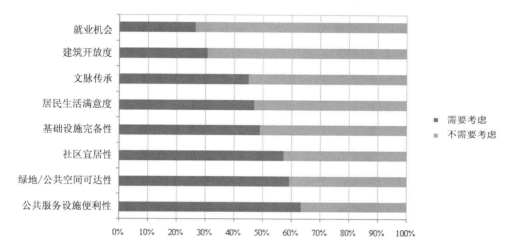

图4 需纳入考虑的社会人文需求要素评价

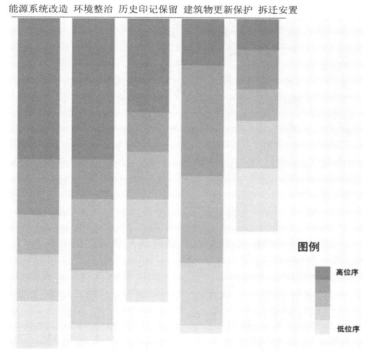

图5 既有社区低碳化改造的内涵认知

（三）既有社区的低碳生态化改造

1. 低碳化改造的内涵认知

现阶段，国内对于既有社区的低碳化、生态化改造还未有成熟和公认的做法。因此，公众对于既有社区的低碳化改造的内涵认知显得尤为重要，为今后的低碳化改造制定提供依据。受访者认为对既有社区低碳生态化改造的内容的如下（图5）：能源系统改造、环境整治、历史印记保留、建筑物更新保护等项内容。并对于既有社区的低碳化改造的重要性认知排序如下：能源系统改造、环境整治、历史印记保留、建筑物更新保护、拆迁安置。另外，有的受访者（12%）认为"居民低碳生活教育"也是既有社区的低碳生态改造的重要工作内容。

2. 困难与障碍定位分析

目前，低碳生态社区改造存在一定的困难和障碍，难以推行和实施。通过对受访者的公众认知调查，其分析结果有助于认清低碳生态社区改造的问题，提供依据。结果表明，现阶段低碳生态社区改造的困难与障碍的认知如下（图6），按照重要性排序依次为：缺乏有效的政策引导、缺少可操作的使用标准、各方利益得不到平衡、宣传教育不足、缺乏成熟技术等。

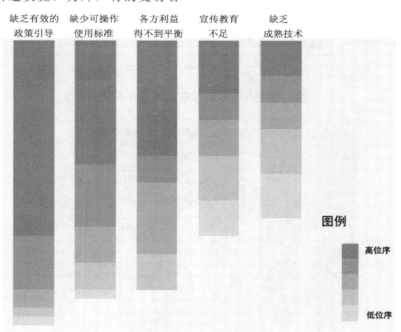

图6 低碳生态社区改造的困难定位

3. 政府角色与工作内容

政府对于低碳生态城市建设具有不可替代的作用，其角色和工作内容的明确显得尤为重要和凸显。根据问卷调查的分析结果表明，受访者对政府角色的认知如下：27%的受访者认为政府应是低碳社区生态改造的主导者；13.5%的受访者认为是政府应该是社区改造的提倡者，还有少部分（10.8%）的受访者对于政府的定位为资助者。可以看出，公众对于政府的角色定位存在一定的交叉和重复，认为政府可以从不同的角度为推动低碳生态城市的发展和实践。

相对于政府工作内容而言，受访者认为应该从以下几个方面加强对低碳生态社区的改造（图7），其重要性排序依次为：节能设备/低碳基础设施、绿色建筑改造、低碳交通系统建设、绿色空间营造、社区环境整治、建筑外立面、人文精神风貌提升等。其月

源在低碳生态城市建设的核心代表地位，同时财政部、发改委和住建部逐渐加大了绿色建筑改造的力度，低碳交通系统对于打造城市宜居，促进城市居民的出行的便利性等。分析结果还表明，受访者认为在现阶段，人文风貌的提升对于低碳生态社区改造起到的作用不大，这点与国外的低碳生态社区改造具有较大差异。

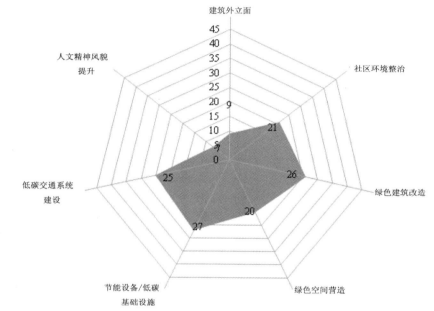

图7 政府在既有社区的低碳生态化改造中的角色分析

（四）低碳生态城市建设的微循环技术体系认知

微循环理念是关于生态城市建设的基本原则。低碳生态城市的微循环技术体系主要包括：微降解、微能源、微冲击、微更生、微交通、微创业、微绿地和微调控等八个方面。这八个微循环方面既相互关联、又包括各自不同内容体系。问卷分为受访者的微循环体系的了解程度；对微循环体系技术的重要性排序；以及对具体方法和问题的技术认知等。

微循环体系的具体内容有：1. 微降解，微降解是对城市废弃物的一种有效的处理方式，其目标是降低各种城市垃圾对城市生存和发展的冲击。目前微降解研究的内容主要是包括水循环、垃圾循环两个部分。其具体的技术包括垃圾资源化处理，有机垃圾处理，生物滤池技术，沼气发酵技术，源分离的生态排水系统构建，工业三废的零排放和废弃物的管理；2. 微能源是一种新的能源系统，是一种将能源消耗和能源供应结合为一体的能源循环系统。其技术包括：可再生能

源的综合利用，地热能，地质储能，分布式能源，微电网；3.微冲击是指城市规划建设模式尽可能不改变地表水的径流量分布，不干扰原有的生态敏感区，尽可能少的干扰地表和地下水系的模式来规划建设城市，其技术包括：雨洪管理，低冲击开发模式，城市内涝处理技术，人工湿地；4.微更生，其核心内涵就是城市旧城的有机更新，其具体技术有：有机更新技术，旧城的生态化改造，绿色建筑；5.微交通，现代城市交通体系，确保居民在住所与工作场所之间的交通循环畅通和低能耗排放，其技术包括：绿色交通规划，慢行交通规划，公共自行车租赁，步行系统；6.微创业，泛指以较小的成本进行

创业，或者在细微的领域进行创业，具有投资小，见效快，可批量复制或拓展特点的就业模式，内容包括低碳产业布局，无线城市；7.微绿地，其内容包括：景观规划，立体绿化，绿色廊道城市绿地生态功能评估研究；8.微调控是指建立数字化的低碳生态社区，是一种基于数字平台基础上的城区管理机制，其内容包括：数字化管理，社区自治，公共管理政策等。

将每一方面的具体技术分组进行频率统计（共29小项），将得到每一选项的频率（图8）。从整体上看，被调查者对微循环体系中每一个类别中的各项技术的认同度有很大差异。

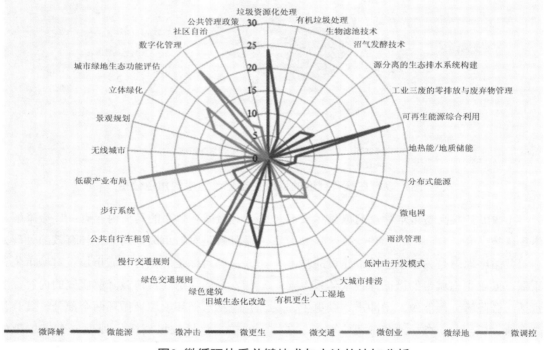

图8 微循环体系关键技术与方法的认知分析

微降解：垃圾资源化处理技术（67%）被认为是其中最关键的技术，其次是工业三废的零排放和废弃物处理技术（31%）和有机垃圾处理技术（28%）。仅有3%的被调查者认为沼气发酵技术是关键的，而事实上沼气技术对中国乡村的低碳化发展具有重要的作用。微能源：75%的被调查者认为可再生能源综合利用技术很关键，而地热能和地质

储能、分布式能源和微电网技术得到的认同度较低，可能是因为这三项技术的应用和实践范例相对较少。微冲击：从整体上看，微冲击的各项技术得到的认同度都较低，原因可能是"微冲击"这一概念应用的相对较少。而其中的被认为最关键的技术是低冲击开发模式（33%），大城市排污技术、雨洪管理和人工湿地技术分别被28%、25%和25%的被调查者评价为关键。微更生：56%的被调查者认为旧城生态或改造是微更生中最关键的技术，与低碳生态城市建设的重点相契合。绿色建筑的认同度一般（36%），而仅有17%的被调查者将有机更生列为这一领域的关键技术，其原因可能是"有机更生"的内涵不够明确。微交通：微交通部分被认为最关键的技术是绿色交通规划（69%）。微创业：从整体上看，微创业技术领域的低碳产业布局是所有微循环技术里面受到认可度最高的（78%），说明产业布局的低碳化途径是目前低碳生态城市发展及其重要的关注点。14%的被调查者也将无线城市列为关键技术。微绿地：微绿地领域中的三项技术"景观规划"、"立体绿化"和"城市绿地生态功能评估"，其认可度的比例分别是47%、36%和11%。也可以说是从侧面印证了人们对"绿色城市"的内涵认识有所提升，认为绿地系统仅是低碳生态城市发展的一个重要组成部分。微调控：微调控中被认为最关键的技术是数字化管理（67%），而社区自治和公共管理政策受到的认可度相对较低。

四、结论与讨论

通过对低碳生态城市建设改造技术公众认知调查结果表明：受访者对于低碳生态城市与传统城市规划技术的差异存在普遍认同观点，并从控制方式、指导思想、规划流程、规划内容、保障体系等方面进行阐述；对于城市片区的绿色建筑规划生态诊断和评估而言，前期的生态评估和诊断是非常必要的，而且诊断评估的对象重要性依次为：生态环境，低碳技术条件，能效高效利用与潜力，技术使用适宜性与潜力，建设可行性、居民和政策条件等。而就低碳社区的生态化改造而言，能源系统改造、环境整治、历史印记保留、建筑物更新保护是低碳生态化改造的主要方面；困难和障碍主要是缺乏有效的政策引导，缺少可操作的使用标准、各方利益得不到平衡、宣传教育不足、缺乏成熟技术等。对于低碳生态化改造的政府角色主要是政策的主导者，主要的工作内容应侧重于节能设备/低碳基础设施、绿色建筑改造、低碳交通系统建设、绿色空间营造、社区环境整治、人文精神风貌提升等。而对于低碳生态城市建设微循环技术体系的认知和现阶段的重要性认识程度，为今后的低碳生态城市建设技术体系的发展提供一定的参考依据。

根据以上研究结果，提出今后我国发展低碳生态城市的趋势和展望：

（一）重建低碳生态城市微循环-构建多层次的低碳生态技术体系

从以上低碳生态城市技术体系的框架介绍可以看出，转变城市的发展模式已经成为全球大趋势。低碳生态城市的建设需要遵循中国传统文化中所强调的因地制宜原则低碳生态城市要形成一种对环境低冲击的城市发展模式。其建立，必须打破原有的建造大型或者超大型的城市设施，转向小型的适宜，有利于就近、就地循环的设施；从偏向考虑单向的排放处理，转向了循环使用，从偏好于基础设施间的相互分离、相互冲突转向综合利用，达到共生；从偏好于从上而下的规划建造某一类城市，转向于上下结合，以此来达到城市微循环体系的建立。

（二）逐步提高低碳生态技术体系在城市管理中的地位

低碳生态城市的建设离不开良好的城市管理，通过完善的法律、法规、规范、标准以及健全的管理机制，才能够将城市低碳化、生态化的构想付诸实施。与传统城市建设技术相比，应用低碳生态城市的技术，在城市建设的初期阶段有可能会提高建设成本、加大开发投资。在短期绩效和利益的驱使下，一些政府及开发商很有可能不愿意应用低碳化、生态化技术。然而，人类、城市和自然环境的和谐共生并非能在短时间内体现出来，需要决策者和管理者具有长远的眼光，通过良好的管理来为低碳生态城市的实现提供保障。因此，未来城市管理中，要逐步提高低碳生态技术体系的地位，充分发挥其对城市管理的指导作用，确保规划设计中的一系列技术及指标能够在实际建设中严格执行，真正实现低碳生态城市的建设目标。

（深圳市建筑科学研究院有限公司，
毛洪伟，李芬，郭永聪执笔）

既有医院建筑冷热源用能的优化

一、引言

医院建筑能耗具有使用功能复杂、能耗构成复杂、能源形式复杂等特点，因此，医院建筑能耗偏大是公认的普遍问题。有关资料表明，医院空调系统的年一次能耗是办公建筑的1.6～2.0倍。文献统计得出，北京地区医院2006年的单位建筑面积全年总耗电量平均约为70kWh；中国建筑科学研究院对上海医院能耗统计结果显示，调查的上海地区医院2007年单位建筑面积全年总耗电量为76.0kWh～109.1kWh。其中，暖通空调系统耗能占到50%以上，而暖通空调系统的冷热源又占到空调系统的50%左右。

在国外，ASHRAE的调查资料表明，与医院空调通风系统相关的能耗约占医院总能耗的67%。日本某典型医院能源消耗情况也表明，空调冷热源和空调动力能耗占总能耗的51.8%，与美国ASHRAE的调查资料中空调通风系统的能耗情况相近。因此，降低暖通空调系统冷热源的能耗是医院节能的关键。

本文针对医院能耗特点和医院负荷变化特性，并根据医院建筑大小冷热源的配置特点，提出医院建筑冷热源的设计优化原则，以及运行优化管理原则；针对医院建筑的特殊性，对医院建筑冷热源采用可再生能源提出应用原则，以提高冷热源系统的能源利用效率。

二、医院建筑用能状况分析

在医院建筑中，电力消耗最大，主要为空调和通风、照明、电梯以及医用设备和办公用电。其次为燃气、燃油，主要为冬季供暖、蒸汽、热水、消毒、洗涤和厨房用能。以上海某典型医院为例，主要一次能源消耗如图1所示。可以看出，医院的耗能主要集中在耗电和耗燃气（油）方面，占医院总能耗的95%左右。

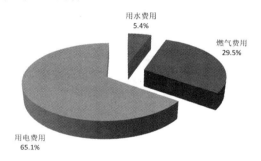

图1 某医院建筑一次能源消耗构成图

医院的用电主要由空调和采暖系统用电、办公设备用电，照明用电、食堂用电、动力及大型医疗设备用电和其他用电六部分构成。以某典型医院用电情况为例，根据用电设备的配制情况和设备运行记录，上海医院建筑的各用电设备系统耗电量的份额如图2所示。其中，空调系统所占比重最大，达到54%；其次为办公系统和动力和医疗设备用电耗达25%。

医院燃气（油）消耗主要由冬季采暖、常年生活热水和工艺和厨房三部分构成。以某典型医院耗燃气情况为例，调查分析燃气消耗份额结果如图3所示。生活热水和工艺、冬季采暖所占比例最大，约为96.4%，供暖和生活热水热源所消耗的燃气用量占的比重最大。因此，暖通空调系统的冷热源优化是医院建筑节电的重点。

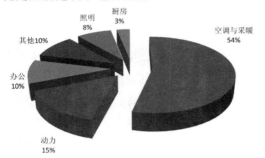

图2　某医院建筑用电构成

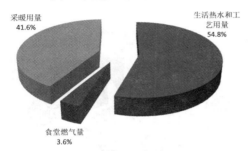

图3　某医院建筑燃气耗量构成

三、医院建筑冷热负荷特性

（一）冷热源负荷变化复杂

医院功能复杂，门诊、急诊、手术、医技、病房、后勤等各部门的使用时间与空调负荷特性并不相同。对于医院建筑中病房楼、门急诊楼等均是季节性空调负荷，春、秋过渡季节大楼的中央空调一般均停止使用。而洁净手术部、无菌病房、重症监护病房等科室是全年空调负荷。若单独为这些部门而开启整幢大楼的空调冷热源，其能耗将相当大也是极不经济的，医院建筑这类区域一般设置独立冷热源。

（二）集中与分散冷热源并存

对于医院建筑主要服务区域为住院部、门诊医技楼和手术室，其中住院部和门诊医技楼采用集中冷热源，而手术室等分散常年可能需要供冷区域采用独立冷热源；这样就至少形成两种方式的冷源系统配置，即定义为集中冷源（大冷源）和分散冷源（小冷源）。根据医院不同区域的负荷需要，优化大小冷源运行，具有较大的节能潜力。

（三）功能区域控制参数要求不同

医院建筑均为大体量、全空调、供冷（热）量大。医院建筑有两类差异较大的室内空调环境：一类是量大面广的一般科室如普通病房、诊室只需季节性舒适空调；另一类是数量相对较少的有洁净无菌与有着严格的温湿度控制要求的功能区域如手术室、无菌病房等关键科室需全年空调。

（四）空调运行时间长，逐时负荷变化大

相对于一般的公共建筑，医院空调的运行时间更长。医院通常为24小时运行，因此一年中需要使用空调期间，空调系统需要24小时运行，空调运行时间长。同时医院建筑随病人源的多少变化，人员高低峰差别很大，逐时负荷相差较大，特别是在夏季供冷工况。

（五）内外区要求不同

大型医院建筑的关键科室常常会处于空调内区，当全年空调水系统转为供热工况时，这些科室内部分房间仍需供冷。即使完全关闭供热水系统，房间温度仍超过要求，需要进行供冷。因此需要采用四管制空调水系统或另外考虑冷源。

四、医院建筑冷热源设计优化原则

医院作为公共建筑有其共同点，但由于医院功能与环境控制的要求又有其特殊性，一般性的公共建筑常用的一些节能技术或措施不一定能应用到医院，特别是一些特殊功能的医疗科室。因此，针对医院建筑冷热源设计，应考虑如下优化原则：

（一）提高冷源的能效等级

在设计选型时，应尽量推荐采用能效等级较高的冷热源设备，冷水机组和热源设备合理配置，可以满足医院建筑不同时期和季节负荷变化的需求，同时应兼顾考虑冷源设备在部分负荷下的运行效率。

（二）大小冷源设备的合理配置

为了满足不同功能区域建筑的负荷需求，在大小冷源设计选型配置时，应优化全年运行方式，在全年高负荷的情况下，尽量开启集中大冷源，保证大冷源在高负荷和高效率运行，在此情况之外，选择开启小冷源进行运行，并根据优化选择，合理确定大小冷源适当容量。根据所在地区的气候特征选择手术部供冷方案，精心分析其冷负荷特点。制冷系统、加湿系统、过滤器等设施采用效率高和可控的设计方案。

（三）控制和节能运行策略

1. 优化冷水机组运行模式，保证每台冷水机组在高效率模式下运行，合理控制水泵的运行台数和方式；

2. 冷水机组根据室内外湿度的要求和变化，设定合理的冷冻水供水温度；

3. 水系统合理运行，杜绝冷冻水和冷却水旁通现象；

4. 应对开启手术室和未开启手术室采用运行和值班控制方式，在保证室内正压的条件下，按照不同运行方式保证手术室温湿度要求，以达到节能目的。

（四）充分利用天然冷源

大型综合性门诊、急诊大楼会有一定的内区，按高标准舒适要求，冬季需要供冷。在冬季寒冷、低湿地区，利用冷却塔与板式换热器获得的冷水作为冷源。合理利用夜间和过渡季新风消除蓄热负荷。

（五）利用蓄冷技术

由于医院建筑负荷的特性，适合于利用蓄冷技术的应用，在执行峰谷电价的低区，可以降低医院建筑的冷源运行费用。因此，适宜的条件下，冷源可以选用蓄冷技术。

（六）利用冷热电三联供技术

根据医院建筑的电力和空调负荷特性，医院建筑一般有自用发电机组，在电力和空调负荷匹配的情况下，冷热源可以进行冷热电三联供技术优化设计。

（七）合理利用热回收技术

应尽可能采用热回收技术，包括空气侧热回收与水侧热回收技术。同时有条件的医院建筑可采用将冷源设备产生的冷凝热回收，用于加热生活热水。

（八）增设分项计量

为了方便能源管理，建议在变压器低压侧配电柜各回路均装设电度表，进行主要系统的电量计量，将各个建筑物、各种不同性质用电量加以区分。增设热水流量表，统计热水使用规律。

五、医院大小冷源的设置及其关联性技术经济分析

我国的三级医院基本上均设有手术室，根据手术的等级，除Ⅳ级外都对室内温湿度环境提出了要求，因此，大部分手术室都需要冷热源。作为医院有特殊运行要求的手术室的洁净空调系统，其冷热源的设置通常有以下几种模式：

（一）不设手术室用单独冷热源（小冷源），与医院的集中冷热源（大冷源）公用；

（二）手术室设单独冷热源，与医院的集中冷热源不发生联系；

（三）手术室设单独冷热源，与医院的集中冷热源统一考虑，优化大小冷源的配置和运行；

在医院建筑中，由于手术室和门诊、病房功能的区域使用空调的方式和时间有很大区别，并且不设手术室用单独冷热源，在大冷源没有启动的时段内，会存在手术室温湿度环境不满足要求的情况，设计人员一般不采用第一种冷热源的设置模式。

由于医院建筑功能分区的复杂性和使用功能的多样性使得空调系统的划分日趋复杂，为了提高空调冷热源系统效率，设计人员经常采用大小冷源的做法。本节在此对大小冷源的关联性和独立性的优缺点用数据进行分析判断。

以某医院为例，该医院由门诊综合楼、病房楼、特需楼和10间手术室主要功能区域构成。其中，门诊综合楼、病房楼、特需楼三部分共为一个空调水系统，总设计冷负荷为7830kW。手术室夏季空调设计冷负荷为541kW，仅占集中冷源的7%。冷源分为下面两种情况进行分析对比：

（一）大小冷源独立配置运行：手术室采用风冷热泵机组独立冷源系统，其他空调区域采用集中式冷源系统。且手术室的风冷热泵机组独立冷源系统与水冷冷水机组之间独立运行，不会交叉负担对方的冷负荷。

（二）大小冷源关联配置运行：手术室采用风冷热泵机组独立冷源系统，且风冷热泵机组独立冷源系统仅在过渡季节使用。在夏季制冷季里面，停止使用手术室的风冷热泵机组独立冷源系统，使得手术室和其他空调系统共同使用水冷冷水机组。这类称为手术室的独立冷源系统与水冷冷水机组之间关联运行。

手术室夏季的冷负荷由建筑围护结构传热，室内人员和设备散热及新风冷负荷三大部分则构成。考虑到手术室为内区，建筑围护结构传热稳定；手术室室内人员和设备的散热较为稳定，可以认为基本不变；因此过渡季节与夏季制冷季负荷区别最大的地方在于新风冷负荷。经过计算分析，过渡季节计算手术室负荷为380kW。按照过渡季手术室负荷，配置小冷源系统，可以使冷机及输送系统容量减少，降低初投资。在集中冷源启动后，由大冷源带手术室，可提高大冷源的负荷率，也可以提高能源利用效率。

分别对大小冷源在独立配置运行和关联配置运行两个方案的初投资和运行费用进行技术经济分析，分析结果如表1所示。从表1的分析结果可以得出，合理的优化大小冷源的配置和运行关系，初投资可以节约80万元，年运行费用可以节约12.5万元。

某医院大小冷源独立配置和关联配置运行经济技术分析结果 表1

方案	设备初投资费用（万元）	年运行费用（万元）
大小冷源独立配置运行	4570	238.2
大小冷源关联配置运行	4450	225.7

六、在医院建筑中大力提倡可再生能源技术

由于医院建筑冷热源的复杂性和功能性，为可再生能源利用提供了很好的应用条件，可再生能源作为医院集中冷热源的辅助补充，将起到重要的作用。根据医院建筑的地理位置，因地制宜，采用太阳能、热泵系统等可再生资源条件，大力发展可再生能源在医院建筑冷热源中的比例。

（一）改变热水系统设计

由于医院建筑用水量的特点，生活热水耗量非常大。我国传统医院集中供热和生活热水热源采用锅炉房热水锅炉或蒸汽锅炉，建立庞大的热水或蒸汽管网，通过用户侧设置换热器，供给用户使用。通过太阳能作为补充热源，太阳能热水系统预热热水系统的全部冷水，不但可以解决太阳能的不稳定性，而且可以减少锅炉房的能耗。因此，在地理条件允许的情况下，应大力提倡发展太阳能为辅助热源的生活热水系统的设计和应用。

（二）热泵技术应用于小冷源设计

利用医院建筑的绿化草坪，湖水等人工或天然景观，采用土壤源或地表水源热泵系统技术，利用医院建筑比较恒定的生活污水（洗澡污水），采用污水源热泵系统技术，作为手术室等小冷热源，不仅可以提高小冷源能源利用效率，而且可以节约运行费用。

七、结语

医院建筑能耗整体水平较高，而且各医院间差别较大，有较高节能潜力。医院建筑设计不应盲目的追求外形的独特和视觉的冲击，应以医院的功能要求作为前提。否则，建筑采用大面积的玻璃幕墙，建筑的屋顶采用大面积的透明屋面，设计上直接导致了冷热源能耗的增加。在医院建筑的冷热源设计与选择过程中，应按照合理优化原则，对冷热源系统进行配置，合理进行医院建筑的大小冷热源的运行策略规划，改变医院传统的冷热源管理和运行观念，才能有效节约能源。同时大力提倡可再生能源在医院冷热源中应用比例，提高冷热源利用效率。

将医院整体建筑的用能量作为控制目标，改变了传统冷热源设计以各种功能科室特定空间为控制目标的做法，通过综合考虑医院的用能需求，采取适宜的冷热源设计优化原则和节能措施，从而将常规能源消耗降低到合理低位，而不是抑制需求，来达到节能的目的。这种节能新理念将改变医院建筑用能源设计，大大提高医疗环境控制质量，真正有效地降低医院能耗。

（中国建筑科学研究院建筑环境与节能研究院供稿，路宾、曹勇执笔）

基于太阳能热泵技术的严寒地区供暖系统改造设计与实测分析

一、引言

在能源日益紧张匮乏并且价格上涨的背景下，太阳能作为一种可持续发展的能源越来越受到人们的重视，尤其在严寒地区，冬季供暖能源消耗大，空气污染严重，利用太阳能采暖具有更大的经济效益和环保效益。但太阳能能量密度低，而热泵恰好可以提升热品质。早在20世纪50年代初，太阳能热利用的先驱者Jodan和Therkeld就指出，将热泵技术与传统太阳能利用技术有机结合的太阳能热泵，可同时提高集热器效率和热泵性能。太阳能热泵供热系统的优点使得它受到了广泛的关注。季杰等对间接膨胀式太阳能热泵的供热性能进行的实验研究表明，热泵的COP在3.30～4.71之间变化，而系统的COP在2.88～3.96之间变化。韩宗伟、白永峰对太阳能热泵的经济性进行了分析，得出利用太阳能热泵供热的方式值得大力推广和应用。

大庆市某燃气锅炉供暖系统，供热面积4000㎡，设计热负荷160kW，经改造后，变为本文提出的太阳能热泵系统，并已经投入运行，表现出较好的经济性和节能性。

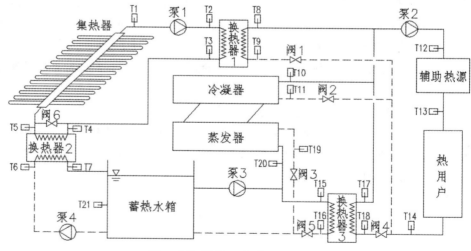

图1 太阳能热泵供热系统原理图

二、系统工作原理

太阳能热泵系统主要由太阳能集热器、蓄热水箱、水源热泵、辅助热源及散热终端等部分组成。其工作原理图如图1所示。系统具有太阳能直接供热、蓄热、蓄热水箱直接供热或通过热泵供热，及利用蓄热或辅助热源热量对太阳能集热器进行防冻多种功能。

为了适应太阳能辐射量不稳定，通过阀门的启闭，系统在不同工况下可以有不同的运行模式，合理的平衡太阳能直接供热、蓄热及热泵供热之间的关系，提高了太阳能的利用率。在太阳能或蓄热水箱可以直接供热时，优先直接供热，不开启热泵，节省电能，并且仅在蓄热水箱温度适合热泵运行时开启热泵，保证了热泵的运行效率。

三、运行模式及控制措施

为了实现多种运行模式的切换，必须配合施以有效的自动控制措施。本系统通过监测太阳能集热器的出口温度、蓄热水箱温度，与设置的温度点（表1）比较，以及3个换热器冷热两侧进口温度差，判断系统当下适合的运行模式。当太阳能不能直接供热时，对于开始蓄热的温度（表2），同样基于太阳能集热器的出口温度，但其是随时间变化的，原因是在夜晚太阳能集热器温度会快速下降，要提前考虑防冻，不能过度的蓄热。

区分不同运行模式的温度点 表1

基于太阳能集热器出口温度设置的温度点			基于蓄热水箱温度设置的温度点		
设定温度点名称	符号	推荐范围	设定温度点名称	符号	推荐范围
太阳能供热加蓄热温度	T2A	≥50℃	蓄热直接供热开始温度	T21A	≥40℃
太阳能供热温度	T2B	42～48℃	热泵供热水箱下限温度	T21B	≥15℃
防冻开始温度	TFD	4～6℃	蓄热防冻水箱下限温度	T21C	10～12℃

太阳能开始蓄热温度TX 表2

时间	推荐范围	时间	推荐范围
14:00～15:00	36～38℃	17:00～18:00	30～32℃
15:00～16:00	34～36℃	19:00～20:00	28～30℃
16:00～17:00	32～34℃	20:00～次日14:00	26～28℃

（一）太阳能直接供热及蓄热模式

当太阳能集热器出口温度足够高（T2>T2A），可满足供热需求，还有剩余时，若水箱内水温较低，能满足换热器换热条件，可同时蓄热。运行方式为：开启泵1、泵2、泵4；开启阀1，关闭其他阀门。

（二）太阳能直接供热模式

当太阳能只能满足供热需求（T2B<T2<T2A），或太阳能虽然有剩余（T2>T2A），但水箱内温度已经很高，换热器1两侧温差很小时，太阳能只向热用户供热。若热用户供水温度

低于40℃，开启辅助热源同时供热。运行方式为：开启泵1、泵2；开启阀1、阀6，关闭其他阀门。

（三）蓄热水箱中热水直接供热模式

此模式通常发生在模式一或模式二之后，太阳能不充足（TFD<T2<T2B），但蓄热水箱中温度高于设定的蓄热直接供热温度（T21>T21A），可用蓄热水箱中热水直接向热用户供热。若不足，由辅助热源补充热量。由T2B及T21A的范围可看出，一般此模式下不满足换热器2两侧换热温差的要求，

因此不蓄热。运行方式为：开启泵1、泵2、泵3；开启阀4、阀5、阀6，关闭其他阀门。

（四）太阳能蓄热及热泵供热模式

若太阳能集热器出口温度不足以直接供热（T2＜T2B），但能满足蓄热条件（T2＞TX），并且换热器2两侧入口温差满足换热温差，太阳能集热器向蓄热水箱蓄热。若蓄热水箱温度高于设定的热泵开启下限温度（T21B＜T21＜T21A），则通过热泵提升蓄热的品质，向热用户供热，若供热不足由辅助热源补充热量。运行方式为：开启泵1、泵2、泵2、泵4；开启阀2、阀3，关闭其他阀门。

（五）蓄热水箱中热水通过热泵供热模式

太阳能不充足（T2＜T2B），太阳能集热器出口温度与蓄热水箱中热水温差很小不满足换热条件时，或太阳能集热器出口温度不满足蓄热条件（TFD＜T2＜TX），若蓄热水箱温度高于热泵开启下限温度（T21B＜T21＜T21A），开启热泵。若供热不足由辅助热源补充热量。开启泵1、泵2、泵3；开启阀2、阀3、阀6，关闭其他阀门。

（六）太阳能集热器防冻模式

当没有太阳辐射能可利用时，如晚上或阴雪天气，室外温度很低，太阳能集热器有冻结的危险时（T2＜TFD），优先利用蓄热水箱中热量（T21＞T21C）进行防冻。若蓄热水箱温度能达到直接供热或热泵供热温度，也可同时运行。当蓄热水箱温度降低（T2＜T21C）甚至也有冻结的危险（T21＜TFD），由辅助热源提供热量进行防冻。

四、系统设计实例

（一）集热器选用

本系统供热面积4000㎡，按照40W/㎡供

热指标，总热负荷为160kW。直接终统集热器面积由以下公式确定：

$$A_C = \frac{86400Q_Hf}{J_T\eta_{cd}(1-\eta_L)} = \frac{86400 \times 160 \times 10^3 \times 0.2}{8979 \times 0.52 \times (1-0.2)} = 740 \text{ m}^2$$

式中：A_C，直接系统集热器总面积，㎡；Q_H建筑物的耗热量，W；J_T，当地集热器采光面上的采暖期平均日太阳辐射量，J/（㎡·日）；f，太阳能保证率，取20%；η_{cd}，基于总面积的集热器平均集热效率，取52%；η_L，管路及贮热装置热损失率，取20%。

本系统中集热器总面积取：

$$A_{IN} = 1.1A_C = 1.1 \times 740 = 814 \text{ m}^2$$

选用长约4m和宽约2m的真空管式太阳能集热器108组，每组50根真空管，集热器面积共814㎡，置于供热建筑一层平顶上，朝向为正南。集热器安装倾角比当地纬度小10°，即36.38°。集热器南北向布置成6排，前后排之间的日照间距为4m。各排之间互相并联，排之内各集热器之间也互相并联。所有集热器之间均为同程式连接。集热器中媒介为质量浓度为25%的乙二醇水溶液，其凝固点温度为-10.7℃。图2为工程中部分太阳能集热器安装效果。

图2 大庆市太阳能热泵供暖系统部分太阳能集热器

（二）蓄热水箱选用

为了适应太阳能的不稳定性和不连续性，把太阳能集热器在太阳能充足时吸收的部分太阳能储存起来，作为热泵的热源。

为保证8小时的蓄热，蓄热水箱的体积为：

$$V = \frac{8 \times 3600 Q_H}{C \rho \Delta t} = 40 \ m^3$$

同时，这也符合《太阳能供热采暖工程技术规范》中对于短期蓄热太阳能供热采暖系统，蓄热水箱的容积选用50～150L/m² 这一指标中的最低标准，本系统蓄热水箱体积为40m³。

（三）热泵选用

本系统中选用制热量为50kW的水源热泵。

（四）辅助热源选用

在采用太阳能热泵供暖系统时，用户原有一套燃气锅炉作为热源，这次改造仍利用了原有的燃气锅炉作为辅助热源，节省了系统的投资。对于新建系统，辅助热源的额定功率不得小于建筑的采暖设计负荷，以备连续的阴雪天气时使用。

（五）散热设备选用

终端散热设备采用风机盘管，其对热媒的要求较低，只需提供40度的热水，并且具有温度自动控制功能和定时功能，当室内温度低于设定温度时开启，高于设定温度时自动关机，定时功能可实现上班时间运行，下班时间自动关闭，从而以此来达到节能的目的。

五、系统运行数据分析

（一）太阳能集热器性能分析

图3给出了2009年12月13日集热器瞬时进、出口水温度随时间变化情况。由图可以看出，在上午8：00后集热器温度随时间升高，下午13：00点达到最大值56℃。集热器进口平均水温26.1℃，出口平均水温34.3℃，集热器工作温度较高。

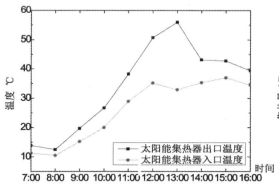

图3 太阳能集热器供回水温度

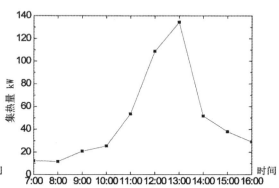

图4 太阳能集热器瞬时集热量的变化

图4给出了2009年12月13日太阳能集热器瞬时集热量的变化。由图可以看出，集热器集热量变化较大，上午7：00时集热量最小12.3kW，随时间集热量增大，在下午13：00点达到最大134kW，全天总集热量1748MJ，与当天太阳能集热器上的辐射总量3424MJ相比，集热器日平均集热效率为51%。

（二）太阳能保证率

对于热用户来说，有两种供热方式：A. 全天保持40℃的供水温度；B. 在白天营业

时间保持40℃的供水温度，而在夜晚完全依靠太阳能蓄热保持室内值班采暖温度。图5

给出了两周供热方式下热用户热负荷及太阳能供热能力。

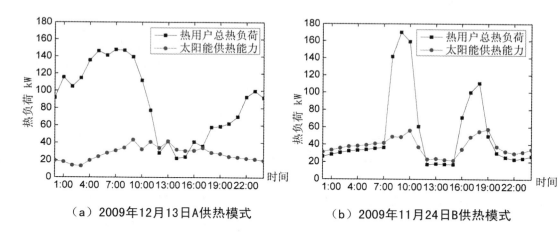

（a）2009年12月13日A供热模式　　　（b）2009年11月24日B供热模式

图5　热用户总热负荷与太阳能供热能力变化

由图5（a）可看出，在12:00至15:00点太阳能集热器能够全部提供热用户所需热量，而在凌晨2:00太阳能供热能力最小为13.3kW，同时太阳能保证率也达到最低11%。系统全天平均太阳能供热能力为27.9kW，太阳能全天供热量为2406MJ。热用户在5:00至8:00之间热负荷最大，均超过140kW，而在14:00时热负荷最小为22kW，平均热负荷87.8kW，全天总热负荷7583MJ，太阳能日保证率为32%。

由图5（b）可看出，由于夜晚室内温度较低，在早上为了尽快提高室内温度时，热用户热负荷迅速增大，达到一天中最大值169kW，而在12:00至15:00热负荷最小，仅为20kW左右，全天平均热负荷为53.8kW，全天总热负荷4648MJ。与图4相似，在12:00至15:00点热负荷最小时太阳能集热器能够全部提供热用户所需热量。而在热负荷最大时，太阳能供热能力为48kW，保证率为28%。系统全天平均太阳能供热能力为37.7kW，太阳能全天供热量

为3527MJ，太阳能日平均保证率为70%。

六、系统经济性分析

从该太阳能热泵供暖系统2010.02.01到2010.04.15（2009.10.15到2010.01.31为系统运行调试期）共74天的运行参数记录来看：共运行太阳能直接供热加蓄热模式和太阳能直接供热模式374.8小时，热泵供热模式506.8小时，合计881.6小时，约占总供暖时间的49.6%，共节约燃气锅炉运行时间约628.2小时。锅炉运行一小时需要消耗20m³天然气，因此实际节省天然气量为12564立方米，合人民币30153.6元。热泵运行期间共耗电5574.8度，合人民币6968.5元，因此实际节省23185.1元，二氧化碳减排量为14916kg。

通过合理推广可以使得整个采暖季共运行太阳能供热及蓄热模式和太阳能直接供热模式912小时，热泵供热模式1232.8小时，合计2144.8小时；燃气锅炉的运行时间为735小时。

太阳能热泵供暖系统运行费用

表3

项目	运行时间	单位时间消耗	总消耗量	单价	总费用
燃气锅炉	735 h	20 m³/h	14700 m³	2.4 元/m³	35280 元
热泵	1232.8 h	11 kW	13560.8 kWh	1.25 元/kWh	16951 元
循环水泵			16080 kWh	1.25 元/kWh	20100 元
总运行费用					72331 元
单位面积运行费用					18 元/m²

由此计算,采暖季节180d的运行费用为72331元,折合单位供暖面积采暖费约为18元/m²,如表3所示,与大庆市商业和工业集中供热采暖费每平方米45元相比,每平方米的供暖面积整个采暖季可以节省采暖费27元,4000平方米每年可节约采暖费约10.8万元,节省60%。

七、结论

（一）系统具有较好的适应式,能在不同工况下实现不同的运行模式,提高了太阳能集热效率的同时保证了热泵运行效率,充分地利用了集热器吸收的太阳能,具有优越的节能性。

（二）对12月典型日系统性能进行的分析表明:集热器工作温度较高,日平均集热效率为51%,全天总集热量1748MJ,平均集热量为20.2kW;系统全天平均太阳能供热能力为27.9kW,热平均热负荷87.8kW,太阳能日保证率为32%。

（三）对比了全天供热方式和夜晚采用值班采暖供热方式,由于后者供热方式下热用户日平均热负荷大大下降,太阳能日保证率可达到70%。

（四）分析了系统经济性得出,单位面积采暖费约为18元/m²,节省热费60%。

（哈尔滨工业大学供稿,姜益强、姚杨、于易平、柴永金执笔）

业主因素对既有建筑节能改造的影响

随着全世界经济社会的飞速发展、城镇化进程的不断加快以及人类对舒适环境渴望的日益强烈，全球的能源消耗量和温室气体排放量与日俱增，能源危机和气候环境恶化问题日益加剧，环境和能源问题已成为当前关乎人类生存发展的重大问题，受到全球瞩目。改革开放三十年，我国经济快速增长，各项建设取得显著成就，但也付出了巨大的资源和环境代价。面对新的发展趋势、发展要求，党中央、国务院审时度势，做出了加强节能减排，建设资源节约型和环境友好型社会的战略决策。

资料表明，建筑活动对人类自然资源和环境影响最大，占用人类所使用的自然资源40%、能源40%，产生的垃圾也是40%。建筑能耗、工业能耗、交通耗能已经成为我国能源消耗的主要部分。我国国土领域内大部分城镇冬季都需要大量的采暖能耗，而夏季的空调能耗正在迅速增加。尤其是建筑耗能伴随着建筑总量的不断攀升和居住舒适度的提升，呈急剧上扬趋势。因为既有建筑耗能巨大，所以我国在"十一五"期间将既有建筑节能改造列为节能减排的一项重要工作。此项举措，于国家层面可以节约不可再生能源、降低环境污染，具有可持续发展的长远战略意义；于百姓层面可以使生活质量得到提高，节省因取暖制冷需支付的家庭开支。因此，既有建筑节能改造工作是造福百姓、萌及子孙的大好事。如图1所示，从节能改造后的既有建筑立面与未改造只是进行立面粉刷的既有建筑的比较，节能改造的优越性显而易见。

图1　节能改造前后的建筑外立面现状比较

如何能将好事办好？这是摆在我们面前的一个现实课题。下面就业主对既有建筑住宅建筑节能改造的影响加以分析。

一、既有建筑节能改造与新建项目的差异

由于既有建筑节能改造其自身独有的特点，因此在施工组织和管理各方面都有别于新建建筑项目。

（一）各自面对的对象差异

新建建筑只是针对建筑工程项目本身加以管理，经过长期的经验积累已经形成了一套固定的公认的管理模式。而既有建筑节能改造在新建建筑项目管理基础上，增加了与建筑中居住的业主的共处问题。由于既有建筑节能改造工作开展的相对较晚，尚缺乏足够的经验积累，还没有形成标准化管理模式，而且业主对既有建筑节能改造的影响是难以预料和掌控的，常常由于管理者对施工中出现的突发事件处理不当，而引发业主的抱怨与抵触，给既有建筑节能改造项目造成了不必要的阻碍与损失。

（二）各自面对的施工环境差异

由于既有建筑是已交付使用的成品建筑，时刻都伴随着业主的活动，无法实现新建工程的全封闭施工环境，这样就给施工安全和管理都带来了更多的困难，提出了更大的挑战，整个改造过程都因业主活动而存在管理真空和安全隐患。另外，既有建筑施工作业场地通常比较有限，材料堆放及施工临时设施搭建也只能与业主日常生活场地交叉使用，给双方都带来了极大的不便，因此矛盾也就比较突出。实践中，不愉快的事情屡见不鲜。

可见，业主的影响是既有建筑节能改造项目区别于新建节能建筑项目的特有属性。既有建筑节能改造项目的实施除受到施工队伍、施工质量、施工环境、施工管理、节能材料等因素影响外更主要的是受到业主的期望、意愿和生活等影响，要顺利地实施既有建筑节能改造，业主的影响因素是必须首先考虑的，要想方设法、千方百计地协调好工程施工与业主的关系，其次才是把改造项目的其他方面做好。

二、业主对既有建筑节能改造影响

由于业主是活动的、不固定的和难以约束的个体，相比影响既有建筑节能改造的其他方面因素，业主的影响因素是比较复杂而难以预料的。经验表明，只有积极妥善地处理好业主同节能改造的矛盾关系，才能使改造取得最终的成功。

既有建筑节能改造分为三个阶段，即前期筹备阶段、施工阶段、竣工使用阶段，业主对其的影响也是贯穿始终的，彼此紧密相连的，两者的矛盾也是最为突出的。

（一）前期筹备阶段业主的影响

1.概述

所谓的前期筹备阶段是指既有建筑节能改造项目计划实施前的全部准备工作，包括业主改造意愿调查、签署改造协议、可研、立项与设计等。既有建筑节能改造目的是改善业主的生活质量，因此在前期筹备阶段，业主的改造意愿起到至关重要的作用，直接影响改造协议的签署率。

2.业主的影响

实践证明，如果既有建筑节能改造工作不充分考虑业主的意愿，忽视业主意愿调查及改造协议的签署工作，会严重影响既有建筑节能改造项目的顺利实施。改造实施主体在改造的前期阶段必须充分考虑业主的影响因素，做好业主的改造意愿调查及协议签署工作。

（1）部分业主对既有建筑节能改造不了解。如此前我们对成功实施改造的一栋既有建筑的130户业主进行改造意愿调查结果显示（见图2所示），超过50%业主对既有建筑节能改造不太了解，认识层面仅停留在建筑外装饰的层面上。业主最关心和最想了解的问题主要有以下几个方面：

①改造的质量情况；

②改造工程的具体做法与效果；

③改造工程收费情况；

④改造的具体时间；

⑤对已经装修好换好窗户的怎么对待；

⑥改造后是否能彻底解决长毛结露问题。

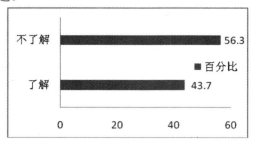

图2 业主对建筑节能改造了解情况调查统计

图2业主对建筑节能改造了解情况。有的业主还认为既有建筑节能改造是实施主体的自牟私利行为，因此为寻求自身利益而向实施主体提出额外条件，一旦条件得不到满足，便通过各种理由、采用多方途径设置障碍，给改造工作造成损失。

因此，实施主体一定要组织专人对既有建筑节能改造的内容进行宣传讲解，一方面讲解业主关心和想了解的改造内容及施工方面的问题，另一方面要对国家推行的节能减排政策进行宣传，使业主真正了解改造的利国利民的长远意义及目的，要确信多数业主还是能够正确权衡国家利益和个人利益的利害关系的。开诚布公地、正面进行宣传引导，会达到事半功倍的效果。

（2）不尊重业主意愿，强行实施。实施主体事先不征求业主意见，不管业主是否同意进行改造，擅自进场施工，损害了业主

的合法权益，引发了业主的极大不满。针对上述问题，实施主体在改造项目实施前，必须征求本楼业主的意见，这是不可逾越的必要程序，一定要在取得大多数业主同意后，方可进行后续的可研和安全鉴定等工作。如我们对已成功实施改造的一栋既有建筑全部业主进行的意愿调查显示，同意率达到96.9%（见图3所示）。同意实施改造的部分业主同时还对节能改造提出一些建议：

①可以考虑让业主承担一些费用，但费用不要太高；

②改造工程要有质量保证；

③施工期尽量的短，不影响居民的正常生活；

④针对个别确实困难且有意愿改造的家庭，付不起改造费用，政府要考虑政策性补贴。

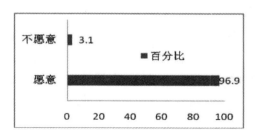

图3 业主的建筑节能改造意愿调查统计

（3）使用许愿手段诱使业主签署改造协议。改造主体在为了使业主尽快签署同意意见，对改造分项不详尽告知，极力宣传对业主有利的方面，如免费更换节能窗、节能单元门等，甚至提出庭院改造、设置健身器材等虚假承诺。而在实施过程中，业主们发现改造主体并未信守承诺，引起业主们的抱怨与抵触，甚至发生治安案件。此类情况是所有人都不希望发生的，也是可以妥善解决的。改造实施主体首先要本着实事求是的原

则，尊重业主的选择，如有少数业主不同意改造，可参考成功实施改造的经验，可采取增进相互沟通，耐心听取业主的意见，分析不支持的原因，想办法多渠道消除业主的后顾之忧。一定切忌使用过分许愿等手段，否则不仅会影响到节能改造项目的实施，更重要的是会对国家推行既有建筑节能改造事业造成不可估量的负面影响。

图4 欧式高顶造型屋面

（4）改造后的屋顶使建筑增高，造成遮挡本楼或临楼采光。为解决屋面漏水问题，普遍做法是将原建筑的平屋面改造成坡屋面，由于增加了原建筑的高度，对本楼和临楼的部分业主正常采光造成影响，引起业主的抱怨与不满。就有这样一个案例，改造的实施主体在取得本楼多数业主同意后，在屋面改造实施过程中，由于未考虑到本楼改造增高造成遮挡临楼的业主以往采光，被北向临楼的业主阻拦施工，现场形成僵持，由于协商未果，结果改造长期停滞，由于屋面失去了防水层保护，造成顶层业户房屋大面积漏水，损失惨重。图4所示，屋面设计为欧式高顶造型。所以，为避免此类事情的发生，要充分做好事前准备工作。可依据日照

分析结果设计屋面造型及高度，尽可能征求北向建筑的低层业主的意见，避免出现敌对情绪影响改造进行。

总之，在前期筹备阶段，改造实施主体千万不要有任何投机取巧的想法和行为，因为改造所做的一切都在广大的业主百姓和政府部门的监督之下，一定要摆正位置，端正态度，从服务角度去做事情，不要耍小聪明、怀有侥幸心理，否则定会因小失大。

（二）施工阶段业主的影响

1.概述

施工阶段是指施工人员及施工设备进场，开始搭建围护脚手架，一直到施工单位清理场地撤出的整个延续过程。由于既有建筑改造特性决定，施工期间工人操作、物料装卸、设备使用与业主活动是同时交错进行的。所以，此阶段业主因素的影响是最直接也是最具体的。

2.业主的影响

施工阶段是施工人员与业主接触最密切阶段，稍不注意将引发业主抱怨、引发矛盾、造成业主抵触，给改造项目的实施带来麻烦与障碍。个人认为既有建筑节能改造是同时具备新建工程与家庭装修特点的结合体，一方面，要参照新建建筑的施工工法、施工标准进行组织管理与施工；另一方面，要向家庭装修一样，本着一切服务于业主的原则，任何妨碍业主的施工计划与安排都要进行及时修改。为民服务是既有建筑节能改造工作的出发点与落脚点，在施工组织、施工管理上要充分考虑到业主正常生活和活动，只有与业主和谐相处才能将改造工作顺利完成。

（1）施工扰民是较常见的问题，施工方为抢工期，通常会延长施工时间，直接导

致打扰业主正常生活与休息，引发业主的抱怨。所以，在施工前充分做好施工安排组织工作，合理安排施工时间及工序衔接，如确需延长施工时间时应先期做好业主工作，得到业主的理解是十分可能的。凡事要采取积极主动提前通知，充分做到遵从民愿。不要怕出现问题，只要端正态度，始终本着站在一家人的立场去考虑问题、处理问题，就很容易消除此方面的影响。

（2）由于施工人员自身素质差导致与业主产生的矛盾，而管理人员在处理与业主之间的矛盾时蛮横态度，引发的业主抱怨。因此，在施工队伍进场前，做好施工人员的教育工作。施工前针对各工种的人员就既有建筑节能改造工程特殊性，开展专项讲座，使他们在思想上提高认识，树立良好的服务意识和自我约束能力，顾全大局，不与民争执，坚决杜绝施工人员不雅不端的行为。在实施改造过程中，与业主产生摩擦是不可避免，及时将业主的意见和产生的矛盾向上级领导反应，由领导负责处理产生的矛盾。制定相应的赏罚制度，用制度管人，指派专人负责，并将负责人姓名及联系方式向业主公示，做好业主意愿的反馈工作，为及时妥善的解决双方矛盾搭建桥梁。

（3）安全问题是重中之重的问题，在施工期间不论是业主的人身还是财产出现安全问题，都将是无法弥补的。之前发生过这样一个案例，有一名业主晚间喝醉酒回家时，在院内为躲避对面汽车，右眼撞到脚手架的端头，造成右眼失明。给业主及其家人造成极大的悲痛。所以，狠抓安全工作，尽可能地将一切安全隐患考虑周全，多多设立安全警示标志及必要的防护设施。因地制宜、因项目制宜地建立各项安全制度，明确安全责任，落实到人，施工前要制定好相应的应急预案，从源头上杜绝安全事故的发生。

（4）其他问题。由于工序衔接不当引发的问题，如在节能窗更换时，旧窗已拆除，但新窗未及时安装，给居民正常生活及财产安全造成影响；节能窗安装时由于密封不严或处理不当，造成节能窗渗水甚至发生结露；未将拆除后的落水管固定件等外墙洞口填补就进行保温层施工，造成该部位室内温度降低，产生结露长毛；施工期间堵塞烟道和下水道等等引起的业主怨愤。所以，尽可能周密地安排组织施工，使各工序无缝衔接，严格按照施工标准进行，严把质量关。如出现突发事件，要积极主动地同业主进行协商，采取一切可行的办法和方式对遭受损失的业主加以弥补，争取得到业主的理解和原谅，想方设法化解业主的怨气。

由于整个改造工程的施工都处在业主和政府的监督之下，一定要按标准进行施工，任何企图偷工减料、应付了事的行为，想要逃过业主的眼睛和政府的监管都是不可能的。

（三）竣工及使用阶段业主的影响

1.概述

由于既有建筑节能改造边施工边使用的特殊性，此阶段外在表现即为外立面粉饰完毕，施工现场清理干净，恢复业主正常的生活环境。而竣工交付使用后，实施主体要向业主及物业服务公司说明节能建筑的使用与维护的相关事项。

2.业主的影响

（1）在施工期间，由于拆除旧有结构及

部件等原因造成部分业主家内墙裂痕、墙皮脱落、门窗损害等，如不进行维修或及时给予相应补偿，造成业主的抱怨与不满。所以，在施工完成后，一定要安排专人做好业主回访工作，调查统计由于施工给业主造成的各种损失，并及时进行修复和弥补，最大限度地弥补业主损失，消除业主的怨气。

（2）由于建筑节能对大多数业主是新事物，使用上有许多不同于非节能建筑的方面，如果不对业主在使用方面进行宣传和说明，会在使用过程中遭受损害。如：业主安装空调、防盗网、太阳能热水器等设施，对节能改造后的外墙及屋面保温系统造成破坏，如图5所示；一层外墙面受外力损坏，如图6所示；临街商铺安装悬挂牌匾或楼顶设置广告牌、安装各种缆线，如图7所示，对节能改造楼体外墙及屋面造成破坏等。因此，改造后要对业主和物业部门做专门使用

讲解，并在楼体显著位置设置能够长期保存的载明节能建筑的使用与维护注意事项的使用说明书，内容包括：安装各种设施破坏保温层后如何进行弥补、外窗台能否承重、注意一层墙面的保护、遇到问题不要自行处理要通知物业或专业人员维修等。物业部门应及时做好节能墙面破损处理工作，如图8所示，如不尽快处理，损坏面会继续扩大，一旦保温层有水进入，将影响该部位节能效果，严重将造成整片墙体冻胀脱落。造成该部位室内保温效果下降，长毛结露，引发业主的抱怨与不满。

实施主体应做好善后工作，检查是否兑现了全部承诺，如有纰漏尽量说明原因，取得业主谅解。物业部门要做好日常维护工作，改造一个既有建筑就一定要给业主留下良好的口碑，好的口碑是对既有建筑节能改造优越性的最好宣传。

图5 业主自行安装设施影响

图6 外墙面受外力损坏影响

图7 外立面管线设施影响

图8 损坏的建筑外墙面

三、结语

既有建筑节能改造既是关系到国家节能

减排的长远利益，又是与广大百姓的切身利益密不可分的一件大事，民心不可违，人心

所向则事业兴，业主的积极参与与大力支持是节能改造顺利实施的保障，我们一定要充分重视业主的意愿，不能片面考虑施工成本或工程形象，一定要全方位地考虑到业主的意愿与呼声，千方百计地将好事办好，想方设法地使百姓满意。

（哈尔滨工业大学建筑学院，金虹、杨士葳执笔）

北方供暖地区既有居住建筑节能改造技术要点

一、引言

目前随着我国居民对生活质量要求的快速提高，民用部门能源消费量增长速度最快，建筑能耗以较高的速度增长。特别是我国北方供暖地区居住建筑量大面广，其中绝大多数属于非节能高能耗建筑，而且冬季供热地区正迅速南扩。建筑物设计使用年限一般为50年，在整个建筑物设计使用年限中，能耗运行非常可观。因此选择适当时机进行既有居住建筑节能改造是非常必要的。从大量调查情况来看，北方既有居住建筑能耗有如下特点：

（一）北方供暖地区既有居住建筑供热能耗高，环境污染严重。

（二）一些非节能建筑围护结构保温隔热性能很差，容易产生冷桥、冷（热）风渗透，热环境舒适性差，供热费用相对较高，使节能率大打折扣。

（三）室外热网不平衡，水力失调度大，设备及管网运行效率低，导致热量浪费。

（四）目前城市集中供热缺乏计量设施和调节手段。绝大多数既有居住建筑是非节能建筑，没有供热计量设施，热用户无法进行自主调节；相当一部分新建居住建筑也未安装供热计量设施。

（五）北方既有居住建筑节能改造涉及热源、热网、用户等各方面因素。目前我国住宅产权已大部分私有化，改造时需要使众多业主达成共识，除了技术层面的问题，还有社会层面的问题。这使得节能改造实施难度相对较大。

我国广大北方寒冷地区的建筑节能不仅需要依靠墙体保温等措施，而且也需要通过既有建筑改造的各种技术集成来解决。开展北方地区既有居住建筑节能改造，对降低能源消耗，提高能源使用效率，保护环境有重要作用；同时也是推进城镇供热体制改革，完善供热计量制度的重要途径。

目前，国务院《建筑节能管理条例》中已把既有居住建筑节能管理与改造作为重要内容，并提出要加强建筑运行节能管理，稳步推进既有居住建筑的节能改造。本文拟就如何加强既有居住建筑节能改造管理，如何设立既有居住建筑节能改造的原则和步骤，提出针对北方寒冷地区建筑物节能改造的技术方案，从而真正实现该地区既有居住建筑节能改造的节能效益等问题进行论述。

二、国内外既有居住建筑节能改造

（一）德国既有居住建筑节能改造

在德国，住宅个人私有率很低，多数房子属于住宅建设公司，居民则是通过租房来解决居住问题。这与我国目前城镇住宅私有率超过80%的现状大为不同。1990年10月，东西德统一后，德国对既有住宅进行改造在很大程度上针对的是原东德地区的板式建筑。

在德国，对既有住宅建筑进行改造，所有项目都要完成住宅的室内环境和室内管网、节能与节水及建筑物小区周边环境三方面的改造。改造的水平和效果也有所差别。为了体现出与众不同的特点，一些项目还会采用太阳能热水、太阳能供暖甚至光伏电池、新风系统和热回收装置等。

因为德国《建筑节能法》中规定去除和更换外层抹灰时也应满足保温要求。在改造既有建筑构件时如使用传热系数大于0.9W/（m²K）的外层抹灰，就必须进行保温改造处理。这样在进行更新改造时，要求安装8～10cm厚的附加保温层。

关于安装分户热计量装置收取热费，德国已颁布了相关规定，但没有规定强制性技术。特别对原东德地区1995年前建成的多层住宅安装热计量装置，将原室内供暖单管垂直顺序式系统改为垂直单管跨越式系统，系统改造投资计入供热成本，通过热价补偿，偿还年限不超过5年。热计量主要采用按楼计量、按户分配热量的方法，按户分配的热费是由住户实际消耗的热量费用和固定费用两部分构成。

对于住宅建设公司来说，尽管改造需要投资，但改造后租金可以增加1.0～1.5欧元/（m²·月），而且出租率提高。改造投资可以在10～15年得到回收。由于上网电价较高，如果采用了太阳能光伏电池发电，那么大约8年就可以收回投资；对于住户来说，尽管改造后租金提高了，但运行费用（水、电、气、供暖等）可以节约20%～30%。

（二）国内（天津、唐山）既有居住建筑供热改革和节能改造

近几年既有居住建筑节能改造在沈阳、唐山、天津等地进行过一些试点，这些试点为我国北方地区进行大规模节能改造提供了很好的参考依据。

1.天津改造模式

天津对辖区内部分大板楼进行了改造更新，外墙增加外保温，外窗更换为塑钢窗，屋面也进行了很好的保温处理。经改造的住宅满足了建筑节能50%的要求，使用面积增大，使用功能得到进一步完善。

同时，此次改造提出了热价改革和新的计量收费办法，采用计量热价和容量热价相结合的收费方式，同时热价降低17%。由热力公司自筹资金，对既有系统进行分户改造，促使供热企业节能降耗，下决心采用自控节能设备，形成变流量运行系统。在取消福利供热的同时，采取四个"一点"的方式进行热费改革：供热企业降一点（3.1元/m²），职工单位补一点（8.13元/m²），政府贴一点（5.93元/m²），职工个人交一点（1.33元/m²）。

2.唐山改造模式

2004年唐山实施了中德既有建筑节能改造项目唐山示范工程。唐山改造学习德国改造经验，引入节能综合改造的理念，结合国内实际情况进行方案优化。通过开展建筑基础数据检测和民意调查，初步摸清了示范工程节能改造的基础环节，这也成为进行节能改造效果对比分析的重要依据。

示范项目选择了小区中3栋居民楼作改造对象（每栋楼建筑面积约2000平方米）。

改造技术方案包括外墙外保温系统、屋顶、窗、阳台、供暖系统的改造。三栋楼外墙均采用EPS薄抹灰系统，锚栓固定。屋顶均铲除原有保温层，增加140mmPU（或XPS）保温；在窗的处理上，更换空腹钢窗为双玻中空塑钢平开窗（少部分加装单层low-e）；阳台改造方面，在保持面积不变前提下，进行了结构加固，更换栏板；供暖系统在3栋楼分别采用垂直双管系统、垂直双管水平成环系统、垂直单管加跨越管系统；室内更换了钢制柱型散热器，装上了恒温阀和热计量装置，系统可调可计量；安装太阳能楼道灯。经过实际测试，节能改造示范的节能效果如下：

改造前后3幢示范楼节能改造的节能量对比　　　　表1

		509 楼	515 楼	514 楼（参考楼）
2005/2006 改造前	负荷	107 kWh/m²a	108 kWh/m²a	103 kWh/m²a
	考虑管网和设备损失，供热能耗	235kWh/m²a	236 kWh/m²a	226 kWh/m²a
2006/2007 改造后	负荷	68 kWh/m²a	71 kWh/m²a	104 kWh/m²a
	考虑管网和设备损失，供热能耗	148kWh/m²a	155 kWh/m²a	228 kWh/m²a
节能（未做气候和温度修正）		37%	35%	1
CO₂减排		78 吨/年	74 吨/年	0
考虑管网损失30%和设备损失35%				

（三）技术问题探讨

通过上述比较，笔者认为国内外在既有建筑节能改造方面尚有许多技术问题值得探讨。

1.国外的先进技术和经验值得我们学习，但我国北方既有建筑改造不能照搬国外的技术路线。特别是在围护结构保温性能限值和热计量方式等方面，国外的做法与我国现状有很大差距。

2.进行围护结构外保温改造可以显著提高室内热舒适度，节能效果较好，但改造成本较高。

3.对室温达不到设计要求的建筑或不具备调节控制功能的供热系统均应予以改造。节能改造后，建筑室温应达到设计要求，供热系统应同时具有室温调节和热量计量的基本功能。

三、节能改造各环节技术路线的基本要求分析

对节能改造技术实现路线的设计，首先要把节能改造各环节的技术目标识别清楚，在此基础上分析相关技术路线要求，这是构建节能改造建设技术实现路线的根本。

（一）对能耗统计技术路线的基本要求

对于能耗统计的技术路线提出了基本要求：

1.为满足第一个层面的需求，需要按年、季能耗总量进行统计。基础是实现全部建筑能源分类计量装置的安装。

2. 为满足第二个层面的需求，需要对重点建筑各类不同的用电系统能耗和其他能耗进行统计。基础是实现用楼前栋表热计量和分户电耗计量。

3. 为满足第三个层面的需求，需要实现典型标杆建筑（能效高的建筑）的统计。基础是实现远程实时动态监测，提供给其他业主对比。

（二）对"三改"技术实现路线的基本要求

"三改"需要实现两项基本要求：

第一个要求是对能耗统计中高能耗重点用能建筑的高能耗是否运行管理原因造成的进行判断，为能效公示和实现低成本和无成本改造提供依据；对能耗统计选取的典型标杆建筑（能效高的建筑）的代表性做出判断，为提供同类型建筑的合理用能水平提供依据。

对建筑物剩余寿命期较短，改造价值不大或尚未实施热改的既有居住建筑不予节能改造。

第二个要求是既有建筑围护结构节能改造工程必须确保建筑物的结构安全、抗震、防火和主要使用功能。因地制宜选择投资成本低、节能效果明显的方案。

（三）对绩效考核的基本要求

绩效考核具有两个基本要求：

1. 以投资回收期和节能量作为考核指标，对比典型标杆建筑的合理用能水平得到节能目标。节能改造投资回收期宜为5～8年，在保证同一室内热舒适水平的前提下，改造后供热能耗应降低10%～20%。

2. 由于影响用能变化的因素较多（包括气候、使用功能、经营情况等），实际节能量必须进行对标修正。

四、北方既有居住建筑节能改造的评估与诊断

既有居住建筑改造前应进行节能诊断，了解围护结构的热工性能、供热系统能耗及运行控制情况、室内热环境状况等。通过设计验算和全年能耗分析，对拟改造建筑的能耗状况及节能潜力作出评价并出具报告，作为节能改造的依据。既有居住建筑节能改造的判定方法如下：

（一）建筑物耗热指标、围护结构保温隔热和门窗气密性等不能满足现行标准要求。

（二）供热系统的锅炉年运行效率低于0.68或室外管网的输送效率低于0.9。

（三）既有采暖居住建筑的室内系统不能实现室温控制及按用热量计量收费。

（四）对建筑物剩余寿命期较短、改造价值不大或改造投入和收益比明显很低且不合理的既有居住建筑不予节能改造。

建筑整体性能的评估应以各部分性能的实测值为基础，以建筑物的运行使用能耗作为评价指标，并辅以节能改造的预期投资回收期作为考核指标。建筑物能耗评价指标可以用"参照建筑对比法"或"能耗指标法"两种方式得到。

1. "参照建筑对比法"的计算要求

（1）以改造前的既有建筑为基准模型，将它的围护结构热工参数和用能设备性能参数等信息作为计算依据，经模拟计算得到改造前的建筑物能耗值，以此作为该建筑的基准能耗。

（2）节能改造后，将实测的围护结构

热工参数和用能设备性能参数输入原模型，而建筑形状、大小、朝向、内部空间划分和使用功能等信息保持不变，经模拟计算得到改造后的建筑物能耗值。

（3）将改造后的建筑物能耗值与基准能耗进行比较，评估指标应符合相关标准或规程的规定。

（4）改造前、后建筑能耗值的计算应采用同一个稳态计算软件或计算公式，并采用典型气象年的数据进行计算。

2."能耗指标法"的计算要求

（1）对节能改造前后的既有建筑能源使用情况进行调查和统计。

（2）以建筑物全年运行使用能耗和建筑面积为基础，计算该建筑单位面积能耗指标。

（3）以本地区类似建筑的平均能耗指标作为参照值。

（4）既有建筑能耗指标高于本地区参照值的，应进行节能改造。

（5）既有建筑节能改造后，其能耗指标应达到本地区参照值，或更低。

总之，既有居住建筑热计量改造要与建筑围护结构节能改造统筹规划、统一设计。节能改造应以一个集中供热小区为单位进行。热源、管网、围护结构同步改造，分步实施。

对技术路线基本要求的实现难度分类，可以清晰地发现三个层次实际上是节能改造在不同阶段的技术要求，即初级、中级、高级阶段的技术路线。

节能改造工程设计目标是达到现行建筑节能设计标准水平，但由于既有建筑的具体条件不可能完全按照现行建筑节能设计标准执行，因此实施改造时可对一些既有建筑改

造有困难的围护结构的传热系数限值采取放宽的做法，如当外窗、不采暖楼梯间内墙和户门不能满足传热系数限值的规定、或窗墙比大于《居住建筑节能设计标准》的规定值时，可采用"参照建筑对比法"进行采暖节能建筑设计计算。

五、节能改造的技术方案分析

（一）外窗节能改造

建筑节能是个整体优化的结果，包括外墙、外窗、屋顶等几个组成部分，以北京地区为例，建筑围护结构各部分的传热量所占比例分别是：外墙41%，外窗41.7%,屋顶9.0%，其他8.2%。考虑到面积的因素，窗户是绝热性能最薄弱的构件，也是影响室内热环境质量和建筑节能的主要因素之一。要减少能耗，改善室内热环境质量和提高节能水平，增强窗户的保温隔热性能是一个十分关键的措施。

如果进行节能改造的建筑建造年代比较久远，其窗户类型都为传统的单玻钢窗，这种单层窗的传热系数大多在6.4W/(m²K)以上，保温隔热性能较差。通过使用目前市场上比较普及的铝合金或塑钢窗框双玻窗来替换传统的单玻钢窗，可以有效降低窗户的传热系数，增加热阻。针对既有居住建筑的大面积改造，其成本不能太高，否则普通城市居民承受不起，这样就需要在性能和价格之间达到一个平衡，进行综合考虑。

表2给出了目前市场上比较普遍的铝合金窗和PVC塑钢窗的传热系数和价格。经过比较，建议采用PVC中空玻璃窗，传热系数为2.1～2.7W/(m²K)，价格约为每平方米380元。

影响窗户保温性能的因素主要有两个：

铝合金窗和PVC塑钢窗的传热系数和价格　　　　　　表2

	铝合金窗				PVC 塑钢窗			
	单玻窗	中空玻璃窗	单玻双层窗	断热中空玻璃窗	单玻窗	中空玻璃窗	Low-e 中空玻璃窗	单玻双层窗
传热系数 (W/(m²·K))	6.0～6.7	3.9～4.5	约1.7	2.8～3.5	5.5～5.9	2.1～2.7	1.4	1.4～1.8
价格 (元/m²)	约250	约350	约800	约600	约300	约380	>1000	约600

传热性和气密性。除了将单玻窗换为双玻窗外，还要注意窗户的密封性。根据国家住宅设计相关标准规定，外窗按空气渗透性分为五级（见表3），Ⅰ级的渗透量最小，Ⅴ级的渗透量最大，渗透性能达到Ⅲ级时，每米窗缝空气渗透量将减少40%，每米窗缝可减少渗透能耗40%，Ⅰ级则可达到80%。

窗玻璃与窗框，窗框与墙体之间存在着

外窗空气渗透量等级　　　　　　表3

	等级				
	Ⅰ	Ⅱ	Ⅲ	Ⅳ	Ⅴ
$qL(m^3/(m·h))$　（压差10Pa）	≤0.5	≤1.5	≤2.5	≤4.0	≤6.0

一定的空隙，这些空隙是建筑围护结构保温性能的薄弱环节，对于降低建筑能耗而言，增强窗系统密闭性是一关键。设置密封条可达到提高气密性和隔声效果，并要求窗型材改进和生产断面准确，设计时选择质地柔软具有高弹性、高黏性适应缝隙变形、压缩比较大的密封条，同时还应选择质量符合国家标准的产品，如门窗框型材、窗用密封条。在建筑物采用气密或窗户加设密封条的情况下，从卫生要求出发，房间应设置可以调节的换气装置或其他可行的换气设施，如设在窗户上的换气小窗、换气扇或自动换气装置等。

（二）外墙外保温细节处理

细节决定成败，在既有建筑节能改造中同样如此。细节的处理在很大程度上巩固了节能改造的成果，提高了改造的效果。例如，建筑物的勒角一般都要突出外墙约3cm，如果按照外侧平齐来粘贴苯板，则勒脚部位的保温强度会降低，影响保温效果，可供选择的解决方案是统一保温厚度，在勒脚边缘交界处安装铝制支架，不仅加强牢固性，同时还能保证交界处的严密，防止进水、产生裂痕；屋面女儿墙顶部的保温层采用锚拴打孔固定，为了避免雨水流进保温层内部。另外，为确保外墙突出部位不会因渗水造成保温层被胀裂脱落，保温层上面还添加固定用木块和铝板盖顶。见图1。

门窗洞口四角的聚苯板应采用整块聚苯板切割成型，聚苯板拼接缝应距四角距离应大于200mm，且须有锚固措施，并应在洞口处增贴耐碱玻纤网布。见图2。

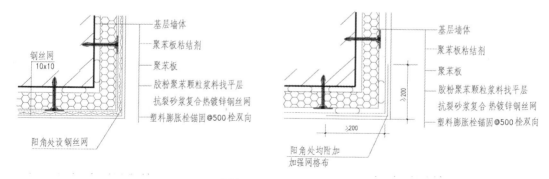

图1 外墙阴阳角保温做法

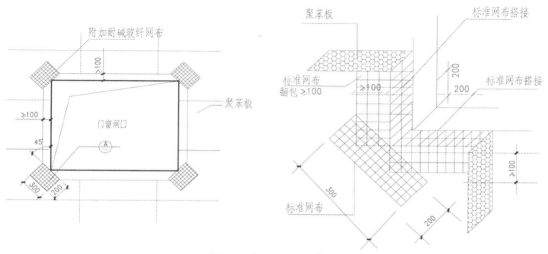

图2 门窗洞口保温做法

（三）屋面改造

屋面保温节能对建筑造价影响不是很大，但节能效益却很明显。虽然屋面的面积比例不大，在高层建筑中所占比例更小，但屋面保温性能对建筑顶层房间具有重要的影响。屋面的防水如果失效会造成屋面保温材料的含水量增加，使屋面保温效果下降，屋面坡度不合适，同样也会使屋面保温效果下降，如寒冷地区在冬季下雪后由于气温较低，太阳辐射量较低，白天融雪时间很短，屋面坡度不大时，雪水不能快速排走，结成

冰块状几天甚至十几天不会消失，加上防水不好，保温层受到侵害，达不到规范要求的屋面传热系数，给顶层房间带来很大影响。因此，严寒地区屋面的保温措施应当结合屋面防水、排水、坡度、保温材料等一并考虑。

保温材料应当采用高效且憎水性好的材料，如憎水珍珠岩、挤塑聚苯板、硬质聚氨酯泡沫塑料板、水泥聚苯板岩棉板等。岩棉板的保温性能较好，价格低廉，在屋面中使用比较方便，但缺点为强度偏低，施工条件较差，目前生产厂家正在改善；硬质聚氨酯

泡沫塑料板导热系数小，约为0.027（W/m²K），是目前保温性能最好的材料之一，而且密度可以控制，施工方便，可现场喷涂，也可做成预制板材。从既有建筑应用来看，施工十分方便，应用效果好。

（四）供热计量改造

居住建筑供热计量改造宜在所有建筑物的热力入口设置热量表，并作为热费决算点，也可以对建筑用途相同、建筑类型相同、围护结构相同、户间热费分摊方式一致的若干栋建筑，选取一个决算点安装热表计量决算总费用，管网规模较小时，也可只在热交换站/锅炉房设总热量表作为热费决算点。其分户热费应采取户间分摊的方法确定。

供热计量采用热量表或热分配表，热水计量采用热水表。热量表和热水表属于出厂时一表一校，使用5～6年后仍需使用一表一校的计量装置进行校准。为了保证热费分摊公平合理，还规定安装计量总表来计量每个同类用户组的消费。供暖费用的分摊分为两个部分：与消费有关的部分和与消费无关的部分。与消费有关的部分（即按表计量的部分）至少应占50%，与消费无关的部分按住房面积或体积分摊，具体的分摊比例（结算标准）由业主决定。

（五）热源、热力站节能改造

锅炉房和热力站需增设或完善必要的调节手段，所采用的调节手段应与改造后的室内采暖系统形式相适应。进行改造时有如下技术措施：

1. 锅炉房和热力站必须安装自动控制的气候补偿装置，其供热量应根据热负荷的实际变化自动调节匹配。

2. 对于室内为垂直或水平单管跨越式的采暖系统，应采用定流量运行方式，锅炉房和热力站宜采用质调节，由气候补偿装置控制系统供水温度。

3. 对于室内为双管的采暖系统，应采用变流量运行方式，锅炉房和热力站宜采用质、量并调：锅炉房直供系统应按热源侧和外网配置两级泵系统，二级循环水泵应设置变频调速装置，一、二级泵供回水管之间应设置连通管。

4. 对热力站供热系统，用户侧供水温度应由气候补偿装置根据室外气温自动调节，其循环泵应采用压差调节的方式变频控制；热源侧流量应由气候补偿装置控制电动调节阀进行调节，且宜设置自力式回水温度限制阀。

六、结论

北方供暖地区既有居住建筑节能改造主要是增强外围护结构（特别是外窗）的保温性能和提高供热系统的效率，从已经开展的试点工程来看，通常改造成本为120～150元/㎡。如果严格设计和施工，按此成本改造后的建筑物能耗水平可以降低50%。改造的成本投入以能耗费用的减少作为回报，一般可在5～7年内收回。

在节能改造资金较紧张的情况下，应优先改造外网和锅炉房。通过增加水泵变频等措施，进行外网热力平衡调节。锅炉房直供系统可采用质量-流量调节方式，由气候补偿装置控制变频水泵或电动调节阀进行调节。

（中国建筑科学研究院供稿，周辉执笔）

上海地区既有办公建筑围护结构节能改造实践

一、概述

目前我国既有建筑总量460亿㎡，每年还以20亿㎡左右的速度加以增长，构成了当前城市建筑环境的主体。上海市目前既有建筑存量约9.36亿㎡，其中非居住类建筑总量超过4亿㎡，除工厂建筑外，办公建筑是期间最为重要的组成部分，占了16%～18%，对这部分建筑进行绿色化节能改造意义重大。

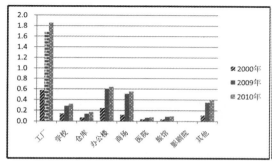
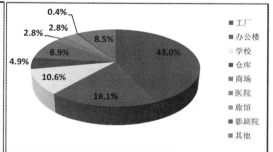

图1 上海市主要年份非居住类建筑构成情况

二、既有办公建筑工程概况

上海SD大厦位于上海市区内，原建于1975年，为带半夹层的3层围巾五厂漂染车间，1995年改造成带半地下室的六层办公楼。2010年随着世博园区建设，道路扩建使东面居民楼全部拆除，上海SD大厦东立面沿主干道路被完全打开，由于建筑本身的原因和环境变化带来的机遇，引发了新一轮的绿色化节能改造。

对于既有建筑绿色化节能改造项目而言，需要全面掌握建筑改造前的整体性能，为合理地制定改造策略提供科学依据。本文限于篇幅，仅对围护结构部分作具体展开。

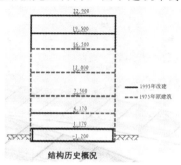

图2 上海SD大厦改建历史

图3 上海SD大厦改造前所处地理位置

（一）建筑周边、外观、内表和功能的现状调研

上海SD大厦外部环境并不十分理想，尤其是建筑南侧，紧邻6层居住住宅，建筑南立面除顶部两层外，其余楼层自然采光条件均较差。建筑主体外立面破旧，部分窗口上下檐出现外饰面脱落，空调室外机布置凌乱，屋面隔热板毁损严重，部分墙面出现粉刷脱落及渗水，下水管道锈蚀严重并出现污水管道渗漏等现象。且由于建筑体形为"L"形，东西进深长，内部自然通风效果欠佳。建筑垂直交通设备单一短缺，建筑顶部五、六两层局部出现变形。

图4 建筑东南立面　　图5 建筑西南立面　　图6 与周边建筑关系

图7 建筑外立面现状　　　　图8 建筑屋面现状

（二）建筑围护结构热工性能测试

选取该建筑顶层和有架空楼板的两处独立房间进行外墙、屋面、架空楼板的传热系数测试。本项目在检测期间使用电加热的方式建立室内外温差，并采用热流计、温度传感器和建筑热工温度热流巡回检测仪等设备进行数据记录与分析。

图9　热流计、温度传感器、建筑热工温度热流巡回检测仪布置示意图

通过测试室内、室外空气温度，各朝向外墙面或屋面、架空楼板的内、外表面温度，热流密度等，计算出围护结构的热阻，继而得到传热系数K值。

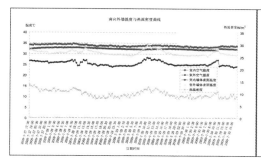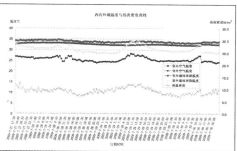

图10 南向外墙温度与热流密度曲线图　　图11 西向外墙温度与热流密度曲线

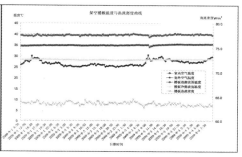

图12 屋顶温度与热流密度曲线图　　图13 架空楼板温度与热流密度曲线

经热工性能测试，本项目围护结构传热系数如下表所示，均未满足《公共建筑节能设计标准》GB 50189－2005中的相关规定。

上海SD大厦围护结构传热系数测试结果　　　　表1

部位	传热系数 W/(m²K)		满足与否
	测试值	规范值	
屋面	3.69	≤0.7	×
外墙	2.01	≤1.0	×
架空楼板	3.81	≤1.0	×

建筑物围护结构热工缺陷采用红外热像仪进行检测。当保温材料缺失、受潮、分布不均、个别部位出现孔洞、热桥、外墙面砖或水泥砂浆抹面产生剥离或存在空气渗透等现象时，这些有缺陷的部位与正常部位相比，会产生温度差，通过热像图所测得的温度分布便可知空洞、热桥、受潮或剥离等缺陷部位的位置及大小。围护结构受检外表面的热工缺陷等级采用相对面积ψ评价，受检内表面的热工缺陷等级采用能耗增加比β评

价，一般根据受检围护结构内表面因缺陷区域导致的能耗增加值和单块缺陷面积进行判断，分为合格、缺陷、严格缺陷。本项目由于条件限制，仅对测试房间的围护结构内表面进行测试。发现本项目墙体内表面多处出现缺陷，外窗和屋顶处尤为明显。计算得受检内表面由于热工缺陷所带来的能耗增加比 β =6.88%，而且该围护结构有1处单块缺陷面积大于0.5m²。根据热工缺陷判定原则，判定该围护结构存在热工缺陷。

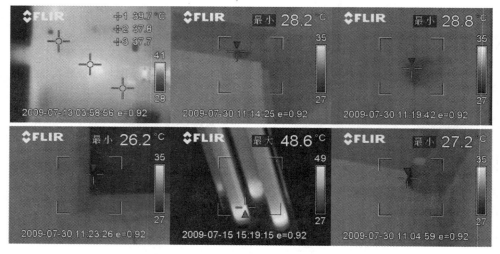

图14 围护结构内表面各部位热像图

三、既有办公建筑围护结构节能改造实践

经过详细的测试和分析，上海SD大厦无论是建筑外立面、内部设施及功能、室内环境品质、围护结构热工性能等都迫切需要进行更新和改造。通过大量的前期分析，以上海地区地域特征为基础，结合既有建筑环境、功能、设备、结构等现状，以国家绿色建筑设计和运营评价标识三星级为目标进行绿色化改造。由于篇幅有限，本文主要针对本项目的围护结构节能改造展开分析。

围护结构的节能设计对建筑物的节能效果和使用寿命起着至关重要的作用，也是最具挖掘潜力的。在建筑实际改造过程中，考虑到性能与经济等综合问题，在参照国家和地方标准的前提下，需要对多种方案进行比较分析以确定最为合理的围护结构构造方案。主要方法包括：确定合理的窗墙比、选择合适的保温材料、确定可行的构造形式、选择适宜的外窗及开启扇、与功能构件进行有效融合等。

（一）不同朝向窗墙比的控制

在本项目的绿色化节能改造设计中，经历了团队间的磨合、多方案的比选、性能化分析论证等一系列较为复杂的过程。不同的建筑方案代表着不同的意向和表达，同时也对应着不同的窗墙比。我们针对最终胜出的两个方案进行全年能耗的比较，如图所示，

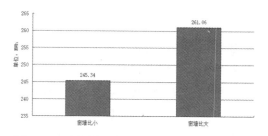

图15 不同窗墙比条件下的全年耗能量比较

同等条件下，窗墙比大的模型其全年耗能量比窗墙比小的模型多了6.4%。鉴于以上分析，最终设计方案调整了各朝向的窗墙比，尤其是东向，将其降至0.67。

各方案窗墙比一览表 表2

方案	备注	窗墙比			
		东向	南向	西向	北向
1	窗墙比小	0.69	0.65	0.14	0.21
2	窗墙比大	0.84	0.68	0.11	0.26
3	最终方案	0.67	0.66	0.08	0.33

（二）保温材料的选择

对于保温材料的选择，本项目进行了详细地分析和比选。其中有机保温材料以挤塑聚苯板XPS作为代表，无机保温材料以岩棉板、玻璃棉、泡沫玻璃、酚醛、无机保温砂浆等作为比较对象。在结合项目特点、施工工艺、性能价格等因素后，以挤塑板、离心玻璃棉、酚醛、保温砂浆作为比较对象进行综合分析。

各方案节能率比较分析 表3

方案	描述			全年耗能量（MWh）	能耗比（%）	节能率（%）	价格	施工难度	防火等级
	屋面	外墙	架空楼板						
1	挤塑板 60mm	挤塑板 50mm	挤塑板 50mm	243.61	75.80	62.10	中	低	B1
2	酚醛 60mm	酚醛 50mm	酚醛 50mm	245.34	76.34	61.83	高	高	A1
3	酚醛或离心玻璃棉 80mm	无机保温砂浆内外各35mm	离心玻璃棉 50mm	251.28	78.96	60.52	低	中	A1

采用PKPM及Equest进行计算分析，分析模型如图所示，得到以下结论：

1.将保温材料从挤塑聚苯板改为酚醛、无机保温砂浆、离心玻璃棉后，相同的建筑条件下，节能率依次有所降低，这主要是由于这三类材料自身的热工性能导致。

2.对于本项目，外墙保温系统采用复合式保温体系，优先采用无机保温砂浆，施工方便且造价低。酚醛属于A1级材料，导热系数低，但本身材料较脆，抗拉强度较差，用于外墙限制较多，不宜粘贴和粉刷涂料外饰面系统，若用于外墙，比较合适干挂，外饰面采用面砖或幕墙系统。

3.对于屋面系统，根据功能要求不同确定相应的保温材料，酚醛板由于防火等级高且导热系数低，可优先选用，但由于其材料本身的局限性，上部需整浇一定厚度的细石混凝土作为保护，然后再进行面层处理。对于有标高限制的屋面，可选用离心玻璃棉作为保温材料，其防火等级高，保温隔热性能尚可，材料本身重量轻，有一定的吸声性能。

（三）构造形式的确定

1. 外墙

本项目原外墙基层墙体材料为240mm黏土砖，在仔细分析改造方案的基础上，保留了西侧和北侧的部分外墙，将拆除后的部分黏土砖用于地下室隔墙，既有建筑改造时产生的固体废弃物进行了再利用。改造后的墙体材料选择热工性能较优，导热系数为0.711W/m²K的小型混凝土空心砌块。

在综合考虑基层墙体和各种保温材料的特性后，通过反复试算，外墙最终采用复合保温的形式，保温材料选择防火等级为A级，密度为300kg/m³，导热系数为0.065W/m²K，修正系数为1.3的无机保温砂浆，内外墙体两侧各敷设35mm，具体构造做法如图所示。经计算，外墙全楼加权平均传热系数为0.85W/m²K，满足《公共建筑节能设计标准》4.2.2-4条K≤1的规定。

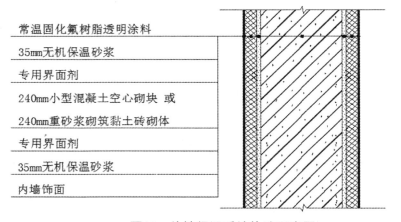

常温固化氟树脂透明涂料
35mm无机保温砂浆
专用界面剂
240mm小型混凝土空心砌块 或
240mm重砂浆砌筑黏土砖砌体
专用界面剂
35mm无机保温砂浆
内墙饰面

图16 外墙保温系统构造示意图

2. 屋面

屋面根据实际功能用途，共分为3种屋面类型：金属屋面、上人屋面、种植屋面。根据功能及构造形式，针对性地选择相应的保温材料。其中上人屋面共有两种，5F和6F的上人屋面采用倒置式，保温材料选择80mm厚的酚醛复合板，为避免保温层在将来的踩

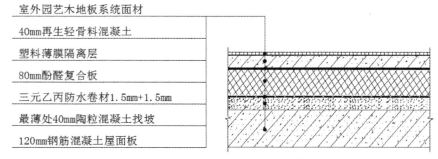

室外园艺木地板系统面材
40mm再生轻骨料混凝土
塑料薄膜隔离层
80mm酚醛复合板
三元乙丙防水卷材1.5mm+1.5mm
最薄处40mm陶粒混凝土找坡
120mm钢筋混凝土屋面板

图17 5、6层上人屋面保温系统构造示意图

踏过程中损坏而降低保温效果,在保温层上面敷设40mm厚的再生轻骨料混凝土。3F和4F的室外平台由于标高的限制,主要采用下帖式,保温材料选择80mm厚的离心玻璃棉。具体构造做法如图所示。

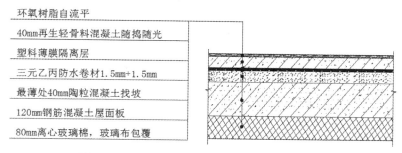

环氧树脂自流平
40mm再生轻骨料混凝土随捣随光
塑料薄膜隔离层
三元乙丙防水卷材1.5mm+1.5mm
最薄处40mm陶粒混凝土找坡
120mm钢筋混凝土屋面板
80mm离心玻璃棉,玻璃布包覆

图18 3、4层的室外平台保温系统构造示意图

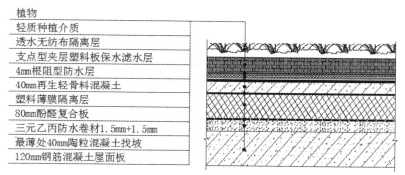

植物
轻质种植介质
透水无纺布隔离层
支点型夹层塑料板保水滤水层
4mm根阻型防水层
40mm再生轻骨料混凝土
塑料薄膜隔离层
80mm酚醛复合板
三元乙丙防水卷材1.5mm+1.5mm
最薄处40mm陶粒混凝土找坡
120mm钢筋混凝土屋面板

图19 种植屋面保温系统构造做法示意图

种植屋面的做法同5F和6F的上人屋面做法,主要采用倒置式,保温材料选择80mm厚的酚醛复合板,为避免保温层在将来的踩踏过程中损坏而降低保温效果,在保温层上面敷设40mm厚的再生轻骨料混凝土,然后再铺设屋顶绿化需要的构造做法。具体如图19所示。经计算,屋面传热系数为0.48W/m²K,满足《公共建筑节能设计标准》4.2.2-4条K≤0.7的规定。

3.架空楼板

本项目存在部分架空楼板,由于室内标高限制,采用离心玻璃棉板下帖的方式,具体构造做法如下:

经计算,架空楼板传热系数为0.97W/m²K,满足《公共建筑节能设计标准》4.2.2-4条K≤1的规定。

室内地面面层
120mm钢筋混凝土板
轻钢龙骨
骨架间50mm离心玻璃棉板,玻璃布包覆
5mm水泥压力板(涂料罩面)

图20 架空楼板保温系统构造做法示意图

（四）外窗及开启扇的确定

上海SD大厦东向、南向窗墙比较大，因此对这两个朝向的外窗及幕墙的热工性能要求较高。本项目非常注重被动式设计，这两个朝向均设有外遮阳构件，结合遮阳方案的分析结果，东向外遮阳构件的遮阳效果为0.9，南向外遮阳构件的遮阳效果为0.7。因此各朝向外窗（包括玻璃幕墙）采用断热铝合金低辐射中空玻璃窗（6+12A+6遮阳型），传热系数为2.0W/m²K，遮阳系数为0.5。详细参数见下表。

各朝向外窗热工性能指标　　　　表4

朝向	窗墙比		传热系数 W/(m²K)			遮阳系数　　SC				可见光透射比	
	设计值	规范值	设计值		规范值	设计值			规范值	设计值	规范值
			玻璃	综合		玻璃	外遮阳	综合			
东	0.67	≤0.7	—	2.0	≤2.5	0.5	0.9	0.45	≤0.4	0.4	—
西	0.08	≤0.7	—	2.0	≤4.7	0.5	—	0.50	—	0.4	≥0.4
南	0.66	≤0.7	—	2.0	≤2.5	0.5	0.7	0.35	≤0.4	0.4	—
北	0.33	≤0.7	—	2.0	≤3.0	0.5	—	0.50	≤0.6	0.4	≥0.4
屋面	0.02	≤0.2	—	2.0	≤3.0	0.40		0.40		0.4	

外窗气密性满足《公共建筑节能设计标准》4.2.10条的要求，满足新标准《建筑外门窗气密、水密、抗风压性能分级及检测方法》（GB/T 7106—2008）中规定的6级。玻璃幕墙气密性满足《公共建筑节能设计标准》4.2.11条的要求，满足新标准《建筑幕墙》GB/T 21086—2007中规定的3级。

本项目非常注重自然通风效果，着重推敲了外窗可开启扇的位置与面积，外窗可开启面积比例为39.35%；天窗也进行了挑高设计，采用上悬窗，增加拔风效果。

（五）与外立面功能构件的有效融合

本项目从方案阶段就把建筑界面的围护、遮阳、通风、绿化等功能进行有机整合。针对东、南立面分别采取绿色导板、边庭等措施。

东向和南向立面由60块模数化的绿色网板构成。其中东向导板向外作30°倾斜，过渡季节起到导风作用，同时作为垂直绿化的承载体。每一块模板植物的选择遵照常绿植物50%，落叶植物30%、开花植物20%的数量进行配置，根据植物生长习性以及达到一年四季不同景观的效果，选取欧洲常春藤作为常绿植物，五叶地锦作为落叶植物以及蔷薇作为开花植物。在满足夏季遮阳的同时，尽量减小对于冬季采光的影响。

南向立面采用水平挑出结构，外挑宽度为3.9m，通过植入灰色空间，形成边庭过滤器。有效阻隔了与南向居民楼卫生间的视线冲突，并改善了办公环境。

图21 垂直外遮阳板的效果图

（六）结果分析

通过分析设计方案的全年能耗，设计建筑总能耗为GB建筑总能耗的78.96%，低于国家或地方批准或备案节能标准规定值的80%，实际节能率为60.52%，达到节能60%的目标。其中空调设备所占比例为32.7%，照明所占比例为33.2%，办公室设备所占比例为34%。

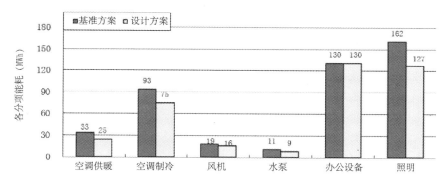

图22 基准方案与设计方案各项能耗的比较

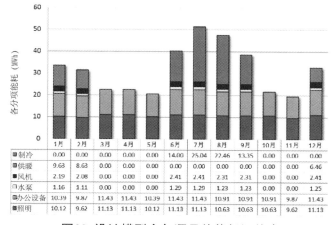

	1月	2月	3月	4月	5月	6月	7月	8月	9月	10月	11月	12月
制冷	0.00	0.00	0.00	0.00	0.00	14.00	25.04	22.46	13.35	0.00	0.00	0.00
供暖	9.63	8.63	0.00	0.00	0.00	0.00	0.00	0.00	0.00	0.00	0.00	6.46
风机	2.19	2.08	0.00	0.00	0.00	2.41	2.41	2.31	2.31	0.00	0.00	2.41
水泵	1.16	1.11	0.00	0.00	0.00	1.29	1.29	1.23	1.23	0.00	0.00	1.25
办公设备	10.39	9.87	11.43	11.43	10.39	11.43	11.43	10.91	10.91	10.91	9.87	11.43
照明	10.12	9.62	11.13	11.13	10.12	11.13	11.13	10.63	10.63	10.63	9.62	11.13

图23 设计模型全年逐月总能耗汇总表

四、结语

通过现场调研和测试，掌握了上海SD大厦节能改造前的基本建筑性能，发现大楼存在的若干问题，提出并落实适合的围护结构节能改造方案。通过模拟计算确定节能改造效果，项目运营后做好后评估，可能是未来办公建筑开展节能改造的正确方法，为国内既有建筑绿色化改造的技术应用提供借鉴作用。

（上海现代建筑设计（集团）有限公司
供稿，瞿燕执笔）

土壤源热泵技术在上海某游泳馆节能改造中的应用

一、引言

土壤源热泵系统是地源热泵系统中的一种类型，它能将热能储存在浅层土壤中，或从浅层土壤中取出热能，现视它为可再生能源系统。上海市属夏热冬冷地区，夏季需供冷，冬季需供热，具有利用地源热泵系统的条件。据调查统计，从20年前至今，已建成地源热泵工程约500个，其中95%以上为土壤源热泵系统。

对于游泳馆类体育建筑而言，冷热负荷和其他类型建筑不同，主要是热负荷远远大于冷负荷。通过查阅上海6个不同规模游泳馆的设计冷热负荷，得出对于大型游泳馆，热负荷是冷负荷的2.3~2.8倍；对于小型游泳馆，热负荷是冷负荷的8倍左右。随着能源价格不断上升，水、电、燃气价格逐年增高，推高游泳馆近年来运营成本不断上升，影响到整个游泳馆的运行管理。如上海某游泳馆原有加热设备配置过大，特别是在过渡季节池水需要加热时，仍需要开启一台燃气锅炉，造成大马拉小车的现象，增加游泳馆加热的运行成本。因此在上海地区游泳馆类体育建筑中，利用热泵技术进行改造可极大节约能耗和运行费用。本文以上海某游泳馆实际改造项目为例，探讨土壤源热泵在游泳馆类建筑中应用的适用性。

二、工程概况

（一）游泳馆规模

该游泳馆建成于1997年9月，占地面积26600㎡，建筑面积约22000㎡，空调面积约9904㎡。馆内有三个水池，分别为比赛池、练习池、戏水池，其中比赛池为50m×25m，深水区深3m，浅水区深2m，池区域拥有2000人的观众席。此外，馆内还设大小会议室、贵宾室、多功能厅、休闲区及观众疏散大厅等，是一个集健身、休闲、娱乐、竞赛、训练为一体的综合性体育场馆。

（二）原有冷热源配置

该游泳馆原有冷热源配置形式为：电制冷螺杆式冷水机组两台，台制冷量1150kW，一用一备，额定效率为4.8，供夏季空调用，主要为一楼大厅、小卖部空调用。燃气蒸汽锅炉两台，单台供热量为3261kW（280.5×104Kcal/h），一用一备，效率约为80%，提供游泳馆所需全部用热量，包括池厅区域及淋浴间的采暖、生活热水用热、维持池水温度稳定用热。

三、改造前用能现状

近年来能源价格不断上升，水、电、燃气价格逐年增高，特别燃气价格增加更快，从2007年到2011年4年间增加了33.33%，见图1，推高游泳馆运营成本，能源问题成为游泳馆可持续发展的瓶颈，减少能耗、降低系统运行费用、对系统进行节能改造已经是迫在眉睫。特别是能源费用支出比例逐年增加，燃气价格逐年增高，因此开展节能改造，特别是减少游泳馆加热运行费用是游泳馆节能改造的重点所在，表1为游泳馆近三年的用能费用。

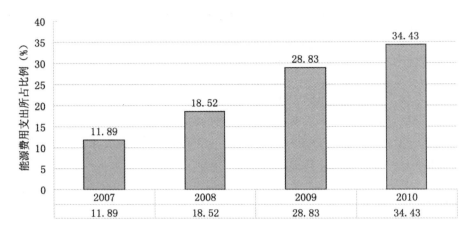

图1 能源费用支出所占比例

该游泳馆近三年用能费用　　　　　　　　　　　　　　　　　　　　表1

年份	总费用（万元）	燃气费（万元）	电费（万元）
2007 年	248.5309	110.4364	138.0945
2008 年	247.5131	128.2256	119.2875
2009 年	286.027	140.65	145.377

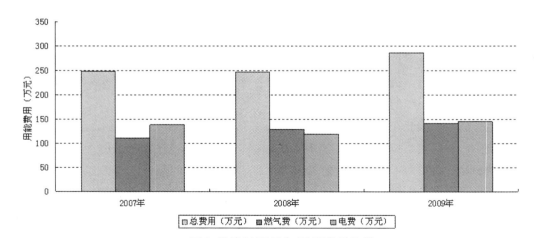

图2 游泳馆近三年用能费用比较

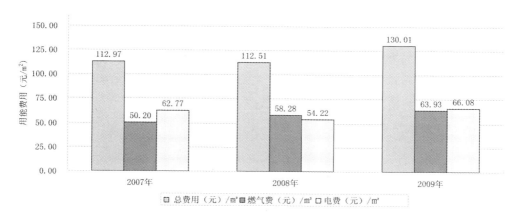

图3 浦东游泳馆近三年单位建筑面积用能比较

由图2可以看出，该游泳馆用燃气费用逐年增加。其中2008年比2007年增加16%，2009年比2008年增加9.6%。由图3可以看出单位建筑面积总费用为112～130元/m²，游泳馆单位面积消耗标煤在37～43kg/m²。单位建筑面积燃气费用为50.2～63.93元/m²，单位建筑面积电费为54.2～66.08元/m²。同时可以看出由热负荷引起的能耗占50%，因此利用可再生能源可极大节约能耗和运行费用。

为了降低运行成本，该游泳馆夏季时尽量不开集中空调，池区及池水温度控制在标准要求的下限，如在冬季池水温度一般控制在26℃，同时在池区上方加保温罩限制池区空气外通和热量散失，见图4。这些不当的节能措施，造成泳客活动区域冬季阴冷且池水温度偏低，夏季闷热且池区水温偏高，导致顾客流失，影响经营效益。

图4 游泳馆冬季池区上方增加保温罩

四、土壤源热泵系统节能改造简介

为了减少游泳馆运行成本，特别是冬季加热运行成本，该馆于2009年9月采用土壤源热泵系统进行综合节能改造。在保留原有空调设备的基础上，将原有两台单冷型冷水机组改为热泵型冷热水机组，夏季供空调用冷，冬季供泳池加热。地埋管换热器采用单U型，埋管间距3.5m，平均埋管深度88m，共294根。埋管设计按夏季一台冷水机组提供的冷量进行设计，单位延米换热量设计时按60W/m。该项目于2009年9月初开始施工，2009年11月底完工改造。项目总投资为140万，包括制冷主机改造费、地埋管、管路系

统施工及安装费等。

改造后夏季土壤源热泵提供游泳馆空调用冷需求；冬季及过渡季土壤源热泵为泳池池水加热，生活热水及池厅采暖仍有原有锅炉提供。图5为改造后的系流程，图6为地埋管施工过程。

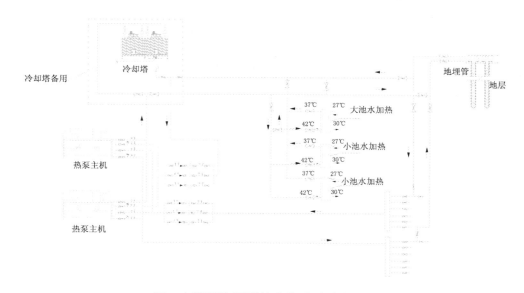

图5 土壤源热泵系统节能改造流程图

图6 地埋管施工及安装

五、实际运行测试

该游泳馆土壤热泵系统于2010年1月12日调试运行，初次运行为加热工况，为池水加热。夏季供游泳馆公共区域供冷。为了评价改造后的实际运行情况，分别对夏季和冬季工况进行测试。

（一）冬季测试结果

2010年冬季为池水加热时，对系统运行情况进行测试。经测试，冬季加热工况平均COP为3.28，整个加热期间冷凝器的出水

温度在40℃左右，温差约为5℃。满负荷运行时单位延米换热量为35.56W/m，部分负荷（48%）运行时为17.78W/m。

为计算冬季地源热泵节能率，分别采用燃气锅炉和土壤源热泵给池水加热，测试冬季改造后系统节能率。先将土壤源热泵系统和燃气锅炉加热池水时的耗能量均转换为一次能源（标准煤），再计算土壤源热泵系统的节能量和节能率。根据加热期间的气象数据可知，2010年月29日和2010年1月31日的室外空气平均温度接近，所以采用这两组用能数据进行计算分析，详见下表2。

两种加热方式用能分析比较　　　表2

加热方式	加热池水总量 (m³)	池水升高温度) (℃)	提供的热量 (MJ)	消耗标准煤 (kg)	每MJ热量所耗标准煤 (kg)	节煤率 (%)
燃气锅炉	3289.6	3.3	45376	2409.96	0.0531	36.72%
土壤源热泵	3289.6	1.5	20625	693	0.0336	

（注：标煤折算系数 来源：《中国建筑节能年度发展研究报告》2009）

（二）夏季测试结果

该土壤源热泵系统节能改造项目制冷工况于2010年7月调试运行，经测试夏季制冷工况平均COP值为4.75，冷凝侧出水温度在26℃～31℃，低于32℃。满负荷运行时单位延米换热量为58.26W/m，部分负荷（58%）运行时为31.11W/m。

（三）全年总的运行费用

该游泳馆进行土壤源热泵系统节能改造总投资为140万元，其中冷冻机房改造费用为20.36万元，地埋管部分为119.6万元，平均每个埋管施工费用为406元。经实测在冬季三个池厅加热和夏季开机3170㎡的空调房间时，全年可节约运行费用约为40.76万，投资回收期为3.44年，全年节约标煤为6.1kg/㎡，节煤率14.18%，基本满足试点项目节能15%的目标。不同季节运行费用节约费用见图7。

六、结论

（一）土壤源热泵系统尤其适用于上海地区游泳馆类建筑（热负荷大、间歇运行和占地面积大等特点）的使用。

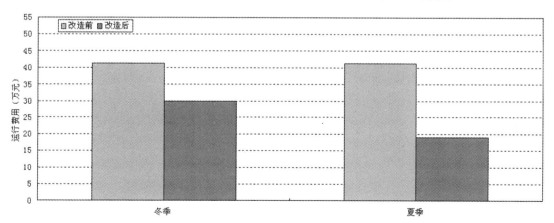

图7　全年节能量对比

（二）复合能源系统在保障系统可靠运行上具有重要的关键作用，改造过程尽可能地保留原有系统。

（三）采用把单冷机组改造为热泵机组是可行的，但需注意原有机组在新工况下运行能否正常，改造前应对原有机组进行评估和保养维护。

（四）该游泳馆采用土壤源热泵系统节能改造后，全年可节约运行费用约为40.76万，投资回收期为3.44年，全年节约标煤为$6.1kg/m^2$，节煤率14.18%。

（上海现代建筑设计（集团）有限公司供稿，胡国霞、田炜执笔）

夏热冬冷地区既有建筑节能优化改造技术研究

一、概述

我国夏热冬冷地区涉及16个省、市、自治区，面积180万平方公里，人口约5.5亿，GDP约占全国的一半。该地区人口密集，经济发达，城市化水平较高，长江流域以上海、武汉和重庆为中心的3个大型城市群都分布在这一地区。由于自然气候和热岛效应的双重影响，区域内大中城市夏热冬冷的特点十分突出。随着该区域经济水平的提高，夏热冬冷地区采用空调设备来控温改善建筑热环境的建筑越来越多。据调查，一般公共建筑的年耗电量达100～300kWh/m²，其中大约50%～60%消耗于空调制冷与采暖系统，20%～30%用于照明。目前，大部分夏热冬冷地区城市新建公共建筑已强制性地采用节能设计标准，但多达数10亿平方米的既有建筑的节能问题不应被忽视。由于既有建筑总量大大多于新建建筑，从节约能源和改善环境的需要出发，应采取积极措施对其实施节能技术改造。

二、既有建筑的综合节能优化改造技术

根据国内外已有的成熟经验和实际工程，既有公共建筑的节能改造主要着重于三方面的技术措施。一是围护结构改造技术，二是设备系统改造技术，三是运营管理改善技术。但对于每一栋楼的具体改造而言，都需要针对该建筑物进行改造方案优化分析，为业主量身定制一套适合于自身的节能改造方案。下面就从三方面的技术措施着手来具体分析优化技术。

（一）围护结构优化技术

围护结构节能改造技术主要包括外墙、屋面、门窗等保温隔热改造技术。

外墙改造目前主要分为两类：外墙外保温改造和外墙内保温改造。外墙外保温改造主要有以下几种系统：聚苯乙烯泡沫塑料板薄抹灰外墙外保温系统、胶粉聚苯颗粒保温浆料外墙外保温系统、喷涂硬泡聚氨酯外墙外保温系统等。外墙内保温主要有以下几种系统：增强粉刷石膏聚苯板内保温系统、胶粉聚苯颗粒保温浆料内保温系统等。屋面改造目前主要分为粘贴聚苯板类和喷涂硬泡聚氨酯类。如保温层设置在防水层上部，保温层上应做保护层，如保温层设置在防水层下部，保温层上应做找平层。既有窗户改造目前主要分为两类：在原窗基础上调整和将原窗拆除换新窗。在原窗基础上调整一般是在原窗外（或内）加建一层，确定合理间距，并能满足窗户的热工性能指标，避免层间结露；或者是在原窗合适的部位添加遮阳装置（如在玻璃上镀遮阳膜、在窗外添加外遮阳装置等）。将原窗拆除换新窗主要是将原单玻窗改换成传热系数满足节能要求的新型塑钢中空窗、断热铝合金中空窗等。

既有建筑围护结构优化改造技术并不是

将以上所列的改造技术简单的罗列堆砌，而是要通过节能软件的计算分析来确定适合于改造建筑的技术。通常的做法是在计算机上建立与实际建筑物完全一致的模型（包括尺寸大小、房间功能、人员密度、新风量等）。然后将原建筑物的围护结构热工参数代入计算模型中，并设置与实际情况一致的运行参数（如设备运行时间、人员作息时间等）。经过全年8760小时的动态运算得到原建筑物的能耗数据。再将不同的围护结构改造技术采用后的热工参数分别代入计算模型中，通过计算得到不同的能耗数据。这样就可以得出不同围护结构改造技术的节能率，就可以判别改造技术的优劣了。对技术进行优选后就可以得到优化的围护结构节能改造方案。

（二）设备系统优化技术

夏热冬冷地区既有公共建筑内部的设备系统主要分为采暖空调系统和照明系统两大类。

采暖空调系统的改造在公共建筑中主要有以下几类情况：（1）既有建筑中没用采暖空调系统需要新设采暖空调系统；（2）既有建筑中采用分散式空调系统（指将空气处理设备全分散在被调房间内系统）；（3）既有建筑中采用半集中式空调系统（指除有集中在空调机房的空气处理设备可以处理一部分空气外，还有分散在被调房间内的空气处理设备）；（4）既有建筑中采用集中式空调系统（指所有的空气处理设备以及通风机全都集中在空调机房）。

以上（1）的优化改造中，最重要的是必须严格按照公共建筑节能设计标准（GB 50189－2005）对热负荷和冷负荷进行逐时计算来确定装机容量，同时通过气流组织模拟软件来分析确定合理的出风口位置和风量大小。在以上所有类型的优化改造中，最适用的优化方法是采用能效比高的采暖空调系统来替换老系统。但是实际情况中，这种做法改造成本太高。比较适用于（1）、（2）两种类型。而在（3）、（4）中主要是通过检测诊断的手段，来确定主机装置、输配系统（风系统、水系统）和末端装置中需改造的地方，并对其进行整改。

照明系统的改造主要分为以下三类：（1）在保证同等室内照度值的前提下采用节能型灯具来取代原灯具；（2）采用一些天然采光技术来减少照明系统的使用量；（3）通过软件模拟技术来确定合理的照明布置位置，来优化原照明系统使用效果。

（三）运营管理优化技术

夏热冬冷地区既有公共建筑内的运营管理优化技术主要从以下三个方面进行：（1）将外围护结构的遮阳装置和室内的光照度智能联控，使得遮阳百叶能动态智能调控到合适的位置，在保证室内舒适光环境的前提下，遮挡掉一部分太阳能；（2）室内智能照明系统的优化运营技术。采用智能照明优化运营系统，可使其照明系统工作在全自动状态。通过配置的"智能时钟管理器"可预先设置若干基本工作状态，通常分为办公、午休、会议（有无投影）、下班等，根据预先设定的时间段可自动的在各种状态之间进行转换；（3）采暖空调系统的优化运营技术。通过智能化的能源管理系统来实现最优启停管理：分为最优启动和最优停止，其目标是使采暖空调系统工作时间最短，能耗最低。同时对系统的冷、热量瞬时值和累计值进行监测，由冷量优化控制运行台数，使设备尽可能处于高效运行。

三、夏热冬冷地区典型案例分析

（一）案例一

夏热冬冷地区某办公楼节能综合改造项目根据夏热冬冷地区具体气候条件，在保证室内热环境质量，改善员工工作条件水平的同时，提高采暖、通风、空调和照明系统的能源利用效率，完成节能改造的任务。办公楼实景图如图1所示。

图1 改造办公楼实景图

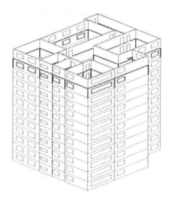

图2 建筑物模型图

1.围护结构优化改造技术

在本项目中，原建筑为剪力墙结构，采用黏土多孔砖填充。未做保温，外墙的平均传热系数为2.04W/㎡K；外窗为普通铝合金单玻窗，传热系数为6.4W/㎡K；屋面未设保温层，传热系数为1.78W/㎡K。

本项目围护结构拟采用的节能改造技术为：（1）窗贴膜技术；（2）窗改为断热铝合金中空窗；（3）采用外墙内保温技术。现采用清华大学开发的DeST软件对该建筑物进行模拟分析，模型图如图2所示。通过软件分析可知各项改造技术的节能率如下表所示：

各改造技术的节能率统计表   表1

方案序号	方案类型	电耗值 （kWh/㎡）	节能率 （%）
1	原有建筑	117.19	—
2	采用贴膜技术的原有建筑	116.79	0.3
3	采用断热铝合金中空窗的原有建筑	115.29	1.6
4	采用外墙内保温的原有建筑	108.39	7.5

窗墙比   表2

朝向	南向	北向	东向	西向
窗墙比	0.22	0.19	0.20	0.04

通过软件分析可知，该项目外墙体改造节能率最高，所以必须进行。而由于该栋建筑的窗墙比较小，具体数据如表2所示。所以窗的改造节能率不高。如果要改的话，可侧重于将原有普通铝合金单玻窗改为断热铝合金中空窗。因为贴膜和改窗的价钱相差不大，而从节能率分析的话，改窗的节能率比贴膜高五倍。

2. 设备系统优化改造技术

本项目中，原采暖空调系统采用的是普通房间空调器，能效比为2.3左右。原室内灯具为T8型（36W），耗电量较大。本项目采用的优化改造技术为：（1）采暖空调系统由原来的分体式空调改为VRV空调系统，VRV空调系统的能效比制冷COP≥3.0、制热COP≥3.5，比采用分体式空调节能26.8%；（2）室内灯具在保证同等室内照度值的前提下，由T8型（36W）改为T5型（28W），比采用T8型节能5.0%。

（二）案例二

该项目地上建筑面积约为27000㎡，地下室面积约为3000㎡，总建筑高度91.6m。地下共2层，分别为车库和设备用房；地上24层，其中一至三层为公共活动区域，四至八层为酒店客房，九至二十四层为办公区域。项目实景和模型图如图3、图4所示。

图4 项目模型图

1. 围护结构优化改造技术

该项目围护结构局部区域需进行改造，故模拟分析过程中选取一需改造房间作为研究对象，该房间建筑面积56.92㎡，层高3.3m，空间呈扇形分布，南向稍偏东，建筑平面如图5所示。外墙为圆弧形隐框玻璃幕墙、铝合金中空镀膜玻璃，传热系数3.4W/㎡·K，遮阳系数0.6；内隔墙为200mm厚轻质混凝土砌块。

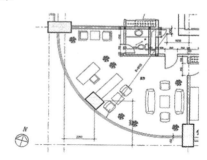

图5 改造房间建筑平面图

图3 项目实景图

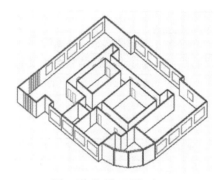

图6 改造楼层模型图

分析过程中主要针对热工性能的薄弱环节玻璃幕墙展开，可采用：（1）玻璃加贴膜；（2）一半高度幕墙改成黏土多孔砖墙275mm厚（减小窗墙比）；（3）玻璃内侧再加一层单玻璃，各热工节能改造方案的具体措施是：

各改造方案措施表 表3

方案序号	方案类型	传热系数 （W/(m²K)）	遮阳系数
1	原有建筑	3.4	0.6
2	玻璃加贴膜	3.4	0.48
3	一半玻璃幕墙改成黏土多孔砖墙	1.4	—
4	玻璃内侧再加一层单玻璃	2.5	0.6

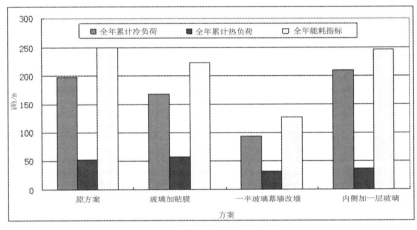

图7 模拟结果对比图

采用DeST能耗分析软件进行计算，建筑模型见图6，计算得到的结果如图7所示。由图可知方案（1）和（2）在改造中是能明显降低房间能耗的，而方案（3）则效果不佳。同时可对比看出，方案（2）比方案（1）效果更好。

2. 设备系统优化改造技术

该项目采用的空调系统由溴化锂机组、输配系统、风机盘管末端组成。改造前对该项目的空调系统通过检测诊断手段进行了测试评估。溴化锂机组主要是对冷冻水流量、进出水温度、压差进行了检测来判断机组效率是否降低。输配系统主要是对水系统流量的平衡性进行检测，来判断水系统管路是否存在问题。风机盘管末端主要是对送风风量、送回风温度、湿度进行测试，来判断风机盘管末端输出的冷量是否合适。

通过测试发现溴化锂机组能效下降了26%，同时阻力增加了13%。改造措施是通过清洗水垢等沉淀物来使得导致锅炉和溴化锂装置内换热部件的换热效率降低的不利因素消除。输配系统和末端风机盘管运行正常，但由于建筑内没有空调计费装置，用户在下班以后不能完全自觉地关闭空调，这种情况占风机盘管总数的15%。另外，由于部分风机盘管的电磁阀被拆除，所以即使关了风机，冷水仍然流过风机盘管，即浪费了水泵输送能。该问题的改造手段是将冷热水总立管用隔断阀组分成上下两段，分段的位置在九层的新风机房。分段的目的主要是在下班后即夜间和节假日期间，可以关闭此切断阀，只供应8层以下冷暖水，不供应9层以上冷暖水，从而可以减少系统流量，再配合变频系统实现节能效果。

图8 现场测试实景图

3.运营管理优化改造技术

该项目采用能源集成管理系统对空调系统能耗进行实时监测，并向中央控制室实施报告。该系统根据室内的现有温湿度情况和需达到的温湿度情况来智能化地判别最优启动和停止时间，以有效节省能耗，解决以往人为开关机的不合理性。同时在故障算法和专家经验的规则下，通过传感器数据融合、模糊识别、人工神经网络等技术，在各能耗单元偏离正常运行状态工作时在线实时地找出原因，并及时地进行智能化调整。如在空调系统中，各台冷冻机、冷冻水泵、冷却水泵、冷却塔互为备用。当任何一台设备出现故障时，DDC控制器（直接数字式控制器）会停止该设备运转，并根据有关设备的运行时间累计，启动运行时间最短的同类设备，以保证整个系统的连续运作。该项目中能源管理系统的空调系统实时监控图和数据图如下所示。

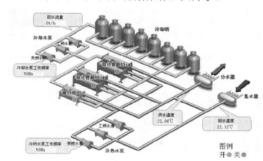

图9 空调系统实时监控图

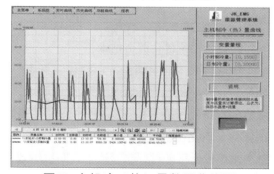

图10 主机冷（热）量数据曲线图

4.改造效果

按照现行能源价格计算，本项目的节能改造每年预期节省能源费用40万元，项目总投资约200万元，投资回收期约为5年。同时，本改造项目每年可节能约200t，每年可以减少温室气体排放量600t，取得了很好的节能效果、经济效益和生态效益。

四、总结

根据上文所述，可得到如下结论：

（一）夏热冬冷地区既有建筑的节能优化改造方案主要着重于三方面的技术措施。一是围护结构优化改造技术；二是设备系统优化改造技术；三是运营管理优化改善技术。围护结构节能优化改造技术主要是指通过软件模拟技术来选择最优的围护结构改造方案。设备系统优化改造技术主要是指通过软件模拟和检测诊断的手段来判断需改造的地方，并进行合理的改造。运营管理优化改善技术主要是指通过智能监控管理技术来对既有建筑用能系统的运营进行优化与改善。

（二）通过将上述的优化改造技术措施用于两个实际案例，并经过模拟和实测分析，可以看出采用了上述优化改造方法后，建筑物改造后可以取得很好的节能效果。

（上海市建筑科学研究院（集团）有限公司供稿，曹毅然、张蓓红执笔）

既有村镇住宅功能改善策略浅析

一、概述

当前，在既有城市住宅建筑功能改善案例中，国外有日本公团建筑改造、欧美集合住宅再生；国内有上海老公房成套改造、平改坡、二次供水等，而针对既有村镇住宅功能改善的研究相对较少。由于村镇住宅现有功能与社会生活需求的反差较大、问题较多、且急待解决，为此我们提出以下三种策略作为既有村镇住宅功能改善的尝试。

二、内外空间的功能完善

建筑概况：本策略主要针对20世纪80至90年代建造的村镇住宅，其结构形式多为砖混结构，且多为一层三开间；其建造时期处在改革开放初期，农村实施联产承包责任制，农民生活开始改变，经济条件好转，并且有强烈的改善生活条件的愿望，但其功能布局仍受传统民居的影响，伦理秩序强于

功能需求；其基本功能布局模式为：厅堂+卧室+外置辅助用房模式，即住宅以厅堂为核心，厅堂往往融合客厅、厨房和餐厅的功能；卧室围绕厅堂布置，融合起居室的功能；厕所、杂物间、牲畜房则零散地布置在院落中，且以简易搭建为主（如图1原有布局部分）。

改善目标：因为住宅构造形式为砖混，且已经有了二十至三十年的使用年限，所以我们选择在不改变原有结构的基础上，通过在住宅内部加入隔墙进行合理的功能分隔，同时在住宅外部适当增建附属建筑的方式达到"功能基本完善"的目标，且能基本满足未来10年的功能需求。

改善方法：（一）内部分隔：配置隔墙，构建起客厅+卧室+厨房的相互独立的功能分区构架，从而达到动静分区、洁污分区的目的（如图1）。（二）外部加建：

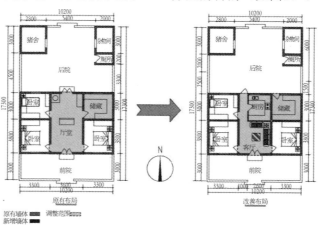

图1 策略一"内部分隔"改善前后对比图

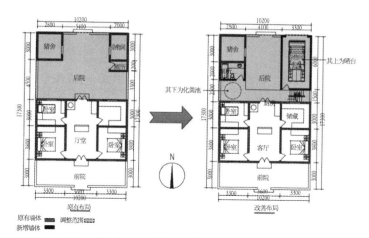

图2 策略一"外部加建"改善前后对比图

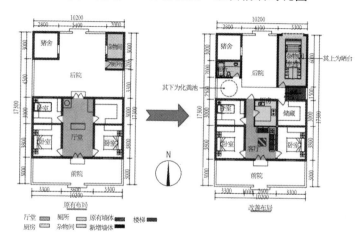

图3 策略一"综合应用"改善前后对比图

增建附属建筑，合理布局厕所、杂物间、牲畜房，使其满足动静、洁污分区，且结合厕所、牲畜房加建沼气池（如图2）。（三）综合应用：统筹内部分隔和外部加建的方式，基本做到功能完善且相对独立（如图3）。

策略优势：简单易实施，造价不高，对原有结构无过多要求，亦无过多影响；且基本完善住宅所需的基本功能。

策略不足：住宅内部功能改善有限，且不具有灵活样性、持久性，同时不易融入新功能。

三、基于IFD理论的产业化改造

建筑概况：本策略主要针对20世纪90年代至21世纪初建造的村镇住宅，其结构形式多为砖混+圈梁，且多为2层二开间；其建造时期处在市场经济时代，商品房出现，大量农民工外出打工，经济条件改善的同时开始注重生活品质和功能需求，建筑功能布局开始受城市住宅影响，楼房开始更多进入农村生活；其基本功能布局模式为：厅堂+卧室+厨房+餐厅+外置辅助用房，即住宅以客厅为核心，各个功能空间相对独立，且出现垂直功能分区和交通空间；厕所、杂物间、牲畜房仍以布置在院落中居多，且以简易搭建为主（如图4原有布局部分）。

改善目标：因为住宅构造形式为砖混+圈梁，其结构形式有调整和附加的可能，但仍停留在微调水平，所以我们选择在基本不改变原有结构的基础上，除运用策略一以外，融入了产业化的新方法，通过生产一体化产品使卫生间入户，从而达到"住宅内部功能完善"的目标，提高住宅功能的舒适度和适宜性，且能基本满足未来20年的功能需求。

改善理论：IFD理论最初在荷兰建筑改革计划(Dutch Construction Innovation Program)中提出，并逐渐广泛应用于欧洲建筑业。IFD 建筑体系的理论要点为：工业化建造、弹性设计和可拆改。工业化建造的主要目的是提高建造效率，弹性设计旨在满足使用者目前和今后一段时间的使用需求，而可拆改的目的是减小对环境的压力。

改善方法：（一）一体化加建：基于IFD理论，通过工业化方式建造限定尺寸的一体化卫生间，同时其位置可以结合不同的建筑平面设定，施工中在建筑圈梁处设置锚

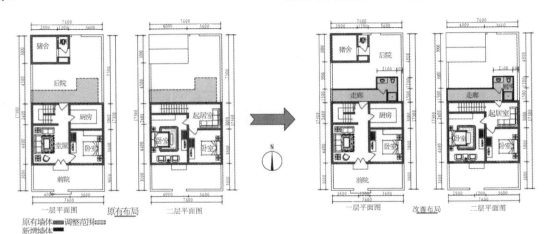

图4 策略二"一体化加建"改善前后对比图

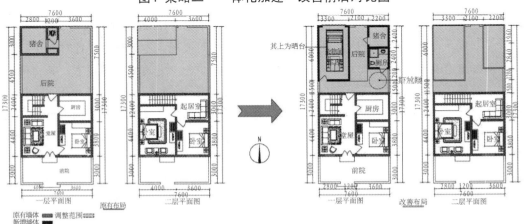

图5 策略二"外部加建"改善前后对比图

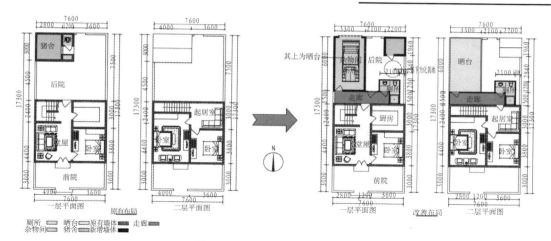

图6 策略二"综合应用"改善前后对比图

固点，对接一体化卫生间，从而提升功能空间的舒适度和便易性（如图4）。（二）外部加建：增建附属建筑，合理布局厕所、杂物间、牲畜房，并根据动静、洁污进行分区，同时加建沼气池（如图5）。（三）综合应用：统筹一体化和外部加建的方式，同时结合一体化卫生间设置建筑外廊将主要建筑空间与辅助建筑空间联系起来，基本做到内部功能空间完善且内外功能空间联系紧密（如图6）。

策略优势：融入新功能，且施工便捷，不影响住户居住，基本能达到主要功能的全部室内化及便捷化，提升功能空间的舒适度。

策略不足：灵活性差，且不具多样性，同时对结构有一定要求，造价相对高。

四、可变空间的模式构建

建筑概况：本策略主要针对21世纪初至21世纪10年代建造的村镇住宅，其结构形式多为：砖混+圈梁+构造柱，且多为二层二开间；其建造时期处在城乡一体化建设时代，农民的收入与城市逐渐拉近，同时不少人才回到农村去创业，农民对待生活的态度不再满足于跟随城市的脚步；其基本功能布局模式为：厅堂+卧室+厨房+餐厅+卫生间+外置辅助用房；在原有功能布局的基础上加入了室内卫生间，同时将牲畜房淡出住宅空间，且需要设置停车空间（如图7）。

改善目标：因为其构造形式为砖混+圈梁+构造柱，其内部空间有一定调整的可能，所以我们选择通过重构及加固垂直交通空间，创造建筑的"可变空间"，并在其中融入各种功能体块，其相互之间可以以多种方式进行组合，使其具有多样性、灵活性，或者针对固定的功能搭配，使其具有升级和细分的可能，从而具有持续性；同时综合策略一、二的方式达到"功能细分、可变"的可持续发展目标，且能基本满足未来30年的功能需求。

改善方法：（一）创建可变功能空间：在原有交通空间的位置，通过将双跑楼梯变为单跑，同时加入结构支点，建构一定范围内不受结构主体约束的可变空间范围，然后通过隔墙分隔各个功能空间，使得原有功能空间有多种排列组合的可能，或者提供原有

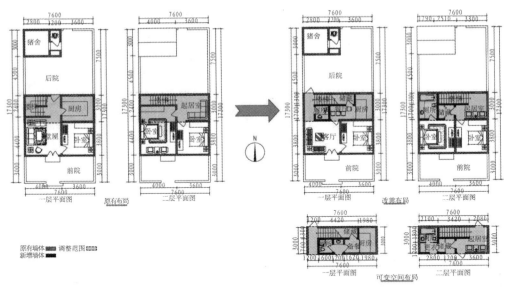

图7 策略三"创建可变空间"改善前后对比图

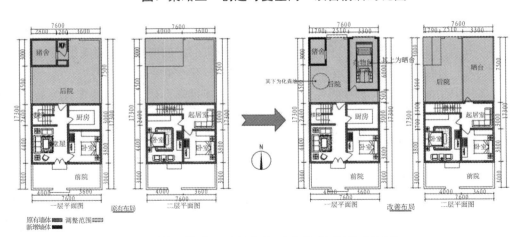

图8 策略三"外部加建"改善前后对比图

功能空间升级、细化的可能；从而增强建筑的适应性和持久性（如图7）。（二）外部加建：增建附属建筑，将车库、杂物间统筹起来并在其屋顶上设置晒场，同时根据动静、洁污进行分区（如图8）。（三）综合应用：统筹可变空间和外部加建的方式，同时结合可变空间设置建筑外廊将主要建筑空间与辅助建筑空间联系起来，基本做到内部功能空间完善且具备细分、可变的可能，同时内外功能空间联系紧密（如图9）。

策略优势：在一定范围内，可以灵活布置功能空间，具有灵活性、多样性和可持续性，同时强化住宅刚性，加固"交通核"。

策略不足：造价高，对原有结构有一定要求，同时打破原有功能体系。

五、结语

通过对既有村镇住宅的研究，我们觉得

图9 策略三"综合应用"改善前后对比图

功能改善是一个人令人趣味盎然的题目，它或如一架 "桥梁" 连接过去而又通往未来，它承载人们的记忆、传递时空的信息，重新建立了建筑功能与社会需求的平衡；使得原有住宅功能达到一种蜕变中的进化，而不是拆散或者割裂。

我们希望通过我们的努力能够达到"解决当下、着眼未来、因材施策"的初衷，同时对于我们来说，既有村镇住宅建筑能改善的策略研究是一项长期而艰巨的任务，我们将在今后的工作中继续加强理论与实践的探索！

（上海市建筑科学研究院（集团）有限公司供稿，潘京执笔）

被动式节能技术在工业建筑改造中的应用

一、工业建筑改造概述

（一）发展历程

国外工业建筑改造利用始于20世纪初到20世纪50年代，成熟于20世纪80年代，改造的对象扩大到工业革命以来大量兴建的轻工业厂房及少量的重工业厂房，如将面粉厂改造为艺术中心、将煤场改造为工业博物馆、将鲁尔煤气罐改造为文化艺术中心等。经过近几十年的不断努力与完善，欧美国家的旧工业建筑改造已经成为城市再开发中一项带有普遍性的工作。典型的案例如：德国鲁尔工业区的工BA计划（1989～1999），瑞士厄利孔地区、温特图尔苏尔泽工业区和苏黎世工业区改造、美国纽约SOHO区、Gentry公园等。

我国工业建筑改造自20世纪80年代至今，改造对象从仓库、轻工业厂房扩展到重工业厂房甚至是船坞。改造后的建筑类型也很多，有创意园区、博物馆、美术馆、住宅、公寓、工作室、餐饮娱乐等。

（二）存在问题

大部分旧工业建筑不仅在改造前由于众多因素造成围护结构热工性能差，而且在改造后仍存在这样的问题。旧工业建筑的沧桑感是很多设计师想保留的特色，而保留这种沧桑感的立面的热工性能很差，如果改造时不注重节能改造，改造后将造成极大的能源浪费。此外，旧工业建筑特有的高大明亮的空间也是许多设计师青睐的地方，保留此类大空间，虽然可以更多引入自然光线、增加空间的趣味性，但是如不采取相应措施，也会大大提高建筑能耗，对建筑节能极为不利。

因此，在当前倡导建筑节能和绿色理念的形势下，节能改造在工业建筑改造中是一个必要而重要内容，应针对其特征采取相应的节能策略，实现可持续利用。

二、被动式节能技术在工业建筑改造中的适用性

（一）被动式节能技术措施

1.场地规划

通过利用场地因素来遮挡或吸收太阳辐射，利用和避开主导风向来增加或降低温湿度。充分考虑地形、水体、植被等环境因素并结合群体建筑的合理布局达到最优化的节能效果。

2.建筑单体设计

平面布局中为实现自然采光通风创造条件，控制建筑体形系数满足节能要求。

3.围护结构热工性能

选用适宜的保温隔热材料和构造做法，降低采暖降温能耗，日益严格并普及的节能标准规范提高了围护结构的热工性能。

4.遮阳与通风

通过遮阳设计阻挡过多的太阳辐射。从

遮阳板、百叶到立面整体设计，建筑遮阳已成为重要的设计创新出发点。

建筑的自然通风可从总平面设计、室内空间的设计两方面加以考虑。在总平面设计上，可着重考虑建筑体的方向性和室外环境的设计来合理引导风流：建筑体设计中通过设计扭曲平面、尖劈平面、通透空间、开放空间等方式优化自然通风；室外环境设计中通过南向开敞空间、利用自然空调、植被导风、利用构筑物等方式达到通风效果。

5. 被动式太阳能

建筑通过直接得热、太阳房以及蓄热墙体等方式收集储存太阳辐射热量。

6. 绿色建材

采用生产耗能低，可回收可降解的建筑材料，全寿命周期考量建筑节能。

（二）工业建筑改造中适宜采用的被动式节能策略

1. 自然采光

工业建筑往往进深较大，改造为办公或商业等建筑功能时，内部房间采光易造成低于照明标准的状况，而大量的人工照明又会提高建筑能耗，因此，在改造设计中自然采光设计是极为重要的一个方面。

工业厂房建筑大多都设有天窗，改造中可利用天窗设置通高中庭等方式为内部室内空间创造良好的自然采光条件。

2. 自然通风

被动式通风是风压通风和热压通风综合利用的总称。1844年，约书华·吉伯在英格兰一所监狱的设计中，创造了一种多层建筑的通风系统，所运用的是最基本的空气动力学原理——烟囱效应（图1）。技术要点：适当的室内高度、屋面及临近地面的开口、顶部较高的烟囱状风道。空气从底部进风口进入，在底层经过加热后通向每层，每个房间都有上部的进风口和底部的出风口，顶部风道内置壁炉以加热空气，使得空气上升形成负压区，从而带动整个系统的空气流通。

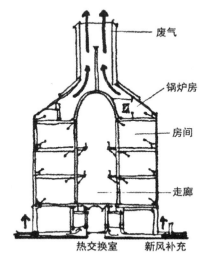

图1 被动式通风

工业建筑往往具有较高的层高，因此这种被动式通风的原理依然可以应用在新的改造策略中。

3. 生态中庭

中庭（图2）作为一种过渡空间，既是一个气候缓冲地带，也是建筑的视觉中心。中庭空间的室内气候具有三点特征：一是上层温度高，下层温度低；一是顶部开窗会导致强烈的自然通风；三是冬季室内的温度会高于室外，如果无通风无遮阳，夏季也会一样。

中庭的引入对于改善建筑内部的自然采光和通风是一个理想的选择。在多层厂房改造中，中庭的采光效果非常明显。内蒙古工业大学建筑系馆的改造中，在原厂房空间设置了通高3层的中庭，光线透过中庭的顶部照射进建筑内，使各层靠近共享空间的区域都得到了较好的自然光补偿。中庭空间在进行自然通风设计时要考虑大小、位置、数量等方面的具体要求，厂房改造中设置中庭时应考虑周围是否有需要直接通风的房间以确定其形状，多个中庭可以共同组成一个通风体系，要针对项目所在地的主导风向设置进风口和出风口的位置，不同的中庭空间可以互相配合。

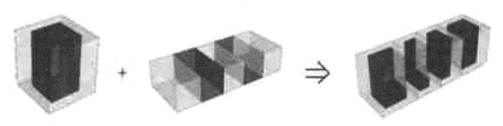

图2　并列、集中和组合式中庭

三、被动式节能技术在工业建筑改造中的应用实践

（一）深圳南海意库

1. 项目概况

深圳南海意库由原三洋厂区改造而成，主要包括6栋4层工业厂房，原占地面积44125m²，建筑面积95816m²。其改造目标为深圳创意产业园二期，命名为"南海意库"。

2. 被动式节能技术应用

南海意库3号厂房改造定位为"生态节能典范"，设计体现了尊重环境、融合自然、以室内延伸建筑和可持续性等特点。

前厅为阶梯形，其屋面采用屋顶绿化，大大降低了前厅辐射得热和传导得热。通过设计优化，前厅的制冷功率减少了2/3。（图3、图4）

图3　南海意库3号厂房改造后实景

图4　前厅

建筑改造中设计了生态中庭（图5、图6），形成二层至五层贯通的中庭空间，优化了室内采光与通风效果。为了增强通风效果，在中庭顶部设置了一组拔风烟囱，利用

热压通风原理，推动室内空气流动。此外，中庭大面积玻璃可防止室内外热量交换，减弱室外环境变化对室内的影响，成为一个室内外的缓冲过渡空间，利于室内环境的稳定。

图5 中庭

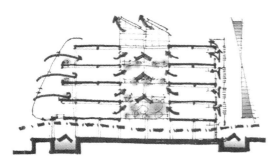

图6 中庭通风示意图

自然采光中中庭的玻璃顶棚既有良好的遮阳效果又保证了一定的透光率，采光较差的房间采用了光导管技术，地下停车场某些部位通过开玻璃天窗来减少人工照明能耗。

改造后建筑节能率为66%，其中自然通风措施缩短空调制冷期的节能率为6%，节能效果显著。

（二）上海世博会宝钢大舞台改造

1. 项目概况

宝钢大舞台（图7、图8）由上钢三厂特种钢炼铸车间改造而成，建筑坐落于世博园浦东片区的滨江公园内，南面园区，北临黄浦江，东西面宽110m，南北进深70m。主体部分的目标是将其转换为世博会期间"中国风"城市文化展示的舞台表演场地，可以提供同时3000个观演座位。

图7 宝钢大舞台鸟瞰

图8 墙体垂直绿化

2. 被动式节能技术应用

考虑到建筑3000人的使用规模、夏季的使用环境和有限的经费预算，建筑设计中须满足遮阳降温等的要求，因此被动式节能措施成为首选。

厂房主立面迎着夏季主导风向东西展开，其北侧是开阔的黄浦江面，有利于穿堂风的形成，利用厂房层高高的特点设置的高于地面5m的架空平台提高了地表气流的速度和流量，内外空间形成良好的通风效果，有效地起到降温的作用。主导风首先穿越建筑南侧的树荫降温，到达建筑底层的水景再次蒸发降温，在架空层的阴凉处设取风口，通过风管送风系统将新风送至观众区上部直吹坐席（图9）。

建筑改造中设计了屋面的草毯和墙面垂直绿化系统，屋面的绿色地生植被将60%的辐射热变为树叶蒸发热，有效地减弱了紫外线和长波辐射，降低了屋顶内表面温度；主厂房南侧檐口板下安装5根檩条高度的垂直绿化系统，起到了良好的遮阳效果。

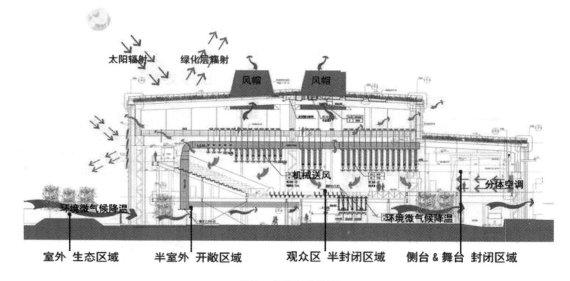

图9　通风示意图

四、结语

由南海意库和世博会宝钢大舞台两个工业建筑改造后的效果可看出遮阳、自然通风、自然采光以及立体绿化等被动式节能技术在改善室内舒适度和降低建筑能耗方面可发挥重要作用。被动式节能手段表现出低投资低技术的特征，应用便捷，具有广泛的适用性。建筑师应培养被动式节能的意识，将被动式手段与空间设计、造型特征等相结合，引导工业建筑改造再利用的可持续方向。

（上海现代建筑设计（集团）有限公司

供稿，任国辉执笔）

既有建筑雨水控制利用系统改造策略

一、概述

我国许多城市伴随着城市的快速发展，出现一系列能源和环境问题，如土地的高强度开发、硬化地表面积的急剧扩张、森林植被和湿地的退化萎缩等因素加剧了城市热岛效应、能源资源危机、环境污染和生态系统破坏等后果。

在水环境方面，我国许多城市不仅面临着严重的缺水问题，还遭受着水涝和水污染的威胁。有50%的城市地下水受到不同程度的污染，一些城市已经出现严重的水资源危机。据统计，华北地区超采地下水至少达1200亿立方米，形成了世界上最大的地下水"漏斗"区，对该区域城区构成很大的威胁。此外，许多城市不断遭受水涝困扰，仅2011年，北京、上海、武汉、杭州、广州、深圳等中心城区都相继发生严重的内涝灾害，威胁、干扰人们的生命财产安全和生活。再者，虽然许多城市的污水处理率不断提高，但水环境质量并没有得到明显改善，甚至有恶化的趋势，国内外大量研究表明，屋面雨水及道路雨水都有很强的污染性，对城市水环境构成严重威胁，随着城市点源污染得到有效控制，非点源径流污染逐步上升为城市水环境污染的主要因素。

作为一个发展中人口大国，我国在城市化的过程中不仅承受大规模新城开发建设带来的环境和资源方面的压力，也面临巨量的老城区和既有建筑改造及环境改善的艰巨任务。城市雨水导致的"水多"（涝）、"水少"和"水脏"问题已成为许多城市可持续发展的瓶颈，严重影响城市的生活质量和安全，对城市管理者也造成巨大的压力。

为解决城市一系列雨水问题，发达国家做了很多的努力，提出许多新的雨水管理理念，包括低影响开发（LID）、绿色雨水基础设施（GSI）、可持续排水系统（SUDS）和水敏感性城市设计（WSUD）等等。这些理念和方法不仅广泛应用于新建区域的基础设施和雨水系统设计，更重要的是针对老城区或既有建筑区域严重的环境问题，也广泛采用这些方法，包括对排水系统的改造、道路和停车场的改造、社区和建筑的改造等。

所以，综合来看，城市水环境问题的解决和生态环境改善是生态城市建设和推广绿色建筑必须面对和须要解决的重大问题，不仅要在新建城区和建筑里融入LID、GSI等新理念、新方法，在老城区改造中也须要推广应用这些技术，而且，只有在一个个场地和建筑广泛推行和落实LID等综合性措施，才可能有效控制整个城市的雨洪问题、改善城市水环境和生态环境。

二、既有建筑雨水系统改造策略分析

（一）低影响开发理念和技术

低影响开发（Low Impact Development-LID）由美国乔治省马里兰州环境资源署于1990年首次提出，它强调雨水为一种资源而不是一种"废物"，不能随项目的开发任意直接排放，要求在源头维持和保护场地自然水文功能、有效缓解大量不透水面积带来的不利影响，利用小型、分散、低成本、且具有景观功能的雨水措施控制径流总量和污染负荷。

LID典型措施有雨水花园（生物滞留）、树池、雨水桶、屋顶绿化、植被浅沟、截断径流直接排放通道、渗透设施等，低影响开发不仅适用于小场地范围的新建建筑的场地开发和设计，也普遍适用于建成区和既有建筑的改造。对较大范围的城区或社区，还可以结合LID采用一些较大规模的绿色雨水基础设施（Green Stormwater Infrastructure-GSI），如雨水塘/雨水湿地、景观水体、多功能调蓄设施等。大量研究与实践已经证明：相对于大型传统的灰色基础设施，LID/GSI具有投资省、技术简易、维护简单等特点，具有广泛的环境、经济和社会效益，是实现低碳、节能、环保、生态和可持续发展的一类新型、高效的雨洪控制利用理念和技术体系。

（二）既有建筑雨水系统改造策略及实用技术

1.既有建筑雨水系统改造策略

城市雨水问题产生的一个重要原因，是传统的雨水直接快排模式，多以管渠、水池和泵站等灰色雨水基础设施来排放雨水。各国的长期实践证明，这种方式尽管对排放雨水具有较高的效率，但也有不少显著的弊端，难以应对快速城市化过程中错综复杂的多重水的困境，难以为现代城市提供全面的水环境安全保障。如何解决大量已建城市中的雨水问题，除了在市政管道系统中或末端进行集中式的改造与控制外，还需要从既有建筑或建筑区着手，在既有建筑改造的过程中采用LID/GSI的理念和技术，对传统的灰色基础设施加以改进，从源头上对雨水径流实施综合的控污、利用和减排，在改善既有建筑区环境状况的同时，也缓解城市雨水问题，为城市水环境和生态环境的改善作出贡献，实现经济和环境效益的最大化。

近数十年来，德国、美国、日本等许多发达国家，对已建城市和既有建筑区的雨水基础设施的改造开展了广泛的研究和推广应用工作，也是许多城市未来水污染和水涝控制、环境改善的重大举措。

对既有建筑雨水系统的改造应遵循因地制宜，根据项目具体条件、所在城市或区域的雨水系统和水环境的突出问题，在现有设施条件下进行必要、合理和高效的改造，可参考图1流程确定改造方案。

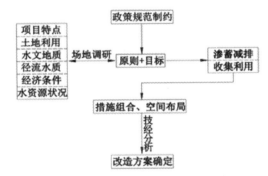

**图1 既有建筑雨水控制利用系统
改造方案确定流程**

上面所提到的一系列LID生态技术措施，均可不同程度的应用于既有建筑的改造，以下简要介绍几种主要的实用技术。

2.实用技术

（1）雨水管截流

雨水管截流也可直译为雨水径流的"断

接"。传统的建筑和道路等场地雨水径流多是通过雨落管或者地表径流直接排入下水道或雨水管道。这种雨水排放方式的弊端显而易见，也与低影响开发理念背道而驰。绝大多数低影响开发措施和绿色雨水基础设施都是通过地面绿化空间来实施的，所以，在既有建筑区域改造时，应该采取断接措施，切断雨水径流直接从汇水面到雨水管道的衔接，将雨水径流引入雨水控制利用的相关设施，进行滞蓄、渗透、净化和利用。

狭义的断接是在适当位置将原来与排水系统相连的建筑雨落管断开，改变雨落管的流向，将屋面径流引入建筑物周围的雨水花园、下凹绿地、树池等渗透区域（见图2），或者用雨水桶、雨水池进行收集利用；广义的断接则是指通过一定的方式，切断下垫面径流直接汇入排水系统的通道，延缓、减少、控制最终排入受纳水体的雨水径流水质水量这个连续过程，既包括建筑雨落管的断接，也包括不透水汇水面向透水汇水面的衔接，从而间接降低区域的不透水面积或径流系数，或将雨水引入专门的雨水控制利用的设施等。雨水径流的"断接"是一种非常简易、高效、价廉的LID措施，近年来得到越来越多的应用，例如，美国波特兰为了控制合流制溢流污染，在1993～2011年断

接了56000根雨落管，据计算每年可减少约450万m³的雨水进入合流制排水系统，有效控制了城市的径流污染和峰流量。作者在北京建成区和许多既有建筑雨水控制利用系统改造项目中（见表1部分案例）都有效地采用了各种断接措施。

（2）雨水收集利用

既有建筑的雨水收集利用是雨水资源化的有效途径，一方面能节水，另一方面能控制径流污染和排放、削减峰流量和缓解水涝，有利于室外环境的改善。经过初期弃流或一定的处理后可用于绿化、景观用水、喷洒路面、洗车等等。其中，雨水罐或雨水储存池是常用的雨水回收利用设施。雨水储存罐适用于小规模的建筑区域或各种公建和民用建筑，设置灵活，维护管理简单；雨水贮存池则更适用汇水面积较大、雨水回用要求高的住宅或公共建筑区域，可建造于地上或者地下，一般成本和维护管理费用会更高，直接生态环境效益不明显。储存池的合理规模对投资效益有很大影响，需要通过技术经济比较确定优化的规模；当建筑区有景观水体时，结合景观水体进行雨水调蓄利用是一种合理的方案选择，一般也具有较高的投资效益和生态环境效益。

图2 雨水管断接至雨水花园实例

（3）屋顶绿化

结合雨水控制利用来进行既有建筑的室外环境改造，包括室外绿化、水景和停车场的布设等等，可有效控制利用建筑和场地内的雨水径流，具有很高的环境效益和良好的景观效果，从综合的角度看，也能带来可观的经济效益。

既有建筑屋面改造成绿色屋顶有利于从源头控制径流污染、延滞汇流时间和削减峰值流量，还能有效调节屋顶微气候，缓解城市热岛效应、隔热保温、降低能耗，改善空气质量，提供生物栖息地，为人们提供美的自然感官享受和愉悦的休息场所等等。依据基质厚度、植被类型和维护管理方式，通常将绿色屋顶划分为粗放型绿色屋顶和精细型绿色屋顶。相对而言，粗放型绿色

屋顶有更好的经济和生态环境效益，是发达国家近年来大力研究和广泛应用的一种屋顶绿化方式，又因为其对屋顶的荷载较小，也更容易实施。实际改造工程中，采取有效的防渗和溢流措施，防止屋顶漏水和积水；根据当地的气候条件选择适合的基质材料和耐水耐旱的植物等都是屋顶绿化的关键，详细技术要求等可参考《种植屋面工程技术规程JGJ155-2007》等相关资料。

（4）生物滞留（bioretention）

生物滞留设施是一类具有很好的径流渗透、滞蓄、减排、净化、利用（间接）和景观效果的生态措施，也是LID中的一种主流技术，包括下凹式绿地、雨水花园（rain garden）、树池（tree box）、花坛（planter）等措施。既有建筑室外环境一

图3 改造后的雨水花园

图4 绿色停车场改造实例

般都会有一定比例的绿地，这些绿地通常都高于周围道路和地面，难以接纳周边场地的雨水径流，暴雨还可能对绿地形成冲刷侵蚀和水土流失，造成很负面的影响。既有建筑的改造，可以将部分绿地改造成上述这些生物滞留措施，再通过简易的断接措施将屋面、道路、停车场等硬化面积上的雨水引入（见图3、图4所示），对场地雨水实施有效的控制利用。具体设计和规模大小需根据汇水面面积、区域降雨条件、环境条件、控制目标和土壤渗透性等综合而定，在生物滞留设施中一般合理设置溢流口来防止积水。

事实上，生物滞留属于一种投资小、具有多功能和广泛效益的绿地景观系统，技术和建造虽不太复杂，但需要结合绿地景观进行综合设计，跨专业的结合与合作就显得尤为重要。

（5）渗透铺装

渗透铺装也是既有建筑改造过程中很容易采用的一种技术，有多孔沥青、多孔混凝土地面、嵌草砖、碎石等多种形式，铺装材料还可以就地取材或利用废旧建筑材料。可利用原有废弃场地建设绿色停车场、绿色休闲场所、透水道路等，达到雨水径流控制和综合利用的效果，尤其适用于渗透性好、地下水补给需求高的地区。目前在国内外新建和改建项目中得到非常广泛的应用。

（6）渗透管渠

大多数雨水管渠都可以做成渗透型的，设置一定的孔隙率使雨水回渗地下。渗透管渠不占用地面空间，便于在城区及生活小区设置。既可以对原有管道进行改造，也可以重新设计。此外，还可以利用既有场地设计渗坑、渗井、渗沟等其他的渗透设施来加强

雨水的就地下渗，或在渗透管渠、坑井周边铺设碎石、卵石等，增大调蓄空间，使更多的雨水通过渗透管渠进入四周的碎石层，再进一步向四周土壤渗透。土壤的渗透性、地下水位、雨水水质、建筑基础和地下设施等，是应用渗透设施需要重点考虑的因素。

三、典型案例

为应对城市各种雨水问题，美国八十年代就开始研究LID，并专门针对既有建筑或建筑区的水环境问题对雨水系统进行改造，如上文所提到的波特兰对住户庭院雨落管的大规模断接改造项目、对社区停车场的改造等等，更多的改造项目也在美国许多城市开始实施。近十余年来，我国也有不少针对既有建筑雨水利用的改造案例，包括一些机关、企事业单位、学校、公共建筑和住宅等的雨水利用改造工程等等。针对项目的不同条件和改造目标，所采用的雨水系统改造技术也不尽相同，表1仅给出部分案例。

表中美国北卡罗来纳州威尔明顿市Port City Java咖啡馆总部大楼和停车场改造，通过改造和断接，将径流雨水引入占地110m²、设计降雨量为25mm的生物滞留池两个，以避免大楼屋面雨水和停车场雨水直接排入Burnt Mill溪流造成水体污染，同时削减峰流量、调节峰值时间。

四、结论

既有建筑雨水控制利用系统改造不仅关系到建筑场地内的节水、环境和安全，每一个既有建筑项目对城市雨水问题和水环境的优劣也都有一定的贡献率，一个个分散项目的集合和雨水径流的状况，就会显著地影响

既有建筑雨水控制利用改造案例   表1

项目地点	项目性质	面积（m²）	主要内容	主要效果
北京市政府	机关大院	20000	断接、弃流、调蓄利用、土壤自然净化	节水、减排、缓解水涝、污染物控制、改善环境
北京市城市节水管理中心	公共建筑	2000	断接、弃流、调蓄利用、高位花坛、雨水花园、渗透井	节水、减排、补充地下水、污染物控制、改善景观
北京西城区华嘉小学	学校	10000	断接、弃流、调蓄利用、高位华坛土壤自然净化	节水、减排、污染物控制、航模水池、环境教育
北京朝阳门内大街某小学	学校	1.73×10⁴	断接、弃流、雨水利用（地下贮存池）	节水、减排
苏州金阊三元一村	小区	770	绿地改造成低势绿地（下凹100mm）	削峰、减排、控污
美国马萨诸塞州威尔明顿镇银湖社区	小区	1.21×10⁴	12个雨水花园，2条渗透铺砖带	削峰、减排、控污
美国北卡罗来纳州威尔明顿市基督教青年会家园	建筑	——	2个雨水花园（下凹25cm），共236m²，1个停车场渗透铺装改造	削峰、减排，河道污染控制
美国北卡罗来纳州威尔明顿市Port City Java咖啡馆总部大楼	停车场	1435	2个生物滞留池（按25mm降雨量设计），共110m²	削峰、减排，河道污染控制
波特兰 MT. TABOR 中学	学校	8094	断接，雨水花园，植草沟，滞留池	削峰、减排、控污

整个城市的水环境和生态环境。要解决已建城市面临的严重水涝、缺水、水污染、地下水水位下降、生态环境恶化等综合性的雨水和水环境问题，必须重视既有的基础设施和既有建筑改造，雨水系统的合理改造是其中的重要环节。所以，以源头、分散措施为核心的LID雨水控制利用理念和技术近年来在国内外受到越来越多的重视和推广应用，也代表了未来城市雨水控制利用领域的重要方向之一（目前已有多个"国家十二五重大水专项"在开展相关研究和工程示范，一些相关的规范、标准、技术导则等也在编制中）。

国内外大量实践表明，既有建筑雨水系统的合理改造不仅可行，可实现对雨水径流的有效控制利用，而且具有很高的经济效益、社会效益和环境效益，在这个领域具有巨大的开发和应用潜力。

一个城市全面的改造策略需从全局考虑，因地制宜，统筹规划。在目标明确的总体规划的指导下，针对具体项目条件和突出问题，充分合理利用LID/GSI技术措施对项目进行改造，以实现雨水收集利用、渗蓄减排、水涝缓解、径流污染控制、改善景观和生态环境等不同目标。实际改造过程中还需根据项目的场地条件、所在地区的气候条件、水文地质条件等合理确定改造方案和每一项技术措施的规模和布局。此外，对既有建筑雨水系统的改造，也需有一定的标准和规范为准则，并合理统筹和协调相关专业之间的关系，有效利用和改造好每一个项目和每一块场地，从源头上妥善解决雨水问题，就为构建城市良性水循环系统创造了必要的条件，这方面还有大量工作有待各方面的努力。

（城市雨水系统与水环境教育部重点实验室、北京建筑工程学院、北京雨人润科生态技术有限责任公司供稿，车伍、闫攀、杨正、赵杨执笔）

粘贴钢板加固木梁的试验研究

一、概述

经过多年使用后，木梁常因老化损伤或使用荷载增加而导致其承载力不足，需进行加固补强。过去，木梁常采用直接替换法进行维修加固，但直接替换法常导致与替换木梁相连接木构件的附加破坏，且工作量大、施工时间长，难以广泛应用于工程实践。

国内外学者已对粘贴钢板加固混凝土构件的性能进行了系列试验研究和理论分析，详细研究了构件类型、粘钢数量和位置、钢板宽厚比等因素对粘贴钢板加固效果的影响，并对粘贴钢板加固钢筋混凝土构件进行了数值模拟分析，取得了很好的加固效果。在研究成果和工程实践基础上，国家标准《混凝土结构加固设计规范》（GB50367-2006）已对粘贴钢板加固法在混凝土结构中的应用进行了详细规定。

国内外学者进行了粘贴FRP片材或内嵌FRP筋材加固木梁的研究，但由于研究中还存在许多技术瓶颈需克服，所以在工程实践中应用不多。Bulleit等（1989）进行了钢筋加强胶合木梁的试验研究，采用钢筋加强后木梁的刚度提高24%～32%，极限承载力提高29%～30%。Alam等（2009）进行了内嵌矩形低碳钢筋加固老化木梁的试验研究，研究结果表明，内嵌矩形钢筋可有效提高木梁的刚度，显著提高其极限承载力，但其现场施工较为繁琐。

本文针对木结构或砖木结构中木梁由于老化或使用荷载增加导致承载力不足的工程问题，进行粘贴钢板加固木梁的试验研究，并根据研究结果提出相应的结论和建议。

二、试件设计

本次试件用木梁规格均为100mm×200mm×4000mm。试件共8根，编号分别为CB1～CB3和B12～B16。其中CB1～CB3为未加固对比试件；B12在木梁底面支座跨内粘贴一层3mm厚钢板；B13在木梁底面支座跨内粘贴一层5mm厚钢板，并在木梁底面中线位置通长布置Φ8@660膨胀螺栓锚固；B14在木梁底面支座跨内粘贴一层3mm厚钢板，并在木梁底面中线位置通长布置Φ8@660膨胀螺栓锚固；B15在木梁底面支座跨内粘贴一层3mm厚钢板，并布置4个150mm宽的碳纤维布U形箍；B16在木梁底面支座跨内粘贴两层3mm厚钢板，在木梁底面中线位置通长布置Φ8@660膨胀螺栓，并布置4个150mm宽的碳纤维布U形箍。所有钢板的宽度均与木梁等宽，为100mm。试件加固前对木梁底面进行表面处理，首先将底面刨平，然后用丙酮进行表面清洁处理，有裂缝处进行填缝处理。钢板加固前加固面用砂轮机进行打磨表面处理，去除锈斑等表面缺陷；并用丙酮进行表面清洁，去除油渍等影响粘结性能的不利因素。

所有试件特征及尺寸见图1所示。

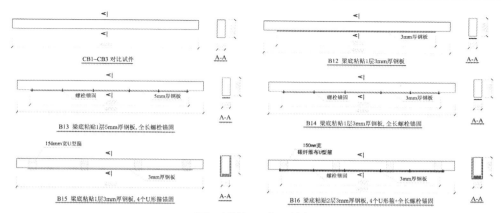

图1 试件尺寸及特征

三、试验概况

（一）试验材料

本次试验选用花旗松（Douglas Fir, Pseudotsuga menziesii），材性试验测得其静曲强度为59.2MPa，弹性模量为6620MPa，密度为430kg/m³，含水率为15.2%。

本次试验选用吴江八都得力建筑结构胶厂生产的DL-JGN型粘钢胶，材性试验测得其胶体抗拉强度为30.3MPa，受拉弹性模量为3600MPa，弯曲强度为64.3MPa，抗压强度为84.3 MPa，钢-钢抗拉强度为33.4MPa，钢-钢抗剪强度为15.6MPa，伸长率为1.32%。

本次试验用钢板选用Q235钢。为测试钢板的抗拉强度，共制作6根20mm宽3mm厚钢板抗拉试件。实测钢板平均屈服强度为340.3MPa，变异系数为1.9%；平均极限强度为458.8MPa，变异系数为3.0%；平均弹性模量为200757MPa，变异系数为2.8%。

（二）位移计和应变片布置

为了解受力过程中加固木梁的变形情况，在试件跨中和支座布置位移计；为了解跨中截面、钢板等的变形情况，在相应位置布置应变片。位移计和应变片读数采用DH3817动态应变测量系统进行数据采集。典型试件位移计和应变片布置见图2所示。

图2 试件位移计和应变片布置图

（三）加载制度

试件采用液压千斤顶三分点加载，荷载通过分配梁传递，试验加载装置见图3所示。为防止试件出平面破坏，在试件端部采用U形钢框固定；为消除系统误差，正式试验前先对试件进行预加载。正式加载采用匀速单调加载，每个试件加载时间为10~20min。

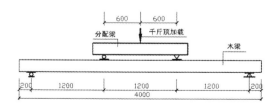

图3 试验加载装置图

四、试验结果与分析

（一）试验现象描述

对比试件CB1在荷载增加至26kN时发出明显声响；当荷载增加至42.1kN时，伴随巨大声响，试件从纯弯区段外受拉边缘向纯弯区段内形成撕裂裂缝破坏。对比试件CB2在荷载增加至23.9N时，伴随巨大声响，试件从纯弯区段受拉边缘的木节边缘形成断裂裂缝，并向上延伸导致木梁脆性破坏。对比试件CB3在荷载增加至24kN时发出明显声响；当荷载增加至25.0kN时，伴随巨大声响，试件在左侧加载点有连续木节处断裂破坏。

加固木梁B12在荷载增加至35kN时，跨中出现撕裂裂缝；随着荷载增加，裂缝大幅增宽，跨中钢板与粘钢胶剥离；当荷载增加至37.9kN时，试件破坏。试件破坏后，钢板仍使木梁保持整体受力，仍能承受30kN的荷载；跨中钢板剥离约740mm，但端部无剥离。

加固木梁B13在荷载增加至56kN时，试件中部出现一条水平裂缝；随着荷载继续增加，该水平裂缝宽度增加，并沿水平向

延伸；当荷载增加至73.0kN时，伴随连续声响，试件跨中挠度急速增大，试件破坏。试件破坏主要集中在最中间两个螺栓之间，钢板局部剥离，木梁受压边缘压坏；其余位置钢板无剥离，螺栓均未剪坏。

加固木梁B14在荷载增加过程中，首先在纯弯区段中下部出现裂缝，并快速发展；当荷载增加至49.6kN时，伴随巨大声响，钢板在中间螺栓处颈缩、拉断，试件断为两截破坏。

加固木梁B15在荷载增加至31kN时，发出明显声响；当荷载增加至33.0kN时，试件在跨中受拉边缘木节处破坏，破坏处木梁与钢板局部剥离。

加固木梁B16在荷载增加至38kN时，试件发出明显声响；当荷载增加至48.2kN时，伴随巨大声响，木梁在北侧加载点处受压区压坏，受拉边缘有木节处局部拉坏，试件跨中位移急剧增大。试件破坏后仍可承受31kN的荷载，且卸载后大部分位移可恢复。

试件破坏特征见图4所示。

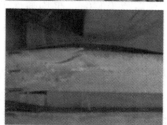

(a) CB1   (b) CB2   (c) CB3   (d) B12

图4 试件破坏特征（一）

| (e) B13 | (f) B14 | (g) B15 | (h) B16 |

图4 试件破坏特征（二）

主要试验结果　　　　　　　　　　　　　　　　表1

编号	试件特征	P_u (kN)	P_u提高幅度(%)	Δu (mm)	Δu 提高幅度(%)
CB	对比试件	30.3	–	67.9	–
B12	1 层 3mm 钢板	37.9	25.1	120	76.7
B13	1 层 5mm 钢板+螺栓	73.0	141	90.1	32.7
B14	1 层 3mm 钢板+螺栓	49.6	63.7	78.8	16.1
B15	1 层 3mm 钢板+ U 形箍	33.0	8.9	95	39.9
B16	2 层 3mm 钢板 +螺栓+U 形箍	48.2	59.1	162	138.6

注：表中Pu为极限荷载、Δu为荷载下降至85%Pu时跨中极限位移；CB为CB1～CB3的平均值。

（二）主要试验结果

主要试验结果汇总见表1所示。

（三）荷载——位移曲线

试件的荷载——位移曲线对比见图5所示。取各试件0～0.4Pu时的割线刚度为试件初始弯曲刚度，各试件弯曲刚度对比见图6所示。

由表1和图5、图6可知：①粘贴钢板加固木梁的极限承载力有明显提高，提高幅度为9%～141%，平均提高60%；极限位移亦明显提高，提高幅度为16%～139%，平均提高61%。②采用螺栓锚固钢板的加固试件B13、B14和B16的极限承载力提高幅度更大，平均提高88%；而无锚固或仅采用U形箍锚固的试件B12和B15极限承载力提高较少，仅平均提高17%。③粘贴钢板加固木梁试件的初始弯曲刚度均较对比试件有较大提高，提高幅度为32%～158%，平均提高73%。其中粘贴5mm厚钢板的加固试件B13提高最多，达158%；粘贴二层3mm厚钢板的加固试件B16初始弯曲刚度提高68%；粘贴一层3mm厚钢板的加固试件B12、B14和B15平均提高47%。④试件破坏形态和试验结果均表明，采用螺栓对粘贴钢板进行锚固是提高加固效果的重要措施。

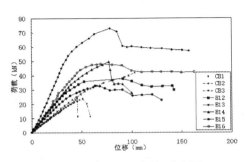

图5 试件P—△曲线对比图

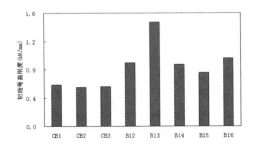

图6 试件初始弯曲刚度对比图

（四）应变分析

1.跨中截面沿截面高度应变变化

对比试件和加固试件跨中截面沿截面高度的应变变化见图7所示。

由图7可知，对比试件和粘贴钢板加固试件的跨中截面应变随荷载增加仍基本符合

平截面假定，在加载后期由于钢板局部屈服或剥离其变形逐渐变得不规则。

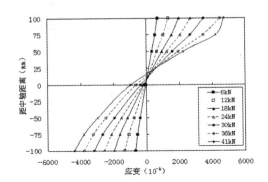

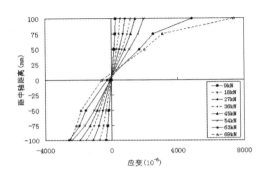

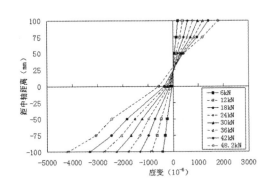

**图7 试件跨中截面沿截面高度
应变变化图**

2.跨中边缘应变变化

对比试件和加固试件跨中受拉边缘和受压边缘的应变对比见图8所示。其中1#应变

片位于跨中受压边缘中心，5#应变片位于跨中受拉边缘中心。

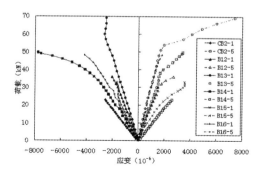

图8 试件跨中边缘应变对比图

由图8可知，与对比试件相比，在受拉边缘粘贴钢板后加固试件的弯曲刚度得到明显提高，其中粘贴5mm厚钢板和粘贴2层3mm厚钢板的B13和B16提高最为明显；在相同荷载作用下，加固试件受拉边缘拉应变和受压边缘压应变均明显小于对比试件。

3.钢板沿梁轴向应变变化

加固试件B16钢板沿梁轴向的应变变化如图9所示。

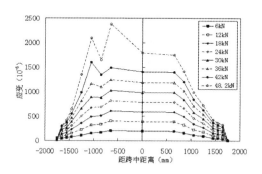

图9 B16钢板沿梁轴向应变变化图

由图9可知，钢板沿梁轴向应变基本左右对称，在两端应变较小，在纯弯区段达到最大值且较为平均；应变随着荷载的增加而增加。

4.U形箍应变变化

在加固试件B15四个碳纤维布U形箍侧面中心布置竖向应变片，其应变变化如图10所示。

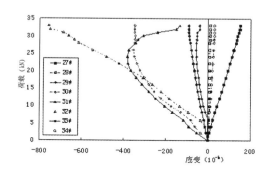

图10 B15碳纤维布U形箍侧面中心应变变化图

由图10可知，加固试件B15的U形箍侧面中心的拉应变较小，且部分为压应变，说明U形箍对钢板的有效约束作用有限。

五、结论

（一）试验表明，对比试件多发生源于受拉区缺陷的脆性破坏；粘贴钢板加固后，加固木梁的延性性能得到显著提高，除B14外加固试件破坏后仍保持整体。B15和B16均发生源于受拉边缘木节的破坏，其加固效果受到一定的限制。

（二）试验研究表明，粘贴钢板加固木梁的极限承载力有明显提高，提高幅度为9%～141%，平均提高60%；极限位移亦明显提高，提高幅度为16%～139%，平均提高61%。

（三）采用螺栓锚固的粘贴钢板加固木梁的极限承载力提高幅度更大，平均提高

88%；而无锚固或仅采用U形箍锚固的粘贴钢板加固木梁的极限承载力提高较少，仅平均提高17%。采用螺栓对粘贴钢板进行锚固是提高加固效果的重要措施。

（四）粘贴钢板加固木梁试件的初始弯曲刚度较对比试件亦有明显提高，提高幅度为32%～158%，平均提高73%。

（五）试验表明，粘贴钢板加固木梁跨中截面应变随荷载增加仍基本符合平截面假定；在相同荷载作用下，加固木梁受拉边缘钢板拉应变和受压边缘压应变均明显小于对比试件。

（六）综上所述，粘贴钢板加固木梁并用螺栓锚固是一种有效的加固方法。

（上海市建筑科学研究院（集团）有限公司供稿，许清风、朱雷、陈建飞、李向民执笔）

六、工程案例

　　既有建筑改造示范工程，对我国既建筑改造技术的推广具有良好的示范作用，能有效推动我国既有建筑改造的发展。本篇节选了部分不同气候区、不同建筑类型的既有建筑改造案例，分别从建筑概况、改造目标、改造技术、改造效果分析、改造经济性分析、推广应用价值以及思考与启示七个方面进行介绍，供读者参考借鉴。

上海市宛平南路75号园区的更新改造

一、工程概况

上海市宛平南路75号是上海市建筑科学研究院（集团）有限公司（以下简称建科院）的发源地，园区建设于1958年，位于上海市徐汇区，紧邻徐家汇商圈，园区周边分布着高校、居民区、小学等各种业态。

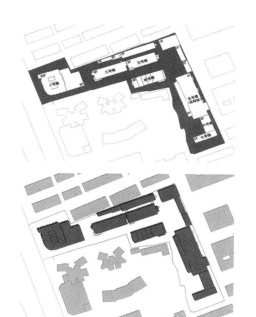

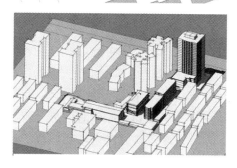

图1 园区改造前建筑布局图

园区由7栋主要建筑以及一些辅助实验用房组成（如图1），早期主要是以实验、科研、检验功能为主，结合办公，因此园区内主要以厂房性质的大空间建筑和实验性质的小空间建筑为主；园区内的建筑形式主要呈现出当年产业建筑群的特点：横向长窗加外遮阳板。随着时间的推移，园区功能转变为以办公为主，从而遗留下部分厂房、车间等大空间建筑等待合理的应用。这些既有建筑记录了企业的发展历程，同时镌刻着一代代企业员工的工作生活足迹。

从传承的角度来看，园区周边的布局关系显现了徐汇区的运行轨迹；从和谐的角度来看，保证园区与周围城市社区的睦邻友好限定了园区本身的改造力度，同时合理地"留"下这些遗留建筑有助于尊重历史的基因，延续企业的源泉，强化企业文化的认同。

从建筑角度而言，园区内早期因功能置换这部分的既有建筑其结构较为合理，经济性较好；但随着业务的不断扩大，园区很多建筑原有的规模已无法满足现在的办公需求。相比拆除重建，对原有建筑进行改造以提升其功能具有经济效益好，施工影响小，工期短，且不会产生建筑垃圾等诸多优点。因此，对于既有建筑本身进行改造的意义在于：在节约资金的前提下，延长其使用寿命，使其能更好地被利用，创造良好的建筑品质和环境。而对于既有建筑群体而言，它的位置受制于当年的城市规划，空间组合源于当年的功能定位，建筑形式呈现当年的流行风尚和地域特征，合理地保留该建筑群体是对于过往历史的尊重。

二、改造目标

（一）存在的问题

上海宛平南路75号园区从布局、流线、功能方面都已经不适应现在的需求，问题主要有以下几个方面：

1. 建筑布局零散，关联性较差

整个园区由7栋主要建筑以及一些辅助实验用房组成（如图1），各个建筑之间大都相互独立，彼此之间的关联性比较弱，尤其是在大风、多雨的季节，这种"各自为战"的布局就使得关联性的办公变得困难，而处在夏热冬冷地区的上海，更加剧了这种矛盾。

2. 交通流线交叉，停车位分散

整个园区现状交通流线主要包括人流、车流、自行车及电动车流，各个流线都不约而同的交汇在唯一的一条主干道上，使得混流以及流线交叉的情况比较严重（如图2），而且这种情况不仅发生在上下班高峰，由于每天有大量的车流量，还使得上班时间的人车混行成为一个安全隐患。

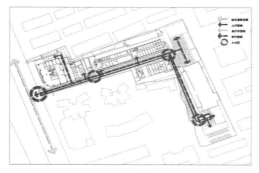

图2 园区改造前交通流线图

园区内停车位的布置以及自行车棚的位置都相对分散，而人流的走向也随着建筑的分散布置而相对分散。这样分散的交通流向就带来了管理难度以及防范风雨的难度。

3. 建筑功能割裂，未整体考虑

整个园区现状功能组合与定位主要包括：院部（核心）、事业部门（直属）、专业子公司（衍生）、委托管理子公司（代理）四个大的功能定位，而现有的功能定位与各个建筑本身并没有形成关联，仍然存在很多同一栋楼内各种功能相互穿插和割裂的情况，而且由于规模和层次感不强，使得园区内原有定位没有呈现出来，反应在建筑单体中，从而显示出分布的不均衡以及不科学。

（二）改造技术目标

本项目改造前存在的主要问题有：

1. 空间因素

（1）园区现状高度（日照）限制

从整个园区内主要建筑与周围建筑的建筑高度关系，以及日照分析来看，每栋建筑都几乎达到了规划的上限甚至有部分略微超出，因此在原有基础上加建的可能性不大；同时由于规划条件的变更，原有一些楼房已经超过规划限制，因此拆除重建也变得得不偿失。

（2）园区现状密度（总面积、容积率）限制

由于整个园区的容积率，用地面积是被限定的，所以园区内部不能单方面的增加建筑面积，除非是拆掉多少面积，才可以加建多少面积，总之要维持整体的平衡。

（3）园区现状延度（转弯半径、退界等）限制

由于整个园区地块呈狭长条状，要满足规划退界要求，同时满足大中型车辆的转弯半径的要求，就需调整现有的建筑与主要道路的构架。

2.时间因素

（1）园区历史

园区早期主要是以实验、科研功能为主，结合办公。因此园区内有部分厂房性质的大空间建筑，随着园区功能的改变，遗留下部分厂房、车间等大空间建筑，等待合理的应用。

（2）园区现状使用

随着集团的发展，园区内的试验、检验用房逐渐迁出，园区功能开始以办公为主。部分用房迁出后，多余的面积，在保证办公正常使用同时，为功能整合提供可能。

（3）园区未来趋势

园区新定位的提出："对外形象"建筑咨询服务企业集聚地（1号楼）——"核心"总部综合办公集聚区（2、3、4号楼）——"孵化"创意园区（5号楼）。给园区的未来融入新的不确定因素。

3.其他因素

（1）城市因素

从规范的角度来看，《城市规划条例》限定了园区的发展规模；从和谐的角度来看，保证园区与周围城市社区的睦邻友好限定了园区本身的改造力度。

（2）经济因素

园区内的改造，要保证园区工作的正常持续，同时符合国企形象需求，依然贯彻多、快、好、省的原则，通过有限的投入得到良好的效果。

（3）实施因素

园区内的改造，要结合园区实际情况，保证原有管线、结构等安全，同时结合施工条件分期施工，从而对园区的影响达到最小。

（三）改造原则

针对上海市宛平南路75号园区的以上特点，提出"基于建科院50年的历史，结合当前满足未来50年的发展需要"的指导思想，并最终形成"少拆多留，重连求'联'，形成生态的'链'、发展的'链'、文化的'链'"的改造原则。

1.尊重历史的"基因"

客观评估：对园区早期因功能置换遗留下的部分厂房、车间等大空间建筑，进行评估，包括结构负荷、历史价值、改造机会等。

合理保留：通过对园区历史建筑的合理评估，有利用价值、保留价值的合理保留，并通过合理改造，延续历史的"基因"。

科学利用：在对园区历史建筑改造过程中，应结合原有建筑本身特色，通过科学的利用，赋予历史建筑新的生命。

2.优化现实的"存在"

形式：园区原有建筑形式相对单一，整个环绕在蓝与灰的大环境中，没有相对的视觉重心，希望通过新元素的融入，强化"核心"，形成"连"的构架。

功能：园区原有功能相对单一，主要是以散点办公为主，缺少交流和停留空间，希望通过新元素的融入，强化"人性感知"，形成"连"的媒介。

布局：园区原有布局相对分散，各栋建筑各据一方，缺乏整体感，方便性；希望通过新元素的融入，将各个离散的点"连"成一个整面。

3.利于未来的"发展"

生态考虑：整个园区通过"连"的方式，形成生态庭院（1、2号楼之间）、生态连廊休闲区（3、4号楼之间）、生态屋顶平台（3、4、5号楼之间）一系列贯穿整个园区的生态"链"。

发展考虑：通过对园区原有结构馆的改造、更新，使其从原有的厂房空间发展演化为现代生态办公空间，实现历史与未来的"链"接。

文化考虑：通过对园区原有建筑的连接，为职工和企业之间内在的"链"接，创造了平台，促使企业文化能够确确实实深入人心。

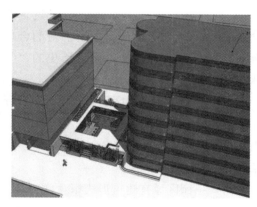

图3 生态庭院空间关系及放大图

三、改造技术

（一）入口生态庭院（图3）

功能：园区内1、2号楼之间的连接体，非机动车停车的限定空间，主入口景观休闲空间；

作用：通过生态庭院形成连接1号楼食堂和2号楼办公空间的风雨回廊，围合出景观、休闲、停留空间，同时限定非机动车的流线导向；

内涵：生态庭院的构筑，形成了整个园区空间系列的序幕，同时体现出园区儒雅的气质和内敛的特征。

图4 空中景观连廊效果图

（二）空中景观连廊（图4）

功能：园区内2、3、4号楼之间的空中连接体，构建出园区内的人车立体分流，同时也是园区内的视觉核心；

作用：通过空中景观连廊形成连接2号、3号楼三层办公空间和4号楼食堂的风雨廊，同时将3号楼三层空间改造为服务交流性空间与4号楼的食堂一起构建出整个2、3、4号楼人流汇聚枢纽，强化2、3、4号楼的一体性。

内涵：空中景观连廊的构筑，形成了整个园区空间系列的高潮，强调精干、统一的思想。

（三）屋顶花园平台（图5）

功能：园区内3、4、5号楼之间的连接体，机动车停车的限定空间，主要的步行景观休闲空间。

图5 屋顶花园平台

作用：在有限的园区范围内，不改变原有布局和保留停车功能的前提下，屋顶花园平台的构建，创建出大面积纯步行的休闲、景观、绿化空间，同时将3、4、5号楼联系起来，而其下部则形成半封闭的停车库。

内涵：空中景观连廊的构筑，形成了整个园区空间系列的收尾。当员工站在其上，背靠长满爬山虎的老厂房的山墙，回望整个园区的空间序列时，会萌生一种延续历史、展望未来的情怀。

四、改造效果分析

改造中通过"连"的方式，实现历史与未来、职工与企业、部门与部门等的"链"接，从而使园区形成一个整体系统。

（一）整合

1.流线整合（图6）

（1）园区的交通"流线"

整个园区现状交通流线主要包括人流、车流、自行车及电动车流，各个流线都不约而同地交汇在唯一的一条主干道上，使混流以及流线交叉的情况比较严重，而且这种情况不仅发生在上下班高峰，由于每天有大量的车流量，还使得上班时间的人车混行成为一个安全隐患；通过生态庭院、空中连廊和屋顶平台的构建，将原来分散的建筑群连成一体，从而形成人车立体分流。

（2）园区的交通"流向"

园区内停车位的布置以及自行车棚的位置都相对分散，而人流的走向也随着建筑的分散布置而相对分散。这样分散的交通流向不仅带来了管理难度而且不利于防风避雨。我们通过生态庭院的围合，限定了非机动车停车空间以及出入口，通过屋顶平台的构建，限定了其下机动车停车空间以及出入口，从而明确了园区人车分流的交通流向。

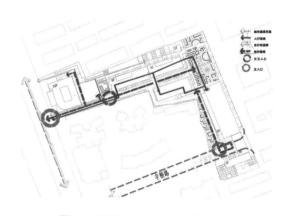

图6 园区改造后交通流线图

2.功能布局整合（图7）

整个园区现状功能组合与定位主要包括：院部（核心）、事业部门（直属）、专业子公司（衍生）、委托管理子公司（代理）四个大的功能定位。现有的功能定位与建筑功能本身并没有形成关联，仍然存在同一栋楼内各种功能相互穿插混合管理的现象，而且由于规模和层次感不强，功能分布既不均衡也不均匀。设计中我们通过空中连廊的构建，强化了2、3、4号楼的一体性和核心性，形成整个园区的功能核心区（院部、事业部门），以生态庭院和屋顶平台为界限形成代理功能区（1号楼）和衍生功能区（5号楼），以凸现整个园区功能组合与建筑布局的完美结合。

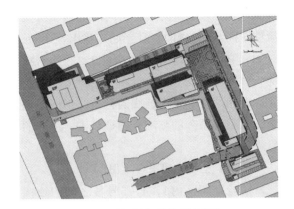

图8 园区改造后总平面图

2.发展系统（图9）

通过设计调整，将散点式的办公体系整合为综合协调的整体，并通过对园区原有结构馆的改造、更新，使其从原有的厂房空间发展演化为现代生态办公空间，实现历史与未来的"链"接。

图7 园区功能布局整合图

（二）系统

1.生态系统（图8）

整个园区通过"连"的方式，形成生态庭院（1、2号楼之间）、生态连廊休闲区（3、4号楼之间）、生态屋顶平台（3、4、5号楼之间）一系列贯穿整个园区的生态"链"，以形成 点、线、面绿化生态系统的结合、延伸。

图9 园区结构馆改造图

3. 文化系统

通过对园区原有建筑的连接，为职工和企业之间内在的"链"接，创造了平台，促使企业文化能够确确实实深入人心，并通过人性化空间的营造，使历史、现实、未来成为延续性空间的连接，建筑群体的延续，以及文脉的延展。

五、改造经济性及推广应用价值分析

随着我国国民经济的持续稳步发展，大量既有建筑群体由于种种原因原有功能不再适用，但是其沉淀了历史发展的种种足迹，与周边城市环境和谐融洽，而且结构状态仍趋完好，合理地对其保留是具有多方面积极意义的。

通过对本案的规划设计，我们觉得既有建筑群体改造是一个人令人兴致盎然的题目，它间或如一架"桥梁"，连接过去而又通往未来；它承载人们的记忆，传递时空的信息，重新建立了建筑群体的平衡；它使得原有建筑群体达到一种蜕变中的进化，而不是拆散或者割裂，实现了建筑群体在时间维度上的进化与更新。对于我们来说，通过对既有建筑群体功能的整合、流线的梳理以及整体性的构建，使其重新焕发光彩，不仅能够满足新的功能要求，更是一种历史的延续，从而达到"少拆多留，重连求'联'，形成生态的'链'、发展的'链'、文化的'链'！"的一个目标，实现建筑利用效能的最大化，既有建筑群改造是一项长期而艰巨的任务，我们将在今后的工作中继续加强理论与实践的探索！

（上海市建筑科学研究院（集团）有限公司供稿，郑迪、潘京、范国刚执笔）

北京市东城区东四街道办事处办公用房节能改造

一、工程概况

北京市东城区东四街道办事处办公用房位于北京市东城区东四六条17号院，建于20世纪80年代，总建筑面积为8589.93平方米。该建筑于2011年启动绿色化改造工程，是东城区节能改造示范项目。通过节能改造，该项目将被打造成"二星级绿色建筑示范工程"，以推动建筑节能的发展。项目由北京建筑技术发展有限责任公司咨询设计。

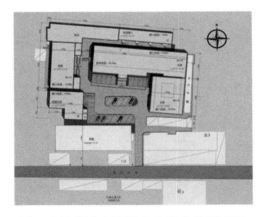

图1 东四街道办事处办公用房总平面图

该项目主要针对北楼、西楼和东楼、平房和锅炉房等办公用房进行节能改造。其中，北楼为现浇钢筋混凝土框架结构，建筑面积4277.58平方米，地上5层，地下1层。该建筑地下部分层高4.5米，地上部分层高2.8米，屋顶形式为南高北低的双坡坡顶，

屋脊处的结构高度为15.33米。结构形式为板柱框架剪力墙结构，现状框架填充墙及内隔墙为陶粒空心砌块墙体。东楼为砖混结构，建筑面积为1645.35平方米，其中地上四层，地下两层，其中上层为半地下室。该楼最初为地上3层，在北楼设计施工时曾进行改造，加高第三层，东楼与北楼通过一条通道连接。建筑除三层层高为3.15米以外，其余各层层高均为3.1米，墙顶建筑高度为15.35米。西楼为现浇钢筋混凝土框架结构，建筑面积为1032.34平方米，地上两层，地下为一层半地下室。该建筑半地下室层高3.15米，首层层高3.15米，二层层高4.5米，檐口高度为10.02米。结构形式为框架结构，现状框架填充墙为加气混凝土砌块墙体。平房为砖混、砌体结构，面积为680.03m²。锅炉房为平房，同样为砖混、砌体结构，面积为227.53m²。

二、改造目标

为了有效加强政府在推动节能改造方面的实践，提升节能技术，展示新型节能产品，增强与科研机构的技术交流，对东四街道办事处办公用房进行节能改造，以实现节能降耗的目的，从而推动建筑节能的发展。

本项目在不改变既有建筑功能的基础上对建筑进行节能改造，主要有围护结构节能

改造、暖通系统节能改造、电气系统节能改造、给排水系统节能改造等等。

（一）围护结构节能改造

加强围护结构的保温隔热性能，适当提高其保温隔热能力，使建筑综合节能率达到65%。

（二）暖通系统节能改造

结合本项目的特点，利用各项新技术，提高建筑部分负荷时空调系统的运行效率，减少整体电耗。

（三）电气系统节能改造

对冷热源、输配系统和照明等各部分电耗进行独立分项计量，可以了解和掌握各项能耗水平和能耗结构是否合理，及时发现问题并提出改进措施；在本项目中，对北楼部分地下室，在不影响地上人流的情况下，在绿地上布置光导管，充分利用太阳能进行自然采光；在西楼顶部布置光导管，使会议室能够大面积自然采光。

（四）给排水系统节能改造

建筑内选用节水卫生器具，采取措施查明本项目的不明水源来源，并采取封堵措施，以节约水源；对屋面雨水进行收集与处理，用于本项目的庭院绿化灌溉、冲洗地面等用途；本项目庭院绿化面积应大于等于室外地面总面积的40%，以便增加场地雨水与地下水涵养，减轻排水系统负荷。

三、改造技术

（一）土建工程

1.建筑物主体结构加固及装修恢复工程

本项目对东楼、西楼及北楼及地下人防设施进行结构加固，总建筑面积为8589.93m²。对东楼采用喷射混凝土面层的方法进行加固；根据结构检测报告要求，需对西楼和北楼的建筑物内角柱和其他部位柱加密区采取加强措施进行加固处理；对于地下人防工程，采取外包钢加固钢筋混凝土和喷射混凝土面层相结合的方法进行加固，对特殊位置采取外贴纤维加固法；本项目在对三栋既有建筑及地下人防工程加固后，对建筑室内装修进行恢复。

2.围护结构节能改造工程

本项目对三栋建筑进行围护结构的节能改造，具体方案如下：

外墙保温——外墙面积为4566.2m²。本项目拟采用防火陶板幕墙内加A级防火外墙外保温材料填充的保温形式，外墙设置幕墙龙骨与主体结构连接，次龙骨连接陶板及主龙骨，A级防火陶板及建筑主体之间采用A级防火外墙保温材料填充。

外窗——外窗面积为1060.8m²。为提高外窗的保温隔热性能，采用断热型铝合金窗框，结合中空镀银low-e+涂膜玻璃，部分重点房间可考虑采用真空玻璃。外窗安装可调式透光遮阳卷帘，根据室外光线强弱情况可灵活调节。

屋面——屋面面积为1891m²。采用挤塑聚苯板作为屋面保温材料，厚度为75mm；女儿墙500mm～1000mm范围内采用A级防火保温材料进行防火隔离处理。屋面保温采用倒置做法，屋面防水选用SBS（3+3）材料。

3.电梯工程

本项目拟在北楼楼梯西侧安装节能电梯一部，作为垂直交通连接各层。节能电梯从-1层至4层，共5层。

4.地下人防加固及漏水处理

对现有的地下人防结构进行加固。对于

现状人防漏水的情况，需要先查明原因，找到水源之后采取疏导及地下室外墙外防水等措施来解决漏水问题。

（二）给排水消防工程

本项目给排水改造内容主要包括给水系统、排水系统、消防系统三部分。

1. 给水系统

需改造现有的室内和室外给水管路，选择使用内壁光滑的供水管材，使用低阻力阀门和倒流防止器；卫生设备采用节水型，各种阀门选择建、规委允许产品；坐便器采用冲洗水量为6L/3L两档的节水便器，蹲便器采用脚踏冲洗阀，水龙头采用陶瓷芯片，卫生间采用红外线感应水嘴、感应式冲洗阀冲洗小便器，消除长流水；给水管材选择钢塑复合管，管道铺设采用暗装；室外给水管材采用镀锌钢管，管道铺设采用埋设，埋深不低于1.2米。

2. 排水系统

需要对现有的室内和室外排水管路进行改造，室内外排水管选用PE管，室内排水管径为DN50和DN100，室外管径为DN100和DN150。

3. 消防系统

消防系统需要按照现行规范设计（增加消防喷淋等），消防管道采用焊接钢管焊接，管道外壁刷丹油两道，银粉漆两道。消火栓箱内设有直接启动消防泵的按钮，并有保护装置。人防内消火栓管均需做电伴热保温。其中北楼需要有自动喷淋系统。

（三）暖通空调工程

结合项目的实际情况，本项目在暖通空调工程方面的改造拟采用：市政热力+多联机空调系统+新风系统的采暖、空调方案。

设置VRV智能集中控制系统，灵活集中控制室内温度设定值及机组启停时间；市政热力引入后，换热站拟设置在原锅炉房处；该项目中多联机空调主要应用于东楼、西楼、北楼等三个主要建筑，平房维持现状。

（四）电气系统工程

本项目电气系统改造内容主要包括强电系统和弱电系统两部分。

1. 强电系统

强电系统主要改造内容包括：配电系统、照明系统、防雷接地系统三部分。

（1）配电系统改造

本项目变配电系统进行改造，主要包括变配电系统线路改造和联络柜安装。其中变配电系统线路改造主要包括原有照明、动力配电线路的改造和VRV空调系统配电线路的铺设。配电方式采用放射式与树干式相结合的配电方式，干线采用线槽或桥架敷设，支线穿金属管敷设，线路选用铜芯电缆及导线。事故照明等消防负荷采用EPS作为备用电源的供电方式。

（2）照明控制系统改造

针对本项目的特点，主要考虑通过科学的照明设计，采用效率高、寿命长、安全和性能稳定的照明电器产品，包括电光源、灯用电器附件、灯具、配线器材以及调光控制设备。

（3）防雷系统改造

本工程按三类防雷措施考虑。沿屋顶女儿墙设Φ10镀锌圆钢作避雷带，利用结构柱内主筋作为防雷引下线，与基础接地极可靠连接，凡突出屋面的所有金属构件，均应与避雷带可靠焊接。电气设备保护接地、弱电系统接地及防雷接地系统共用统一接地极，要求接地电阻不大于1Ω。设总等电位联结箱，所有进出建筑物的金属管道及电缆金属外皮均进行等电位联结，并连至接地装置。凡正常不带电，而当绝缘破坏有可能呈现电压的一切电气设备金属外壳均应可靠接地。在总配电柜内装设电涌保护器以实现过电压保护。

2.弱电系统

弱电系统主要包括消防自动报警系统、视频监控系统、综合布线系统、能源计量和管理系统四部分，其中：

（1）消防自动报警系统

设事故照明、安全疏散指示灯和出口标志；设火灾自动报警系统、火灾事故广播系统和消防专用电话系统。

（2）视频监控系统

本项目拟在庭院内和各楼层安装视频监控装置。

（3）综合布线系统

本项目拟对办公楼及会议室等场所进行综合布线改造，安装综合布线系统采用中等配置标准，用铜芯电缆组网。主要包括线管、线槽、桥架、配件等。

（4）能源计量和管理

本项目能源管理系统建立在楼控的基础上，通过楼宇自控系统的数据传输，围绕建筑物内各类机电设备的运行、安全、节能等要求对各类设备进行实时自动检测、控制和管理的系统。

（五）可再生能源利用

1.光导管

本项目庭院绿地面积约为340m²，设置直径530mm的光导管6套，用于北楼地下一层自然采光照明；西楼屋顶面积约394m²，设置直

径530mm的光导管6套，用于西楼顶层大会议室的自然采光照明。

2.太阳能热水系统

本项目拟在北楼屋面安装太阳能热水系统，为厨房和宿舍提供生活热水。不足部分和阴雨天气以及冬季太阳辐照不好时采用辅助能源水箱自带电加热进行辅助加热。图2为本项目太阳能热水系统示意图：

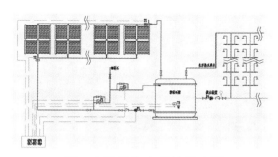

图2 太阳能热水系统示意图

（六）厨余垃圾微生物处理机

本项目将在厨房配置一套厨余垃圾处理机，将餐厅内产生的厨余垃圾就地消化，并将处理后的残余部分作为有机肥料用于庭院绿化，就地将厨余垃圾处理。

四、改造效果分析

1.室外建筑改造效果

由于本项目地处东四六条，是北京市文物保护区，周边有大量保留下来的北京四合院建筑群，因此设计中考虑到与周围整体环境的协调一致，外墙采用铝板幕墙体系，色调以灰色为主，适当搭配浅灰色装饰线条，使建筑自然融入周围环境，同时又具有一定的现代气息。改造前、后的建筑立面效果图如图3、图4所示。

图3 改造前建筑立面效果图

图4 改造后建筑立面效果图

2.室内改造效果图

图5 社保大厅效果图

图6 门厅效果图

图7 多功能厅效果图

五、节能改造经济分析

1.围护结构及采暖空调节能改造

采用多联机进行冬季供暖和夏季制冷，对既有建筑围护结构及采暖空调节能改造。利用同样的计算方法，计算节能改造前、后通过围护结构的传热量，其计算结果如下：其中电耗和节能量的单位均为（万kWh）。

围护结构及采暖空调节能计算　　表1

	冬季采暖电耗	夏季制冷电耗	节能量	节能率（%）
改造前	56.31	2.77	51.49	87.14
改造后	0	0.77		

2.光导管自然采光节电

该项目庭院绿地面积约为340m²，设置直径530mm的光导管6套，用于北楼地下一层自然采光照明；西楼屋顶面积约394m²，可设置直径530mm的光导管6套，用于西楼顶层大会议室的自然采光照明。当照度为100lx时，单位面积用电功率为5W/m²。光导照明系统照明面积按照500m²计算，平均每天采光照明10小时左右，一天日间节约照明用电量为25度。荧光灯镇流器耗电量约占照明用电的20%～30%，以20%计算，其镇流器每天节约耗电量为5度。因此，一天日间照明总节约用电量约为30度，一年节约照明电量为10800度。电价按1.0元/kWh计算，光导管系统一年可节约照明电费1.1万元。除此之外，光导管可作为地下室的应急照明使用，当发生停电等紧急情况下，光导管将正常工作，有利于地下人员的疏散。

3. 太阳能热水系统节电

太阳能系统系统总集热面积为100㎡，每天满足将5吨水从基础水温15℃升高到60℃，在全年太阳能保证率为60%的条件下，太阳能热水全年节约的电耗为：5000×4.2×（60-15）×365×0.6/3600=57500kWh。因此，太阳能系统每年可节约电耗5.75万kWh，不足部分和阴雨天气以及冬季太阳辐照不好时采用辅助能源水箱自带电加热进行辅助加热。

（北京建筑技术发展有限责任公司供稿，陈颖、罗淑湘、王盟执笔）

上海金鹰国际购物中心改造工程

一、工程概况

上海金鹰国际购物中心位于上海市南京西路陕西北路交叉地，为一幢地下2层、地上30层的商业建筑，外立面如图1所示。本次改造主要为裙楼商场的改造，改造总建筑面积约38000m²，主要包括结构抗震改造，节能改造，建筑功能的升级改造。

图1 改造前照片

建筑方面。建筑布局不合理，不适合高档商场的建筑布置要求；层高较低（净高仅2.89m），显得比较压抑；外立面陈旧，围护结构不满足保温要求。

结构方面。该建筑设计于1994年，依据89规范设计，考虑7度抗震设防。该建筑物有2层地下室，塔楼部分为30层的钢筋混凝土框架-核心筒结构，裙楼为9层框架结构。地下两层为停车库，大楼一至七层为商场，

其余主要为办公。本工程为典型的混凝土框筒结构，体系比较规则，无转换层，不属于超限高层。

暖通空调及给排水方面。电器、暖通设备老化，能耗很高，不符合国家及地方政策法规的要求。

二、改造目标

（一）调整建筑布局满足新功能的使用要求，改造后的结构能够满足新的防火规范要求；

（二）在商场中部设置中庭增加采光面积，并在商场中部形成景观通道；

（三）对原围护结构及外立面进行材料更换和翻新，满足能耗指标的要求；

（四）更换老式的暖通空调设施及电气设施满足节能的要求，电气设施改造后达到节能30%的目标；

（五）结构上满足现行的抗震规范的要求。

三、改造技术

（一）建筑改造

1. 外立面改造

外立面由原来的玻璃幕墙改造石材幕墙，局部立面内凹。改造后立面效果如图2所示。

2. 建筑平面改造

本工程为了满足建筑使用功能的调整，

主要对建筑楼层进行了大范围的调整，包括新增电梯1部，新增楼梯3部（其中2部为消防楼梯），拆除部分楼面形成大厅或中庭，涉及楼板拆除面积2412m²，混凝土320m³。所有楼面拆除采用静力切割技术，防止对原结构造成伤害，最大程度地降低噪声污染和粉尘污染。

图2 改造后效果图

图3 楼面切割

图4 柱切割现场照片

（二）结构改造

1.结构上主要不足分析

（1）柱

①底层柱的加密区实际高度为850mm，现行规范的要求为底层柱的加密区高度≥Hn/3（Hn为柱净高），因此，底层柱的加密区高度不能满足现行规范的要求；

②-1层和1层90%以上的柱配箍不足，按现行规范计算大多数柱的配箍为4.0，实际配箍为3.39，不满足现行抗震规范要求。

（2）梁

①部分主框架梁配筋不足；

②扶梯及楼梯两端的梁集中荷载较大，梁配筋不足。

（3）板

裙楼板底配筋：X方向板顶配筋为Φ10@180（436.3mm²/m），板底配筋为Φ10@200（392.7mm²/m）；Y方向板顶配筋为Φ12@180（628.3mm²/m），板底配筋为Φ10@200（392.7mm²/m），满足现行规范的要求，因此楼板不需要大范围加固。

（4）剪力墙

主要是厚度不足，不能作为抗震墙。

2.结构改造主要内容

（1）对原结构进行抗震加固，抗震性能满足GB 50011-2001的要求，主要包括梁、板、柱、抗震墙的加固；

（2）为了满足建筑使用功能的要求，在结构的中部增设一中庭，需要拆除二至六层D-F轴部分楼盖和柱，因此，需要对抽柱后结构进行加固，并设置转换结构。

3.改造前后结构整体指标对比分析

（1）改造前后结构周期比较

原结构第一振型的周期为2.61s，改造后结构第一振型的周期为2.64s，比原结构

    表1

振型号	改造前（s）	改造后（s）
1	2.6071	2.6396
2	2.2642	2.2887
3	1.5836	1.6016
4	0.8674	0.872
5	0.7982	0.7995
6	0.5707	0.5711
7	0.4428	0.4423
8	0.4322	0.4327
9	0.3049	0.2983
10	0.2716	0.272

增加了0.03s，说明改造后结构刚度稍有削弱，但变化量不大。

（2）改造前后结构层间位移及位移角

根据表2结果，改造前的最大位移角为1/1687，改造后的最大位移角为1/1667，最大位置均在第16层，改造后结构的最大层间位移角基本不变，完全能够满足抗震规范规定的1/800的要求。楼层位移比在1.5之内，改造前后变化很小，均满足现行规范要求。

结构位移表   表2

工况	最大层间位移角		楼层位移比（部位）		
	改造前	改造后		改造前	改造后
X 向地震	1/1687	1/1667	主楼	1.13（3层）	1.13（3层）
Y 向地震	1/2105	1/2083	主楼	1.42（3层）	1.39（3层）

注：楼层位移比考虑偶然偏心的影响。

改造前后的地震力   表3

	改造前地震力（kN）	改造后地震力（kN）
结构总重	1209561	1204357
X 方向	10374.08	10189.74
Y 方向	10259.80	10191.48

（3）改造前后地震力比较

改造后结构的地震作用X方向比改造前减小184.34kN，Y方向减小68.32kN，改造后结构的地震作用有所减小。

4.结构加固处理方案

（1）柱的加固

框架柱存在的问题主要是配箍不足，对圆柱采用横向约束的方式既可以提高其抗压承载力，降低轴压比，又可以配箍不足的问题，因此采用外包碳纤维法。外包碳纤维法具有施工简捷、工期短、质量容易保证的特点，如图4所示。

（2）梁的加固

针对裙楼部分梁配筋不足的问题，可以采用碳纤维和粘钢进行加固。碳纤维加固和粘钢加固的优缺点对比见表4。

碳纤维与粘钢对比　　　表4

加固方式	碳纤维加固法	粘钢加固法
加固方法	混凝土表面粘贴碳纤维	混凝土表面粘贴钢板
施工性能	方便快捷	工序相对复杂
施工工期	工期短，工效高	工期较长
工后维护	耐腐蚀性好，工后无需维护	钢板耐腐蚀性差，工后需要定时维护

图7 楼板碳纤维加固

图5 梁碳纤维加固

图8 碳纤维板加固

图6 梁粘钢加固

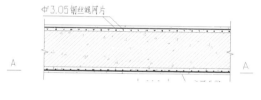

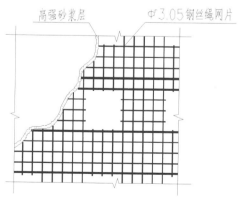

图9 剪力墙加固示意图

（3）板的加固

增加厨房的部位由于荷载增加很大，采用碳纤维板加固；其他位置采用碳纤维布加固。

（4）剪力墙

主要是厚度不满足规范要求，采用钢绞线网-聚合物水泥改性砂浆加固成抗震墙，加固构造图见图9。

图10 喷射聚合物砂浆加固剪力墙施工照片

5. 抽柱工程

（1）工程难点和解决思路

为了在商场中部形成中厅，要将二至六层D-F轴部分楼板拆除（见图11，其中阴影部分为拆除的楼面），并抽掉E轴二至六层柱，如图12所示。由于该结构顶层为屋顶花园，并且在被抽掉的柱子上部有重约100t的水箱，这给抽柱工程的设计施工带来很大挑战，抽柱难度很大。抽柱工程所要考虑的主要问题有：

①荷载转换方案，如何转换屋顶及各楼层的荷载；

②转换构件的加固设计及对周边结构影响分析；

③抽柱时临时支撑措施的设计。

考虑到被抽柱的荷载较大，有屋顶花园和100t的水箱，如果仅由七层的转换梁承担上部所有荷载，转换梁的内力和变形都难以保证，转换梁的配筋量很大，梁端顶部钢筋

难以锚固，加之业主对转换梁的高度限制不能超过1.1m，因此，单纯通过转换梁传递荷载的方案是行不通的，必须考虑结合其他途径传递荷载。为解决这个问题，在结构的顶层增加两榀钢支撑，与原结构的梁柱形成组合桁架。这样上部钢桁架结构可以转换D-F轴屋顶（包括水箱）和九层的绝大部分荷载，转换梁只需承担七层和八层的荷载以及九层部分荷载，大大降低了其设计难度。

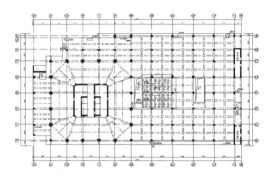

图11 该购物中心平面示意图

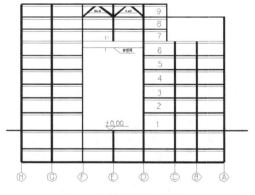

图12 抽柱框架示意图

（2）转换梁设计

转换梁是实现荷载转换的重要构件之一，由于业主要求该梁的截面不能超过1.1m，所以采用加高截面提高刚度的方式不可能完全保证荷载转换和梁变形的要求；另外，采用加大截面的形式梁顶钢筋数量很

多，难以实现端锚。为了充分利用有限的截面高度和解决梁顶钢筋锚固的问题，研究出了一种组合加大截面的加固方式，如图13所示。在原结构梁的底部通过U形钢槽围套，在围套的下部焊接H形组合截面，钢和原结构梁之间通过灌浆料和销栓连接。

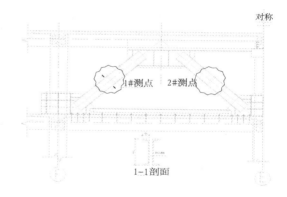

图14 钢支撑及测点布置示意图

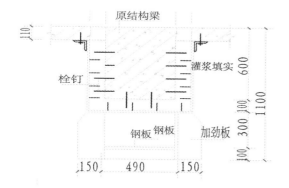

图13 转换梁截面示意图

这种截面形式具有以下优点：

①结构的刚度大，钢和灌浆料组合结构通过销栓连成一体共同受力；

②施工方便不用支模，灌浆料具有良好的流动性，能够保证浇注的密实；

③与加大截面相比，钢—混凝土组合梁可以减小截面尺寸，减小自重，而加大截面有许多难以克服的问题，比如：截面尺寸增大后自重很大，难以满足使用要求，梁底和梁端钢筋密集无法与原结构柱实现锚固。

（3）支撑设计

支撑的布置位置位于顶层被抽柱两侧（如图14所示），支撑结构采用双40a槽钢背对背焊接，下端通过节点板和钢套筒与原结构柱连接，上部通过节点板和U形槽与梁连接，在钢套筒和U形槽内通过灌浆料与原结构形成整体，保证结构的共同受力。

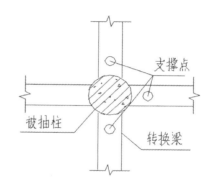

图15 支撑布置示意图

（4）临时支撑方案

临时支撑方案应根据柱轴力大小确定，由于结构不在使用阶段所以不必考虑活载作用，该工程中柱轴力在恒载及楼顶水箱作用下约为1550kN，临时支撑承担的荷载可以控制在1500kN左右。支撑点的布置宜尽量靠近柱对称布置，支撑结构形式采用钢结构格构柱，底部与梁通过锚栓连接，上部通过液压千斤顶对梁施加反力。其中，转换梁上两个千斤顶的出力为660kN，另一侧千斤顶出力为210kN，共1530kN。为了保证支撑底部的梁不被剪坏，应该对下层梁的抗剪承载力进行分析，本工程中梁截面尺寸为450×600，抗剪承载力为640kN，恒载作用下荷载约为120kN，尚有520kN的富余，支撑传递至梁端的荷载最大为660kN，因此，仅靠一层梁的抗剪不能满足承载力的要求，需要在下一层做第二道临时支撑，布置的位置与上部支撑的位置对应，施加反力约200kN。

（5）抽柱施工检测

①加载及卸载制度

加载及卸载　　　　　　表5

加载次数	第1次	第2次	第3次	第4次	第5次
加载量	30%	30%	20%	20%	—
卸载量	20%	20%	20%	20%	20%

②测点布置

为了验证结构设计的有效性和对施工过程进行检测控制，抽柱过程中采用静态应变仪对顶层钢支撑进行应变检测（图16），在7层采用千分表和百分表对转换梁进行检测（图18），检测过程中每个施工阶段由专人记录分析数据，控制施工的安全可靠。

图16 百分表布置图

③计算结果与实测结果的对比

抽柱完毕卸载完成后支撑和转换梁开始

受力，检测发现转换梁的挠度很小跨中位置约为2mm，主要受力构件为上部支撑，支撑内力实测结果如图19、图17所示。利用SAP2000建立一榀框架分析支撑的轴力，计算结果如图19所示，1号测点和2号测点理论计算结果分别为59.4MPa和83.4MPa，实测结果分别为49.3MPa和71.8MPa，实测结果与理论计算结果相差10%左右，误差的原因主要由于以下两个原因：计算模型考虑的荷载与结构实际荷载有一定的差距，主要是屋顶花园荷载及楼面考虑有误差。检测仪器及应变片布置产生的误差。

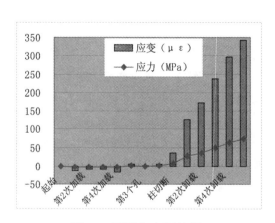

图17 1号测点实测结果

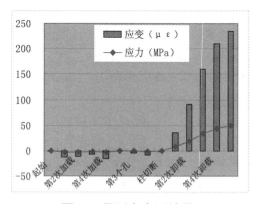

图18 2号测点实测结果

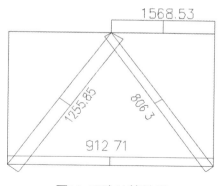

图19 理论计算结果

（三）暖通系统改造

1.主要改造内容

本工程裙楼一至九层为上海金鹰国际购物中心，十至二十九层为酒店式公寓。因招商定位需要，对金鹰国际购物中心部分进行升级改造，并提高商场的吊顶标高。现对原空调末端系统进行更改，将全空气系统低速大风道系统改为超薄型吊挂式空调箱，风机盘管+新风机组形式。原冷冻机房、冷却水形式不变，只是改造设计楼层平面的空调风水系统以及商场的防排烟系统。热源与主楼酒店式公寓分开，增加设计冬季采暖用的燃气锅炉采暖热水系统。

2.设计参数

（1）室外设计参数（按上海市参数）（见表6）

室外设计参数　　　　　　　　表6

	夏季					冬季				
空调干球温度	空调湿球温度	空调日平均温度	风速	大气压	通风干球温度	空调干球温度	相对湿度	风速	大气压	通风干球温度
34℃	28.2℃	32℃	3.2m/s	100.4kPa	32℃	-4℃	75%	1 m/s	102.52 kPa	3℃

（2）室内设计参数

室内设计参数　　　　　　　　表7

名称	夏季		冬季		新风量（m³/h·p）	噪声（dB(A)）
	温度（℃）	相对湿度（%）	温度（℃）	相对湿度（%）		
商场	26	≤65	18	≥35	20	≤50
餐厅	36	≤65	20	≥35	20	≤50

3.冷冻机房、锅炉房

本商场为改造工程，原冷冻机房不在本次改造范围。改造工程冷源不变，仍接原有机房，商场与公寓冷源独立设置。热源与原热源系统分开，本设计独立设置2台60×104kcal/h真空热水燃气锅炉，放在7楼平台（冷却塔旁）。冷却水系统不在本次改造范围。

4.空调方式

（1）空调系统按商铺划分为多个系统。

采用吊顶式超薄型空调箱+新风机组形式，气流组织为顶送顶回形式；公共通道采用风机盘管系统，气流组织为顶送顶回形式。空调机组、新风机组要求采用初效（具杀菌功能）过滤网。

（2）在过渡季节，各系统可大量使用室外新风，而不需要启动空调主机和水泵，以利节能。新风机组配双速风机，根据新风量的需求，调节风量。空调季节，新风机组低速（风速为高速时风量的50%）运行，在过渡季节按高速时风量全新风运行。

（3）空调水系统采用变水量双管一次泵闭式系统，水系统为同程式系统，新风机组通过动态平衡电动调节阀进行调节平衡。

（4）商场空调水环路皆为同程式系统，新风机组通过动态平衡电动调节阀进行调节平衡。

（5）空调水系统采用高位膨胀水箱定压、补水和排气。膨胀水箱设于商场屋顶。

（6）空调水系统主要设备（如冷水机组、锅炉、水泵、空调机组、新风机组、风机盘管），要求承压不得小于1.0MPa，其他配件如阀门、软接头不得小于1.6 MPa。

（7）各水环路最高点及管道上翻处设自动排气阀，最低点设泄水阀。

5.通风及防火、防排烟

（1）商场设机械排风系统，与排烟系统共用管道，采用双速风机。平时开启低速用于商场排风，失火时风机高速运转于商场排烟。

（2）商场和中庭排烟设机械排烟系统。

（3）楼梯间、消防前室设置正压送风系统，该部分仍按原设计，本次未作修改；

能开外窗的楼梯间采用自然排烟，开窗面积须满足规范要求。

（4）中庭排烟：当发生火灾时，开启中庭排烟防火阀并联动开启排烟风机排烟，当烟气温度达到280℃时，则自动关闭排烟防火阀。同时，并联动关闭中庭排烟风机，停止排烟。

（5）商场排烟：当发生火灾时，自动开启着火层内的排烟风口，关闭排风口，并联动开启商场内的排风风机排烟，当烟气温度达到280℃时，则自动关闭排烟防火阀，同时，联动关闭走道排烟风机，停止排烟。

（6）各空调系统、通风系统等横向皆按防火分区设置。

（7）通风空调系统风管穿越防火分区及设备机房隔墙等处设70℃关闭防火阀。

（8）垂直风管与每层水平风管交接处的水平管段上（如卫生间排气支管与垂直风管交接处）设70℃关闭防火阀。

（9）厨房排油烟管道上设置150℃关闭防火阀。

（10）防火阀、排烟阀在安装前应做动作试验，合格后方可安装。其安装方向、位置应正确，并应设独立支吊架，防火阀距隔墙表面距离不应大于200mm。

6.自动控制

（1）本工程采用BAS楼宇自控系统，该系统由中央电脑终端设备及若干现场运行状态进行显示、报警、打印等并与消防系统联络等。

（2）冷冻机房、锅炉房

动力站机房群控不在本次改造范围。

压差旁通控制：当室内负荷变化时，根据总分集水器间的压差变化调节电动旁通阀开度，以利节能。

（3）吊顶式空调机组控制

吊顶式空调机组温控器通过回风管上温度传感器对其换热器水量进行控制，机组风机与其新风管上对开多叶电动阀进行连锁启闭。

（4）新风空调机组控制

新风空调机组温控器通过送风管上温度传感器对其换热器水量进行控制，机组风机与其新风管上对开多叶电动阀进行连锁启闭。

（5）风机盘管控制

通过风机盘管温控器对其盘管回水管上电动二通阀及风机转速进行控制。

7.消声、隔声及降噪

（1）所有新风机房、空调机房、通风机房、冷冻机房、锅炉房等有机械传动设备的机房都应做吸声处理，并用防火隔声门。所有消声器、消声弯头、消声静压箱必须选用经过测试合格的产品。

（2）所有机械传动设备皆用减振吊钩或减振垫。如风机、风机盘管等吊装设备用减振吊钩；落地的新风机组、空调机组、风机、水泵等皆用橡胶垫减振。水泵、新风机组等接水管处用橡胶软接头；新风机组、空调机组、风机盘管等接风管处用FG2型节能保温型防火软管；风机进出口用YG1型节能非保温型不燃防火软管（排烟风机为高温型不燃防火软管）；防火软管长度为250mm。风机盘管接水管处为不锈钢软短管。

（3）所有机房的吸声处理、消声、吸声设备。减振设备的选用应有专业噪声治理厂家制订方案。待设计、监理认可后，方可施工。

8.节能

（1）根据商场特点和使用要求，合理进行系统分区，有利于管理和节能。

（2）空调水系统为变水量系统，有效控制主机运行台数和能量调节比例，减少了能耗。

（3）燃气热水锅炉热效率为92%，大于"节能标准89%"的要求。

（4）空调冷冻水系统输送能效比分别为0.0218和0.0205，均小于"节能标准0.0241"的要求。

（5）空调风系统最大作用半径仅为60m，空调水管、冷媒管等做防结露保温处理，有利于减少管道能量损失。

（6）空调风管为30mm厚酚醛风管，其热阻为$0.857m^2 \cdot K/W$，满足公共建筑节能设计标准要求。

（四）给排水系统改造

1.主要改造内容

主要改造内容包括：冷水系统、污水系统、消火栓系统、自动喷淋灭火系统、灭火器配置、雨水系统仅改造东面外墙距南墙51m处的雨水系统。

2.冷水系统

（1）七至九层卫生间和六至九层餐饮商业用水由原低水区水箱出水管（经变频供水泵加压）供水。低区水箱供水泵以及生活水池原设置在地下二层，现改为设置在地下一层。

（2）一至六层卫生间由增设一套变频供水设备供水，变频供水设备和拼装式食品级不锈钢生活水箱放置在地下一层。

3.污水排水

（1）三至九层卫生间重新布置，卫生

间部分污水利用原有污水排出室外，其余增设污水管道排出室外。

（2）六至九层餐饮含油污水部分利用原有污水立管排至地下二层隔油池，其余增设污水管道排至地下一层油器隔进行除油处理后进入不锈钢集水池，再由潜污泵提升排出室外。

4.雨水排水

原东面外墙距南墙51m处的雨水系统改为九层屋面雨水及十层机房小屋面雨水由重力流雨水管道排至六层屋面，六层屋面雨水采用虹吸式雨水系统排出室外。其余雨水系统不变。

5.消火栓消防系统

根据一层（大厅、酒店大堂、中心筒等除外）、二至八层（中心筒除外）和九层（局部）改造的平面重新布置消火栓箱，各消防立管在八层顶连成环状，并在一层与原有消火栓管道相接，原八层设置的比例式减压阀改为可调式减压阀。一层和二层消火栓采用减压稳压消火栓。

6.自动喷水灭火系统

（1）根据一层（大厅、酒店大堂、中心筒等除外）、二至八层（中心筒除外）和九层（局部）改造的平面重新设置自动喷水灭火系统。各层保留水流指示器、信号阀之前的管道。并利用原有排水管接纳末端试水装置或末端试水管的排水。本工程一、二层由三号报警阀供水；三、四层由四号报警阀供水；五、六层由五号报警阀过供水；七至九层由六号报警阀供水。

（2）喷头选型：有吊顶场所为装饰型喷头，无吊顶场所为直立型喷头，吊顶内净高大于800mm时设置上下喷头。喷水流量系数均为K=80，喷头动作温度：厨房热操作间为93℃，其余均为68℃。

（3）灭火器配置：本工程每个灭火器箱内放置5kg手提式磷酸铵盐干粉灭火器两具。每个带灭火器箱组合式消防柜内放置5kg手提式磷酸铵盐干粉灭火器两具。

7.材料

（1）管材与接口：室内冷水管道采用薄壁不锈钢管，卡压式连接；消火栓管、自动喷水管、重力流雨水管采用内外热镀锌钢管，管径小于DN100时，丝扣连接；管径等于及大于DN100时，卡箍或法兰连接；虹吸式雨水管采用高密度聚乙烯管，电热熔连接；室内污水管采用柔性抗震机制铸铁排水管及其配件，橡胶圈接口。

（2）卫生洁具及配件：卫生间采用蹲式大便器，配延时自闭式冲洗阀；坐式大便器配低水箱（水箱容积6L）；台式洗脸盆配感应龙头；小便器采用壁挂式小便器（带水封），配感应冲洗阀；拖布池采用白瓷洗涤盆，配陶瓷阀快开水龙头；地漏采用无水封密闭地漏（配不锈钢蓖盖）。

（3）阀门：管径小于等于DN50的阀门采用铜质球阀，管径大于DN50的阀门采用把手型对夹式蝶阀，球阀的工作压力为1.0MPa，其他阀门的工作压力为1.6MPa。

8.节水措施

节水龙头：陶瓷阀快开水龙头、停水自动关闭龙头，加气节水龙头等；

大便器：配延时自闭式冲洗阀的蹲式大便器、3L/6L两挡节水型虹吸式排水坐便器等；

节水型电器：节水洗衣机；

节水淋浴器：水温调节器、节水型淋浴喷嘴等。

（五）电气改造

1. 主要改造内容

（1）电力系统

（2）照明系统

（3）接地系统及等电位联结

2. 负荷分级及电源

负荷分级见表8。

负荷分级　　　　表8

负荷名称	负荷级别	负荷名称	负荷级别
经营及设备管理用计算机电源	一级	自动扶梯	二级
重要功能房间	一级	商场普通照明	二级
消防用电设备	一级	其余客梯电力	二级
应急照明	一级	通风、空调末端设备	三级
		其他	三级

3. 电力系统

（1）低压配电电压为380V/220V，带电导体的系统形式采用三相四线制；

（2）消防用电设备采用专门的供电回路，消防控制室、排烟风机、补风机等的供电在最末一级配电箱、柜自动切换装置。

4. 照明系统

（1）照明系统应包括：正常照明、应急照明。

（2）照度标准及节能要求应符合国家规范标准；

照度标准及节能要求　　　　表9

主要场所	照度（lx）	PD（W/m²）	备注	主要场所	照度（lx）	PD（W/m²）	备注
高档营业厅	500	<19	0.75m 水平面	消防值班室	300	<11	0.75m 水平面
办公室	300	<11	0.75m 水平面	风机房	100	<5	地面
餐厅	200	<13	0.75m 水平面	水泵房	100	<5	地面
光源及灯具	采用高效节能灯具：荧光灯效率>70%。灯具配电子镇流器；镇流器产品应符合相应产品的国家能效标准。						
	光源显色指数 Ra>80，色温在2700K～3500K之间。						

光源及灯具采用高效节能灯具：荧光灯具效率>70%。灯具配电子镇流器；镇流器产品应符合相应产品的国家能效标准。

光源显色指数Ra>80，色温在2700K～3500K之间。

（3）应急照明

变电所、消防控制室、排烟风机房、补风机房等重要功能用房处设置100%备用照明；公共走道、楼梯间、防烟楼梯间、电梯前室等处设置火灾应急照明；其余公共场所设置10%～15%的应急照明；室内通道、安全出口、公共出口、楼梯间、防烟楼梯间等处设置疏散指示照明。二次装修时，应考虑15%的应急照明；

火灾时由火灾自动报警及消防联动控制系统自动点亮应急照明灯；

疏散用应急照明，其地面最低照度不低于0.51Lx；应急照明和疏散指示标志，采用蓄电池作备用电源，连续供电时间大于30分钟；

凡作为应急照明和疏散指示标志的灯具，应设玻璃和其他不燃烧材料制作的保护罩。

5. 接地系统及等电位联结

（1）本工程低压配电系统接地型为TN-S；

（2）本工程防雷接地、变压器中性点接地、电气设备的保护接地、电梯机房、消防控制室、通讯机房等的接地共用统一接地极，利用地梁钢筋网作接地极，总接地电阻小于1欧姆；

（3）变压器在电源尽进线柜处与接地装置可靠连接。EPS电源二次出线侧需重复接地；

（4）PE线和N线自变电所引出后分开敷设，并以不同颜色区分，不得混淆。所有电气设备不带金属外壳、插座接地孔、电缆桥架、金属线槽及金属保护管均须与PE线可靠连接。

（5）等电位联结

变电所内设置总等电位联结端子箱（MEB），各种进出建筑物的金属管道、建筑物金属构件、防雷接地、电气设备接地、智能专业各弱点系统的接地等，均须就近与等电位联结端子板相连。进出建筑物的金属管总等电位联结均采用等电位卡子，禁止在金属管道上焊接；

在消防控制室、网络机房、强弱电间、重要设备机房等处设置局部等电位联结，就近引出两根大于Φ16钢筋接至局部等电位箱，区域内所有金属管道、建筑物金属结构、配电箱内PE排等均须与LEB相连；

总等电位联结线均采用-40×4镀锌扁钢或BVR-1×25mm²-P32。

（六）节能改造

1. 围护结构节能改造

原有建筑外围护结构由大面积玻璃幕墙构成，原幕墙采用普通铝合金+镀膜中空玻璃幕墙，根据原有设计资料，镀膜中空玻璃的传热系数为2.8，遮阳系数为0.69。经综合能耗测算，达不到《公共建筑节能设计标准》节能50%的要求。为了改善外围护结构节能效果，现在一至七层大部分玻璃幕墙外做钢结构挂浅米黄色砂岩，内砌保温岩棉保温。

2. 建筑外遮阳

为弥补原幕墙的先天不足，考虑采用外遮阳减少太阳辐射热进入室内以降低室内负荷。本项目采用DeST-C对整个工程进行建筑能耗模拟，经过计算，考虑到施工难度和成本，本项目决定采用固定铝板百叶外遮阳。

四、改造效果分析

（一）建筑、环境效益

通过整体改造，如增设楼电梯、增加中庭、改造设备和维护结构等，满足了高档商场对功能、舒适性和室内环境的要求。改造后的建筑效果和中庭如图20所示。

图20 新增中庭实景照片

（二）结构方面

改造后的结构满足新的抗震规范要求，结构安全性得到了保障。

（三）节能方面

改造后的建筑能耗指标达到上海政策规范的要求，与改造前比能耗大大降低，使用舒适度提高。

（四）社会效益

综合改造，提升了原建筑的商业价值，同时使得建筑结构更安全，能耗更低。同时，因为避免了拆除和重建，极大地降低了资源和能源的消耗，减小了对城市及人们生活环境的影响，减小了对生态环境的污染。

五、改造的推广应用价值

随着社会经济的发展，人们需求的不断提高，对公共建筑，如一些购物中心等的功能和舒适度提出了更高的要求。功能和舒适度的提高，必然带来对室内交通、空间、设备、装修装饰等的改造。本案例就是这样一个典型的例子。其推广意义在于：

（一）这种改造模式可以使一些老式商业建筑重新焕发青春，提升使用功能达到现代社会的需求，特别是在一些大城市具有很好的示范作用。

（二）老式商业建筑的功能改造，带动了对暖通设备、电气设备的改造，使得改造后建筑能够达到相关节能减排的标准，商场的购物环境得以提升，能耗得以降低。

六、思考与启示

本工程的一个亮点是通过对局部空间的调整使得原本楼层较低的结构在空间上得到重组，室内环境较改造前有明显的改善。实现这一效果的主要是通过结构上的空间改造技术，如无损拆除技术，抽柱技术。因此，对于既有建筑来说，既有的空间不是一成不变的，完全可以通过结构上的改造技术实现建筑空间使用功能的提升。

（上海维固工程实业有限公司供稿，

黄坤耀、郑成浩执笔）

湛江保利国际大酒店绿色节能改造工程

一、工程概况

湛江保利国际大酒店位于广东省湛江市赤坎区椹川大道北366～368号，是一家集住宿、餐饮、会议、娱乐于一体的商务酒店。保利国际大酒店前身是湛江环球大酒店和湛江美嘉乐美食城，于2011年8月开始全面整合改造，总面积约4万平方米。酒店由广东省集美设计工程公司总体设计，改造后酒店着力打造粤西首家婚宴主题酒店，拥有2个大型宴会厅，2800多个餐位，33间豪华餐包房；KTV包房41间；休闲会所棋牌室43间；大小会议室5间；各式样客房268间。

本项目代表和体现了城市酒店建筑的很多共性问题，如解决交通噪声、体量大、城市热岛环境、能源紧缺等问题。它的成功改造能够充分体现绿色建筑理念、地方特色的标识性门户形象，具有较强的代表性，同时又能融合各项先进的绿色和环保科技及成果，以其为示范推行绿色综合技术，形成绿色建筑实施与应用体系，有着很强的示范意义。

图1 酒店外观效果图

二、改造目标

（一）项目改造背景

在我国的既有公共建筑中，酒店既是耗能大户，也是节能的重点。一般情况下，酒店能耗费用占营业收入的比例应该合理地控制在6%～8%。但实际上，目前我国酒店业的能耗费用大部分占到营业收入的14.0%左右，有的甚至高于20%，是当今国际酒店业先进水平的1倍左右，可见我国酒店能耗还是比较大的。近几年来，我国旅游业保持着良好的增长势头，其带动了酒店行业的快速发展，酒店建筑数量日趋增多，其能耗也日趋严重。广东省是我国星级酒店数量最多，也是酒店餐饮业最发达的地区之一，酒店类建筑的能耗比较大。据广东省能耗调查统计显示，酒店类建筑的能耗，大约是普通居住建筑能耗的10倍左右，星级酒店的能耗则更高。因此在建设节约型社会的今天，酒店类建筑的绿色节能改造已成为我省目前建筑节能工作的重点，也是急需解决的难题之一。

（二）项目改造目标

湛江保利国际酒店改造项目严格遵循建筑节能和绿色建筑相关标准的要求，以建设四星级节约型商务酒店和国家二星级绿色建筑为目标，通过技术研究、工程改造和优化管理等方法，全面实现节能、节水、节地、节材和环境保护，并建立促进绿色节能的长效运营管理机制，促使湛江保利国际酒店成为粤西地区同类建筑绿色与节能改造示范的表率。

目前在国内，已授牌的绿色建筑标识的酒店并不多，而保利国际酒店作为粤西地区的首家绿色节能改造酒店，其示范意义和社会推广价值也是能得到充分肯定的。

三、改造技术

（一）节能改造技术

1. 空调系统节能技术

在酒店能耗构成比例中，一般地，空调能耗占建筑能耗的45%～60%，而空调主机的能耗占空调能耗的45%～55%，可见要实现建筑节能，实现空调系统节能是关键，而实现空调主机节能则是关键中的关键。因此，酒店将选用开利30XW高效螺杆式冷水机组，该主机的性能系数COP达到国家标准规定的一级能效水平。该机组选用HFC-134a设计的新一代06T高性能双螺杆压缩机，滑阀无级调节，容量精确匹配15%～100%负荷变化，在满负荷及部分负荷下均高效运行。与相同冷量的普通机组相比，该机组节能效果显著，年运行费用节省20%～30%左右，实现空调主机节能环保运行。

此外，还采用集中空调系统节能控制优化技术，对于空调主机，在空调主机群控的基础上，进一步实现空调主机的变水温调节，提高空调主机的运行效率（COP）；对于空调水泵，采用水循环最优化控制系统，即通过适时准确测定水泵扬程、水流量和建筑物能耗，制定优化控制策略，并利用变频技术，使得空调冷冻水、冷却水流量达到最优，减少水泵运行能耗；对于冷却塔，根据建筑动态负荷及室外气象条件，优化冷却塔运行模式和控制模式，重新设定冷却塔出水温度，动态调节冷却塔风机运行数量，降低冷却塔运行能耗。

2. 照明系统节能技术

在照明灯具选用方面，本酒店的照明灯具将全部选用高效节能灯具LED灯，LED等作为一种新型的节能、环保的绿色光源产品，其能耗仅为白炽灯的1/10，普通节能灯的1/4，节能效果明显。由于LED具有光效高、耗电少，寿命长、易控制、免维护、安全环保等优点，酒店照明系统采用LED等以后，将大大提高室内环境的照明亮度，减少照明系统能耗，同时也减少了灯具的日常维保费用，降低运行成本。

而在照明控制方面，大空间场所的照明系统采用分区、分组控制方式，每组由多盏灯具组成。楼梯间、走廊、电梯厅等人流量变化较大的场所采用光控、人体感应、声控的自动控制方式。公共照明则采用时控方式，并随季节变化及时调整启停时间。

3. 热泵热水系统节能技术

空气源热泵是一种具有能源效益较高的技术产品，其可回收废热产生高温热水输出，其被广泛应用生产热水。空气源热泵热水系统装置是继燃气热水器、电热水器和太阳能热水器的新一代热水装置，是可替代锅炉的供暖水设备。空气源热泵热水器是综合电热水器和太阳能热水器优点的安全节能环保型热水器，可全年全天候运转，制造相同的热水量，使用成本只有电热水器的1/4，燃气热水器的1/3，太阳热水器的1/2。可见空气源热泵使用在酒店的热水系统中具有很好的节能效果。

针对空气源热水系统的技术应用，需要对产品性价比调研，选择高能效的热泵产品。设计选型时考虑酒店最大热水量及余量，研究分析热泵系统与酒店的各种生活用水系统结合方式以及冷热水管道的现场施工安装技术要求等。

4. 智能化系统技术

为了实施对酒店能耗的监控，建立酒店用能系统的联动智能化控制系统，对酒店的各种设备系统的运行能耗数据进行远程监测和数据分析。通过互联网将系统记录的运行数据，实时传输到数据管理处理中心，系统和专业人员对能耗数据进行科学的分析和处理，及时解决系统的异常情况和存在隐患，并按季度或年份对酒店的能效情况进行总结、评估和建议。

建立建筑设备监控系统，对酒店的建筑设备采用现代计算机技术进行全面有效的监控和管理，以确保建筑物内环境的实施和安全，同时实现高效节能的管理要求。其主要是对酒店内的空调、动力、照明、给排水、热力、配电、电梯等系统监视、测量、控制、记录，以及对公共安全防范、火灾自动报警与消防联动控制系统进行必要的监视及联动控制。

5. 建筑幕墙节能技术

针对建筑外墙门窗玻璃，将采用大面积的建筑玻璃幕墙技术，玻璃选择具有良好隔热、保温、隔声性能的Low-E中空玻璃。Low-E中空玻璃的节能性体现在其对阳光热辐射的遮蔽性—即隔热性。湛江地区处于亚热带气候区，夏季日照时间长，太阳辐射热强烈，空调能耗是该地区建筑的主要能耗，故减少室内太阳辐射得热量是首要节能任务。而Low-E中空玻璃的遮阳系数一般低于0.5，隔热性能良好，有效阻挡太阳热量向室内传递，减少室内的得热，从而降低空调制冷能耗。另一方面，Low-E中空玻璃的节能性体现在其对室内热辐射的阻挡性——

即保温性。Low-E中空玻璃的传热系数一般都在2.0以下，保温性能良好，在冬季可大大降低因辐射而造成的室内热能向室外的传递，减少室内采暖的能耗。此外，中空玻璃的另外一个特点就是具有优异的隔音效果，能很好地隔绝外界诸如交通建筑等噪声，提高室内环境舒适性。

（二）绿色改造技术研究与实施

1. 利用旧建筑节能改造技术

在原建筑物整体建筑结构不改变情况下，对建筑墙体材料进行节能改造升级，墙材将选用新型节能墙体材料耐恒美砂胶砖。砂胶砖主要由无机胶凝材料、填料、添加剂、骨料等所组成，与传统的外墙瓷砖相比，砂胶砖最大的特点是传热系数低，整体热工性能好，同时其面密度小、附着力强、防水度高、与外墙保温材料匹配性好、持久耐用。而与传统的真石漆相比，砂胶砖施工方式多样、施工工期短、整涂平涂有色差弱、使用长时间不褪色且不分层、抗沾污能力和防酸碱自洁性强。此外，酒店在装修方面尽量减少材料的运用，走简约路线，如避免大量使用天然大理石，用仿古文化瓷砖替代等。通过采用新型节能墙材，由于其具有良好的保温隔热性能，可以有效降低室内得热量，减少空调能耗，提高室内环境舒适性，有利于降低建筑节能能耗。

2. 雨水收集及绿化系统技术

根据酒店屋面建筑结构特点，建立屋面雨水收集系统，通过屋面雨水管将收集的雨水引流入低处的蓄水池，并对屋面雨水收集进行全年逐月分析，评估其收集利用效率，为同类型雨水收集项目提供参考。此外，充分利用雨水收集系统进行绿化灌溉。可使用由喷头、管网和水源组成喷灌系统，首层广场绿化采用雨水收集回用管网系统提供喷灌用水，屋顶绿化采用市政自来水供水系统喷灌用水。

在酒店室外建立透水地面系统，即利用透水砖布满的透水洞或透水砖本身的吸水能力使地面积水能快速渗到地下。项目区域内雨水地面渗透利用模式可分为天然渗透地面和人工渗透地面两大类。天然渗透地面采用以绿地为主，绿地是一种天然的渗透设施，透水性好，酒店外围部分区域可利用绿地，节省投资，可减少绿化用水，而且植物根系还能对雨水径流中的悬浮物、杂质等起到一定程度的过滤。对雨水中的一些污染物具有较强的截留和净化作用。人工渗透地面主要是指本工程区域内各种人工铺设的透水性地面，如多孔的嵌草砖、碎石地面、透水性混凝土路面和透水性沥青路面等，其能利用表层土壤对雨水的净化能力，技术简单，便于管理；本项目中的如步行道、广场、停车场等区域可采用人工渗透地面技术。

3. 建筑隔声技术

由于酒店集住宿、餐饮、娱乐等为一体，不同功能区对噪声的要求不同，因此酒店的内外墙及楼板要有良好的隔声效果，以保证各功能区的室内噪声满足要求。对于外墙或承重墙，采用留有空气层的双层墙，并在双层墙的空气层中填充多孔材料，如玻璃棉毡之类，提高全频带上的隔声量，从而提高墙体的总隔声量。由于三层以上多层墙的隔声能力比双层墙有所提高，但每增加一层空气层，其附加隔声量将有所减少。一般来说，双层结构已能够满足较高的隔声要求。只有在特殊需求的工程中才考虑采用三层以

上的多层墙结构。对于内隔墙采用轻质墙，墙体构造采用双层或多层薄板叠合结构，使用的各层材料的面密度不同，厚度相同，并且用松软的材料填充轻质墙之间的空气层。通过这些适当的构造措施，可以使一些轻质墙的隔声量达到24cm砖墙的水平。

此外，对于门窗的隔声措施，做好门周边的密封处理，应避免采用轻、薄、单的门扇，应选用厚而重的门扇或多层复合结构门扇，通过空气层增加门的总体隔声量。对于窗，应采用较厚的玻璃，或用双层或三层玻璃，且各层玻璃厚度不同，玻璃之间不应平行放置，在玻璃之间沿周边填放吸声材料，保证玻璃与窗框、窗框与墙壁之间的密封，有效提高窗的整体隔声水平。

4. 自然光利用技术

自然光是一种取之不尽、用之不竭、清洁无污染的能源。科学利用自然光照明，既节约人工照明用电，又保护环境。酒店考虑的自然采光有侧面采光和顶部采光（天井采光）两种方式。侧面采光分单侧采光和双侧采光，采光侧窗分高侧窗和低侧窗。侧面采光经济适用、构造简单、施工方便，客房、餐厅、会议室等多采用这种方式。而顶部采光是自然采光利用的基本形式，光线自上而下，照度分布均匀，光色较自然，亮度高，效果好，主要用于大堂等大型公共空间等。不管采用何种采光模式，采用自然光技术，都可以减少酒店灯具照明时间及数量，降低照明灯具的用电量，而且自然光光源清洁，实现了建筑节能环保。

5. 室内空气质量监控技术

根据酒店的空调系统设计，合理选用不同的新风系统控制技术方案，设置室内空气

质量监控系统，根据室内二氧化碳浓度调整新风量，在保证健康舒适的室内环境的前提下降低新风能耗。

（三）绿色节能运营管理研究与实施

按照国家建筑节能相关法规和标准的要求，并结合酒店实际情况，研究适用于酒店的绿色节能运营管理体系，建立酒店能源计量管理、统计和利用状况分析报告制度，以及酒店节能运行管理制度和操作规程，从而为酒店的节能运行提供制度保障。

四、预期改造效果

改造后预期达到国家二星级绿色建筑要求，按照《绿色建筑评价标准》GB/T 50378-2006，达标目标如表1所示。

五、改造经济分析

湛江保利国际大酒店通过绿色节能改造，采用围护结构、通风、空调、照明、智能化控制等方面的节能措施，同时结合场地绿化与水景，雨水集蓄再利用，太阳能热水

自评达标目标项数统计（按照《绿色建筑评价标准》GB/T 50378-2006）　　　表1

	一般项						优选项数
	节地与室外环境	节能与能源利用	节水与水资源利用	节材与材料资源利用	室内环境质量	运营管理	
参评项数	6	10	6	5	6	3	11
达标项数	5	7	4	4	4	3	5
★★	4	6	4	3	4	2	4

利用，建筑综合环境控制等技术，建筑能耗低于现行建筑节能标准的80%，每年节电约144万千瓦时，相当于节能518.4吨标准煤，按每度电0.9元计算，酒店每年可节省电费约129.6万元；减少二氧化碳排放1358.2吨，减少二氧化硫排放4.4吨，减少氮氧化物排放3.8吨。

湛江保利国际大酒店利用屋面雨水处理后回用，作为建筑的绿化灌溉和道路冲洗用水等，非传统水源利用率约为5%。

六、思考与启迪

据广东省能耗调查统计显示，酒店类建筑的能耗，大约是普通居住建筑能耗的10倍左右，星级酒店的能耗则更高，因此在建设节约型社会的今天，酒店类建筑的绿色节能改造必须引起高度的重视，采取切实可行的措施降低酒店的日常运行能耗。

酒店的绿色节能改造在选用技术的时候，必须因地制宜，特别是注重低成本、高成效技术的应用，切忌脱离需求的高成本技术堆砌。

现行的《绿色建筑评价标准》GB/T 50378-2006主要是针对新建建筑的，对于既有建筑绿色节能改造项目，如果要达到星级要求，很多是困难重重的，特别是一些历史

比较久远的建筑很多资料已经丢失或不存在的，而这往往成为改造项目评星级绿色建筑的障碍，不利于既有建筑绿色节能改造工作的推进，因此有必要研究和出台专门针对既有建筑绿色节能改造项目的评价标准。

（广东省建筑科学研究院供稿，麦粤帮执笔）

中山市小榄人民医院改造工程

一、工程概况

中山市小榄人民医院是国有公立医院，新址于2006年9月正式投入使用，投资金额超过4亿元，按三级甲等标准建设，医院占地180亩、建筑面积12.3万平方米，编制1200张床位。医院门诊设有11个诊区，住院部设有内、外、妇、儿、五官、ICU、手术室7大系统。其中急诊科、ICU、妇产科、骨科为医院重点科室。医院信息化建设达到国外医疗信息系统发展的第三代水平，为临床提供有力的支持。

小榄医院于2009年6月至9月期间对原有中央空调系统进行了节能改造，通过加装中央空调节能控制系统（EMC007）和城市能源监测平台系统，使系统综合节电率达到26%以上，并且实现实时现场监测和网络远程监测功能。此外，基于医院功能多样性和使用复杂性的特征，项目改造后通过分区控制实现各分区供冷量的独立控制解决了区域冷量的严重浪费问题。该项目被评为"广东电网2009年合同能源管理节能服务示范项目"。

中央空调系统系统配置：

1. 中央空调循环水系统设备

主机：开利600冷吨的4台

冷冻泵：5台90kW的冷冻泵

冷却泵：5台132kW的冷却泵

冷却塔：4台6.0kW的风机

2. 中央空调风系统设备见下表1

中央空调风系统设备表 　　表1

设备名称	功率（kW）	数量（台）
空调风柜	22	1
空调风柜	18.5	5
空调风柜	15	15
空调风柜	11	3
空调风柜	7.5	3
空调风柜	5.5	3
空调风柜	4.0	3

二、改造目标

（一）存在的问题

小榄人民医院空调能耗在医院整个能耗中的比重很大，降低空调能耗成为医院成本节约的重中之重。改造前的中央空调系统存在的问题主要有以下几个方面：

1. 人手操作，自动化水平低

医院空调系统运行管理以人手操作为主，自动化程度低，管理成本较高。具体表现为制冷主机没有电动蝶阀，在制冷主机不全开的情况下，要人手关闭其他未运行主机的进出水阀门；空调水系统安装了监控系统，但系统只起到监测作用，不能做到远程控制；空调风柜和新风柜的开启以人手操作为主。

2.空调水泵选型不合理

医院空调水泵功率匹配较大，能耗浪费比较严重。水泵的选择以主机满负荷时的额定流量再乘以1.15左右的安全系数，但主机满负荷运转的时间很短，特别在过度季节和冬季，负荷更低，而水泵仍然工作于定流量和定输出功率状态，这就造成了能源的浪费。

3.能耗管理体系不健全

医院能耗体系管理不健全。改造前的电费只以医院总用电量计算，当电费出现增减的时候很难得知是哪个系统发生了能耗的变化，对于占医院能耗较大的空调系统，增设独立计量系统很有必要。

4.医院各区域对制冷要求不同

医院分门诊大楼、住院部、手术室等功能区，具有功能多样性和使用复杂性的特征，各区域对空调冷量要求亦有所不同。

（二）改造技术目标：

本项目改造前存在的主要问题有：

（1）中央空调系统的监测完全依靠人工记录，耗费大量的人力，准确性得不到保证；

（2）大多数时间水泵运行在工频下，能耗浪费严重；

（3）风机没有新风管道和回风管道，这导致回风的质量很差，很难利用回风中的冷量，浪费制冷量；

（4）原有控制策略单一，仅仅控制水阀开度，不能联动风机，导致对末端温度调节慢；

（5）各个风口都是手动阀门，需要手动开关，无法实现自动控制；

（6）原有的BA系统由于长期缺少维护，导致系统响应速度慢，甚至局部风机无法调节，造成远程/自动控制效率低。

改造完成后，空调系统的综合节电率超过26.00%。部分计算过程见下表2：

综合节电率计算表　　　表2

设备名称	额定功率(kW)	装机(台)	节电率(%)
冷水主机	400	4	4%
冷冻水泵	90	5	45%
冷却水泵	132	5	40%
冷却塔	24	4	0%
空调风柜	22	1	35%
空调风柜	18.5	5	35%
空调风柜	15	15	35%
空调风柜	11	3	35%
空调风柜	7.5	3	35%
空调风柜	5.5	3	35%
空调风柜	4	1	0%

（三）改造原则

针对小榄人民医院建筑结构和中央空调系统的以上特点，通过改善、提高中央空调设备的能效比等措施，在保证相同的室内热环境舒适参数条件下，尽量减低各相关系统的能耗，实现可靠、实用的初步节能改造服务。

要求所提供的节能产品及集成服务品质

达到或原有系统技术要求，所有产品经安装调试运行后能超过节能指标要求。同时，所有设备的安装及调试应考虑不影响上述涉及各部门正常工作。

1.先进性原则

在节能改造方案规划和设计时，应采用技术先进、性能良好的产品及设备，满足国内外的技术标准，使改造项目总体上达到国内外的先进水平。

2.实用性原则

实施后节能改造项目将能够在现在和将来满足用户的实际要求，节约运行费用，减少单位建筑面积能耗，并要充分考虑系统设计的实用性、合理性，具有完善的管理功能和具有良好的用户界面。

3.可靠性原则

节能改造设备的各个部分都采用高可靠的材料、部件，应能满足用户相当长的一段时间里的使用要求，确保整个系统长期、可靠的运行。

4.经济性原则

整个节能改造项目应在保证系统先进、可靠和实用的前提下，尽可能降低造价，通过优化设计达到最经济性的目标，实现较高的投资回报率。

三、改造技术

（一）自动化控制技术

自动化控制系统在纵向分为现场控制级和计算机控制级两个层次，在横向划分为主机区、风柜区区域，系统的总体逻辑结构如图1所示。从图1可以看出，各个区域均设置一个子网，将本区域的现场控制和计算机连接起来，使得现场控制和计算机之间可以快速交换数据，同时计算机也可以很方便地与本区的PLC交换数据。

在具体的物理实现上，控制系统的设备选型与配置除了必须能够满足系统的功能要求以外，还需要考虑设备的性能价格比、设备的安装环境与布线、用户使用操作等诸多因素。

网络系统：系统采用总线式网络拓扑结构，实现集中管理、分散控制，减少故障风险，可靠性高。

图1 小榄人民医院风系统网络结构图

PLC设备在整个自动化控制系统中，使用EBC501 PLC EBC501 PLC的主要配置有：8槽基板、2A电源；CPUSC501处理器；8槽扩展机架；工业以太网接口；MODBUS接口；数字量I/O板；模拟量I/O板。

SEBC501 PLC产品的主要特点是适用于复杂的、高动态性能的开环和闭环控制，特别适用于实时、多任务的应用场合。

本工程所采用的系统软件包是HMI服务器的核心软件，它具有数据采集、监视和控制自动化过程的强大功能，是基于个人计算机的操作监视系统。其显著特点就是全面开放，在Windows标准环境中，它很容易结合标准的和用户的程序建立人机界面，精确地满足生产实际要求，确保安全可靠地控制生产过程。软件系统还可提供成熟可靠的操作和高效的组态性能，同时具有灵活的伸缩能力。因此，无论简单或复杂任务，都能胜任。

HMI服务器功能：

软件系统为中央空调操作、维护和工艺人员提供了监视、维护系统的手段和人机会话的界面，主要包括操作指导，诊断信息，报表功能。

操作员可以在操作室的终端上进行多种操作指导的操作和画面的显示，温度设定，阀门开度，各种设定数据的显示和技术数据输入等。

诊断信息对检测到的各种故障实时地记录、显示和打印。对于与中央空调直接有关的故障显示、报警并存放在磁盘中。诊断信息的另一个重要作用是在系统调试期间提供控制流程和重要数据的跟踪信息。

报表子系统在打印机上打印各种生产报表，如工程报表、班报表、生产计划报表、故障报表等。报表可以自动打印，也可以由操作员启动打印。

（二）能耗监测平台

为了保证节能系统节能效果的延续性，让用户对系统节能实际节能效果进行用效的跟踪，针对小榄人民医院中央空调机组实际运行状态，安装一套城市建筑能源监测管理平台，实时监测中央空调机组的运行能耗情况，并按用户需求产生报表，反馈到相关管理部门，为相关部门提供监管、决策的依据，提出整改的措施与方案。预测能耗宏观趋势，建立能源宏观管理；加强被监控对象的能源管理，动态调整其运行管理模式以及控制策略。

1. 系统需求

中央空调系统节能主要包括冷冻水泵、冷却水泵、制冷主机、冷却塔等；

通常现有的设备管理人员，其基本素质不适应复杂的节能管理；

在远程监控技术及GIS地理信息系统基础上，构建城市建筑能源监控管理平台是一条便捷有效的途径。

2. 系统目标

中央空调系统能源消耗巨大，且供能分散、时变性强、影响因素多、运行管理非规范等；

为管理部门提供监管、决策的依据，为节能改造提供详实的基础数据；

预测能耗宏观趋势，建立建筑类能源宏观管理；

加强被监控建筑的能源管理，联动天气预报，动态调整其运行管理模式以及控制策略。

3. 系统特点

强调全面GIS地理信息搜索管理，实时监测及远传数据监控中心；

实行数据采集、数据分析、数据管理及数据应用挖掘；

建立数据库，在应用中强调二次分析数据的表格及趋势曲线功能；

建立为用户咨询的专家咨询库，提供节能专业咨询及对象监测报告、改造措施报告等。

4.系统功能

（1）建筑能耗状态实时监控、实时采集、定时发布

实时监控，通过网络实时采集耗能信息、设备效率信息、管理信息等，通过后台分析统计图、表等方式，直接按历史时间显示中央空调各设备的电耗情况。

出具历史变化的比较值及发展趋势图，根据需要进行各种统计分析，包括不同设备用电横向分析比较，同一设备不同季节、不同时间段用电量纵向分析比较。

（2）能源审计与评估

依据中央空调系统运行仿真技术，对采集到的详细运行数据甄别后，输入进行仿真计算，同时与专家经验数据库迭代反复仿真计算，得出最佳能耗指标对应的改造方案报告。

（3）节能改造及效果跟踪

通过能源监测管理平台，将改进前后中央空调系统耗电量直接进行对比，鉴定改进后的效果及效益情况。同时，在对比结果基础上，进一步多次实施完善整改措施（如针对性提出设备启用的时间性，依据负荷的动态性，给出实时控制管理方案等），最终达到优化节能的整改效果。

（4）终生为客户提供能源服务

能源监测管理平台是能源服务业的服务理念体现，只要监测对象的存在，为客户24小时提供服务，是设备管理人员咨询沟通的技术通道平台。如果监测的设备出现故障或出现亚健康状态，此系统会告之业主设备管理人员，及时解决问题，避免设备停止运行给业主生产造成经济损失。

（三）中央空调节能控制系统

在中央空调系统中加装中央空调节能控制系统，实时监控冷水机组、冷冻水泵、冷却水泵的工作状态，以及楼宇内外环境温度、冷冻、冷却水供回水温度、冷冻水压差、主机设备消耗功率等参数，降低设备运行的盲目性，可以随时通过计算机网络对整个中央空调系统运行状况进行监测，提高小榄人民医院中央空调各级管理人员对用电设备的管理水平。本集中控制系统具有远程操作及监控功能，与原有中央空调控制系统互为并联，互不干扰。

1.空调主机系统

优化主机运行工况，降低冷凝温度，提高蒸发温度；为改进系统水力稳定性和提高控制精度，进行空调水系统水力平衡调试，优化系统阻力特性，保证设备稳定运行。

中央空调系统中，主机自身的能量消耗由机组控制系统控制并具有自动卸载/加载装置。衡量空调主机运行是否经济节能的主要依据是能效比（COP）。COP值大小的主要由其冷凝温度，蒸发温度决定。通过对冷冻水系统及冷却水系统的控制，使主机的冷凝温度、蒸发温度在最优工况范围内，从而达到主机的节能。

在满负荷和部分负荷时段，主机的供回水温差均控制在△5℃（空调主机的设计值），同时引入压差和流量作为控制量，这样可以在满足空调区域舒适度的同时，适时优化主机工况，提高主机COP值，降低主机能耗。

2.冷冻水循环系统

根据小榄人民医院各区域空调机组目前的具体使用情况及设计要求，对每套空调系

统安装一套冷冻水系统智能节能控制系统。通过该系统可实现冷冻泵根据系统需要自动/手动运行，及互为备用运行。

冷冻水控制系统，采用冷冻水流量、冷冻水供回水压差传感器、温度传感器、智能模糊控制器和变频器组成控制系统，其控制原理图见下图2。

在每台主机的冷冻水出口以及冷冻水系统供回水总管安装温度传感器测量冷冻水的温度，测量到的温度通过数据传输系统传送到PLC控制器。PLC控制器通过温度模块，将冷冻水的回水温度和出水温度读入控制器内存，并计算出温差值；然后根据冷冻机的回水与出水的温差值来控制变频器的频率，以控制电机转速，调节出水的流量，控制热交换的速度。温差大，说明室内温度高，系统负荷大，应提高冷冻泵的转速，加快冷冻水的循环速度和流量，以加快热交换的速度；反之，温差小，则说明室内温度低，系统负荷小，可降低冷冻水泵的转速，减缓冷冻水的循环速度和流量，减缓热交换的速度，以达到节能运行降低能耗的目的。

同时为了保证冷冻水系统的安全运行，在冷冻水供回水主管安装压差传感器。在调试时，根据小榄人民医院空调系统的具体运行情况，设定一个适宜的压力范围来保证系统安全节能运行。PLC控制器通过压力模块，将冷冻水的供回水压力差读入控制器内存，并与设定值进行比较；然后根据比较结果来控制变频器的频率，以控制电机转速，调节出水的流量。压差小于设定范围，说明水流量过小，应提高冷冻泵的转速；当压差大于设定范围，说明水流量过高，应降低冷冻泵的转速，减小水流量，达到节能运行降

低能耗的目的。

通过此系统，可把冷冻水供回水温度控制适当范围内（5℃左右），使冷冻水泵的转速相应于负荷的变化而变化，同时在系统部分负荷运行状态可以优化制冷主机的运行工况。

3. 冷却水循环系统

根据小榄人民医院各区域空调机组目前的具体使用情况及设计要求，给每套空调系统安装一套冷却水系统智能节能控制系统。通过该系统可实现冷却泵根据系统需要自动/手动运行，及互为备用运行。

冷却水智能节能系统，采用冷却水流量、温度传感器、智能模糊控制器和变频器组成控制系统，其控制原理图详见图2。

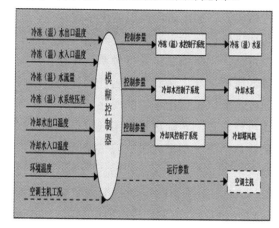

图2 冷冻、冷却水系统控制原理

通过此系统，可把冷却水温差控制在适当范围内（5℃左右），使冷却水泵的转速相应于中央空调系统散热量的变化而变化，使系统在满足空调主机工况不变条件下，冷却水系统节能最大。

4. 末端风系统的节能改造方案

根据小榄人民医院各区域空调机组目前

的具体使用情况及设计要求，给每套空调系统安装一套风系统智能节能控制系统。通过该系统可实现末端风柜根据系统需要自动/手动运行，及互为备用运行。

风系统智能节能控制系统，采用温度传感器、CO_2浓度传感器、风压差传感器智能模糊控制器和变频器组成控制系统，其末端风系统控制原理如下图3和图4所示。在风柜送风口和新风口安装温度传感器，在回风口安装温湿度传感器和CO_2浓度传感器。PLC控制器根据各传感器测量值对末端风系统进行控制，控制原理如下：

（1）风机转速的控制：根据实时监测回风温度与设定值（小榄人民医院室内温度要求）偏差进行PID运算，动态调节风机运行频率及转速；若回风温度大于设定值，则增加风机运行频率及转速，若回风温度小于设定值，则降低风机运行频率及转速，从而降低风机功耗，达到节能运行的目的。同时通过监测风机运行频率的变化，计算出实际送风量，控制实际送风量不低于最小换气次数，从而满足小榄人民医院空调区域舒适性要求。

（2）新风阀的控制：根据实时监测的CO_2浓度与设定值偏差进行PID运算，动态调节新风柜新风阀的开度，若测量值大于设定值则增大新风阀开度，增加新风量，减小室内CO_2浓度；若，测量值小于设定值则减小新风阀开度，减小新风量，从而减小新风负荷，达到节能运行的目的。同时还要保证最小新风量，从而满足小榄人民医院空调区域舒适性要求（此控制的实现需增设新风阀比例调节阀）。

通过此控制系统，可对原有风柜控制模

式进行调整，改变其简单的启停控制，对送回风的温湿度进行检测，采用基于动态变流量智能模糊控制理论与现代变频控制技术相结合，实现中央空调主机的最佳适合工况运行，以及空气处理设备达到变风量为目标的能耗最优化处理，从而最终达到节能目的。

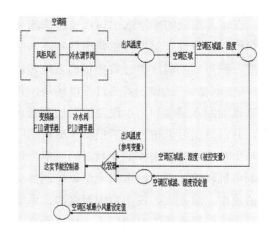

图3 空调箱节能控制原理框图

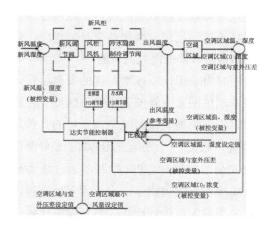

图4 新风柜节能控制原理框图

四、改造效果分析

1.经过节能改造，改善了室内的舒适度。并根据医院各区域具体用能特点，对各空调送风区域按实际使用功能进行细化分区，实现各分区供冷量的独立控制解决了区域冷量的严重浪费。

2. 节能改造后，增设独立计量系统，用电量出现异常时，可有针对性采取管理措施。

3. 经过节能改造，系统具有可靠的安全保护。系统设置了冷冻水、冷却水的低限流量保护和低温保护，有效地保障了空调主机在冷冻水和冷却水系统在变流量工况下的安全稳定运行。

4. 经过节能改造，本系统有了完善的监控功能。专门针对建筑中央空调冷源系统节能控制进行设计，自动控制系统采用中央空调仿真系统及城市建筑能源监测平台。在系统设计中，节能系统将对用户中央空调冷源系统冷水主机、冷冻水泵、冷却水泵的运行状态、运行参数及用户现场环境温湿度，实行全天候的自动监测，同时完成以下调节及控制功能：

（1）根据建筑室内冷负荷需求对冷冻水泵进行变流量调节；

（2）根据冷水主机散热量需求对冷却水泵进行变流量调节；

（3）根据建筑室内冷负荷和舒适性需求对风柜风机进行变风量调节；

（4）采集、记录、保存及管理有关系统的重要信息及资料，达到提高运行效率节能、节省人力，延长设备使用寿命的目的。

经过节能改造，中央空调设备节省的维护综合成本（如故障成本、维护成本、更新成本、增容成本等成本）1%～5%，减少人力成本1%～5%，降低折旧率3%～10%。

五、改造经济性分析

根据小榄医院综合电费（按照0.9元/度）计算：经过对小榄医院中央空调设备运行情况的初步诊断分析，原来每年小榄医院在空调系统的电费大约为443万元。通过节能改造，优化主机运行工况，可使中央空调水系统综合节电率最低达到26%以上，经过节电改造工程之后，每年电费下降到327万元左右，每年节省大约115万元电费：

系统年节电效益＝年度电费总额×最低节电率＝443万元×26%＝115.18万元。

该节能系统使用寿命为15年，则15年总节电效益为：

总节电效益=年节电效益×节能系统使用寿命15年=115.18万元×15年＝1727.7万元。

经过对中央空调节能改造，小榄人民医院在15年内综合总获益1727.7万元。

六、改造的推广应用价值

随着我国国民经济的持续稳步发展及医疗改革的推进，医院建设得到快速的发展，医院建设标准也相应提高，导致医院能耗成本成倍增长。在国家节能减排的大环境下，保证医院正常发展，满足人民医疗需求，提高医疗质量，降低医院日常运行能耗，已成为医疗机构建设要解决的重要问题。据资料显示，大型医院建筑中央空调系统能耗占到医院整体能耗的50%以上。通过中央空调节能项目的实施，一方面能为医院带来20%-30%的能效提升，另一方面还能提高医院各功能区域环境舒适度和设施的管理水平。

通过深入挖掘节能潜力，以节能来提高医院环境的舒适度，对医院的经营具有重大意义，而本项目通过借助专业节能服务公司的力量，采用用户零投资合同能源管理模式进行节能项目合作，不仅解决了用户节能投资资金的问题，也给合同能源管理新机制在医院节能领域的应用带来了广泛的示范作用。

（中国建筑科学研究院深圳分院供稿，
张辉、王立璞执笔）

上海市郊农村既有居住建筑节能改造

一、工程概况

本项目以崇明岛瀛东村作为改造试点，在现状调研分析的基础上研究制定节能改造方案并进行改造实施。瀛东村位于崇明岛最东端，长江与东海交汇处，全村总面积为2.67平方公里，总人口为198人。村民主要从事水产养殖业、种植业和旅游业。

民居总数：48幢，均为单体独幢2层别墅式（如图1所示），户均建筑面积近300m²，总建筑面积14600m²。建筑年代自1993年至今不等，外墙均为黏土实心砖砌筑的空斗墙，屋面均为斜屋面挂瓦，外窗有钢窗、铝合金窗、塑料窗和木窗四类，外门有木门、钢门、铝合金门四类，门窗均为单层玻璃。

通过对每户进行问卷调查获得的居民基本信息（如表1所示）。

图1 民居现状照片

居民基本信息   表1

居住人数	1～6人/幢，平均3.6人/幢
家庭总收入	1000元以下～6000元以上不等，平均4500元
烧饭	液化气（0.7罐/月）＋木柴(80kg/月)
空调	半数左右家庭安装空调（1～6台不等），几乎均为1.5匹分体机，共60台左右
电灯	平均每户21盏（其中4盏为节能灯）
热水器	1～2台/户，燃气/太阳能
能源支出（由低到高）	1.照明 2.冰箱 3.电视 4.热水 5.炊事 6.空调 7.电脑
改造需求	1.屋面漏水 2.地面受潮 3.墙体受潮 4.冬天太冷 5.门窗漏风 6.夏天太热 7.通风不畅 8.外部美观 9.炊事方式 10.室内装修

通过调研统计可以看出商品能源已经在农村逐步取代传统能源，成为农村居住建筑能源消耗主流，且能源消耗处于较低的水平。如图2所示，单位面积能耗为：5.77kgce/(m²·a)，其中电耗为：2-9kwh/(m²·a)，平均约为6.5kWh/(m²·a)（即2.63kgce/(m²·a)）、户均用液化气：1.25L/(m²·a)（即1.09kgce/(m²·a)）、户均用木柴：5kg/(m²·a)（即2.05kgce/(m²·a)）。由图2可以看出，商品能源已经达到64%的份额，生物质能占36%，其中生物质能主要用于炊事，农民厨房中都有烧柴的大灶和液化石油气灶具，木柴的用能效率很低且会造成空气污染。

大部分居民能源支出中还是以满足生活基本需求的炊事、照明、家电等为主，经济条件较好的家庭（不超过50%）配置数量不等的空调、电暖器等，但使用率均较低。图3和图4分别为典型民居冬夏季主卧室内温湿度，冬季主卧温度低至0℃～5℃，最低降至0℃以下，夏季高至30℃～35℃，最高甚至超过35℃，室内环境舒适度非常低。户主几乎不使用采暖或空调改善室内环境，对温度的耐受力较强，这与其多年的生活习惯以及生活条件有关。

总体来说，对于大多数居民而言，建筑节能改造的需求主要体现在舒适度的提升上，在如此低的能耗水平的基础上很难体现出其节能效果。但随着气候变化和生活水平的提高，空调数量每年都有显著的增加，少量条件较好的住户安装4～6台空调，年用电量比平均值高40%以上，能耗差距较大。随着居民收入水平以及生活质量需求的普遍提高，空调的使用量在农村将大大增加，节能的潜力将逐步显现。

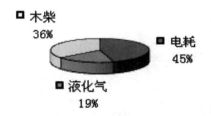

图2 户均能源消耗分布饼图

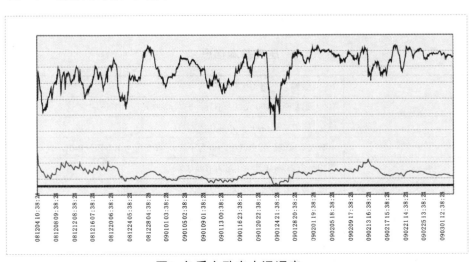

图3 冬季主卧室内温湿度

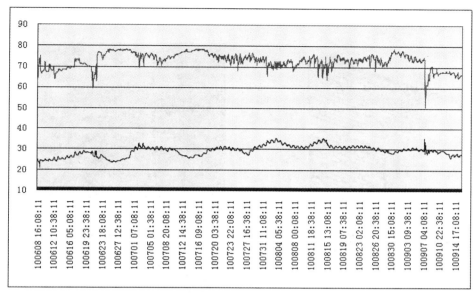

图4 夏季主卧室内温湿度

二、改造方案

由于瀛东村中现有的45栋双层住宅建筑平面均源于一个标准的模式，建造方式和建造年代也大致相同，因此为了便于研究，采用典型楼为研究对象（图5），并以其为标准模式，具体改造技术如下：

图5 改造方案

（一）屋顶

3号楼的原有屋顶为平屋顶上加设木构架，形成双硬山屋顶造型。坡屋顶的做法为直接在木檩条上挂瓦，缺少望板、油毡等有效的防漏措施，从而导致在雨雪天气屋顶渗漏严重。同时，平屋顶采用预制楼板，除了在上面粉饰水泥砂浆之外，未做任何其他保温防水措施。屋顶质量存在严重问题。针对这个现状，改造主要集中在坡屋顶防水及平屋顶的保温防水方面。

具体做法是先在平屋顶上进行找平，然后刷防水涂料，最后加一层30mm厚XPS板。而坡屋顶部分则是将原有部分屋顶拆除（保留原有骨架），然后加上望板、油毡，最后铺上琉璃瓦。通过改造，建筑屋面焕然一新。

（二）外墙

外墙原为240mm厚实心黏土砖空斗墙（图6）外加20mm厚的水泥砂浆，外饰瓷砖，并未做任何保温以及足够的防水措施，所以经常发生墙体发霉的现象。本次改造主要措施是：在原有建筑立面上进行找平，然后加入界面剂以及30mm厚的无机保温砂浆，再通过抗裂砂浆压入耐碱玻纤网格布，最后外面饰仿面砖真石漆。（图7）

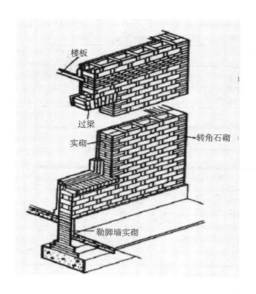

图6 空斗墙构造

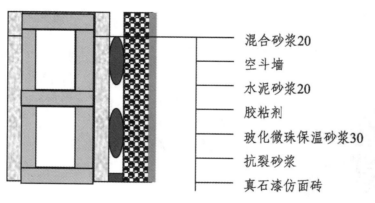

混合砂浆20

空斗墙

水泥砂浆20

胶粘剂

玻化微珠保温砂浆30

抗裂砂浆

真石漆仿面砖

图7 空斗墙保温改造结构效果图

（三）外门窗

外门窗原先采用单层钢框玻璃门窗，不仅夏天不能有效隔热、冬天保温，而且渗风现象严重。在改造过程中，采用了6+12+6中空镀膜铝合金玻璃门窗，有效增强了房屋的整体保温性能。

（四）地面改造

原住宅的首层地面室内外几乎没有高差，也没有做有效的防潮处理，结果是室内经常返潮，下大雨时又经常有水溢进室内。

针对这个现象，改造措施提出：将室内地面适当抬高，并在地面和下部墙体做防潮处理。具体措施是在原有地面和下部墙体上涂一层防水剂进行防潮，然后再做新的建筑面层。通过这种方式，可以将室内外高差抬至70～100mm，在有效防潮的同时，适当减少雨水反灌的可能性。

（五）太阳能热水系统

现有住户大部分都安装了太阳能热水器，但是由于使用年限及产品质量等问题，导致这些太阳能热水器的实际使用效率不高，而且不少已有很大损坏，失去了应有的功效。在此次改造中，计划对村里现有的太阳能热水器进行调查，对于那些还可以继续使用的则加以利用，出现问题的则进行替换。

在替换过程中，尽量使太阳能热水器的角度与屋面相结合，在实用的前提下尽量达到美观。在资金可能的情况下，尽量使用分体式太阳能热水器。3号楼住户目前尚未安装太阳能热水器，本次改造中，将为其安装上24管1800毫米型250升容量热水器，可满足一家五口人的正常使用。

（六）室外改造

在改造过程中，拟对原有住宅室外场地进行改造，原先为了满足晒谷等需要采用纯水泥地面，夏季在太阳的照射下，热量反射强烈，而且在下雨时，雨水迅速向四周排散，无形中增加了雨水反灌室内的可能性。故在本次改造中，计划将原有水泥地面适当减小，加设渗水混凝土地面，既可以减少夏季太阳光强烈反射，又可以在下雨时及时将雨水渗入地下。同时通过使用不同颜色的渗水混凝土地面，弱化村内千篇一律的室外地面形象。

（七）其他措施

另外，由于村里原有路灯及电线已出现老化、年久失修的现象，工程拟将原有露明电线全部埋入地下，并结合道路两侧的绿化带，安装风光互补路灯，美化村容村貌，充分利用可再生能源。

同时，在住宅改造中，还设想增设室外空调机的机架，晒衣架等设施，希望为住户提供更为完善的服务。

图8 节能改造前后实景图

（八）瀛东村现有民居生态化改造中的地域文化特色

瀛东村现有农民住宅具有自身的特色，在此次改造中，充分尊重现有民居的特点，尽可能保持农村住宅的特有风貌。

首先，改造仅集中于外墙、屋顶，没有

涉及平面布局，因此完全保持了原有住宅的布局模式和使用方式；

　　其次，瀛东村现有住宅的屋顶形式富有变化，具有自身的特点。本次改造利用原有屋架，仅增加了望板和防水油毡，没有改变原有屋顶的形式；

　　瀛东村现有住宅的挑檐、檐沟、阳台板等处常常有丰富的装饰图案，极具农村特色。本次改造也都予以保留。

　　通过改造，统一了瓦、墙、门窗的色彩，而且细部装饰、平面布局等均做了保留，使整个住宅群既统一，又有变化；既有时代特征，又有农村风貌，体现出当地居住文化的特色。

三、能耗模拟分析

　　改造后围护结构热工性能参数如表2所示，满足夏热冬冷地区节能50%的设计要求，通过Dest能耗模拟软件对改造前后进行模拟分析，其节能率为57%，满足现行节能设计标准的要求。

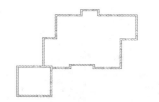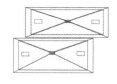

图9 建筑能耗模拟计算模型

围护结构热工性能参数表　　　　　　　　　　　　　　　表2

	外墙平均传热系数 (W/m²K)	外窗传热系数 (W/m²K)	遮阳系数	屋面传热系数 (W/m²K)
改造前	2.13	6.4	0.85	3.21
改造后	1.48	2.7	0.56	0.82

四、小结

　　农村现有农村住宅节能改造是一新型事物，因此目前尚缺少成熟的成功经验，更无农村住宅生态化改造的设计导则，因此本课题研究具有探索意义。

　　本文在广泛调研的基础上，从节能和文化的层面出发，提出了农村现有住宅的生态化改造对策，希望通过改造，既能使大量现有农村住宅达到节能的要求，又能保持原有的地域风格，这一成果具有实际运用和推广价值。本文在瀛东村村委会的支持下，进行了实证示范，实证了研究成果的科学价值。

（上海市建筑科学研究院（集团）有限公司供稿，邱童、徐强执笔）

大庆市热力公司新村热网改造工程

一、工程概况

大庆市热力公司新村热网是输送系统节能的示范工程。本示范工程按照合同能源管理的方式运作。

大庆市热力公司新村热网的热源为大庆油田热电厂,电厂内共有14台循环水泵。热电厂除了保证厂区采暖外还为市热力公司和油田物业三公司提供供热用热水。新村热网间连与直连共网,2008~2009年度的运行情况为:总供热面积563万㎡,具有34个热力站。

大庆市热力公司新村热网计划在未来两年(2011~2012年)将总供热面积增至757万㎡,其中最远端热力站为湖滨A区26号站,距热源12577.6m(图1)。

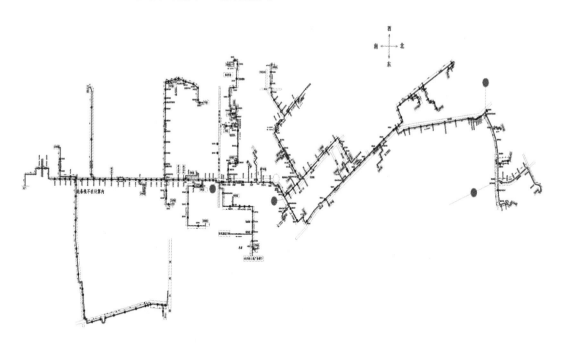

图1 大庆热力公司新村热网管网图

二、改造目标

将现有热网改造成具有一定决策功能的智能热网,实现优化运行调度,按需供热;在满足供热需求的前提下,降低供热系统输配能耗。

热网信息化系统由公司级调度控制中心、供热站数据采集控制系统及热用户温度采集系统组成（图2、图3）。热用户的室温及热力站的供回水温度、流量、压力、水泵电耗等运行数据均传输到热力公司的调度中心，调度中心根据各热力站的运行情况，以室温满足需求，耗热量指标最小，输送能耗最少作为目标，发布调度令。供热站根据调度令，调节供热量，实现按需供热。

三、改造技术

整个热网多技术融合，解决系统热媒低能耗输送与管网平衡问题，系统采用变零压控制。零压差点之后，间连系统采用分布式变频水泵技术；直连系统采用分布式变频水泵与混水泵结合技术。零压差点之前，采用水喷射器与混水泵结合技术，供热站采用环路分布泵技术。

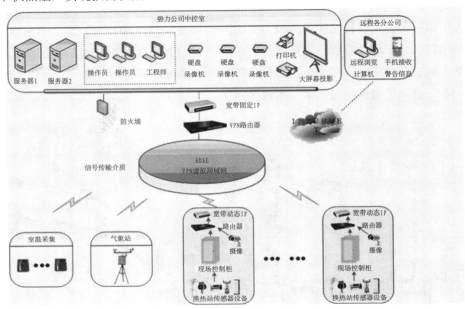

图2 监控系统

热力公司　　　　调度室

13#热力站　　　　25#热力站

图3 现场照片

四、改造效果分析

大庆地区在2008～2009年采暖季平均室外气温为-6.68℃，供暖天数为193天，实际供暖面积为571万平方米，采暖季度日数为4763℃·d。2009～2010年采暖季，大庆市实际采暖数为195天，最低日平均温度-22℃，采暖期室外平均温度-9.4℃，采暖度日数为5343℃·d。

采用分布式变频泵供热系统，整个系统不会出现近端压力过高，导致供热温度过高，远端资用压头不足，导致温度过低的现象，使得整个系统用户室内供暖温度得到保障。且由于没有无效电能的消耗，整个系统的节能效果很好。

改造后的9#庆龙供热站，2008～2009年采暖季耗电567410度电，2010～2011年采暖季耗电290468度电，节电率48.8%；5#阳光供热，2008～2009年采暖季耗电344756度电，2010～2011年采暖季耗电230544度电，节电率33.1%。示范工程在实施节电的同时，尚按照按需供热的研究成果组织运行，整个采暖季节约标煤2009～2010年度与2008～2009年度比，节约的热量与节约的电量折合为1.385万吨标煤。

五、改造经济效能分析

采用分布式变频泵供热系统，热源循环泵、一级循环泵、二级循环泵提供的能量，均在各自的行程内有效地被消耗掉，因此没有无效的电耗。

采用分布式变频泵供热系统，系统无功消耗减小，运行费用降低。在部分负荷时，由于各用户负荷变化的不一致性，可调节循环泵的转速以满足热网运行需求，基本无阀门的节流损失。

测试结果表明，节能改造后的系统于常规系统相比，节能率为46.4%，高于课题任务书规定的节电35%的考核指标。2008～2009年采暖季节约费用约960万元。2009～2010年采暖季节约运行费用约1450万元。

六、思考与启示

目前我国供热管网节能潜力较大，各地应根据热网的实际情况，进行智能化和系统节能的技术改造。改变目前热网传统的设计思想，采用先进的输配技术，可大幅度降低输配能耗；改变热网的运行方法，提升供热系统承载力，可大幅度降低运行成本。

七、推广应用价值

本研究取得的供热系统智能化技术，可为我国既有供热系统的承载力提升和智能化改造提供技术支撑。输配管网的多技术节能方法，可为我国既有管网的节能改造提供技术支撑。节能效果显著，应用前景广阔。

（哈尔滨工业大学供稿，姜益强、方修睦执笔）

庆王府修缮工程

一、工程概况

庆王府位于天津市重庆道（原英租界剑桥道，Cambridge Road）55号，地处天津市历史风貌建筑最集中的"五大道风貌保护区"中，为天津市文物保护单位和特殊保护级别的历史风貌建筑，2010年5月建筑腾空，腾迁前为天津市人民政府外事办公室办公用房。

该建筑由原清宫太监大总管"小德张"（1876～1957，名祥斋，字云亭）于1922年兴建，历时一年，于1923年建成。1925年，原庆亲王载振购得此楼，后举家迁入，因而得名"庆王府"。

该建筑地上三层、地下一层，为混合结构，占地4683平方米，建筑面积5921.56平方米，立面地上两层外有类似爱奥尼克柱式围柱廊，外檐用中式青砖砌筑，楼房四周设有西洋列柱式回廊，富有欧洲品味，大楼平面为长方形，中央为方形大厅，设一座可拆卸的小戏台，一、二层大厅周围有列柱式回廊，四周为居室，三层八间房是供奉祖先的影堂，院内大花园，有假山、石桥、亭子、景致幽雅宜人，大楼东面的小花园，有一座中国传统式的六角凉亭。

因建造年代久远，使用荷载远远超出了其原有的设计要求，且历经了地震、腐蚀、冻融等自然灾害，其结构安全、使用功能及内外檐装修、屋顶均受到不同程度的损坏。（见图1～图4）

图1 维修前墙体 （一）

图2 维修前墙体 （二）

图3 维修前屋顶

图4　维修前景观

二、改造目标

（一）指导思想

1. 文物工作贯彻保护为主、抢救第一、合理利用、加强管理的方针。

2. 文物本体的修缮工程必须严格遵守"不改变文物原状"的原则，全面的保护和延续文物的真实历史信息和价值。

3. 遵循国际、国内公认的保护准则，按照真实性、完整性、可逆性、可识别性和最小干预性等原则，保护文物本体和与之相关的历史、人文和自然环境。

4. 历史风貌建筑的保护工作，应当遵循"修旧如故、安全适用、保用结合、有机更新"。

5. 特殊保护的历史风貌建筑，不得改变建筑的外部造型、饰面材料和色彩，不得改变内部的主体结构、平面布局和重要装饰。

6. 修缮历史风貌建筑应当符合有关技术规范、质量标准和保护图则的要求，修旧如故。

（二）维修目标

按照文物和历史风貌双重身份的要求，以修建具有国际水准的精品工程为目标。对承重结构进行全面加固，确保建筑安全；对建筑内外檐装饰进行全面修复，恢复庆王府始建时讲究奢华、流光溢彩的原貌；对配套机电设备设施进行全面维修，完善其使用功能，满足现代使用需求。发挥其得天独厚的展示功能，为天津市五大道经济、文化的全面复兴提供空间保障。

三、改造技术

（一）查勘情况

建筑物南北朝向，平面呈矩形，长、宽尺寸为40m×32m。层高：室内外高差为2.50m。地下室高度2.50m；外廊、使用房间区域一层高度4.50m，二层高度4.45m；局部三层层高3.60m；中部大厅高度为11.50m。楼盖结构为木龙骨、木地板及板条抹灰吊顶，屋盖结构为三角形木屋架、木檩、土板、耙砖、油毡、铁皮多坡顶，板条抹灰吊顶。该建筑设有上下水等当时较为现代的配套设施。

1. 墙体：该建筑外墙厚度为500mm，内墙厚度为240mm、370mm，均采用灰泥砌筑。墙体结构采用纵横墙承重形式。经现场检查，大部分墙体存在碱蚀现象，碱蚀最大面积为10～20m²，碱蚀深度为50～300mm；主体砖墙砌筑砂浆强度偏低。外檐墙体原始为水刷石墙面，经对门窗上口剔凿检查，门窗口过梁均为砖券，其最大洞口跨度为4.5m。查勘中发现内外墙体及门窗口砖券过梁等构件出现明显开裂及变形等结构损坏现象。

2. 楼盖：首层至顶层楼盖均为木龙骨、木地板结构。木龙骨宽、高截面尺寸均为

55mm×500mm，木龙骨间距均为350mm，最大跨度为5.2m。经剔凿检查，现各层楼盖木龙骨等构件大面积损坏。

3.门窗：部分门窗于使用期间进行更换及修补，材质为木制等。

4.室内装修：所有初始室内装修在后期使用过程中部分保留，但部分已进行重新装修。后期采用装修材质为石膏板、矿棉板、复合地板、瓷砖等。

5.地下室：原防水层失去应有作用大面积渗漏，严重影响正常使用。

（二）维修技术

根据维修指导思想，在对建筑进行全面查勘的基础上进行维修设计，再根据具体设计方案进行维修施工。

1.恢复外檐效果、提高其平面布局合理性

工程背景：基本保持建筑原有平面布局，拆除后加隔断，根据使用功能做局部微调，并增设无障碍设施——室外观光电梯。恢复正门两侧的两个出入口，调整附楼功能及平面，在保持沿街围墙外观不变的前提下进行翻建。（见图5～图10 ）。

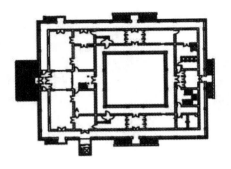

图6　维修后首层平面布局

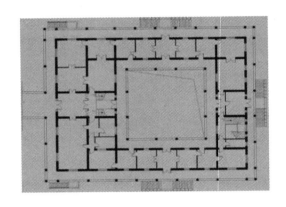

图7　维修前二层平面布局

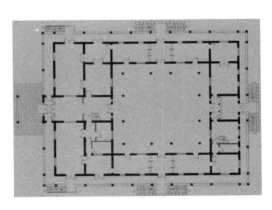

图5　维修前首层平面布局

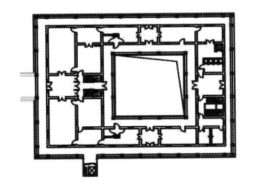

图8　维修后二层平面布局

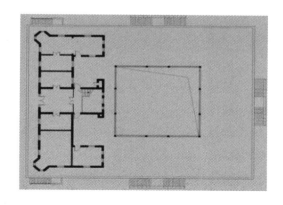

图9 维修前三层平面布局

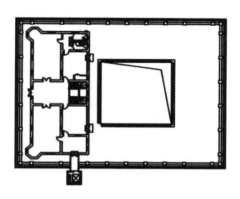

图10 维修后三层平面布局

维修技术：

（1）按照实际使用情况调整平面布局及房型，增强现代使用功能。

（2）确保结构安全，进行整体结构加固。

2.外檐风貌

（1）外檐墙面

工程背景：长时间风化、碱蚀、污染及多次外檐维修，维修前建筑原有外檐已改变较大（见图11、图12 ）。

图11 拆除前墙体开裂、破损

图12 外檐墙体已碱蚀、破损

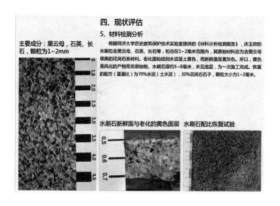

图13 水刷石配比研究

图14 墙体掏砌加固

图15 外檐墙面清洗

图16 外檐水刷石施工

维修技术：

①对于破损较大墙体，采用局部掏砌等方法进行修复。

②按照建筑原真性进行外檐清洗，根据同济大学提供的配方修补水刷石外檐。（见图13～图16）。

工程背景：原有门窗经历史查证，许多为后人添配，保留原有式样。

维修技术：

①整体脱漆，修补外檐门窗及添配木制2～3槽窗，保留建筑原真性；

②按照始建门窗遗留式样特点，依据同济大学的门窗油漆检测结果，由混油面层调整为清油（见图17、图18）。

图17 维修前木制三槽窗

图18 维修后门窗

（2）恢复屋顶历史原貌

工程背景：保留的部分木檩糟朽、落水管脱落、躺沟破损，承重墙体已破损严重，多处漏雨（见图19、图20）。

图19 修复前的屋顶大面积腐蚀

图20 修复前屋顶结构腐蚀、破损

维修技术：

①拆除原始屋面吊顶，对土板及木檩进行全面检查，对糟朽部件进行更换，采用碳纤维技术加固，对12根结构小柱进行抢救式加固，采用混凝土（灌浆料）套盒技术。

②按照保留的原屋面进行重新粉刷、原

式样恢复了躺沟、落水管及风檐板（见图21～图26）。

图21 维修前风檐板破损

图22 按照原样式加工风檐板

图23 结构柱加固

图24 加固屋顶结构柱

图25 碳纤维加固受损构件

图26 落水管施工

3. 结构加固

（1）地下室

工程背景：原地下室大面积潮湿，已严重影响使用功能及破坏整体房屋结构。

维修技术：

①整体地下室墙面更换预置防潮板（见图27、图28）。

图27 防潮板预制施工

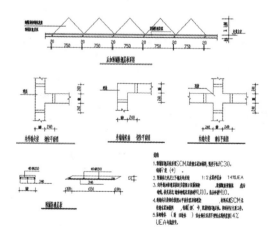

图28 地下室防潮板更换施工图

②整体地下室墙面面层重新施工，增设防水做法（见图29、图30）。

图29 地下室防水混凝土套盒施工

图32 检查受损构件

（2）楼面工程

工程背景：该建筑的楼面结构采用木结构形式，木龙骨局部劈裂、糟朽，地板大面积腐蚀，水平拉杆及剪刀撑不全（见图31、图32）。

维修技术：

①拆除破损严重的木地板面层。

②检查受损木构件，并进行相应加固处理，重新刷防腐油。

③木龙骨调平安装，重新铺设木地板并进行打磨，做好成品保护。

④根据使用功能部分木楼板改为混凝土楼板（见图33～图36）。

图30 地下室墙体面层施工

图31 木龙骨腐蚀、破损

图33 混凝土楼板施工

图34 混凝土楼板施工

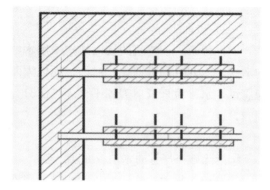

图35 木龙骨夹板加固施工图

图36 木龙骨夹板加固施工

4. 装饰装修

（1）装饰维修过程中，建筑始建时期墙面及顶面留有彩绘。后经多次维修将其粉刷覆盖并多处破坏。在此次装饰过程中，将其保留完好部位恢复并且使用玻璃铺盖保护。对于无法恢复的彩绘元素，运用移植手段采取"丝网印刷"技术至顶棚作为装饰体现（见图37～图42）。

图37 原始彩绘墙面清理

图38 原始彩绘顶棚清理后保护

图39 彩绘墙面清理后保护

（2）原始水磨石地面经长时间使用已污染及损坏严重。此次维修过程中将其损坏部位修复并且清理抛光（见图43～图44）。

图40 彩绘墙面清理后保护

图43 水磨石地面清理

图41 丝网印刷原始彩绘图案移植

图44 水磨石地面清理

图42 丝网印刷原始彩绘图案移植

图45 地板铺设

（3）原始地面整体损坏较大，已无法正常满足今后使用功能及美观性。此次维修在部分保留较好地板的情况下，整体重新铺设实木老地板，并按照原始色系及装饰风格进行油漆施工（见图45～图50）。

图46 地板铺设

图47 地板油漆刷涂样板

图48 地板油漆刷涂

图49 施工完成后地板

图50 施工完成后地板

（4）原始木作装饰（护墙板、暖气罩、挂镜线、楼梯、木门窗等）整体污染及破损较大，此次维修首先将污染部分进行脱漆、修补并按照原始色系及装饰风格进行油漆粉刷（见图51～图58）。

图51 护墙板的修补

图52 暖气罩的修补

图55 护墙板刷油样板

图53 暖气罩构件的添配

图56 护墙板刷油

图54 木楼梯脱漆

图57 暖气罩装饰施工

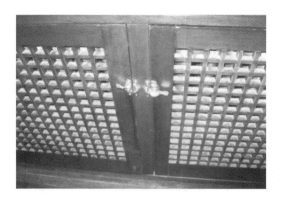

图58 施工后暖气罩

图61 顶棚吊顶施工

（5）原始墙面、顶棚后期使用方全部重新粉刷并多处出现裂缝、空鼓等情况。此次维修铲除所有后期维修的面层，重新吊顶及粉刷并根据后期使用功能设立轻质隔断墙（见图59～图64）。

图59 轻质隔墙的设立

图62 墙面的施工

图60 顶棚吊顶施工

图63 墙面涂料打磨施工

图64 墙面涂料施工后清理保留元素

图67 屋面瓷砖的铺设

（6）上人屋面经长时间维修不到位大部分已破损，在查勘过程中发现始建时期上人屋面为瓷砖面层。此次维修中加固此屋面结构并铺设防水层后铺设瓷砖（见图65～图68）。

图65 原始上人屋面的瓷砖面层

图68 瓷砖铺设后屋面

图66 屋面防水施工

图69 水塘的清理

（7）庆王府现有园林景观与始建时期相比维修较少。其中原有假山、黄金树等至今保留，原有路面已全部后期维修。此次维修在维护原有假山及树木的情况下重新维修路面及排水系统（见图69～图74）。

图70　原有树木的营养维护

图71　凉亭的维修

图72　路面石钉的铺设

图73　园林植物的添配

图74　维修后的园林景观

5. 完善使用功能

（1）给排水工程及电气工程

原有的给排水系统，在常年超负荷使用的情况下，已经基本瘫痪。在维修、维修过程中，对这一系统进行了重新设计。设计中考虑到今后使用需要，在楼内重新安装上下水系统。原有的电气系统，仅限于照明及使用者简单的生活需求，且线缆零乱，多为1.5～2.0的铝芯导线，无法满足今后使用功能的需要。在维修、维修过程中，根据规范要求对电气系统进行了重新设计，增设变电站、弱电系统（见图75～图88）。

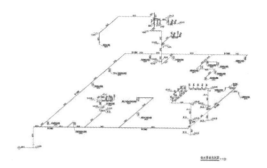

图75 施工给排水系统图

图79 卫生间洁具安装

图76 维修前卫生间

图80 安装后洁具

图77 排水管道重新施工

图81 维修前电线敷设杂乱无章

图78 增设化粪池

图82 维修前开关面板

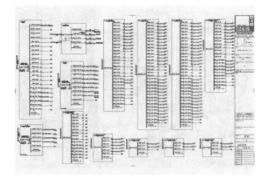

图83 维修电气系统图

图87 灯具的安装

图84 原始葡萄灯的维修

图88 开关面板的安装

（2）空调工程

建筑始建时期无空调及通风系统，后期使用过程中增设普通壁挂式空调。严重影响建筑的统一性及整体美观性，使用功能较差。在维修过程中安装VRV变频一拖多空调系统，终端采用旋流风口和线性风口等高新端产品，满足使用功能及室内、外檐美观性（见图89~图92）。

图85 增设电闸箱

图86 维修后电气控制柜

图89 维修前空调室外机

图90 维修前空调室内机

图91 空调室外机的安装

图92 空调室内机的安装

图93 增设菜梯的安装

（3）电梯工程

考虑可逆性原则，增设无障碍设施——外檐观光电梯；为满足今后使用功能要求，增设室内菜梯及杂物梯。（见图93～图98）

图94 增设杂物梯的安装

图95 观光电梯管井的安装

图96 观光电梯的幕墙的安装

图97　观光电梯的安装

图100　维修前散热器

图98　观光电梯的安装

图101　维修前散热器管件严重腐蚀

（4）暖气工程

庆王府始建时期存在单一系统锅炉供暖，建国后改为集中供暖，地下室添设了周边区域的一个换热站，但经长时间使用管路及散热器已严重老化及腐蚀。此次维修全面系统检查并完全维修损坏及老化部位，使其完全达到使用功能（见图99～图102）。

图102　暖气系统的维修

（5）消防工程

该主体建筑为砖木结构，设有两部木楼梯，其耐火等级为四级，存在建筑层数、防火分区、耐火等级、防火间距等实际消防问题，此次维修与国家消防工程技术研究中心专题研究论证，增设了火灾自动报警系统和消火栓系统及建筑灭火器，既最大限度的保

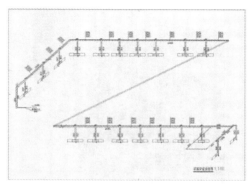

图99　　暖气施工系统图

护了建筑，又提高了建筑的消防安全等级。（见图103～图108）

图103 消防设计解决方案

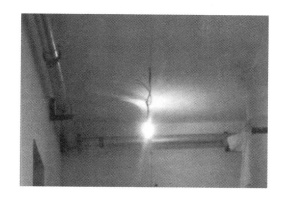

图104 消火栓管路安装

图105 增设消火栓

图106 消火栓管路安装

图107 新增火灾自动报警设备

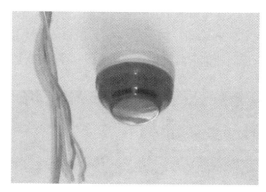

图108 新增火灾自动报警设备

四、改造效果分析

（一）技术集成原则分析

庆王府已有近90年的房龄，长期超负荷

使用和年久失修，造成严重的损坏，涉及建筑、结构、装修、使用功能等各方面，因此对它的维修必须采用集成技术。科学的维修技术集成是本工程维修成功的关键，同时也是该项目的技术创新点。

针对以上情况，在施工前及施工过程中，天津市风貌建筑整理有限责任公司组织专家学者、原有住户等多次会议商榷维修方案。在反复多次讨论后选择最恰当、最科学的维修方案。庆王府的维修保护方案获得历史风貌和文物专家的认可，为此还召开了天津专家评审会议、北京文物专家评审会议和修缮专家现场会议，并邀请众多曾经生活和工作在庆王府的耄耋老人对建筑原貌现场指认，明确了重点保护和修缮的部位及方法；委托专业部门完成建筑的安全鉴定和材料检测工作，掌握了建筑物原形式、原工艺和原材料；开展了重点保护部位防护措施，现场清理和原物统计等工作；委托具有文物设计资质的建筑设计院开展庆王府的保护维修设计工作，全面完成设计、监理、施工招投标工作；结合使用要求，内饰、灯光、弱电等专业化设计和实施；施工全程受文物和风貌建筑保护职能部门监督指导（见图109～图112）。

图110 施工现场论证会

图111 市长亲临视察

图112 风貌建筑专家、文物专家亲临视察

图109 专家学者论证会

此项目维修技术集成遵循了以下几方面原则：

1. 真实性原则：在具体确凿的证据下，最大限度地保持原有格局、结构和空间形式，在修复设计时，尽可能保留和利用原有结构构件，发挥原有结构的潜力，避免不必要的拆除和更换。

2.可识别性原则：在修复中，增添部分必须与原有部分有所区别，使人能辨别历史和当代增添物，以保持文物建筑的历史性。

3.可读性原则：保全历史信息，能读出各个时代在建筑上留下的痕迹。当一座建筑经历了几十年甚至成百上千年的历史沧桑后，其最初的原貌或许可以被找到，但是我们也要尊重其发展的过程性，不能因为片面的追求建筑的历史原点而消灭一些有价值的历史见证物。

4.可逆性原则：在修复中所使用的材料、技术尽量不对原有结构、材料和肌理造成割裂、侵蚀和损伤，从而实现建筑修复过程的可反转性。

在本工程维修技术集成中，根据现场遗留的历史痕迹和其他历史资料确定该建筑的原貌，包括它的整体特征和细部装饰特征。在修复中严格按原建筑的营造法式和艺术风格、构造特点，用原材料、原工艺进行修复，残缺损坏的部位和构件尽量用原材料复制添配齐全，保持"原汁原味"。传统的维修技术是恢复建筑历史原貌的主导技术，如在墙体维修中采用了墙体掏砌筑、混凝土套盒；在屋面维修中采用了可靠防水技术；在外檐墙面维修中采用清洗和同配比修复水刷石墙面，确保了建筑的"修旧如故"。在条件允许的情况下，也适当地选择了新材料、新技术，这有利于保持建筑原貌，有利于提升建筑的使用功能。通过增强地下室整体防水体系，使原本阴暗潮湿的地下室如今能够得到最大程度的利用；通过暖通专家的点拨，利用原暖气窑位置有效实现制冷功能，

实现以人为本的舒适性要求。维修技术集成要做到新旧技术的有机结合。

（二）维修技术集成效果分析

庆王府工程维修技术集成的选用是成功的，全面实现了预期的维修目标，其效果可以从以下几方面进行分析：

1.恢复外檐效果、提高平面布局合理性

在对该建筑的平面布局上，根据具体现代使用条件进行布局调整，重新调整后效果流线清晰，室内净面积加大，提高使用功能。地下室加固及防水工程有效防止了地下室漏水提高了建筑的整体性、安全度和适用性，保证了正常使用。

2.外檐风貌、修旧如故

外檐效果及门窗追溯原始建筑特色，修复及清洗水刷石墙面，修理、添配内外廊栏杆彩色六楞琉璃柱、水磨石扶手，修补添配门窗及五金构件，采用木屋架加固、增设防水层等技术手段，完好的恢复历史风貌，确保了"修旧如故"。

3.结构加固、保证安全适用

部分墙体增设混凝土套盒、墙体损坏部位进行掏砌，所有木构件进行加固处理提高了建筑的整体性、安全度和适用性，保证了正常使用。

4.装修维修、提高建筑美观性

整体室内装饰装修及时代特色元素的增加，凸显了中西合璧之特色，增加了王府的奢华气氛，提高了建筑美观性。

5.完善使用功能、提高舒适度

通过对该建筑的上下水系统、空调系统、电气系统、智能化系统进行维修，提高了舒适度。

图113 维修前建筑

图114 维修后建筑

五、改造经济性分析

（一）经济效益

1. 投资分析

（1）腾迁投资1亿元。

（2）维修工程共计投资6000万元。

2. 投资回收分析

维修后价值评估：经评估，现有房产市值约4亿元。

通过庆王府维修工程投资与资金回收情况的比较可以看到，资金回收水平合理，维修后房产的评估价格已经明显高于项目的总投资。该项目在经济方面的收益是明显的。

（二）社会效益

通过庆王府腾迁、维修，变成结构安全、功能齐全、环境优雅的庭院式建筑，保留了历史原貌。因此，该项目的社会效益是显著的。

六、改造的推广应用价值

庆王府是天津文保单位和特殊保护等级历史风貌建筑的代表，修复工作本着加固内部结构，维修内外装饰，恢复原建筑始建时风貌的精神，修复后展现出这座东西方混合型庭院式的建筑艺术风格。以保护建筑为主，利用服从保护，修复与今后利用相结合，充分体现和利用庆王府这个历史文化载体的蕴含。

天津现有历史风貌建筑672幢，102万平方米，这些建筑全部建成在50年以上（大多数房龄在70～80年），存在不同程度的损坏，使用功能较差，与庆王府的情况相类似，需要对其进行综合性维修。

庆王府维修工程总结出的综合维修技术集成及一般规律，实用性强，可操作性强，能够满足既有建筑，尤其是具有较高历史、人文价值旧建筑维修的需要，而且操作简便，因此具有较高的推广价值及广阔的应用空间。

（天津市保护风貌建筑办公室、天津市历史风貌建筑整理有限责任公司供稿，李巍执笔）

原金城银行修缮工程

一、工程概况

原金城银行大楼坐落于天津市和平区解放北路108号，占地面积约3118.55㎡，原建筑面积1944.21㎡，新增（恢复震损坡顶部分）建筑面积724.68㎡，总建筑面积2668.89㎡，整修工程自2008年4月起至2009年6月竣工。

金城银行开业于1917年5月，总行设于天津，1936年迁往上海。它由中国近代金融界知名人士周作民创办，是中国重要的私人银行之一（如图1）。该行在全国有众多的分支机构，是当时中国重要的民营银行之一，也是金城、盐业、大陆、中南等"北四行"的主要支柱。中华人民共和国成立后，金城银行于1952年加入金融业全行业公私合营，该行遂宣告结束。

金城银行大楼建于1937年，由华信工程司工程师沈理源设计。三层砖木结构楼房，带地下室。正立面为对称形式，耸立八棵仿古典壁柱，二楼设外跨式半圆形阳台，外墙装饰面砖。建筑布局规整对称，造型简洁明快，立面装饰丰富。1976年，三层坡屋顶遭地震损毁，削层后改为两层平顶。

建筑首层前半部分中间为营业大厅，两旁辅以接待厅和休息厅。后半部分则为内部办公和会议。第二层主要为管理办公区。

至2008年整修前，该建筑已闲置多年；经整修复原后，将作为银行博物馆使用（如图2、图3）。

图1 原金城银行外貌历史照片

图2 整修前原金城银行大楼外貌

图3 整修后原金城银行大楼外貌

二、改造目标

（一） 改造指导思想

该建筑作为重点保护级别的历史风貌建筑及天津市文物保护单位，整修改造工程按照国家文物保护法及《天津市历史风貌建筑保护条例》（以下简称《条例》）、《天津市历史风貌建筑保护修缮技术规程》、《天津市历史风貌建筑保护图则》等现行相关规范标准进行设计和施工。

1. 按照《天津市历史风貌建筑保护修缮技术规程》的要求，在保持原有建筑风貌基础上，对该建筑所有出现损坏的结构构件或部位采取全面加固修复措施予以处理，确保安全使用。

2. 委托具备相应资质的单位进行加固修复设计和施工，严格按照整修改造方案、图纸施工，同时作好施工过程的质量监督工作，保证加固修复工程质量。

3. 依照保护与再利用的理念，将收集的相关历史资料、部分原设计图纸、历史照片并结合现场测绘图，编制该建筑《保护图则》，在实现"修旧如故，安全适用"的保护目标的同时恢复该建筑的历史风貌（图4～图9）。

4. 通过进一步提升改造，完善使用功能、提升结构抗震和消防安全水平。

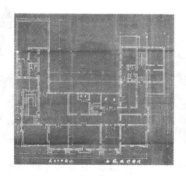

图4 金城银行大楼部分原设计图纸

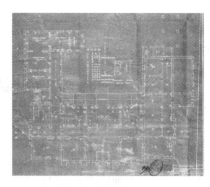

图5 金城银行大楼部分原设计图纸

图6 原金城银行大楼《保护图则》
之首层平面图

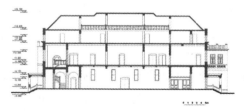

图7 原金城银行大楼《保护图则》
之A-A剖面图

图8 原金城银行大楼《保护图则》
之正立面建筑细部索引图

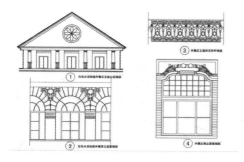

**图9 原金城银行大楼《保护图则》
之细部索大样图**

（二）改造目标

1. 对承重结构进行全面加固补强处理后，满足后期使用年限内结构安全性、耐久性要求；

2. 对建筑内外檐装饰进行修复，依据历史资料恢复三层坡屋顶等原有历史风貌；

3. 对水、暖、电等系统进行全面提升、改造，满足建筑适用性要求。

三、改造技术

（一）现场查勘情况

该建筑历经70多年的使用，又闲置多年，房屋各部位均已存在不同程度的破损。外檐及屋顶经多次修补，原貌改动较大。1976年地震后，三层坡屋顶全部损毁，经简易维修改为平顶，改变了原有历史风貌。

1. 基础：经对外檐墙基础进行局部开挖检查，所检查部位的基础为刚性灰灰土基础，灰土厚度为600mm、一侧外挑宽度为500mm，基础埋深为现室外地坪下1300mm。未发现因基础不均匀沉降引起上部结构的损坏。

2. 墙体：首层外墙厚为360mm、500mm，内墙厚分别为240mm，360mm，500mm；二层外墙厚分别为240mm，360mm，500mm；内墙厚分别为240mm，360mm；采用黏土砖白灰砂浆砌筑，墙体结构采用纵、横墙承重体系，最大横墙间距为8.94m。

该建筑因使用要求曾进行局部改造修缮，将位于建筑物中间部位（原银行大厅），首层局部加砌内横墙和内纵墙，并在加砌内横墙内设置钢筋混凝土柱和工字钢柱，加砌墙体采用黏土砖白灰砂浆砌筑，其中两道内横墙顶部屋盖处设有工字钢梁，两道内纵墙顶部屋盖处未设屋盖梁为承重墙体。为恢复原貌将该加砌改造部位拆除，现一、二层局部内外墙体均出现不同程度的碱蚀现象，其碱蚀高度约为2.8m，门窗口过梁均采用砖券过梁，目前个别砖券脚处墙体均出现不同程度的竖向及斜向通透裂缝，最大裂缝宽度为1mm，裂缝长度约为3.0m。一、二层局部后加砌墙体及后堵砌墙体与原有墙体连接部位为直槎砌筑，局部后堵砌墙体出现严重松动。

墙体检测情况：对建筑墙体砌筑用砖进行检测，一、二层墙体砌筑用砖评定强度等级均为MU7.5；直观检查墙体砌筑砂浆有松散现象。

3. 楼盖结构：建筑物中间（改造后）楼盖分别采用I130mm×250mm×8mm，2I125mm×300mm×8mm工字钢梁，跨度为8.9m，木龙骨截面宽×高尺寸分别为45mm×259mm、70mm×200mm，间距400mm，跨度为6.0m、7.0m不等，建筑物两翼楼盖分别为木龙骨、木地板和混凝土小肋空心砖楼盖板，对吊顶局部揭开检查，所检查部位的钢梁之间未设有连接缀板，且钢梁面锈蚀；木龙骨构件入墙处出现糟朽现象，糟朽深度为25mm，长度为60mm。

4.屋盖结构：屋盖结构大部分为木龙骨，土板，局部为小肋空心砖屋盖板，木龙骨截面宽×高尺寸分别为80mm×210mm、75mm×260mm，间距均为400mm，跨度为6.0m、7.0m，对吊顶局部揭开检查，所检查的东北角房间局部漏雨，该部位的木构件普遍糟朽，其中该部位木龙骨端部入墙处糟朽深度约为40mm。

图10 内檐抹灰层碱蚀

图11 经多次修缮，已失去原貌

图12 层间渗漏，木构件糟朽、损坏

图13 小肋空心砖楼板破损

5.木楼梯：该建筑设有两部木结构楼梯，踏步板普遍存在严重的磨损及松动现象，个别踏步板出现劈裂。

（二）建筑维修

1.墙体裂缝及轻微碱蚀维修

本工程墙体采用掏砌及补抹等方法进行维修。依据国家现行相关规范，在保持原有外檐风貌前提下，对碱蚀、风化、松动、松散在墙体进行维修加固。

对于超过5mm以上的墙体裂缝采用拆砌方法进行加固。墙面上个别砖块酥碱可将砖块剔出，然后用加工好的砖按原位镶嵌并将墙缝做好。墙面上由人为或其他原因造成的不影响墙体牢固的个别小块残缺可用白乳胶和砖灰补平并做缝。

图14 内檐砖墙挂网抹灰加固

图15 修复外檐清水墙

图16 石材面清洗打磨

图17 修复后花岗岩门楼

墙体修复所使用砖块尽量使用完好的旧砖，以保证补砌墙面的颜色、质地与原墙面保持一致，砌砖用的灰浆要采用传统工艺用的优质白灰膏，灰膏颜色用青灰调成与原墙灰浆颜色一致，内部灌浆用的灰浆，因不影响到墙体表面效果，采用水泥和108胶代替。

2.石材维修

（1）对局部风化部分用钢丝刷清理干净，至坚硬基层，在缺失较厚的地方钻孔下铁钉（钉帽低于完成面）。用环氧树脂加乙二胺和汉白玉粉和成可塑的泥状，粘于缺失地方。待固化后进行花纹的雕琢，配制时颜色与原石一致，完成后做旧处理。

（2）对局部损毁严重的部位进行切割挖补。局部补以相同石材，然后腻缝补严，雕琢后做旧处理。

（3）对大面积风化严重的部位，整面磨掉30mm厚，用相同石材按原面做一块30mm厚的整面，镶于其上，雕琢后作旧处理。

（4）将毁损严重的单块用相同石材复制、作旧，再与保留下来完整单块拼装恢复。

（三）原貌修复

1.恢复三层坡屋面

根据历史资料恢复三层坡屋面原貌。找平层：1∶3水泥砂浆、砂浆中掺聚丙烯或锦纶纤维。防水层：高聚物改性沥青防水卷材厚度大于3mm。找平层：C20细石混凝土、内配Φ6钢筋500×500混凝土，厚40mm。顺水条：-25×5中距600mm。挂瓦条：L30×4中距，按照瓦规格。瓦材：S型瓦。

质量标准：找平层抹灰无脱皮和起砂；分隔缝的位置和间距符合设计要求和施工规范规定。符合排水要求，无积水现象；卷材在铺贴顺序及搭接长度应符合要求，与基层粘结牢固，无翘边，滑移缺陷；泛水、檐口及变形缝粘结牢固，封盖严密，卷材附加层、泛水立面收头等做法符合施工规定；顺水条、挂瓦条焊接牢固、中距准确；水落口平整雨水口周围加铺卷材两层；排水管均为PVC管安装时应注意与屋面卷材交接严密，避免渗漏；雨水管安装应直立牢固，卡固用膨胀螺栓固定。

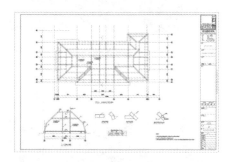

图18 原金城银行大楼坡屋顶钢结构图之一

图19 坡屋顶瓦屋面

图20 坡屋顶钢结构

图21 修复后坡屋顶内部

图22 修复后坡屋顶内部

2. 木楼梯原貌恢复

按设计统一改为钢结构楼梯，并做外包木处理，以保持历史风貌建筑特色。

图23 钢结构楼梯施工

图24 整修后钢木楼梯

3. 木护墙板修复

图25 护墙板修复中

图26 整修后护墙板

图27 按原貌修复经理室吊顶

4. 修复金库大门

图28 修复后的金库大门

图29 用于展示内部构造的修复后的金库大门

5. 门窗修复

根据门窗损坏情况，以及门窗样式，采取不同的修复方式，在尽量保持原貌的前提下，采用中空玻璃以达到节能效果。

图30 按原材质、原样式修复的外檐彩色玻璃窗

图31 按原材质、原样式修复的外檐门

（四）结构加固

1.钢筋网加固墙体

（1）设钢筋锚件：单面加面层的钢筋网应采用Φ6的L形锚筋，用水泥砂浆固定在墙体上；双面加面层的钢筋应采用Φ6的S形穿墙筋连接，L形锚筋的间距为900mm，S形穿墙筋的间距为900mm，并且呈梅花状布置。在墙面钻孔时，应按设计要求先划出线标出锚筋或穿墙筋位置，并用电钻打孔，穿墙孔直径比S形钢筋直径大2mm，L形锚筋在锚固时取出锚筋位置附近的一块丁砖，并浇C20微膨胀混凝土填实，然后将锚筋插入混凝土中。

（2）绑扎钢筋：钢筋网的直径为Φ6钢筋，网格尺寸300mm×300mm。钢筋网片加强墙体钢筋应每两根筋穿过楼板一根，在墙体顶部。双面加强墙体的应闭合焊接。钢筋网的四周应与楼板和大梁、柱和墙体连接，采用短筋或拉结钢筋连接。钢筋网横向钢筋遇有门窗口时单面加固宜将钢筋弯入窗洞口侧面边锚固；双面加固的则将两面横向筋闭合。铺设钢筋网时应靠墙面并采用钢筋头支起。因现场作业面积所限钢筋制作采用场外加工，现场绑扎。

（3）抹水泥砂浆：墙体勾缝使用M10水泥砂浆，水泥砂浆要填实。墙体抹灰应先在墙面刷水泥浆一道再分层抹灰，每层抹灰厚度12mm～15mm。钢筋网水泥砂浆面层的厚度为35mm，钢筋网保护厚度不小于10mm，钢筋网片与墙面空隙不小于5mm。面层应浇水养护，防止阳光暴晒。冬季采用防冻砂浆。内墙面层最外面抹5mm～8mm混合砂浆。

每片墙不能同时剔墙两面，应在一侧钢丝网砂浆面层完成并具有75%强度后再剔墙或施工另一侧墙面。

2.外墙内侧加构造柱

（1）箍筋每1000mm与墙体拉结。拉结方法与单面墙钢筋网相同。

（2）外墙窗间"一"字形墙加构造柱墙垛与构造柱拉结方式：

用Φ6圆钢筋每1米绕过已清除20mm砖缝砂浆墙垛进入墙缝与构造柱拉结，砖缝用M10水泥砂浆重新勾缝，每一米将墙体打眼用构造柱箍筋裹砂浆锚入墙体240mm，钢筋按图纸大样加工。所有加构造住处先进行构造柱施工，7天后进行墙体重新勾缝。

（3）做好构造柱的钢筋锚固，顶层构造柱主筋应全部植入顶层圈梁内；能穿过楼板的钢筋通过，不能通过的钢筋植入梁中。

3.增设混凝土圈梁、梁、楼板

（1）已加固后的墙面打好50cm线，模板采用木模板，每隔30cm木方加固，支撑采用扣碗架。楼板跨度大于4500mm的板跨中起拱10mm。

（2）楼板钢筋为双向，应与构造柱、圈梁及墙体加固筋连接。楼板伸入原有墙体60mm，锚固长度从圈梁边算起。

（3）圈梁按图施工，两端各伸入墙240mm。

（4）新加梁两端应伸入墙内两侧各240mm。

图32 按原样式修复的外檐窗，采用中空玻璃

（五）完善使用功能

1.空调系统

图33 空调室外机组

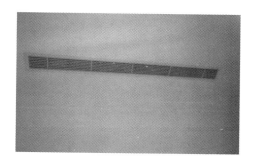

图34 室内空调出风口

2.消防系统

增设消防给水系统，设置烟感报警器等相应消防设备，增设消防疏散楼梯。

图35 消防栓

图36 烟感报警器

图37 增设室外消防疏散楼梯

图38 楼内配电箱

图39 室外配电柜

3.电力增容

按设计进行电力增容，增设配电箱、柜。并按需求增设热电系统。

四、改造效果分析

（一）安全性

改造前，新旧建筑混杂，结构体系混乱，且无消防体系。改造后严格按照结构设计规范进行结构计算，对该建筑的墙体、楼面和屋架进行结构加固改造，以满足抗震构造的要求。楼内设置了消防栓，增加了消防喷淋系统，增加消防疏散楼梯，达到了规范要求。墙体挂网抹灰方法、结构替换等方法将在今后的历史风貌建筑整修中具有推广意义。

（二）节能性

在"修旧如故"保持原历史风貌的同时，对屋面、外窗进行了保温改造，既保持了历史风貌建筑特色，又改善了公共建筑节能的效果。

（三）适用性

解放北路历史风貌建筑区现有大批类似的历史建筑，因不同原因，未能进行功能提升，本次综合整修项目，通过增设空调、上下水以及电力等设备，提升了建筑的使用功能。不但注意安全适用，还进一步拓展历史风貌建筑使用功能，本次改造对天津市类似的历史风貌建筑的综合改造，具有一定的示范意义。

五、改造经济分析

此项改造工程位于天津市解放北路历史风貌保护区内，属于市中心。通过恢复三层坡屋顶，增加的724.68m²建筑面积，没有发

现状勘测调查简表

表1

部件及构件	描述及分析	部件及构件	描述及分析
墙体	1. 正立面局部遭改造； 2. 西立面局部破损、饰面脱落； 3. 北立面遭改造	地面	1. 院内铺地碱蚀、风化； 2. 室内地面大体保存良好
柱类	大部分保存良好，室内柱遭改造	墙基、勒脚	局部破损、碱蚀严重
屋顶	屋顶完全毁坏	雨水管	北立面残破
檐口	局部遭涂刷，破损	山花、柱饰	风化、侵蚀，局部丢失
门窗	开裂、糟朽，缺失严重	附属建筑	破坏严重，无保留价值
栏杆、铁饰	风化、缺失，西立面栏杆遭改造	水、暖电系统	严重损坏

生土地方面的投资，新增面积如按每平方米4万元计算，约合2898.72万元，为此提高了本次整修工程的经济效益。

（天津市保护风貌建筑办公室、天津大学建筑设计规划研究总院供稿，孔晖、傅建华、陈昆、陈广发、袁勇执笔）

上海洛克外滩源的历史建筑可持续
利用与综合改造

一、工程概况

"洛克外滩源"位于黄浦江和苏州河的
交汇处，东起黄浦江、西至四川中路、北抵
苏州河、南面滇池路，占地16.4公顷（图1）。
区域内保留着一批建于1920年至1936年间的
各式近代西洋建筑，为外滩历史文化风貌区
的核心区域，既是外滩"万国建筑博览会"
的源头，也是上海现代城市的源头。我国近
现代的金融业和贸易业均从这里孕育发展并
走向壮大。现存有15幢优秀历史建筑和一批
建于20世纪二三十年代的风格多样的历史建
筑。

图1 洛克外滩源区域位置图

外滩源项目是上海市重大工程项目，黄浦江两岸综合开发先行工程(图2)。洛克外滩源项目为外滩源的一期工程，开发范围为"圆明园路——北京东路——虎丘路——南苏州路"围合地块，占地1.68万平方米，拥有光陆大戏院、真光大楼、广学大楼、兰心大楼、女青年会大楼、安培洋行、亚洲文会大楼等11幢优秀历史建筑，集修缮、改造、更新于一体(图3)，始终围绕着"如何充分发掘、利用历史建筑及其区位优势"这一核心问题展开。根据规划，一期项目将建成商业金融、文化、酒店式公寓、办公及公共广场等公共设施。整个一期项目预计2010年以前完工。

图2 洛克外滩源原貌俯瞰图

图3 洛克外滩源现状俯瞰图

二、改造目标

(一)基本原则

严格遵循《上海市优秀历史文物建筑保护条例》规定，所有更新设计内容做到不破坏原有建筑外形形式以及房屋结构体系。继承和延续外滩建筑的精神，在当代技术、文化背景下探讨现代主义立面的表达，力求做到简洁和高效、美观和经济、文化传承与生态环保的统一。概括起来，主要归于两点：整体性和原真性。

1. 整体性原则，整个保护及再利用项目从环境、建筑、室内和结构各个方面统筹考虑，进行整体性保护；

2. 原真性原则，还原外滩建筑原有的空间、形式、色彩与材料质感。

（二）保护性修缮设计

1. 建筑周围环境的保护

从中山东一路33号正门进入，一大片绿色扑面而来。这一大片刚刚对公众开放的公共绿地，从原来的7500平方米扩建到24000平方米（图4、图6）。绿地内最珍贵的是27棵被保护下来的古树名木，有广玉兰、雪松、桑树、丝梅木和银杏等，树龄都在百岁以上，最年长的广玉兰已有200岁。东侧大草坪、南侧绿地和绿化岛，都是当年英领馆的原貌。一条主路贯穿绿地，直通领馆正门（图5）。绿草茵茵，古树葱郁，鲜花绚烂。置身其中，呼吸着清新的空气，感受着外滩难得的宁静。

图4 洛克外滩源周边环境原貌

图5 洛克外滩源周边环境现状

图6 洛克外滩源周边环境现状

2.建筑立面的保护与修复

在项目中,不但各栋历史建筑的主立面均得到了精心的修缮,而且在原始设计中被忽略了的背立面也均得到了强化,并将与新建建筑共同界定出一系列位于新、老建筑之间的全新室外公共空间。此外,处于空间或功能需求上的考虑,在历史建筑的屋顶、凹进部位等处还进行了一系列的局部加建。通过材料、体量和立面节奏上的新老呼应,这一系列的当代建筑元素成功地将风格各异的真光大楼(图7、图8)、亚洲文会大楼(图9～图13)、圆明园公寓(图14、图15)历史建筑有机地结合在了一起。

工作的核心目标在于寻求新、老之间的

| **图7 真光大楼外立面原貌** | **图8 真光大楼外立面现状** |

协调度,即在尽量保持材料的原历史建筑立面修缮工作的核心目标在于寻求新、老之间的协调度,即在尽量保持材料的原始外观,体现建筑历史感的同时,充分平衡老建筑与其自身新功能之间,老建筑与周边新建筑、新环境之间的关系。在对各历史建筑立面将

进行全面、妥善的修缮的同时,保证历史的印记和岁月的积淀始终清晰可辨。最终的建筑效果是修缮部分同保持完好的历史部分有机协调,形成一种可估测历史年代的外立面效果。历史的斑驳和具有年代感的外表面应当尽最大可能保留。原始外观,体现建筑历

图9 亚洲文会大楼
东立面原貌

图10 亚洲文会大
楼西立面现状

图11 亚洲文会大
楼东立面现状

图12 亚洲文会大楼北立面原貌

图13 亚洲文会大楼北立面现状

图14 圆明园公寓外立面原貌

图15 圆明园公寓外立面现状

史感的同时，充分平衡老建筑与其自身新功
能之间，老建筑与周边新建筑、新环境之间
的关系。在对各历史建筑立面将进行全面、

妥善的修缮的同时，保证历史的印记和岁月
的积淀始终清晰可辨。最终的建筑效果是修
缮部分同保持完好的历史部分有机协调，形

成的一种可估测历史年代的外立面效果。历史的斑驳和具有年代感的外表面应当尽最大可能保留。

对于外滩源项目中的新建部分，主要是完善历史建筑的现代功能要求，同时设计上采用统一的设计元素及水刷石外立面材质，与历史建筑的设计风格及材质相呼应，将整个街区不同历史建筑中的新建部分形成统一

图16 上海外滩美术馆地下一层现状图

图17 上海外滩美术馆地第一层现状图

在保留原有结构和风格的基础上，添加了现代感的设计和装饰风格。

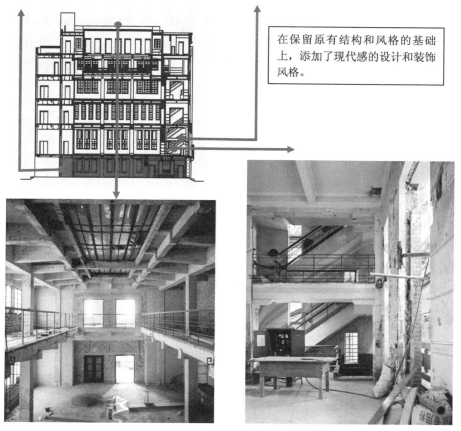

图18 上海外滩美术馆三四层原貌图　　图19 上海外滩美术馆楼梯原貌图

图20 上海外滩美术馆三四层现状图

图21 上海外滩美术馆楼梯现状图

的建筑符号，作为可持续性历史建筑的延续。

在修缮措施的选择上，首先保证历史材料表面及施工工艺的原真性，避免使用任何遮盖性修饰工艺，如砖粉修补或涂料粉刷。同时，从可持续性的角度出发，避免对原始材料表面进行任何化学处理，如憎水、增强处理，以免影响材料的呼吸，进而加速材料表面的风化。

具体的修缮工作可大致划分为如下四个步骤：

（1）在修缮工作开始前，首先对所有材料的现状进行谨慎的评估，并以此为依据制定相应的修缮措施。

（2）修缮工作始于挑选和确定合适的修缮材料。材料的规格、质感、色泽、纹理以及材料配比则是主要的衡量标准。

（3）预期的修缮效果，例如立面清洁的程度和勾缝的效果，通过现场样板的制作最终得以确认。同时，修缮工艺亦与原始施工工艺相同。在修缮材料样板确定之后，仍通过现场施工样板的制作来确保最终的实施效果的施工工艺。

（4）以经过确认的现场施工样板（包括效果及施工工艺）为标准对历史建筑进行全面修缮。

3. 建筑室内的保护与修复

以保存历史建筑最有价值的室内精化部分，包括保存该处原有的历史建筑材料和历史状态、原有工艺技术，保护原有结构体系，同时允许对历史建筑室内空间采用新材料和简约的形式，进行再生的插入性功能的现代改造。

通过对各栋历史建筑的室内空间的详细分析、评估，一系列极具历史价值的室内空间也被划定出来，得到了同样精心的修缮或重建。

（三）功能调整及改建方案

致力于肯定外滩源空间格局的同时，积极纳入新的功能、新的用途和新的生活方式，形成高端品牌的名店街、名品城，将商业、商务、文化、娱乐等职能于一体的综合地段。

三、改造技术

（一）钢窗的修缮

历史建筑钢窗采用当时国外进口型材制作，保存良好。外立面钢窗是在原有型材基础上的修复，保留外观形式及历史痕迹。

1. 原有钢窗的基本修缮措施

（1）钢窗型材：小心卸下钢窗，对其编号记录，运回工厂，除锈，除漆（保留表面凹凸不平处），矫正变形部位，采用相同

原建筑改造后的功能类型 表1

原名	配套产业类型	所属建筑及层数
亚洲文会大楼	上海外滩美术馆	6层
中国实业银行大楼	大型百货公司	6层
美丰洋行-洛克六号楼	高级办公楼	12层
安培洋行	国际知名奢华品牌旗舰店和高级餐厅	4层
圆明园公寓	国际知名奢华品牌旗舰店和高级餐厅	4层
女青年会大楼	国际知名奢华品牌旗舰店	8层
哈密大楼	高级办公楼和高级餐厅	8层
协进大楼	高级办公楼	6层
兰心大楼	会所	6层
真光大楼	顶级商业专卖店	9层
广学大楼	顶级商业专卖店	9层

规格的型材修复缺失和严重损坏部位，遍涂防锈层，按色号上漆及满足设计漆面表面效果，安装防水条。

（2）窗五金：卸下原有把手等五金件并编号修复保留，按历史原样制作缺失的五金件，安装到修复好的钢窗，确保质量及使用上开启灵活。

（3）玻璃：采用与原玻璃相同的超白单层浮法玻璃，确保建筑的历史风貌不被破坏。

2.新建钢窗

为保证外立面效果不被破坏，外层历史钢窗采用单层玻璃，同时为满足保温、隔热、隔声等新的功能要求，增加内层中空玻璃保温钢窗。以简化历史原样钢窗，作为新建钢窗的设计基础，并且不影响历史钢窗的外立面效果。

（二）砖墙的修缮

砖墙立面修复的情况最为复杂，砖的规格既有标准砖，又存在各种不同形式的异型砖，砖的种类及颜色每栋建筑各不相同。历史建筑的砖材表面风化，污染，及破损现象十分普遍，墙体存在裂缝，后期对砖墙表面进行的粉刷等都会加大修复难度。

在修缮工作开始之前，对原始砖材和砂浆进行相关的材料检测，结构工程师提出结构评估及加固方案，作为修缮的前提条件。

基本修缮措施：

1.完成防潮层的修复或重建工作，排除地下毛细上升水对墙体侵蚀的隐患，否则修缮后墙体在很短时间内失去效果，并逐渐恶化。

2.小心拆除所有后期添加的各种覆盖层（包括瓷砖、抹灰、油毡等）及金属锚固件等。

3.采用低压水流喷射冲洗的方式，对砖墙部位进行小心清洁，避免对砖表面造成新的破坏。针对局部严重污染的区域，可以采用清洁剂作为进一步的清洁措施。

4.根据材料检测结果，对于水溶盐含量高的部分墙体采用无损排盐法，排除墙体内盐分，以达到正常指标。

5.对破坏面积较大或较严重的区域进行换砖修补，轻微的破损则可视为是岁月留痕，而无须进行修补。换砖时需要注意新、老砖在色彩、平整度上的协调以及新老砖缝间的衔接，力求做到过渡自然。

6.在完成砖的修复工作后，需要对砖墙立面进行统一的清缝和重新勾缝工作，勾缝砂浆采用与原勾缝相同的配比。

（三）石材的修缮

石材的状况保存良好，修缮原则上可以保留局部微小的破损，影响外观效果的较大破损需要采用原材修补。

基本修缮措施：

1.所有后期添加的金属锚固件均应小心拆除。

2.采用加压水去除表面污染。在污染较为严重的局部区域，可采用喷砂的清洁方式，注意控制压力，沙粒粒径，距离等，不可对石材表面形成新的损伤。

3.将不规则的破损区域扩大为长方或方形的规则形状切割剔除之后，再以相同石材填补。

4.石材重新勾缝，勾缝材料应在颜色、材料、配比等方面与原始勾缝保持一致。

（四）水刷石的修复

水刷石为上海的特色建筑外墙饰面做法，主要为达到石材的外观效果。外滩源项目上主要应用在壁柱、窗套，装饰性山花、窗台、水平向线脚、阳台栏杆等部位。就外观而言，除表面污渍，局部破损和缺失之外，保存状况良好。

在修缮工作开始之前，首先进行相关的材料分析，确定基本的组成材料及配比关系。然后再制作多个材料样板，从中选出能与原水刷石在骨料粒径和色彩、砂浆颜色等方面均相匹配的样板，用于正式的修缮。

基本修缮措施：

1.所有后期添加的金属锚固件均应小心拆除。

2.拆除空鼓及后期劣质修补的区域。

3.采用加压水的冲洗清洁水刷石立面区域。

4.采用砂浆对细微的裂缝和孔洞进行修补，颜色与原始抹灰相匹配。

5.较大的破损部位则需采用经过先期已确认的材料及配比关系进行修补。立面浮雕花饰的修缮以清洗为主，仅在当破损面积超过花饰面积的30%时，才需进行修补。修补区域与原水刷石之间的过渡平滑应平滑、自然。

（五）屋顶花园技术应用

地块地理位置优越，在建筑屋顶作适当的加建，不仅增加开发商的营业面积，使建筑的效益最大化，同时也能较好的利用外滩和浦江两岸的景观优势。但加建的原则必须不对建筑的荷载产生影响，加建部分应退后，不能在街道上看见，而且加建部分建议采用新的材料和结构形式，不与原有的结构形式发生混淆，并可以是可拆卸的。

四、改造经济性能分析

（一）设计阶段投资控制

外滩源设计阶段投资在全寿命周期内占

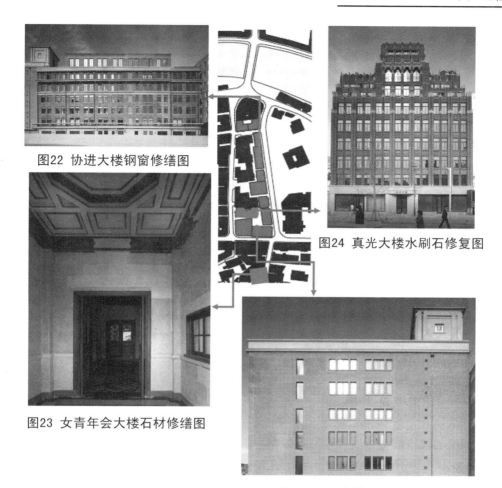

图22 协进大楼钢窗修缮图

图24 真光大楼水刷石修复图

图23 女青年会大楼石材修缮图

图25 兰心大楼砖墙修缮图

比较小，但对整个项目的影响却非常大。1%左右的设计费可以对项目造成70%左右的影响。DCA设计师针对本项目的外墙面原样，要求施工单位做了大小不同、材质不同的修缮样板，对项目的外立面、室内部分、门窗等均作了清洗、脱漆、修补、复制等样品，以便减少变更发生，为控制成本起到关键作用。

（二）招标阶段投资控制

招标前策划对招标投资控制至关重要，选择不同的合同类型对以后工程的管理和造价都将产生很大影响。并且，还应尽量在施工图设计结束后再进行招标，因为这一阶段的项目资料已较为完全，能较为准确的核算项目范围和工程量。如果必须在扩初阶段招标，则应尽量采用综合单价招标的方式，工作内容应尽量全面、详尽、不漏项。此外，还应注意招标过程中的投资大忌——指定唯一代理商，没有竞争对手的情况下，价格就失去了商讨的余地，应尽可能地要求设计师多提供几个供应商参加价格对比。

（三）施工阶段投资控制

在项目的改造过程中，施工阶段跨度最长、变化最多、情况最复杂。特别是对于改造项目，其中的历史建筑破损程度各异，同样的修复工作，也可能出现差别甚大的报价。

施工阶段的投资控制应关注以下几点：

1. 制定详细的投资控制实施细则和工作流程；

2. 对项目的总投资目标进行分解，细化工作目标，加强可操作性；

3. 找出工程费用最易突破的部分和环节，明确投资重点；

4. 经常对比设备、材料的市场价格和参考报价；

5. 加强对施工方案的经济技术比较；

6. 造价人员应频繁深入工程现场，保证工程造价始终处于受控状态；

7. 严格控制工程变更与现场签证；

8. 在施工过程中，经常将实际投资与预定目标相比较。

五、思考与启示

现在历史保护在探讨原真性保护，真正让人感受到本土特色的是当地人的生活。然而，今天的城市已经不是一个单纯社会性的空间，当地的居民本身对自己所处的历史地段并没有浓厚的感情，在上海这样一个国际化、现代化、瞬息万变、经济强势的城市里，如何进行具有"本土特色"的历史地段的保护，是政府、规划师及开发商所共同思考的问题。

（一）外滩源这一具有综合价值的地块的定位是又一个与新天地类似的城市商业、旅游场所。

（二）除了将原亚洲文会大楼作为外滩美术馆，从而体现了一些外滩源文化的痕迹外，另外的方案其实并没有把该地区历史的内涵作为方案的重点考虑。

（三）虽然每个方案都试图通过保留区域原来的城市纹理，但是这个区域大多数的建筑都将新建，改造之后的外滩源将不适合原住民居住。

（四）由于经济利益的要求，整个区域在容积率下降、建筑面积减少的情况下要保证经济收益，势必会把新造的住宅卖出高价，使这个地区更加的贵族化。街区历史建筑在复兴而公共空间却在衰落。

六、推广应用价值

外滩建筑蕴涵着生动且丰富的历史文化底蕴，具有珍贵的历史人文价值和较高的建筑艺术价值，对树立上海城市形象具有举足轻重的作用。随着上海旧城改造的稳步推进和建设外滩金融带CBD地区的加快实施，如何在保留历史建筑风格的同时，体现它们独特的价值，是值得我们去探索的重要课题。在对外滩源内建筑历史沿革和现状问题调研分析的基础上，首先探讨了建筑保护的价值和保护措施，并提出将地块打造成高级商业及办公区的构想，从物质功能空间角度提出具体的更新方式和措施，为将来外滩源和风貌区其他地块内建筑保护与更新起到一些指引和参考作用。

（中国建筑科学研究院上海分院、上海洛克菲勒集团外滩源综合开发有限公司、戴卫·奇普菲尔德建筑事务所供稿，孙大明、邵文晴、李宁军、杨佳昌、朱键、Mark Randel、Thomas Spranger、Thomas Benk、陈立缤、李初晓执笔）

上海第十七棉纺总厂4#楼改建工程

一、工程概况

原上海第十七棉纺织总厂位于杨树浦路2866号，整个厂区总占地面积为181.2亩，工厂搬迁后，原厂区遗留各种建筑物及构筑物200多栋，总面积约14.8万平方米。为积极响应上海市政府"退二进三"的政策，使原厂区基地在新时期发挥更重要的作用，上海纺织集团决心对国棉十七厂旧址进行改造，并最终确定将十七棉基地的定位为与国际时尚业界互动对接的地标性载体和营运承载基地，即"上海国际时尚中心"。

图1 改造前实景

（一）改造前概况

4#精品仓位于原十七棉纺厂厂区主干道东北侧，1932年建成并投入使用。该建筑原为单层锯齿形厂房，局部3层，建筑面积17017平方米，为上海市三类历史保护建筑。该建筑承重构件为钢柱，外墙为清水红砖墙、钢屋架。原西立面大部分保持原状，但东、南、北三个立面为搭建而破坏了立面效果。该楼内部建筑分割因生产工艺的变化而有部分变动，其结构布置大部分保持原状，局部有夹层和拆除重建的现象。

（二）改造后概况

4#楼改造后功能为：商业营业厅及其辅助用房，总建筑面积为16740.5平方米，一层为商场营业厅及其辅助用房，二层主要为办公及后勤管理。改建后的厂房和布房工场部分建筑层高保持不变，拆除2.70m标高楼层，屋顶恢复原有形式。原布房工场改造为后勤办公，保留原开敞楼梯，增加一部楼梯作为疏散楼梯。营业厅部分的设计在老建筑的结构体系上进行局部改动，出入口门厅处拆除部分墙体，以获得开敞的门厅空间。立面造型上，遵循原建筑立面风格，在建筑各个方向新增出入口，对立面开洞尺寸和位置进行调整。

图2 改造后实景

二、改造目标

4#楼在原有厂房的基础上，进行整体功能上的改造，由厂房改造为商业营业厅及其辅助用房。改造要使整个区域既保存浓郁的老工业特色，又体现现代时尚的风貌。在尊重原有建筑整体风格的基础上，恰如其分地加入新的元素，使新与旧有机地结合在一起，以新的元素唤醒旧建筑的精华。

（一）建筑改造

内部空间上进行重新设计满足新的建筑功能需求，外立面在原有基础上以修复和修旧为主要手法尽量体现原貌，

（二）结构改造

十七棉厂房大部分结构至今保存完好，4号楼为承重构件为钢柱，外墙为清水红砖墙、钢屋架，改造过程不过多涉及结构部分，只进行必要的加固措施。

（三）机电设备改造

原来的厂房的机电设备系统缺乏，项目改造对机电设备系统以增设为主，以满足新的功能需求。

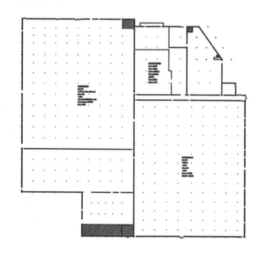

图3 原厂房平面图

三、改造技术

（一）建筑改造

1. 内部空间更新

4#厂房经改造后功能为商业营业厅及其辅助用房。建筑设计上对原有厂房空间进行分割重新设计，形成以商铺为主体的功能空间；建后的厂房和布房工场部分建筑层高保持不变，马达拆除2.70标高楼层，屋顶恢复原有形式。原布房工场改造为后勤办公，保留原开敞楼梯，增加一部楼梯作为疏散楼梯。营业厅部分的设计在老建筑的结构体系上进行局部改动，出入口门厅处拆除部分墙体，以获得开敞的门厅空间。

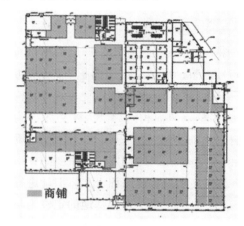

■商铺

图4 改造后平面图

2. 墙体工程

立面造型上，遵循原建筑立面风格，老建筑部分基本保持原有红色黏土砖外墙，局部新建墙体外墙采用红色黏土砖及加气混凝土砌块。外墙效果如图5所示：

图5 外墙效果展示

新增内墙隔墙采用加气混凝土砌块及轻钢龙骨纸面石膏板隔墙，防火隔墙采用180厚钢丝网架复合板和轻钢龙骨耐火纸面石膏板相结合的方式。构造如图6所示：

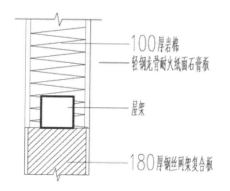

图6 防火隔墙构造

保留墙体部分为了体现建筑原貌，保温采用外墙内保温方式，保温材料为15mm厚聚氨酯泡沫塑料。具体构造如图5所示：

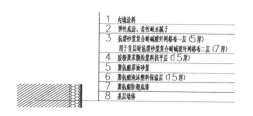

图7 外墙内保温构造

3.屋面工程

作为工业建筑的重要特征，锯齿形屋面形式得到保留。厂房原来的屋架为钢屋架，改造过程中保留原来屋架结构，但是屋面重新翻做，对平屋面和坡屋面采用不同的构造做法。

上人平屋面做法（由上至下）：40mm厚C20细石防水混凝土防水层（内配双向钢筋），干铺无纺聚酯纤维布一层，40mm厚挤塑聚苯板保温层，高聚物改性沥青防水卷材，20mm厚水泥砂浆找平层，1:8水泥加气混凝土碎料实铺（屋面找坡），原混凝土屋面；

不上人屋面（由上至下）：豆石保护层，干铺无纺聚酯纤维布一层，40mm厚挤塑聚苯板保温层，高聚物改性沥青防水卷材，20mm厚水泥砂浆找平层，1:8水泥加气混凝土碎料实铺（屋面找坡），原混凝土屋面；

坡屋面设计1：钢屋架，76mm×152檩条@500～800，檩条间填矿（岩）棉毡（75mm），以Φ1.5的不锈钢丝承托网固定，15mm厚木板，高聚物改性沥青防水卷材，25×12@500木顺水条，挂瓦条40×30（h），黏土红平瓦（保留原有黏土平瓦，局部破损或不符合使用要求的予以更换）；

坡屋面设计2：钢屋架，预应力四合一混凝土板（内填保温层），30×402檩条，干铺防水卷材一层，15mm厚木板，干铺防水卷材一层，25×12@500木顺水条，木挂瓦条，与原黏土平瓦坡屋面规格相同的平瓦。

4.外窗改造

锯齿形屋顶天窗为工业厂房的重要特征，4#楼锯齿形屋顶天窗窗框原来为木质结构。改造过程对中天窗形式进行了保留，但是为满足节能要求，对窗框及玻璃进行了更换，采用断热铝合金低辐射中空玻璃窗（6+12A+6遮阳型），自身遮阳系数0.40，传热系数2.80W/(m²K)

图8 锯齿形天窗

增设以及改造的普通外窗构造为铝合金普通中空玻璃窗（5+9A+5），传热系数3.9W/(m²·K)，自身遮阳系数0.84，可见光透射比0.40。本工程外窗水密性为3级，抗风压性为4级，气密性6级。

（二）结构改造

4#厂房原始结构均采用钢架钢柱，至今保存完好，改造过程不过多涉及结构部分，只进行必要的加固措施。

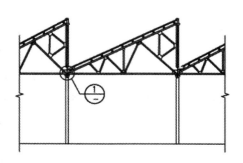
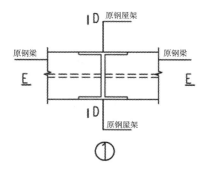

图9 屋架加固位置示意

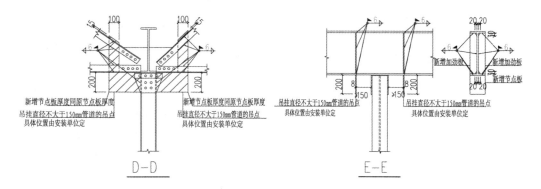

图10 屋架加固剖面构造

1. 屋架加固

由于既有钢屋架需要吊挂设备管线和建筑吊顶，对钢屋架支座节点去及搁置钢屋架的钢梁进行加固，具体位置和构造如图9和图10所示：

2. 墙体加固

对于不同的形式和部位，采用三种墙体加固方式，具体构造分别如下图11～13所示：

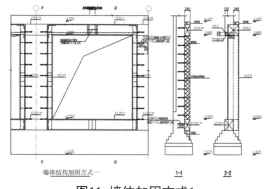

图11 墙体加固方式1

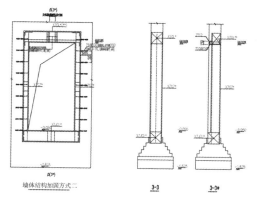

墙体结构加固方式二

3-3　　3-3*

图12　墙体加固方式2

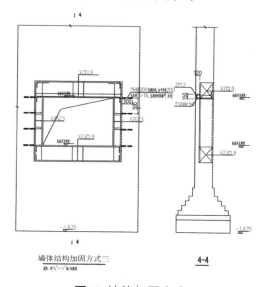

墙体结构加固方式三

4-4

图13　墙体加固方式3

（三）设备改造

由于改造前后功能上的差异，改造过程中机电设备基本都是新增，以满足新的功能需求。

1.暖通设备

工程选用4台制冷量为600kW/台的螺杆式风冷热泵机组作为空调冷热源，空调冷冻水供、回水温度为7/12℃，热水供、回水温度为45/40℃，热泵机组设置在一层室外地面上。空调水系统采用两管制，空调末端

用水系统冬夏共用，采用异程方式。空调水系统末端设备设动态流量平衡电动调节阀，空调水系统设智能型定压装置，置于一层空调水泵房内。公共区域空调采用空调机组加新风的空调方式，过渡季节全新风运行。商铺、咖啡厅、办公室、会议室等房间空调采用风机盘管加独立新风的空调方式，风机盘管为两管制。

2.给排水设备

工程设有生活给水系统、生活污水系统、雨水系统、消火栓系统、喷淋系统。生活给水系统采用市政供水，市政给水管网供水压力为0.16MPa，设水表计量，最高日生活用水量为112m³/d，最大时11.2m³/hr；生活污水系统采用污废合流，室内污废水重力自流排入室外污水管，最高日排水量为101m³/d；雨水管采用内外落水相结合，设计重现期5年；在喷淋系统上，工程共设置三组湿式报警阀。水流指示器后设DN70泄水阀，管道末端DN25试水阀，报警阀组控制的最不利点设K80试水装置。给水管采用钢塑复合管（内涂塑），丝扣连接，工作压力0.3MPa。消防管采用内外热镀锌钢管，管径大于80采用内外热镀锌无缝钢管，沟槽式接头，其他采用丝扣连接。

3.电气设备

照明系统采用智能控制方式，各层走道照明和楼梯照明采用定时控制方式，现场另设置智能面板进行控制，各个照明箱中均分散安装有驱动器模块，用于控制灯光，驱动模块采用DIN导轨安装，每个模块均为标准模数化模块。系统通过网络接口与中控电脑连接，中控电脑可监视和控制整个系统中的设备，并可通过OPC Server与其他系统如BA连接。

四、改造效果分析

厂房经过综合改造后重新焕发出生机。改造后的建筑很好的体现了原貌，锯齿形屋顶设计得到保留，体现了简朴但颇有气势的工业气氛；单层红色砖墙、红色陶瓦和灰蓝门窗充分体现了20世纪30年代的工业特征。而从历史文化角度，老旧工业厂房区曾是城市发展脉络的重要一环，是城市完整形象和历史沿革的见证，体现原貌的改造原则尊重原有建筑的历史和空间逻辑关系，使得近代工业建筑的整体风貌和工业景观得到保存。

在尊重既有建筑原貌的基础上，改造过程也恰如其分地加入新的元素，使新与旧有机地结合在一起。譬如空间更新设计，围护结构材料的更新，使得改造设计满足新的功能要求，新的使用功能与建筑旧有空间形式二者之间相互匹配，新旧元素通过整合而成为一个整体。

厂房改造后也实现了良好的节能性。连续的锯齿形屋顶天窗得到保留，使得室内的自然采光性能极佳，节能玻璃的更换保证了天窗热工性能的提升，红色砖墙通过内保温的形式在体现原貌的同时保证了外墙的热工性能。改造后的建筑达到公共建筑节能设计标准的要求。

五、改造经济性分析

改造本身既是节约资源的形式，拆除旧工业厂房消耗大量资源，如运输建筑垃圾、处理建筑垃圾、拆卸过程中的人力资源等。4#厂房在改造过程中保留了大量原有建筑构件和材料，包括墙体材料、钢柱、钢屋架，特别是在结构上，改造过程不过多涉及结构部分，只进行必要的加固措施，在节约资源的同时，也节省了材料成本以及施工建造成本。

六、思考与启示

随着城市化与产业转型，大量的传统工业企业逐渐退出城市区域，在城市中遗留下大量废弃和闲置的旧工业建筑。在这一形势下，如何对大量的近现代老旧工业厂房区进行改造再利用，不仅具有重要的文化意义，也是旧城更新改造中所面临的现实问题。对工业建筑进行改造再利用，要充分结合旧工业建筑的特点，尊重原有建筑的历史和空间逻辑关系，在保留的基础上进行创新。

（上海现代建筑设计（集团）有限公司供稿，李海峰、田炜执笔）

上海鑫桥创意产业园结构改造工程

一、工程概况

上海鑫桥创意产业园项目位于上海市浦东新区银山路183号，该园区原为上海柴油机厂洋泾分厂厂区。原厂区内建有机械加工车间、半精加工车间、精加工车间、后方车间及变电所、空压机房、清洗车间、锅炉房、浴室、综合楼、餐厅及厨房等多幢建筑，由上海市川沙县建筑勘察设计所于1991年设计，并由洋泾建筑工程公司于1993年左右建造完成。为了满足将厂区改造为创意产业园区办公使用的要求，现拟将部分厂房建筑使用功能进行调整，新增室内夹层；部分建筑屋面重做或加固；增设室外钢楼梯及雨篷等。

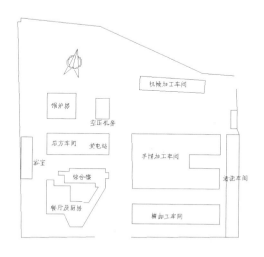

图1 原厂区内主要建筑平面布置示意图

二、改造目标

工业建筑改造再利用，是破解城市旧工业建筑改造问题的新思路。同时，还可以发挥城市工业建筑再生模式来发挥城市优势生产要素，实现旧工业建筑再生与升级。本工程将旧工业建筑改造为创意产业园区办公建筑，使改造后的建筑最大限度的节约资源，保护环境和减少污染，同时为使用者提供健康、舒适的室外、室内环境。

（一）主要单体的改造目标

基于工业厂房建筑大层高、大空间的特点，该项目对主要的六个单体建筑进行了新增室内夹层结构改造，同时根据改造后的建筑功能平面布局，拆除重做了原室内混凝土楼梯，增设了室外钢楼梯及雨篷，以便满足消防疏散及园区办公使用的要求。

这六个单体建筑为：空压机房，为单层砌体结构；机械加工车间，为单层排架结构；后方车间及变电所，总体为单层排架结构，部分为砌体结构；精加工车间，总体为单层排架结构，部分为砌体结构；锅炉房，为单层砌体结构；半精加工车间，总体为单层排架结构，部分为砌体结构。其中锅炉房、半精加工车间考虑到新增室内夹层后二层净高偏小的原因，对部分屋面进行拆除，标高提升后重做钢结构屋面。

清洗车间及浴室均为砌体结构，该项目中未做大的结构改造，仅根据建筑使用功能的调整对部分墙体进行了拆除改造。

（二）结构改造的技术特点

该项目结构改造的技术特点为：在尽量少破坏原有结构的情况下，合理的进行改造，实现用于大空间建筑室内增层的加固改造技术。

对于厂房建筑中典型的排架结构，跨度、高度均较大，可在中间增设一排钢柱，新增夹层楼盖采用钢结构主次梁，楼面板则采用闭口型压型钢板与混凝土组合楼盖结构；由于新增钢结构夹层依托在原有混凝土结构上，因此必须根据计算结果对原有的混凝土排架柱及基础进行相应的加固，以满足改造后的承载能力要求。

在结构体系上通过增设纵向柱间连系梁形成双向抗侧力框架结构体系。

当新增室内夹层后二层净高偏小时，可将原有的屋面结构拆除，采用与夹层楼面相同的组合楼盖做法，同时将屋面标高提升一定高度后重做屋面，这样不仅增加了房屋的整体高度，也使新增的室内夹层净空高度相应提高，以便满足大开间办公使用的要求。新做屋面四周边界采用与原有屋面相同材质的钢筋混凝土梁及外挑天沟，这样可不改变原有屋面排水线路的完整性。

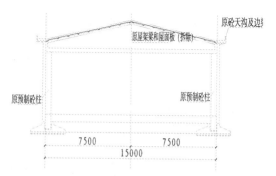

图2 改造前厂房建筑剖面示意图

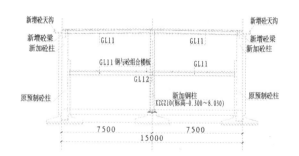

图3 改造后厂房建筑剖面示意图

三、改造技术

（一）结构检测的主要情况

由于原厂房建筑图纸资料不完整，为给结构改造设计提供基本依据，本工程在结构改造前对空压机房、锅炉房、后方车间及变电所、机械加工车间、半精加工车间、精加工车间等主要结构单体进行了较为详细的结构检测。通过结构检测，了解了主要单体建筑的结构情况。

根据原始设计资料对房屋结构形式、构件布置及建筑布置等进行了检测复核，检测结果表明，房屋建筑布置与结构体系现状与原设计图纸基本相符。

房屋整体倾斜检测结果表明，所有测点整体倾斜值均较小，均未超过相关规范的限值要求。

房屋主要结构构件尺寸及配筋检测结果表明，抽检梁、柱截面尺寸与原设计截面尺寸基本一致；混凝土梁、柱构件主筋及箍筋配置与原设计基本相符。

主要单体建筑检测结果如下：

1. 空压机房

空压机房为单层砌体结构房屋，建筑平面呈矩形，南北向总长约15.240m，东西向总长约8.240m，建筑面积125.58m²。建筑室内标高±0.000m,屋面标高6.000m,室内外高差0.200m。房屋屋面为结构找坡,均采用120厚多孔板。基础采用柱下独立基础,并设置基础梁,基础底面标高-1.300m,下设70厚素混凝土和70厚道渣夯实。

房屋黏土砖强度回弹检测结果表明,该房屋结构黏土砖现有强度可评定为MU5。房屋混凝土材料强度回弹检测结果表明,混凝土梁所有测区混凝土强度推定值在7.0MPa~12.3MPa之间,混凝土柱所有测区混凝土强度推定值为18.9MPa,混凝土楼板所有测区混凝土强度推定值为10.4MPa~12.9MPa之间。

图4 空压机房现状

2.锅炉房

锅炉房为单层砌体结构房屋,建筑平面呈矩形,南北向总长约18.240m,东西向总长约20.240m,建筑面积384.8m²。建筑室内标高±0.000m,屋面标高8.000m,局部(3轴以北部分)屋面标高4.800m,室内外高差0.200m。房屋屋面为结构找坡,除西南角部部分屋面板采用现浇板外,其余均采用预制多孔板。基础采用柱下独立基础,并设置基础圈梁,基础底面标高-1.300m,下设70厚素混凝土和70厚道渣夯实。

房屋黏土砖强度回弹检测结果表明,该房屋结构黏土砖现有强度可评定为MU5。

房屋混凝土材料强度回弹检测结果表明,混凝土梁所有测区混凝土强度推定值在10.8MPa~28.1MPa之间,混凝土柱所有测区混凝土强度推定值在10.2MPa~21.5MPa之间,混凝土楼板所有测区混凝土强度推定值为14.8MPa。

图5 锅炉房西立面

3.后方车间及变电所

后方车间及变电所为单层排架结构,局部(东部)两层砌体结构房屋,建筑平面呈矩形,东西向总长约42.480m,南北向总长约15.480m,建筑面积798.50m²。建筑室内标高±0.000m,室内外高差0.150m,排架部分檐口标高8.100m,两层部分一层层高4.000m,二层层高3.200m,屋面标高7.200m。

房屋排架区域采用混凝土三铰拱屋架(下弦为钢构件),上铺混凝土屋面板。两层区域楼屋面板除轴7-8-C-F部分屋面板为100厚现浇混凝土板外,其余均采用预制多孔板。基础采用柱下独立基础,并设置基础梁,基础底面标高-1.300m,下设100厚素混凝土和70厚道渣夯实。

房屋黏土砖强度回弹检测结果表明,该房屋结构黏土砖现有强度低于MU5。房屋混凝土材料强度回弹检测结果表明,混凝土柱所有测区混凝土强度推定值为

15.5MPa～20.2MPa之间，混凝土楼板所有测区混凝土强度推定值为9.4MPa～15.7MPa之间。

图6 后方车间及变电所排架区域现状

4. 机械加工车间

由于该房屋原设计图纸等资料缺失，现场对房屋结构图纸进行了测绘。根据现场检测结果，机械加工车间为单层排架结构房屋，建筑平面呈矩形，东西向总长约43.650m，南北向总长约9.200m，建筑面积401.58m²，建筑室内标高±0.000m，室内外高差0.200m，牛腿顶面标高5.700m，屋架下弦标高约为7.250m，屋架最高处标高约为9.750m。房屋采用钢结构三角形屋架，屋架间设置两根东西向钢拉杆，屋架上弦设置共计11排预制混凝土檩条，上铺木望板。牛腿柱下部截面尺寸为500×400mm，为预制混凝土构件。

图7 机械加工车间现状

混凝土材料强度回弹检测结果表明，抽检框架柱所有测区混凝土强度可评定为21.2MPa。

5. 精加工车间

精加工车间为单层排架结构，局部（西部）两层砌体结构房屋，建筑平面呈矩形，东西向总长约60.120m，南北向总长约15.240m，建筑面积约1222.30m²，建筑室内标高±0.000m，室内外高差0.200m，排架部分檐口标高6.700m，两层部分，一层地下室层高2.300m，地上一层层高6.000m，二层层高3.200，屋面标高9.200m。

房屋排架区域采用混凝土三铰拱屋架（下弦为钢构件），上铺混凝土屋面板。两层区域楼屋面板采用预制多孔板。基础采用柱下独立基础，并设置基础梁，基础底面标高-1.300m，下设100厚素混凝土和70厚道渣夯实。

图8 精加工车间西立面

6. 半精加工车间

半精加工车间为单层排架结构，局部（西部）两层砌体结构房屋，建筑平面呈矩形，东西向总长约60.120m，南北向总长约40.000m，建筑面积约2545.10m²，建筑室内标高±0.000m，室内外高差0.300m，排架部分檐口标高5.650m，两层部分一层层高4.000m，二层层高4.200m，屋面标高8.200m。

房屋排架区域采用混凝土三铰拱屋架（下弦为钢构件），上铺混凝土屋面板。两层区域楼面板采用现浇混凝土板，屋面板采用预制多孔板。基础采用柱下独立基础，并设置基础梁，基础底面标高-1.400m，下设100厚素混凝土和70厚道渣夯实。

图9 半精加工车间现状

（二）结构计算分析

采用中国建筑科学研究院PKPM系列软件中的PMCAD、SATWE-8、STS、QITI及JDJG模块进行结构整体计算分析。结构抗震验算应能满足周期、层间位移及构件抗震承载力的要求。

本工程基本风压取值 0.55 kN/m²，风压高度变化系数根据地面粗糙度类别为C类取值。抗震设防烈度为7度，设计地震分组为第一组，设计基本地震加速度为0.1g，场地类别为Ⅳ类，场地特征周期为0.90秒。

根据改造后的建筑功能用途，新增楼、屋面荷载标准值分别为：

恒载标准值：楼面4.5kN/m²

屋面5.5kN/m²

活载标准值：楼面2.0kN/m²

非上人屋面0.5kN/m²

上人屋面1.5kN/m²

对于未提供地基承载力的单体建筑，按上海地区常规地耐力80kPa验算基础。

对原有排架、砌体结构进行建模计算，对原有上部结构的梁、柱等构件及下部基础与原始图纸提供的截面尺寸、钢筋配置进行校核比对。根据改造后的建筑图，在模型中增设钢柱和钢梁，增加相应的楼面荷载，新增钢结构夹层依托在原有混凝土结构上进行整体计算。根据计算结果采取合理的基础加固及主体加固措施，以满足改造后结构构件承载能力及正常使用要求。

（三）改造加固技术的应用

既有建筑结构的加固改造，首先应从结构体系上予以考虑，遵循先整体后局部的原则。应优先考虑结构整体、竖向及水平承载能力的改善，处理重要的结构和构件，避免产生新的结构薄弱环节。

1. 基础加固

根据计算结果，对原有基础承载力不能满足新增夹层要求的，采用增大截面法进行加固，基础加固做法见图10：

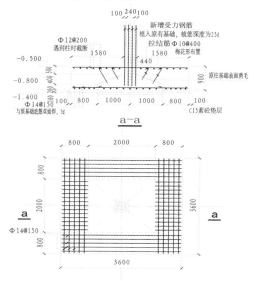

图10 截面加大法加固原有基础

2.混凝土柱加固

采用增大截面法加固原有混凝土柱，当加大截面尺寸较小影响浇筑时，可采用高强灌浆料代替混凝土。新加纵向受力钢筋端部应有可靠的锚固。混凝土柱下端，在基础顶面设置钢筋混凝土围套进行锚固，或采用植筋方法与原基础锚固，做法见图11；中间穿过各层楼板，上端穿屋面板后弯折环抱梁并互焊。做法见图12。

3.新增夹层楼盖

新增夹层楼盖采用钢结构主次梁，楼面板则采用闭口型压型钢板与混凝土组合楼盖结构。新增钢梁与钢柱、新增钢梁与原混凝土柱可采用刚性连接，新增的楼层钢梁可通过预埋件与加固后的混凝土排架柱连接。钢筋植筋的孔径、孔深应符合规定要求。对于不满足锚固要求的锚筋可采用对穿孔塞焊做法以满足规范要求。节点连接做法见图13、图14。

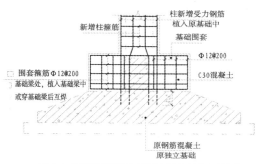

图11 基础顶面设置钢筋混凝土围套

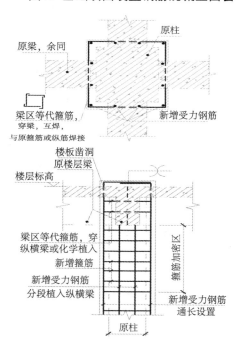

图12 加大截面加固柱节点做法

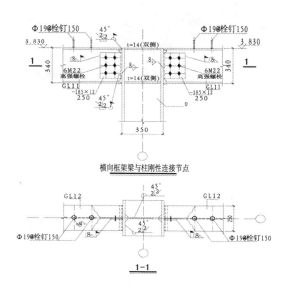

图13 新增钢梁与钢柱刚性连接

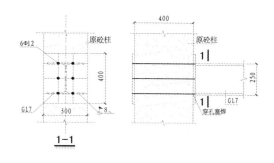

图14 新增钢梁与原混凝土柱刚性连接

压型钢板-混凝土组合楼板与钢梁、混凝土梁的连接节点加强做法见图15、图16。

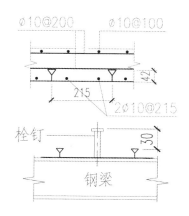

图15 组合楼板与钢梁连接

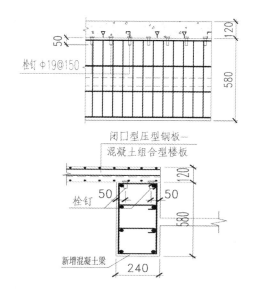

图16 组合楼板与屋面新增混凝土梁的连接

4. 原有混凝土排架柱间支撑拆除，在纵向通过增设柱间连系梁形成双向抗侧力框架结构体系，提高结构整体性。

5. 对于在墙体拆除中承载能力不足的混凝土梁采用截面加大法和粘贴碳纤维法进行加固，提高结构构件受弯、受剪能力。

图17 纵向新增柱间连系梁

6. 裂缝修补技术

对于老建筑加固改造中，经常在施工中发现结构开裂的问题（构造原因或受力原因），为提高结构耐久性，对混凝土结构构件的裂缝采用压力灌胶修补技术。压力灌胶主要通过在裂缝中压力注入环氧树脂的方式达到封闭裂缝以防止开裂后钢筋锈蚀的目的。

（四）改造加固施工

1. 材料选取

混凝土：基础垫层C15，新做梁柱的混凝土强度等级均为C30，混凝土中不得使用任何掺加氯化物的外加剂。

本工程钢框架柱、梁、次梁及连接板材质均为Q345B（除特殊注明外），其余角隅撑及附属构件等为Q235B。钢材的屈服强度实测值与抗拉强度实测值的比值不应大于0.85；钢材应有明显的屈服强度，且伸长率不应小于20%；钢材应有良好的焊接性和合格冲击韧性。

本工程节点连接用螺栓采用10.9级摩擦型高强螺栓，摩擦系数大于0.4，并符合《钢结构高强度螺栓连接的设计、施工及验收规程》JGJ82-91的规定。

纵向受力钢筋选用符合抗震性能指标的不低于HRB400或HRB335级的热轧钢筋，箍筋选用符合抗震性能指标的不低于HRB335级的热轧钢筋。

植筋胶应满足焊接、抗震性能等要求并应提供相关测试报告。相关指标应符合《混凝土结构加固设计规范》（GB50367-2006)中的要求。

碳纤维布型号CF300，采用Ⅰ类碳纤维布。弹性模量不小于210GPa，极限强度不小于3000MPa，伸长率不小于1.5%。碳纤维布粘贴胶采用A类胶，宜与碳纤维布配套采用同品牌胶。相关指标应符合《混凝土结构加固设计规范》（GB50367-2006)中的要求。

2.施工要点

（1）钢构件

在制作前，钢材表面应进行喷砂除锈处理，除锈质量等级要达到Sa2.5级标准；钢材经除锈处理制作完毕后涂覆丙烯酸聚硅氧烷面漆二道，构件安装前需对工地焊接区以及经碰撞脱落的工厂油漆进行补漆，均涂防锈漆二道。外露的连接板的棱角和凸出焊缝均应打磨；未表明焊缝均为满焊，焊缝厚度为规范允许的最大焊缝。

（2）混凝土构件

钢筋混凝土保护层厚度：梁25mm、柱30mm、板15mm、基础40mm。为确保新浇混凝土与原结构混凝土的可靠连接，应对原构件混凝土存在的缺陷清理至密实部位，并将表面凿成锯齿形沟槽，混凝土表面应冲洗干净，浇筑混凝土前，原混凝土表面应用界面剂进行处理。钢筋采用搭接或焊接接头，接

头质量和长度应符合有关规范的要求。

（3）基础开挖加固

本工程为在原建筑内部进行新增夹层施工，可采用人工开挖方式，尽量减少基坑开挖对原地基的扰动。

（4）压型钢板-钢筋混凝土组合楼板

压型钢板长度方向的搭接必须与支承结构构件有可靠的连接，搭接部位应设置防水密封胶条。组合楼面的压型钢板支承在钢梁上的长度不得小于50mm，支承在混凝土墙或梁上的长度不得小于75mm。施工中应避免过大的施工集中荷载，必要时可设置临时支撑。

3.主要施工工艺

本工程加固改造面积最大的单体是半精加工车间，包含了主要的加固方法，现场照片主要以该单体为实例。

图18 原基础现场开挖

图19 原基础加大截面法现场钢筋做法

图20 原基础加大截面法加固施工后

图23 原混凝土梁粘贴碳纤维加固

图21 原混凝土柱加大截面法加固

图24 新增钢柱基础地脚螺栓

图25 楼层闭口型压型钢板

图22 原混凝土柱加大截面及预埋件
连接做法

图26 楼层增设钢梁

图27 原排架结构屋面拆除现场　　　图28 新做屋面

图29 新增钢雨篷图　　图30 新增室外钢楼梯图　　图31 原室内楼梯拆除重做

（五）建筑改造

1.围护墙体改造：保护性修复，保留的立面通过维护、清理和修补恢复原有外貌。利用原有外墙围护结构，在墙体上采用内保温或外保温措施，提高墙体的总热阻。外墙采用外包铝板、外贴瓷砖进行装修。

2.门窗节能改造：为提高保温性，保留原有外窗窗框，不破坏窗扇的材质划分，更换节能保温玻璃或在内侧加设一道玻璃。将原有的钢窗或木窗更换为节能窗。

3.新做屋面：采用SBS3.5mm厚防水，防水等级设计为二级，防水层合理使用年限为15年。屋面保温材料采用挤塑聚苯板，做2%排水找坡。

四、改造效果分析

创意园区内废弃的工业厂房及基础设施的再利用，避免了大量拆除和新建的资源耗费。旧工业建筑具有良好的基础设施，改造项目可以以原有的基础设施为依托，不用增加新的市政设施接口，只需在原有设施的基础上扩大或改变位置，改进设备即可，此一项即可有效减免了大量的前期投入。不仅如此，空间宽敞、房屋结构好的优势，使得在对旧厂房进行改造时可以很随意方便地按照自身需要分割再造空间。同时，良好的房屋结构也能为节省不少装修改造的经费。这种变消极因素为积极因素的二次设计活动，能够节省建设资金，减少建设周期，变废为宝，使旧工业建筑再次焕发生机。

该工程旧工业区厂房的租借和购买成本较低，厂房本身结构空间高大，通过新增室内夹层的改造，新增了约3400m²的可使用建筑面积，改造后整个园区具有更多的面积可以出售、租赁和利用，而由此所需付出的结构改造加固费用仅为300万元左右，相对较少。少量的投入带来大量的收益，并降低了建筑经济成本，相应也减少了对环境的污染。

五、思考与启示

目前，上海有许多旧厂房被改造成创意园区，主要用于办公、商业、娱乐及生活等。单层厂房形体方正简洁，具有高大宽敞的室内空间，易增建夹层，又可向外拓展空间。厂房往往设置天窗和高窗来满足工业生产的采光与通风要求，为后期改造的生态设计提供良好的条件。旧单层厂房建筑与创意园区的结合是面对产业结构调整和城市更新需求的一种创新，是对旧工业建筑进行改造和再利用的适应性潜力挖掘，对经济文化、社会和环境的发展有着很大的推动作用。

（建研科技股份有限公司供稿，王凯、
南建林执笔）

上海电工机械厂木模车间综合改造工程

一、工程概况

上海电工机械厂木模车间位于上海市杨浦区军工路，为一幢三层装配式工业厂房，建造于20世纪70年代，后产权转让给上海理工大学。房屋原设计为三层装配式框架结构工业厂房，并设有一层地下室。房屋总长为46.00m，总宽为18.00m，建筑总高度为21.9m，建筑面积约2800m²，大部分轴网尺寸为6.00m×9.00m。由下而上各层层高分别为8.10m、6.90m和6.6m，地下室层高为4.30m。业主将该房屋改造为六层学生公寓，由于原建筑层高较高，在原一至三层各增设一夹层，自下而上的层高分别为：4.5m、3.6m、3.6m、3.3m、3.3m、3.3m，增设一楼梯间及卫生间、淋浴房，全面改造设备、电气系统以满足现代化学生公寓的要求。本次改造完成后，其功能指标要达到：总建筑面积达6000m²，公寓套数达到113套，居住人数满足546人居住要求。

本工程综合改造中所涉及到的既有工业建筑改造为居住建筑的建筑改造理念与方法、装配式厂房结合体系调整与抗震加固以及建筑设备改造是本次工程示范的重点，尤其是通过结构体系的调整并辅助其他构件的加固技术是本次改造的亮点。

二、改造技术

（一）建筑改造

1.设计原则

（1）文化性原则：本改建工程设计突出学校居住建筑的特点，努力塑造较强的文化氛围和品位。

（2）创新原则：在设计的过程中，采用较新的建筑设计理念及手法，使建筑形象得到全面改变。在结构抗震加固方面，采用最新的技术手段，通过结构体系的调整来满足原结构与现行规范要求的差距。

（3）经济性原则：本设计中在满足功能的前提下，尽最大努力保留和采用原有结构，最大限度的节省了建筑材料，达到节能减排、节约资源的目的。

2.设计理念

由于原建筑保留梁、柱体系，改造后的学生公寓开间重新分隔，原为6m开间，现改为4m开间，每层楼面设置19间宿舍，内隔墙采用轻质加气块，每个宿舍中均设有贮藏空间，以及学生单独的学习、休息场所，且每个宿舍都设有阳台，方便学生生活；走道两端分别设有盥洗室、和沐浴房；底层主入口设有值班室、配电间，方便学校管理。

改造后的学生公寓平面布局更加趋于合理、实用，在外立面处理上尽是对宿舍中间的保留柱子加以淡化处理，配以大面积的玻璃窗，同时通过有节奏的横向线条与挺拔的竖向线条的交织，又配以外立面大面积的米黄色基调的封面，虚虚实实，变化多端，啬了立面的层次感。主入口装饰性外挑阳台，又与次入口的室外疏散楼梯相对应，所有这些细节上的重，都使建筑在改造后形成简约、明快的统一风格，即现代又不失文化气息。

3.交通组织

学生公寓的竖向交通主要通过设置在建筑西侧的主楼梯来解决。为满足消防要求，房屋东侧原存在的便梯经过改造与加固，形成一条消防疏散楼梯。各楼层的交通组织以学生在公寓的活动规律来进行，设置较为宽大的中间走廊，在楼两侧设置卫生用房，人流组织通过功能的布局进行分散。

4.建筑平面与立面布置

在原来三层基础上每层各插一层，形成6层体系，其中原有三层层高相对较低，无法满足插层要求，同时原屋面破损相当严重，因此，原有屋面不再保留，拆除后抬高标高重做。

平面上在南北均设置阳台，房间外墙因此内缩，楼层内设置中走廊。

（二）结构改造

本次结构加固按国家现行标准进行，其基本设计参数如下：

（1）抗震设防烈度为7度，Ⅳ类场地土，设防类别为丙类建筑，结构安全等级为二级，基本地震加速度值0.10g。

（2）基本风压为0.55kN/m²，地面粗糙度为C类，其他荷载参数按国家现行荷载规范取值。

地基基础方面，原房屋设有一层地下室，经现场检查，地下室结构完整性良好，虽多年未使用，但仍未出现渗水等现象。经计算分析，考虑地下室的补偿作用，房屋地基承载能力满足现行规范要求，因此不做加固处理。

本房屋上部结构存在的最大问题是结构为装配式厂房屋，整体性和抗侧刚度均较小，为此，设计时采用增设部分短肢剪力墙的方式来进行处理，提高房屋的抗侧能力，同时将部分装配式节点用混凝土包起来，形成刚性节点。

对于未设置剪力墙的柱位，采用外包钢的方法进行加固处理，以解决老旧预制构件单项配筋及箍筋偏少等问题，同时在底层进行混凝土围套扩大截面处理。

结构二、四层及屋面层为新做结构，为减轻结构自重，采用压型钢板组合结构楼面做法。此外，由于房屋原结构为单向结构，纵向梁均为连系梁，截面严重不足，因此，在楼面加固及改造时新结合建筑平面的调整，新做纵向框架梁。

（三）给排水改造

本厂房原废弃多年，所有给排水系统均已无法使用，为此全面新做给排水系统。

给水方面：学生公寓最高日用水量按54.6m³/d考虑，由校园给水管网供水，由集中水泵送至屋顶水箱，再由水箱供至各用水点，屋顶水箱容量为17m³。给水管采用直径为DN70的衬塑钢管。

排水方面：排水量按50.0m³/d考虑，雨水量按设计重现期P=1计算。本工程污废水合流，室外雨污水分流，污水经化粪池处理后排入校区污水管网，雨水直接排入校区雨水管网。

（四）电气改造

1.强电改造

供配电系统、电力系统、照明系统、防雷及接地系统全部按新标准重新设置。

2.弱电改造

本次改造包括通信系统、有线电视系统两部分。

（1）通信系统

公寓每个房间设置一个双孔信息盒，电话线由学校内部电话机房直接接入，在底层值班室设置智能计量系统。

（2）有线电视

本工程有线节目源由校园有线电视网引来，每个房间设置1个标准终端。

（五）消防改造

原消防系统已废弃多年无法使用，不满足改造后建筑的要求和现行规范要求。故消防系统全部重新设计。

改造后建筑高度21.45m，消火栓用水量室内15L/s，室外20L/s。

本次改造按建筑耐火等级二级设计，防火分区每两层作为一个分区处理，每个防火分区设置二个出入口，根据规范要求不设封闭楼梯间，楼梯间防火门为乙级木质防火门且向疏散方向开门。

原建筑两端两个楼梯经改造后保留，建筑物总长度为52.38m，满足规范要求。

电气防火方面，公寓内采用高光效荧光灯和节能型灯具。疏散走道及出入口按要求设置疏散标志灯。

三、改造效果分析

通过本次改造，木模车间地上建筑面积从3000m²增加到6000m²，获得公寓套数为113套，可容纳学生546名，全面达到原改造目标。

该建筑原为上海木工机械厂木模车间，已长期废弃不用，改造前，在学校美丽的校园内成为一个影响总体环境的老大难问题，不仅影响景观，同时也造成一些不安全因素。通过本次改造，该厂房不仅获得了新的生命，提供了大量的使用空间，同时对原有电气、消防、给排水系统等均进行了升级或彻底改造，在舒适性及安全性方面大幅度提升，而且通过对周边环境的统一改造，现已成为黄浦江边美丽的一景。

结构安全方面，该建筑建造于20世纪70年代，总体结构体系为装配式结构体系，除地下室外，几乎全部采用预制构件，结构整体性能及抗震性能均无法满足现行规范要求。本次改造采用可靠度高的混凝土加固方法进行抗震加固，并将结构体系统一调整为钢筋混凝土框架结构，结构的抗震性能和整体性能得到大幅提升，满足现行规范要求。

图1 改造前现场照片

图2 改造后现场照片

四、经济分析

本工程改造资金投入总额为981万元，其中建安费用为290万元，占总投资的30%；原结构加固费用为520万元，占总投资的53%；水、电、配套等费用合计为171万元，占总投入资金的17%。

本次改造投入比重最大的是结构加固及土建费用，总造价相当于1500元/m²，并不算便宜。但是，由于本房屋位于黄浦江边规划退线范围内，因而应计入土地利用价值。同时，通过对既有工业厂房的综合改造利用，延续了局部区域的历史记忆，且综合改造减少了对资源和能源的消耗，其社会效益、文化效益和环境效益明显提高。

五、推广应用价值

在本项目实施过程中使用了建筑再生设计、结构加固技术、给排水系统改善技术、消防性能提升措施等，综合改造后从三层装配式老厂房变成钢筋框架结构六层公寓楼，为社会上大量因产业调整而闲置的工业厂房的综合改造做出了示范，其所采用的设计思路及技术手段具有相当的可复制性和较大的推广应用价值。

（上海市建筑科学研究院(集团)有限公司供稿，赵荣欣、郑昊、魏林、许清风执笔）

北京中关村国际商城一期建筑地源热泵工程

一、工程概况

北京中关村国际商城位于京昌高速公路和北清路入口交汇处的西北侧，位于北京中关村科技园区，规划占地面积63公顷。该项目的一期建筑为大型购物中心--北京永旺国际商城。该建筑是园区商业服务功能的重要配套设施和标志性项目，是一座集购物、娱乐、休闲、餐饮为一体的郊外超大规模购物中心。

一期工程总建筑面积为15.6万㎡，地上11.8万㎡，地下3.8万㎡，主体檐高24.0m，总占地面积3.8万㎡。建筑以商业用房为主，辅以一定数量的餐饮及后勤用房。

建设单位根据总体建设规划，为降低建筑能耗，提出建筑暖通空调系统采用可再生能源技术，达到国家对建筑能耗的指标要求。

该项目评为2007年度国家财政部、住房和城乡建设部可再生能源建筑应用示范项目，示范面积为11.79万㎡。

北京中关村国际商城一期建筑工程

二、改造技术

（一）设计参数

1. 室外气象参数

表1

项别		参数
大气压力（kPa）	冬季	102.04
	夏季	99.86
室外计算 干球温度 （℃）	冬季 采暖	-9
	冬季 空调	-12
	冬季 通风	-5
	夏季 通风	30
	夏季 空调	33.2
	夏季 空调日平均	28.6
	夏季 平均日较差	8.8
夏季空调计算湿球温度（℃）		26.4
最热月平均气温（℃）		25.8
年平均温度（℃）		11.4
室外计算 相对湿度 （%）	冬季空调	45
	最热月平均	78
	夏季通风	64

2. 室内设计参数

表2

功能	室内温度（℃）		相对湿度（%）	
	夏季	冬季	夏季	冬季
营业厅，超市	25～26	18	55～60	≥35
餐厅	25～26	20	55～60	≥35
影视厅	25～26	20	55～60	≥35
后勤，办公	25～26	20～22	55～60	≥35
厨房	25～30	14～16	/	□

3．建筑冷热负荷

本项目总建筑面积15.6万m²，地上11.8万m²，地下3.8万m²，主体檐高24.0m，属于甲类公共建筑，所采用的围护结构各项参数均满足《公共建筑节能设计标准（北京市地方标准）》DBJ01-621-2005中的要求。按照建筑功能及结构，根据模拟计算分析，建筑暖通空调负荷结果如下：

负荷设计指标　　　　　　　　　　　　　　表3

建筑面积（m²）	冷负荷指标（W/m²）	冷负荷（kW）	热负荷指标(W/m²)	热负荷（kW）
156000	108.9	17000	47.4	7394

（二）统设计说明

1．设计依据

（1）《采暖通风空气调节设计规范》GB50019-2003

（2）《公共建筑节能设计标准》DBJ04-241-2005

（3）《建筑设计防火规范》GB50016-2006

（4）《地源热泵系统工程技术规范》GB50366-2005

（5）《城镇直埋供热管工程技术规程》CJJ-T81-98

（6）《埋地聚乙烯给水管道工程技术规程》CJJ101-2004

2．空调冷热源设计

依据建筑的功能特点，空调冷热负荷特性及建筑周边条件，考虑节能、环保、运行及初投资等因素，确定采用土壤源热泵机组加常规电制冷机组的复合冷热源形式。以空调热负荷确定土壤源热泵机组容量，夏季由土壤源热泵机组和常规电制冷机组共同作为空调冷源。

（1）地下换热器系统

① 换热器布孔区水文地质情况

通过对项目所在地的地质情况初步勘察，项目所在地的地质构造为早第三纪前的断裂及其控制的断块构造。

该区地平线100米以下，地层岩性主要为黏土、中砂、砂卵及铁板砂结构。

岩土体温度：虽然地下土壤层的原始温度随着岩土层的深浅有所变化，但是在10m以下的地埋管深度范围内，可近似为恒温，试验发现本工程地块土壤层的原始温度约为16℃。

土壤的平均导热系数为1.8 W/(m·K)。

地下水静水位：约12.6m深；

水温：平均水温为16℃；

② 地下换热器设计

通过对当地岩土热物性进行的热响应测试和模拟计算，土壤冬夏季换热量为：夏季供冷65W/m井深，冬季供热45W/m井深。

由于建筑冷热负荷差距较大，为保证岩土温度热平衡不被破坏，本设计以冬季热负荷为土壤源热泵系统的设计负荷，夏季土壤源热泵系统不能满足的冷量部分由辅助冷水系统进行补充。

根据该项目建设的实际状况及所能够提供的地下换热器的实施条件，在建筑周围设置1060个地下换热器，占地面积约3.48万平方米，钻孔间距为4.5m，钻孔直径为170mm～200mm，钻孔深度为123m，钻孔内设置双U型地埋管换热器。U型管外径为DN32。

地埋管上部地面使用功能为停车场和绿地。室外地埋管换热器采用同程式连接，分组接入分布在室外地下的14组支分集水器，各支分集水器以并联方式接至地源热泵机房。

（2）热泵机组

选用三台山东富尔达公司的LSBLGR-M2800型的地源热泵机组，单机制热量2324KW，制冷量2278KW。此系统可供的总热量和总冷量可以满足地下换热器系统提供的冷热负荷。

冬季采暖时，机组热水供回水温度为45℃/40℃，地源侧循环水供回水温度为7.5℃/4℃。

夏季制冷时，机组空调供回水温度为7℃/12℃，地埋管侧进出水温度为25℃/30℃；

地源热泵系统配套设置相应空调冷热水和地源水循环泵及水处理装置。

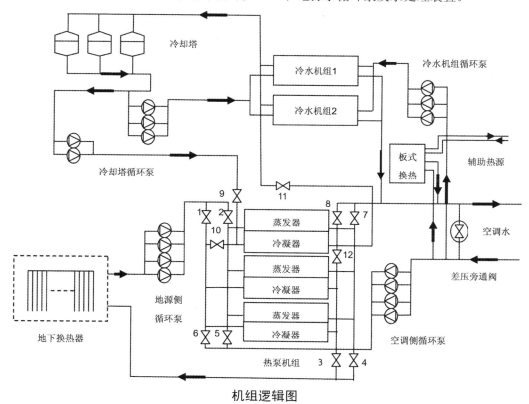

机组逻辑图

夏季阀门：1，3，5，7，9，11开，2，4，6，8，10，12关

冬季阀门：2，4，6，8开，1，3，5，7关

（3）辅助冷热源

冬季采暖由地源热泵系统承担基本热负荷，高峰时段热负荷不足部分由辅助热源通过板式换热器补充。

设置两台常规电制冷机组，单机制冷量为4571KW（1300USRT）。在室外绿地上设置三台方型冷却塔，冷却水量分别为1100m³/h2台，500m3/h1台。冷却水经冷却塔冷却后，供给电制冷机组及一台地源热泵机组夏季循环使用。冷却水供回水温度为32℃/37℃。

（4）地下换热器施工

① 材料选择

本工程选择国产优质高密度聚乙烯管（HDPE）为地下换热器埋管材料，垂直双U型地埋管管径32mm，水平管管径为90mm、110mm。该材料具有高强度、耐腐蚀、换热性好等优点，使用寿命可达50年以上。

② 水压试验

为保证系统可靠地运行，在地埋管换热器安装前、地埋管换热器与环路分集水管装配完成后及地埋管地源热泵系统全部安装完成后，对管道进行水压试验。水压试验符合管道承压要求及保持相应的时间且无泄露现象。

③ 换热器下管及回填

垂直井在钻进达到深度要求且成孔后，立即进行换热器下管。下管完成后，进行灌浆回填封孔，隔离含水层。灌浆回填料采用膨润土和细砂（或水泥）的混合浆，膨润土的比例占4%-6%。

④ 水平连接

水平管道埋连接前，管沟底部应先敷设相当于管径厚度的细砂，然后将水平管道敷设在管沟中。上下两层的水平管中心距不小于0.6m。为了减少供回水管间的热传递，供、回水环路集管的间距不小于0.6m。同层的两根管之间其中心距大于两管的直径之和。

水平管道回填料细小、松散、均匀，且不含较大的石块及土块。为保证回填均匀且回填料与管道紧密接触，回填在管道两侧同时进行，管腋部采用人工回填，确保塞严、捣实。

⑤ 保温

支分集水器至地源热泵机房入口井采用直埋保温管焊接，直埋敷设管道采用聚氨酯预制保温管，保温厚度为40mm。

⑥ 管道清洗

地埋管支分集水器和直埋管安装后进行单独清洗，地埋管换热器安装前、地埋管换热器与环路集管装配完成后及地埋管地源热泵系统全部安装完成后，对管道进行系统冲洗。

（三）空调水系统设计

（1）空调水系统

冷水系统为两管制一次泵系统，变流量运行。空调热水系统为一次泵变流量运行。其工作压力为1.0MPa，空调设备按照此压力进行选型设计。在制冷机房内设置一套定压补水装置，对空调冷热水系统进行定压，并在运行时对系统补水。

（2）地下换热器水系统

地下换热器水系统变流量运行，其工作压力为1.2MPa，地下换热器的管材和其他附属设备按照此压力进行选型设计。在制冷机房内设置一套定压补水装置，对地下换热器的热水系统进行定压，并在运行时对系统补水。

三、改造效果分析

对该系统2008～2009年度采暖季运行进行数据跟踪和统计，冬季采暖周期120天，每天运行14小时，以供暖面积约8.5万平方米计算（按照总供暖面积70%），机组运行的平均负荷为设计负荷的70%。

采暖总供热负荷约630万kWh，供热总电耗215万kWh，系统平均COP约达到3.0。

热泵采暖运行费约161万元（按平均电价为0.75元/kWh），与城市集中供暖收费标准相比，将极大节约运行费。

折合采暖能耗750吨标煤/采暖季（按照2008年电监会公布的发电标准煤耗349g/kWh）。

根据JGJ26-95《民用建筑节能设计标准》中对北京市采暖耗煤量指标的计算，建筑物采暖煤耗约为16.2kg标煤/m²，如采用常规采暖，能耗为1377t/采暖季。

热泵系统节能627吨标煤/采暖季，节能率达45.5%。

四、改造的推广应用价值

对于大型建筑工程，采用地源热泵结合辅助冷热源系统的方式具有较高的实用价值，可有效降低系统投资，并可根据实际负荷需求灵活掌握系统的运行方式，提高系统的运行效率。

本项目冬季供热采用地源热泵系统，与传统的市政热力系统比较，每年可替代标准煤1400吨。

使用地源热泵系统，在运行中没有燃烧过程，每个采暖季可减排SO_2达到82.9t，减排等效CO_2达到2298.9吨，减排NO_x达到334.85吨，粉尘625.33吨，为节能减排工作做出应有贡献。

（依科瑞德（北京）能源科技有限公司供稿，苏存堂执笔）

上海商城节能改造工程

一、工程概况

上海商城(Shanghai Centre)位于上海市静安区中心、南京西路上海展览中心对面，是上海展览中心与外资合办的一座集办公、剧院、酒店和商场为一体的综合性商业贸易大楼。大楼由美国建筑大师约翰·波特曼设计，故大楼也被人称为波特曼，它是一座大型公共服务性的建筑物。主楼高164.8米，东西公寓大楼高111.5米。整个建筑面积为18.5万平方米，呈现"山"字形。其高度为上海之冠，面积居上海之首。上海商城的特点是追求空间含蕴，体现中西交融，构成了申城现代化的标志。

作为沪上首个规模最大的多功能场所，上海商城拥有各种高标准的一流设施，包括472套豪华的酒店式公寓，30,000平方米的商务办公场地，三层高档零售广场，上海商城剧院，标志性的展览中庭和一座五星级豪华酒店—上海波特曼丽嘉酒店。

上海商城的建筑能源消费主要由电力、燃油、天然气和自来水这几部分组成。根据业主的能耗统计，2008年度商城消耗电力31.83MkWh，燃油2,809m³（计2,388吨），天然气438,00km³，自来水504,400m³。其中，电耗占总能耗的62%，电力与燃油消耗是商城的主要能耗。

在上海商城的2008年度的电力消费中，照明用电约占建筑用电的12%，其他设备用电约占30%，空调系统占58%。其中，空调系统用电又分为制冷机房、末端AHU、末端FCU以及小型单元机这几部分。在空调系统能耗中，制冷机房的电耗达46.8%，是能耗最大的部分。

上海商城2008年电耗分析

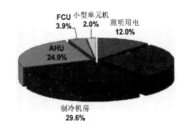

- ■照明用电
- ■其他设备用电
- ■制冷机房
- ■AHU
- ■FCU
- □小型单元机

二、改造前系统介绍

改造前，上海商城的空调系统采用了特灵提供的3台1100ton的CVHB二级离心式制冷主机，主机服务已达到20年之久。

冷冻水系统为二次泵定流量系统，系统水泵均为工频运行，均位于空调机房内。其中，一次泵功率均为30kW，计3台；二次泵功率为75kW，计3台（无变频）；冷却水泵功率为75kW，计3台。另有3台板式热交换器分别位于主楼、东楼和西楼的设备房内，通过板式热交换器二次侧的循环水泵为系统末端供冷。

系统冷却塔，共6组，位于裙房。每组冷却塔风扇2台，每台风扇计30kW。

由于主楼波特曼丽嘉酒店的负荷需求超过了原空调系统对主楼系统的供冷能力，上海商城后续在空调机房内增加了2台240ton的ERTHB螺杆式制冷主机，专门用于补充主楼酒店空调系统。

该系统冷冻水系统为二次泵系统。一次水泵均位于空调机房内，均为30kW，计2台；系统二次泵位于设备层内，均为55kW，计2台（无变频）；冷却水泵为75kW，计2台。

系统冷却塔为开式冷却塔。冷却塔风扇计40kW（30kW＋10kW）。

新增冷冻水系统独立于原冷冻水系统，二次泵直接连入主楼板换的二次侧。当新增的ERTHB系统开启时，主楼板换水阀关闭，由新系统单独向主楼供冷。

CVHB系统制冷运行时间从每年3月下旬到12月上旬，全天24小时运行，在负荷最大的每年的7月，需开启全部3台1100ton主机以满足系统负荷需求。

ERTHB系统制冷运行时间从每年6月下旬起到9月末结束，也为24小时运行。在7、8月，需要一直开启2台主机运行。

三、改造技术

（一）优化现有系统设备，以新型高效设备代替

1.原有旧型主机设计效率较低，能耗偏高，且由于已经使用多年，维护成本逐渐增加；

2.原有系统水泵、冷却塔同样由于使用多年，性能有所退化，同时由于主机需要进行优化，需要根据新型主机参数重新为系统选配新型高效水泵和冷却塔；

3.新配置为3台1100ton特灵CVHG三级离心制冷主机、沿用原2台水冷螺杆机组作备用，新配置3台冷冻水一次泵，4台冷冻水二次泵、3台冷却水泵和7组冷却塔；

4.新型主机较原有主机效率显著提高，更换新型主机将大幅节省主机运行成本，同时更换新型主机也有助于提高系统安全性，减少维护保养投入；

5.新型大温差主机采用了大温差系统设计，使系统温差设计更合理、系统总能耗进一步降低。新型大温差主机还可以通过加载特灵提供的专用自控系统，对制冷系统进行TSC整体优化，从而使系统能耗达到最优化。

上海商城新型主机

（二）TSC节能优化设计

1. 系统温差最佳化（大温差低流量）

（1）主机冷冻水泵及冷却水泵加装变频器；

（2）增大冷冻水进出水温差，即冷冻水出水温度5.5℃，进水温度12.5℃，维持

系统冷量和AHU换热性能不变，同时降低冷冻水流量；

（3）增大冷却水进出水温差，即冷却水出水温度39℃，进水温度32℃，维持冷却塔性能不变，同时降低冷却水流量；

（4）系统温差最佳化主要节省主机、水泵以及冷却塔整体耗电量，而不是单一设备的温差最佳化，同时考虑了主机性能及运转特性，必须加装专门的控制系统，以免导致主机喘振，或造成AHU换热及冷却塔能力降低。

2.系统流量最佳化

（1）一次泵除了降低流量外，还同时随着负荷的变化而改变流量；

（2）系统最不利末端环路加装压差传感器以作为控制一次泵频率的依据；

（3）系统总管上加装一只流量计以控制旁通电动阀，保证主机在最小流量下仍可正常运行；

（4）必须增加专门的控制程序，合理控制通过主机的流量变化幅度及流量变化率，以保证主机在流量变化的情况下可以正常稳定运行。

3.主机－冷却塔温控最佳化

（1）冷却塔风机加装变频器；

（2）系统中加装室外温湿度传感器已获取必需的计算参数；

（3）利用专利程序计算出冷却塔出水温度的近似最佳设定值(Near Optimized)，以达到最低的主机及冷却塔总耗能。

4.特灵自控系统和能源管理系统

（1）常规自控系统的功能

（2）系统运行状态实时监控与各种数据统计

（3）确保系统运行的稳定性及安全性

（4）确保系统始终在接近最佳化的状态下运行

（5）与原有自控系统稳定、合理接驳

（6）根据客户要求，操作习惯等进行个性化设置

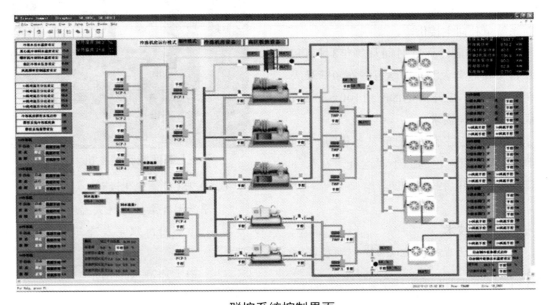

群控系统控制界面

四、项目改造效果

项目效果主要有以下几方面：

（一）现有空调系统经节能改造后，主机的系统效率得到了大幅度提升，从改造前的1.34KW/ton，提升到0.794 KW/ton，节能率高达40%左右。

（二）为了客观地评价空调系统的节能效果，上海商城邀请了第三方机构——上海市节能服务中心，分别于2011年11月～12月、2012年10月对现有制冷系统改造前后进行机房能效测试，经第三方权威机构验证，改造前系统全年平均运行效率COP为2.62，改造后系统全年平均运行效率COP为4.43。

（三）从节能效益来看，上海商城每年可节约300多万度电，约1026吨标准煤，按照0.85元/度电费计算，年节约运行费用超285万元。

（四）从社会效益来看，通过空调系统节能项目的实施，不仅能为管理人员提供了完善高效的运行管理平台，为商城带来了显著的能耗节约，也提升了环境舒适度。同时，也极具大型商业建筑空调改造的典范推广意义。

（特灵空调系统（中国）有限公司供稿，
李元旦执笔）

七、统计资料

本篇以统计分析的方式，介绍了全国范围的既有建筑和建筑节能总体情况，以及部分省市和典型地区的具体情况，以期读者对我国近年来既有建筑和建筑节能工作成果有一概括性的了解。

2011年全国住房城乡建设领域节能减排专项监督检查建筑节能检查情况通报

各省、自治区住房城乡建设厅，直辖市、计划单列市建委（建设局），新疆生产建设兵团建设局：

为贯彻落实《节约能源法》、《民用建筑节能条例》和《国务院关于印发"十二五"节能减排综合性工作方案的通知》（国发[2011]26号）要求，进一步推进住房城乡建设领域节能减排工作，2011年12月10日至29日，我部组织了对全国建筑节能工作的检查。检查范围涵盖了除西藏自治区外的30个省（区、市）及新疆生产建设兵团，包括5个计划单列市、26个省会（自治区首府）城市、27个地级城市以及26个县（市），共抽查了917个工程建设项目的建筑节能施工图设计文件及施工现场。对检查中发现的问题，下发了53份执法建议书。现将检查的主要情况通报如下。

一、总体评价

2011年是"十二五"开局之年。各地围绕国务院明确的工作任务，进一步突出工作重点，创新体制机制，强化技术支撑，加强监督管理，建筑节能各项工作取得积极成效。

（一）新建建筑执行节能强制性标准。根据各地上报的数据汇总，2011年全国城镇新建建筑设计阶段执行节能50%强制性标准基本达到100%，施工阶段的执行比例为95.5%，新增节能建筑面积13.9亿平方米，可形成1300万吨标准煤的节能能力。全国城镇节能建筑占既有建筑面积的比例为24.6%，北京、天津、河北、吉林、上海、宁夏、新疆等省（区、市）的比例已超过40%。

（二）既有居住建筑供热计量及节能改造。截至2011年底，北方15省（区、市）及新疆生产建设兵团共计完成既有居住建筑供热计量及节能改造面积1.32亿平方米，已开工未完成的改造面积0.24亿平方米。北京、天津、内蒙古、吉林、山东等5个与财政部、住房城乡建设部签约的重点省（区、市）共计完成改造面积7400万平方米，其中，内蒙古、吉林、山东超额完成年度改造任务。目前，累计实施供热计量改造面积占城镇集中供热居住建筑面积比例超过10%的省份有河北、吉林、青海、天津、黑龙江。

（三）公共建筑节能监管体系建设。截至2011年底，全国共完成国家机关办公建筑和大型公共建筑能耗统计34000栋，能源审计5300栋，能耗公示6700栋建筑，对2100余栋建筑进行了能耗动态监测。确定了黑龙江、山东、广西和青岛、厦门5个省市作为第四批能耗动态监测平台建设试点，确定天津、重庆、深圳3个城市为第一批公共建筑节能改造重点城市。确定了南开大学等42所高等院校作为节约型校园建设试点，浙江大学等4所高校作为节能改造示范。

（四）可再生能源建筑应用。截至2011年底，全国城镇太阳能光热应用面积21.5亿平方米，浅层地能应用面积2.4亿平方米，光电建筑已建成装机容量达535.6兆瓦。2009年批准的可再生能源建筑应用示范城市的项目平均开工率超过80%，示范县项目平均开工率超过90%；2010年批准的可再生能源建筑应用示范城市的项目平均开工率50%，示范县的项目平均开工率超过55%。

（五）绿色建筑与绿色生态城区建设。截至2011年底，全国共有353个项目获得了绿色建筑评价标识，建筑面积3488万平方米，其中2011年当年有241个项目获得绿色建筑评价标识，建筑面积达到2500万平方米。江苏、上海、广东、浙江、北京等省市获得绿色建筑标识项目较多，贵州、云南、海南、甘肃、内蒙古等省区尚未开展此类工作。天津市滨海新区、深圳市光明新区、唐山市曹妃甸新区、江苏省苏州市工业园区、无锡太湖新城等绿色生态城区建设实践已经取得初步成效。

2011年度，北京、天津、河北、山西、内蒙古、吉林、黑龙江、山东、河南、青海、上海、江苏、浙江、安徽、重庆、湖北、福建、广西、海南等省（区、市），以及深圳、青岛、宁波、厦门、太原、沈阳、哈尔滨、银川、乌鲁木齐、南京、杭州、合肥、武汉、长沙、广州、南宁等省份及城市建筑节能重点工作进展较好，相关配套政策措施完善，监督管理比较到位，给予表扬。

二、主要工作措施

（一）加强组织领导，健全管理机构。一是各省（区、市）住房城乡建设部门都成立了建筑节能领导小组。北京、天津、山西、内蒙古、吉林、黑龙江、上海、江苏、浙江、山东、广东、广西等省（区、市）政府建立了建筑节能议事协调机制。二是全国基本形成了省、市、县三级建筑节能管理机制，住房城乡建设管理部门内设建筑节能处室。山西、内蒙古、上海等省市成立了专门的建筑节能监管（监察）机构。全国21个省（区、市）、222个地级及副省级城市墙体材料革新和建筑节能统一由住房城乡建设管理部门负责，工作机制进一步理顺。

（二）完善法规制度，强化政策激励。一是各地切实加强建筑节能法制化建设，河北、山西、上海、湖北、湖南、广东、海南、重庆、陕西、青岛、深圳等地制定了专门的建筑节能条例。二是对建筑节能的资金投入力度进一步加大。据不完全统计，"十二五"期间，在北方既有居住建筑供热计量及节能改造、可再生能源建筑应用、绿色建筑等方面，省、市两级财政拟安排专项资金超过220亿元与中央财政资金配套，其中，北京、内蒙古、吉林、江苏、青海等地对建筑节能投入力度较大。

（三）健全标准规范，强化科技支撑。一是建筑节能标准进一步完善。标准规范的内容包括了设计、施工、验收、测评标识、节能性能评价、运行管理全过程，指标的要求从节能50%提升到节能65%。北京、天津等市已经开始研究以节能75%为目标的强制性标准，涵盖的内容从新建建筑节能逐步发展到既有建筑节能改造、公共建筑节能运行管理、可再生能源建筑应用、绿色建筑等多方面。二是"十二五"期间，国家科技支撑计划继续支持建筑节能及绿色建筑共性关键技术的研究开发。各地在新型建筑节能保温产品及体系、绿色建筑及绿色生态城区指标体系研究、可再生能源建筑应用等方面安排科研项目，并组织示范工程，促进成果转化，建筑节能技术水平和产业水平进一步提升。

（四）严格监督管理，逐级目标考核。一是各地在建筑节能质量管理方面，突出工程建设过程控制与产品流通使用环节监管两个重点，完善管理制度与办法，包括规划阶段节能审查、施工图专项设计与审查、节能产品质量认定与备案、节能施工专项资格认证与人员持证上岗、节能工程专项验收、节能建筑测评标识与信息公示等制度，效果明显。二是各地不断强化建筑节能目标责任考核机制，省级政府与各地市政府、省级住房城乡建设管理部门与各地市住房城乡建设管理部门签订建筑节能目标责任状，规定建筑节能量化目标，定期督查，按年度进行考核，保障了工作任务的落实。

（五）全面宣传推广，加大培训力度。一是各地通过主题宣传周、召开交流会与博览会、制作专题节目、组织社区活动等多种方式，大力宣传《节约能源法》、《民用建筑节能条例》等建筑节能法律法规以及绿色建筑、既有建筑节能改造、可再生能源建筑应用等相关政策的重要意义，赢得了群众的理解和支持。二是各级建设管理部门不断加大建筑节能培训力度，组织相关单位的管理人员和技术人员进行培训，讲解建筑节能的法律法规和技术标准，有效提升了建筑节能管理、设计、施工、科研等从业人员对建筑

节能相关知识的理解能力和执行能力。

三、存在的问题

（一）部分地区对建筑节能认识不够，能力建设不足。一是部分地区对建筑节能重视不够，没有纳入政府单位地区生产总值节能目标考核体系，相关部门没有形成合力，政策不配套，管理人员能力不足，政策执行及日常管理水平不高。二是对建筑节能投入力度不够，尤其是中央财政大力投入的既有居住建筑节能改造、可再生能源建筑应用等工作，部分地区没有落实配套资金。

（二）新建建筑执行节能强制性标准不到位、监管缺位现象仍然存在。检查中主要发现以下问题，一是部分省市缺乏对节能设计专篇的规范性要求及深度规定，施工图节能设计细部处理不够，不能有效指导施工，施工图审查机构节能审查能力严重不足。二是施工组织方案、监理方案基本照抄范本，普遍缺乏针对性，施工现场随意变更节能设计、偷工减料的现象仍有发生。三是部分地区特别是中小城市缺乏对保温材料、门窗、采暖设备等节能关键材料产品的性能检测能力，产品质量监管存在漏洞。

（三）既有建筑节能改造任务仍然艰巨，改造效果不能有效发挥。一是改造任务繁重。考虑用能水平、建筑寿命等因素，北方地区城镇既有居住建筑需要改造的面积约20亿平方米，改造压力较大，同时随着用能水平的提高及改善室内舒适性的需求日益强烈，夏热冬冷地区既有居住建筑实施节能改造压力也日益增大。二是供热计量改革滞后，北方地区城市只有1/3左右出台了供热计量收费办法。实现供热计量收费的住宅建

筑面积约4.2亿平方米，至少30%的既有居住建筑节能改造完成后，没有同步实现计量收费，严重影响了节能效果，并影响了企业居民参与节能改造的积极性。三是部分节能改造项目质量存在问题，检查中发现，部分完成的改造项目已经出现保温层破损、脱落，供热计量表具安装不到位等情况。

（四）发展绿色建筑的制度措施不落实，进展相对缓慢。一是缺乏对绿色建筑投入产出的科学评价以及社会环境效益的正确认识，只注意了绿色建筑成本增加的一方面（一般增加成本5%～10%），忽视了绿色建筑产生的社会环境效益，影响了绿色建筑的发展。二是绿色建筑标准体系还不健全，缺乏针对不同地区、气候条件及经济条件的绿色建筑规划、设计、评价标准，绿色建筑发展缺乏标准规范的约束和引导。三是绿色建筑配套政策不落实，包括财政补贴、税收优惠等方面的相关政策尚未出台，缺乏政策引导机制。四是绿色建筑发展能力建设不足，绿色建筑规划、设计及技术集成水平低，学科交叉与融合有待深入。

四、下一步工作思路

（一）控制增量，严格新建建筑节能管理。一是加快省市县三位一体的建筑节能管理体制建设，将建筑节能监管重心下移，增强市县的监管能力和执行法律法规及标准规范的能力。二是继续强化新建建筑执行节能标准的监管，着力抓好施工阶段等薄弱环节以及中小城市等薄弱地区执行标准的监管。做好北方采暖地区以及夏热冬冷地区新颁布建筑节能标准的贯彻实施工作，指导有条件的地区执行更高节能水平的强制性标准。三

是贯彻《节能建筑评价标准》，启动节能建筑认定工作。全面推行民用建筑节能信息公示、民用建筑能效测评标识等制度。

（二）改善存量，提升既有建筑用能效率。一是继续加大北方采暖地区既有居住建筑供热计量及节能改造实施力度。各地要尽快分解改造任务指标，落实改造项目，抓紧实施，力争2012年完成改造面积1.9亿平方米以上。要对节能改造工程设计、施工、选材、验收等环节进行全过程质量管理。切实加强建筑保温工程施工的防火安全管理。全面推进供热计量改革，北方采暖地区的新建建筑及完成节能改造的既有建筑应全部实行供热计量收费。二是启动夏热冬冷地区既有建筑节能改造。会同财政部研究制定推进夏热冬冷地区既有建筑节能改造的实施意见及财政资金奖励办法。选择有工作基础、地方积极性较高的省市，进行改造试点。三是进一步加大公共建筑节能监管体系建设力度，扩大能耗动态监测平台建设范围。启动和实施公共建筑节能改造重点城市。继续推动"节约型高等学校"建设及高等学校校园建筑节能改造示范。

（三）调整结构，实现可再生能源在建筑领域规模化高水平应用。一是推进可再生能源建筑应用区域示范、城市及县级示范、太阳能屋顶计划等各类示范深入实施。加快单体建筑与太阳能一体设计施工或改造项目。二是鼓励和指导资源条件具备的省（区、市）对符合当地建筑利用条件的可再生能源应用技术进行强制性推广，争取到2015年，太阳能资源三类以上地区。全部出台强制性推广政策。三是加快研究制定不同类型可再生能源建筑应用技术在设计、施

工、能效检测等各环节的工程建设标准。

（四）转变方式，全面推进绿色建筑行动。一是会同财政等有关部门研究出台促进绿色建筑发展的经济激励政策。二是继续完善绿色建筑标准体系，制（修）订绿色建筑相关工程建设和产品标准。编制绿色建筑区域规划建设指标体系、技术导则和标准体系。鼓励地方制定更高水平的绿色建筑标准。三是进一步加大绿色建筑评价标识推进力度。积极开展高星级绿色建筑示范。依托城镇新区建设、旧城更新、棚户区改造等，启动和实施绿色生态城区建设示范。四是加快绿色建筑相关共性关键技术研究开发及推广力度。依托高等院校、科研机构等，按照我国主要气候分区，加快国家建筑节能与绿色建筑工程技术中心建设。

（五）完善机制，增强建筑节能综合能力。一是指导各地建设主管部门加强建筑节能管理能力建设，完善机构，充实人员。二是加快完善建筑节能标准体系，针对住宅、农村建筑、公共建筑、工业建筑等不同类型建筑，制定修订相关工程建设节能标准，落实建筑节能要求。三是加快建筑节能技术创新，将绿色建筑适用技术集成、新型外墙保温结构体系等共性关键技术作为重点，组织科技项目的立项和实施。启动国家建筑节能与绿色建筑技术中心、重点实验室、建筑能效测评机构等科研平台建设工作。修订建筑节能推广技术产品目录，引导技术和产业升级。四是加强建筑节能服务体系建设。加快推行合同能源管理、能效交易等节能新机制。规范和引导科研院所、相关行业协会和中介服务机构开展建筑节能技术研发、前期咨询、后期检测等方面的专业服务，增强第三方评价机构的能力。

（六）加强考核，落实建筑节能目标责任。一是进一步建立健全建筑节能统计、监测、考核体系建设。二是促成省（区、市）人民政府将建筑节能纳入本地单位地区生产总值能耗下降的总体目标，明确任务，建立目标责任制，完善配套措施，落实经济激励政策，并进行考核评价。三是严格实行建筑节能目标考核问责制，组织开展专项检查督察，对国务院节能减排综合性工作方案及住房城乡建设部实施方案的落实情况进行督察。住房城乡建设部将组织开展建筑节能、供热体制改革等工作的专项检查，严肃查处各类违法违规行为和事件。

（选自住房和城乡建设部《2011年全国住房城乡建设领域节能减排专项监督检查建筑节能检查情况通报》）

中国建筑节能服务业发展与展望

一、建筑节能服务业发展现状

（一）行业发展分析

建筑节能服务，是指建筑节能服务提供者为业主的建筑采暖、空调、照明、电气等用能设施提供检测、设计、融资、改造、运行、管理的节能活动，是以降低建筑能耗，提高用能效率为目的的，提供服务与管理的经济活动的相关主体总和。

"十一五"期间，我国节能服务产业持续快速发展、不断走向成熟。节能服务产业总产值持续增长，年平均增速在60%以上，成为用市场机制推动我国节能减排的重要力量。全国运用合同能源管理机制实施节能项目的节能服务公司从76家递增到782家，增长了9倍；节能服务行业从业人员从1.6万人递增到17.5万人，增长了10倍；节能服务产业规模从47.3亿元递增到836.29亿元，增长了16倍；合同能源管理项目投资从13.1亿元递增到287.51亿元，增长了22倍；合同能源管理项目形成年节约标煤能力从86.18万吨递增到1064.85万吨，实现二氧化碳减排量从215.45万吨递增到2662.13万吨，增长了11倍；在"十一五"期间，节能服务产业拉动社会资本投资累计超过1800亿元。

截止2012年2月，发改委相继公布了四批节能服务公司备案名单，总共2354家，其中涉及做建筑节能服务业务的公司约占近70%。节能服务公司的总产值增长迅速，合同能源管理项目投资逐年增加。由此可见，

建筑节能服务企业数量增长迅速，且节能行业规模也快速扩张。

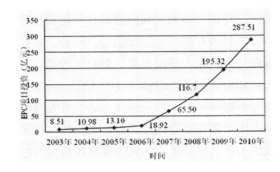

图1 总产值变化

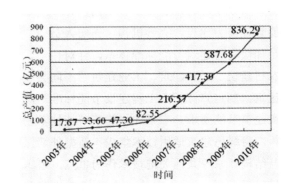

图2 合同能源管理项目投资变化情况

（二）市场潜力分析

《"十二五"节能减排综合性工作方案》中把合同能源管理推广工程作为实施节能重点工程的重点内容，明确提出：推广节能减排市场化机制，加快推行合同能源管理；落实财政、税收和金融等扶持政策，引

导专业化节能服务公司采用合同能源管理方式为用能单位实施节能改造，扶持壮大节能服务产业。研究建立合同能源管理项目节能量审核和交易制度，培育第三方审核评估机构。鼓励大型重点用能单位利用自身技术优势和管理经验，组建专业化节能服务公司。引导和支持各类融资担保机构提供风险分担服务。

财政部、住房城乡建设部《关于进一步推进公共建筑节能工作的通知》也明确提出："十二五"期间，财政部、住房城乡建设部将切实加大支持力度，积极推动重点用能建筑节能改造工作，大力推进能效交易、合同能源管理等节能机制创新。主要包括：

1. 积极发展能耗限额下的能效交易机制。各地应建立基于能耗限额的用能约束机制，同时搭建公共建筑节能量交易平台，使公共建筑特别是重点用能建筑通过节能改造或购买节能量的方式实现能耗降低目标，将能耗控制在限额内，从而激发节能改造需求，培育发展节能服务市场。对能效交易机制已经建立和完善的城市，财政部、住房城乡建设部将在确定公共建筑节能改造重点城市时，向实行能效交易的地区倾斜。

2. 加强建筑节能服务能力建设。各地要在公共建筑节能改造中大力推广运用合同能源管理的方式，要加强第三方的节能量审核评价及建筑能效测评机构能力建设，充分运用现有的节能监管及建筑能效测评体系，客观审核与评估节能量。要加强建筑节能服务市场监管，制定建筑节能服务市场监督管理办法、服务质量评价标准以及公共建筑合同能源管理合同范本。要将重点城市节能改造补助与合同能源管理机制相结合，对投资回收期较长的基础改造及难以有效实现节能收益分享的领域，主要通过财政资金补助的方式推进改造工作。在节能改造效果明显的领域，鼓励采用合同能源管理的方式进行节能改造，并按照《财政部　国家发展改革委关于印发合同能源管理项目财政奖励资金管理暂行办法的通知》（财建［2010］249号）的规定执行。

刚刚发布的《"十二五"建筑节能专项规划》中也明确提出：加快推行合同能源管理，规范能源服务行为，利用国家资金重点支持专业化节能服务公司为用户提供节能诊断、设计、融资、改造、运行管理一条龙服务，为国家机关办公楼、大型公共建筑、公共设施和学校实施节能改造。研究推进建筑能效交易试点。由以上中央各政策可以看出，节能服务行业发展潜力巨大，节能服务企业在政府的支持下可以获得长足发展。

（三）行业竞争状况分析

1. 竞争的区域性

随着产业规模的不断增长，在建筑节能领域已经形成了一批具有较强竞争力的公司，如贵州汇通华城、泰豪科技、东方延华、北京金房暖通等。这些企业之间的竞争具有一定的区域性。

2. 核心竞争力初步形成

目前发展不错的节能服务公司大多有自己的核心技术和产品。节能改造一般会涉及到硬件设施的更换、软件设备的升级等，如果节能服务公司技术、设备不过关，轻则达不到预期节能效果，重则影响到被改造的企业的正常运营。

3. 无序恶性竞争

市场存在无序恶性竞争。一些不具备核

心技术实力较差的中小型节能服务企业以采用劣质材料，缩减售后服务等方式，不计成本低成本中标，给行业形象和信誉带来严重的负面影响。

4. 开始进入资本市场

现在已经有许多投资公司开始关注节能领域，并且一些投资公司已经和节能服务公司开始洽谈投资合作。由于这些企业之间的竞争具有一定的区域性，因此是否能获得资本的支持，对于企业进行大规模的区域性扩张以及参与跨区域竞争显得非常重要。

（四）行业素质分析

建筑节能服务业的特点：一是以建筑使用过程中能源消耗的降低作为相关的经济活动，它有别于制造业、采矿业、建筑业等第二产业，属于第三产业的范畴；二是这种经济活动主要包括建筑能源消耗的统计、监测、诊断、改造方案设计融资实施、节能运行和管理、节能技术服务、节能量交易等；三是从事这种经济活动的相关主体，具有社会公益性、商品性双重特征，需要区别对待。

由此可见，建筑节能服务行业涉及咨询、设计、施工、设备、运营管理、投融资等各个领域。正是由于该行业的行业特点和行业要求，因此对提供服务的企业的技术水平、项目运作能力以及综合素质要求都很高。但目前国内具备综合能力的建筑节能服务企业还很少。

（五）行业融资状况分析

1. 财政支持

《关于加快推行合同能源管理促进节能服务产业发展的意见》（国办发[2010]25号）提出完善促进节能服务产业发展的政策措施：

（1）加大资金支持力度。将合同能源管理项目纳入中央预算内投资和中央财政节能减排专项资金支持范围，对节能服务公司采用合同能源管理方式实施的节能改造项目，符合相关规定的，给予资金补助或奖励。有条件的地方也要安排一定资金，支持和引导节能服务产业发展。

（2）实行税收扶持政策。在加强税收征管的前提下，对节能服务产业采取适当的税收扶持政策。

一是对节能服务公司实施合同能源管理项目，取得的营业税应税收入，暂免征收营业税，对其无偿转让给用能单位的因实施合同能源管理项目形成的资产，免征增值税。

二是节能服务公司实施合同能源管理项目，符合税法有关规定的，自项目取得第一笔生产经营收入所属纳税年度起，第一年至第三年免征企业所得税，第四年至第六年减半征收企业所得税。

三是用能企业按照能源管理合同实际支付给节能服务公司的合理支出，均可以在计算当期应纳税所得额时扣除，不再区分服务费用和资产价款进行税务处理。

四是能源管理合同期满后，节能服务公司转让给用能企业的因实施合同能源管理项目形成的资产，按折旧或摊销期满的资产进行税务处理。节能服务公司与用能企业办理上述资产的权属转移时，也不再另行计入节能服务公司的收入。

（3）完善相关会计制度。各级政府机构采用合同能源管理方式实施节能改造，按照合同支付给节能服务公司的支出视同能源费用进行列支。事业单位采用合同能源管理方式实施节能改造，按照合同支付给节能服务公司的支出计入相关支出。企业采用合同能源管理方式实施节能改造，如购建资产和接受服务能够合理区分且单独计量的，应当分别予以核算，按照国家统一的会计准则制度处理；如不能合理区分或虽能区分但不能单独计量的，企业实际支付给节能服务公司的支出作为费用列支，能源管理合同期满，用能单位取得相关资产作为接受捐赠处理，节能服务公司作为赠与处理。此外，《关于印发合同能源管理财政奖励资金管理暂行办法的通知》（财建[2010]249号）也明确说明对合同能源管理项目按年节能量和规定标准给予一次性奖励。

2.融资瓶颈

行业投资情况分析　　　　表1

	投资	收益	投资回收年限
提高运行管理水平	1	10~20	0.5~1.2
更换风机、水泵	1	0.8~1	1~1.2
增加自动控制系统	1	0.3~0.5	2~3
系统形式的全面管理	1	0.2~0.4	3~5
建筑材料更换	1	0.1~0.5	5~10

（1）EMC模式建筑节能服务行业的平均净利润率是29.86%，而目前仅涉及单项节能改造，尚未开展综合节能改造，建筑节能项目的投资收益不高。

（2）缺乏科学的节能量核算方法，导致投资收益与风险不清晰。

（3）财政补贴资金对建筑节能服务业的撬动作用不明显。

（六）行业三要素分析

1.技术发展

侧重在单项技术，综合技术较少；多为智能化改造、弱电改造，拥有自主知识产权的较少。

2.管理能力

一方面缺乏全行业的规范管理，另一方面节能服务公司内部管理还不规范。

3.服务水平

节能服务公司的服务水平参差不齐，总体水平不高，存在无序竞争状态。

（七）建筑节能服务业行业发展障碍分析

1.市场环境差，建筑节能服务企业面临的信用风险较高。

2.行业不规范，缺乏准入门槛，存在不具备能力的建筑节能服务企业搅乱市场的现象。

3.企业规模小，难以形成规模效益，反过来制约企业发展。

4.项目周期长，缺乏现金担保和抵押担保，融资能力不足，影响项目的投入与企业扩张。

5.客户市场认知度不高，互信机制尚未建立。

二、建筑节能服务业发展思路

（一）激发动力

1.强制性政策

市场需求来源于法律法规的强制、经济约束和激励的力度、行政监管的严格、社会监督的广泛；市场的供给体现在市场主体的成长、技术材料体系和工艺设备的多样。通过抓住市场的两个主体，完善建筑节能市场结构、市场行为和市场成果，进而形成健全的行业组织和完善的市场规则。采用能耗申报、能耗共识、能耗标识、能耗定额等强制性政策对用能主体提出要求，从而激发建筑节能服务市场需求。

2.激励性政策

在行业发展初期通过激励政策支持建筑

节能服务企业，帮助建筑节能服务企业成长。包括节能量奖励、专项补助资金、税收优惠政策等。

3.其他配套政策

其他配套政策为建筑节能服务企业开展业务、创新模式创造条件，包括排放权交易、用能权交易、投融资政策等。

（二）培育主体

1.支持企业发展：支持开展节能服务企业的发展。

2.基础条件好的企业：选择基础条件好的企业，加以政策强力扶持，将其树立为行业标杆。

3.龙头企业：培育龙头企业，龙头企业对于行业的发展有强大的辐射影响力，通过龙头企业的实践、探索，为行业发展提供经验，引领行业发展。

4.行业发展：通过龙头企业带动整个行业发展。

（三）规范市场

健康的市场需要供需双方共同维持。因此在确定激励政策的基础上仍需通过制定行业规范以及法律手段等途径来规范市场双方的行为。主要有：

一方面规范建筑节能服务公司行为，保证服务质量，杜绝弄虚作假、利用激励政策不正当谋利行为，杜绝采用低劣产品、材料糊弄客户，反对以牺牲质量为代价的价格竞争。

另一方面要防止客户不遵守合同约定，根据服务按期提供服务资金，损害建筑节能服务企业利益。

（四）创新机制

1.以市场为出发点的机制

建筑节能服务市场机制是推动建筑节能事业的重要机制。进一步发挥市场机制作用，有利于建立政府为主导、企业为主体、市场有效驱动、全社会共同参与的工作格局，真正把建筑节能转化为企业和各类社会主体的内在要求。以市场为出发点的机制是具有持久生命力的机制。实际上，不少企业以自身产品为依托进行建筑节能服务就是一种机制创新，这种机制既可以带动企业生产，还可以增强企业研发新技术、新产品的动力，反过来促进建筑节能服务业，社会效益与企业效益共赢。

2.产业联盟机制

建筑节能服务产业贯穿建设与运营全过程，有咨询、设计、工程、设备供应、运行管理多方面企业参与，产业联盟机制能够加强建筑节能服务各环节企业的联动，有力促进建筑节能服务业发展。

3.金融服务机制

基于节能效益回报的建筑节能服务通常需要在较长时间内（几年甚至超过10年）收回投资，建筑节能服务企业需要大量资金支持业务发展。设立建筑节能服务基金等金融机制，能够有效解决建筑节能服务企业融资难问题，为企业发展注入能量。

（五）宣传推广

1.宣传普及

大力宣传建筑节能服务，让全社会了解建筑节能服务是什么、能做什么、能为客户和社会带来什么。

2.行业规范

开展建筑节能服务企业标准研究与制订，建筑节能服务标准研究与制订，合同能源管理标准合同文本研究与制订等。

3.行业交流

定期举办各种形式的交流与研讨会议，交流新技术、新模式，探讨克服行业障碍的途径方法，促进行业全面发展。

三、建筑节能服务业发展的战略路径

（一）起步阶段（2008～2010）

随着全球变暖、能源危机等环境问题凸显，人们逐渐认识到节能环保的重要性。建筑节能服务行业根据市场需求应运而生。这个阶段，各项配套设施制度都不完善，国家制定相关优惠政策支持建筑节能服务业发展。

（二）示范阶段（2011～2013）

我国的建筑节能服务业有了几年的发展，也积累了一定的发展经验，这个阶段已经并将逐步制定和完善行业内的规范和标准化政策，并以可再生能源和大型公建改造为重点开展试点示范。

（三）突破阶段（2014～2015）

这一阶段将以前期示范为基础，开展全面建筑节能服务，完善行业内的标准及体系。

（四）快速发展阶段（2016～）

2016年及以后将逐步形成市场化推动建筑节能服务的局面，同时政府加强市场监督和管理，并规范行业发展。

（摘自《建设科技》2012年13期）

2012年上半年既有居住建筑供热计量及节能改造工作进展情况报告

一、工作进展

（一）任务完成情况

截至2012年6月30日，共完成北方采暖地区既有居住建筑供热计量与节能改造25999.25万平方米，其中2011年实施15309.35万平方米，2012年已开工10689.9万平方米。两年来，实施既有居住建筑供热计量及节能改造量已占"十二五"前三年北方采暖地区既有居住建筑供热计量及节能改造任务的78%，综合改造占实施既有居住建筑供热计量及节能改造任务的65%。

2012年北方采暖地区既有居住建筑供热计量及节能改造任务目标1.62亿平方米，全部下达到北方15个省、自治区、直辖市，其中，北京1500万平方米（含中央国家机关在京单位既有居住建筑）、天津1200万平方米、辽宁1180万平方米（其中大连30万平方米）、山东1867.50万平方米（其中青岛125万平方米）、黑龙江1300万平方米、吉林3486.89万平方米、河北1500.13万平方米、河南400万平方米、山西753.08万平方米、陕西232万平方米、甘肃250万平方米、内蒙古1291万平方米、新疆693.5万平方米、宁夏100万平方米、青海200万平方米、新疆生产建设兵团241万平方米。根据各省上报情况2012年北方采暖地区既有居住建筑供热计量及节能改造已落实任务目标1.84亿平方米。

2012年1～6月，北方采暖地区既有居住建筑供热计量及节能改造共开工10689.9万平方米，开工比例占全年下达任务总量的66%，已完工5209.04万平方米，完工比例占全年下达任务总量的32%，2012年7～12月拟开工面积12316.11万平方米。

（二）资金使用情况及配套资金落实情况

根据各省上报数据，省级配套资金到位20.25亿元，市级配套资金到位37.00亿元，县级配套资金到位11.68亿元。

（三）供热计量收费进展情况

在实施北方采暖地区既有居住建筑供热计量及节能改造的同时，有关省、自治区、直辖市积极完善供热价格形成机制，制定建筑供热采暖按热量收费政策，逐步推进供热计量收费工作。黑龙江省加强立法，出台了《黑龙江省城市供热条例》，明确了责任主体和工作要求。全省13个地市出台了供热计量收费政策，全面推行了两部制热费收费方式。山东省分户计量收费的居住建筑达6034万平方米，比上个采暖季增加了145%。其中，潍坊、威海、日照、莱芜四市所辖县（市、区）已全部实行。山东全省实行分户计量收费17城市中心城区户均节费率达到15.3%、县市平均节能率12.8%。辽宁省出台了《关于加快推进供热计量收费工作的指导意见》，要求各地科学合理地制定供热计量价格和收费办法，全省累计实现按用热量计价收费面积2344万平方米。新疆全区城市安装热计量装置面积4300万平方米，2011～2012年采暖期实施计量收费面积1752.52万平方米，占安装热计量装置面积的40%。宁夏回族自治区累计安装供热计量装置面积2076.87万平方米，累计实施供热计量收费面积1443.07万平方米，对既有居住建筑供热计量及节能改造项目，全部安装了热计量装置，实行了按热计量收费。其他省市自治区也根据本地实际，也出台了相应政策，逐步选择试点地区推行供热计量收费。

二、组织机构设置

按照财政部、住房和城乡建设部的要求，为确保既有居住建筑供热计量及节能改造工作的顺利有效实施，绝大部分省、自治区、直辖市已成立了既有居住建筑供热计量及节能改造工作领导小组，由各省市级政府或住房和城乡建设厅领导担任组长，负责既有居住建筑供热计量及节能改造工作的规划、计划、综合协调、组织推进和监督检查。北京成立了由分管副市长负责的老旧小区综合整治工作领导小组；山东省成立了由分管副省长负责的省供热计量改革与既有建筑节能改造工作领导小组；河北、甘肃、青海也成立了由住房与城乡建设厅厅长负责的既有建筑节能改造工作领导小组。各市县级政府也参考省市级机关的设置模式，均成立了相应的组织机构，明确了部门分工。沈阳市、鹤岗市、调兵山市等地区成立了专门的领导小组，促进既有建筑供热计量与节能改造的推进。黑龙江汤原县成立了以主管县领导为组长，相关部门为成员的领导小组，县

委、县政府多次召开相关部门参加的协调会对改造方式、改造目标、推进办法都做了明确。截至目前，有关省、自治区、直辖市实施既有居住建筑供热计量与节能改造的领导协调机构已基本建立。

三、任务分解方式

为确保既有居住建筑供热计量及节能改造工作的顺利完成，根据财政部、住房和城乡建设部下达的2012年既有居住建筑供热计量与节能改造任务指标，北方采暖地区15个省、直辖市、自治区通过发布文件、组织地方申报、签订责任书、召开动员会等多种形式全部实施了任务分解，落实了项目。北京、河南、陕西等省市出台了《关于下达2012年全市老旧小区综合整治工作任务的通知》（京重大办〔2012〕27号）、《河南省住房和城乡建设厅关于下达2012年度建筑节能责任目标的通知》（豫建科〔2012〕2号）、《关于做好2012年既有居住建筑供热计量及节能改造工作的通知》（陕建发〔2012〕69号）等政策文件，对任务指标实施，陕西省各市县均以政府名义向省政府签署了既有建筑节能改造承诺书。甘肃省各市州经过调查、筛选后上报工程项目明细表，省住房与城乡建设厅对项目明细表进行审核，在此基础上，综合考虑往年改造任务完成情况、管理机构健全、项目落实到位、选用技术可行、工作基础扎实、社会认可度高等因素，根据国家下达改造面积分解任务到各市州。辽宁省接到财政部、住房和城乡建设部下达的任务后，立即与全省各市县进行沟通，了解改造意愿，要求有改造意愿的市、县均以正式文件的形式上报了今年的改

造需求，根据各市上报并结合辽宁省实际情况，省建设厅和财政厅以正式文件方式给各市县下达了2012年的改造任务并要求承担改造任务的市县以人民政府名义签订改造任务承诺书。山东省召开了"威海会议"，会议中将2012年山东省1742.5万平方米改造任务及时分解下达给各市，各市将改造任务落实到具体项目。

四、资金使用方面

（一）财政投入增加，带动效果逐步显现

中央财政采取"以奖代补"的方式，按每平方米50元左右的标准，对改造项目进行了资金奖励。"十二五"以来累计投入资金达56.66亿元（截至2012年6月）。中央财政的投入也带动地方政府和社会的投入，山东、甘肃等省设置专项补贴资金，北京、青海等地将补贴标准调高到每平方米100元和82.5元。仅2012年上半年中央财政投入就直接带动地方政府和社会投入90.73亿元。

（二）严格资金使用，确保专款专用

北京、内蒙古、宁夏设立既改工作资金的归集账户，市级与区县级财政按照市区1:1的比例将资金拨付至"资金主管部门"开设的资金归集账户，同时规定各区县的配套资金进入"归集账户"后，即可使用本区县的配套资金与相同数额的市财政资金，用以保证市县级配套财政资金到位。河北、河南、宁夏等省、自治区在资金使用过程中，实行"公开、公开、公正"的原则，并接受社会监督，会同本地区省财政部门，定期开展资金使用情况的督导检查，对违反奖励资金使用规定的，采取收回资金等处理方式，确保资金的使用安全。

（三）创新使用的方式，资金利用效率不断提高

中央财政资金在使用过程中，注重提高利用效率，采取预拨启动资金，下拨奖励资金，核拨剩余资金的方式，确保资金及时足额拨付到项目单位。各地在实施节能改造的过程中，也不断探索行之有效的利用方式。内蒙古自治区在国家对既有建筑节能改造分为3项改造内容的基础上，按改造类型进一步细化为6项改造内容，按照节能改造的内容按比例进行拨付，保证资金的合理利用，提高了资金的使用效率。哈尔滨市积极推行规模化合同能源管理试点项目，形成了政府、节能服务公司和受益者工程共同出资，利益共享的长效发展方式。承德、衡水等城市以供热公司为主导推进既有建筑节能改造，实现了国家节能、用户省钱、热力企业降低成本的"多赢"局面。从政策执行效果看，中央财政资金发挥了"四两拨千斤"的作用，有效带动了地方财政、企业、居民及其他社会资金的投入，保证了各地项目顺利实施。

五、推进成效

（一）改善民生效益突出

实施既有居住建筑节能改造的对象主要是城镇中低收入者，改造后室内热舒适度明显提高，室内采暖温度提高了3℃~6℃，并有效解决老旧房屋渗水、噪音等问题，老百姓称之为实实在在的"暖房子"工程。天津、吉林、内蒙古等省、自治区将既有建筑节能改造列入政府的民心工程，作为改善民生的重要手段，北京、哈尔滨等地区将节能改造与保障性住房建设、旧城区综合整治、市容综合整治、抗震加固、小区提升改造等

民生工程统筹进行，综合效益更加突出，居民要求改造的呼声很高。

（二）节能环保效益明显

吉林省通化县是财政部、住房和城乡建设部支持的节能改造重点县。通过对全县140万平方米老旧住宅全部实施节能改造，一个采暖期节省采暖煤耗2万吨以上，综合节能率达到48％，节能效益十分明显。目前，北方采暖地区既有居住建筑供热计量及节能改造已完成的改造面积超过3亿平方米，可形成年节约345万吨标准煤的能力，减排二氧化碳883万吨，减排二氧化硫43万吨，并在一定程度上缓解北方城市冬季煤烟型污染。同时，通过节能改造，原有供热热源在不增容的情况下即可增加供热面积，降低单位面积供热能耗，经济收益也显著增加，而且改造后的建筑使用寿命可以延长20年以上，有效减少大拆大建。

（三）经济效益与拉动产业双赢

从产业拉动来看，按照根据对历年建筑业和其他相关产业经济关系的分析，建筑业每增加1元的投入，可以带动相关产业1.9～2.3元的投入。仅考虑2011年度北方采暖地区既有居住建筑的投资拉动效应，将带动相关产业投入276.9亿元，并有效带动新型建材、仪表制造、建筑施工等相关产业发展。从促进就业来看，按人均年产值15万元计，仅2011年度预计新增就业岗位将达到18.5万个。

六、下一步工作中的突出问题

（一）改造任务依然繁重

截止2010年，我国城镇既有建筑面积约为215亿平方米。2000年以前建成的建筑大多为非节能建筑，约占城镇建筑面积的77％。我们测算，仅北方地区有超过20亿平方米的既有建筑急需节能改造。南方地区既有居住建筑普遍缺乏节能措施，室内舒适性较差。住宅空调和采暖需求逐年上升，能耗持续增加，用电高峰负荷已对电网容量与安全形成挑战。而该地区既有居住建筑节能改造刚刚起步，节能和民生需求还没有被有效释放。

（二）筹措资金压力很大

部分地方财政资金配套不足，资金缺口巨大，改造融资模式依然单一。如北方节能改造成本在220元/平方米以上，再考虑热源改造，资金投入需求更大。但北方多数地区经济欠发达，地方政府财力投入有限，市场融资能力较弱。以能源服务公司为主体，采用合同能源管理方式实施市场化改造投资回收期过长，以政府投资与市场化融资相结合的长效机制仍未建立。

（三）以综合改造为主的模式亟待引导和加强

将节能改造结合旧城出新、小区综合改造、市容改造，是北京、天津等地区不断探索取得的有效经验。天津将节能改造纳入到小区更新改造中，同步实施管网更新、设施更新、环境整治，将无物业管理的建筑，组合形成小区，实现物业管理。通过一次施工，最大限度降低了群众生活的影响，在实现了节能效益的同时，更大限度提升百姓的居住生活条件，实现了更大的民生效益。北京将节能改造与老旧住宅抗震加固改造相结合，既实现了住宅保温隔热性能的提升，改善了居住环境，也提升了建筑的安全性，拉动效应更加明显。

（四）能力建设依然不足

既有居住建筑节能改造由住房和城乡建设部门中的建筑节能与科技管理部门承担推广实施，其还承担着新建建筑节能、公共建筑节能、可再生能源建筑应用推广、绿色建筑推广以及墙体材料革新以及住房城乡建设领域科技管理、国际合作等工作，任务繁重，人员配备严重不足。同时，政策宣传力度不够，群众认知程度不高。组织和从业人员不够、培训交流不多。

（五）"节能不节钱"标准细节不完善等问题限制既有建筑节能改造的推广

北方采暖地区大部分改造后的项目仍按面积收费，"节能不节钱"问题突出，制约供热公司和居民主动参加供热计量及节能改造的积极性。热表检测费用偏高、检测周期长，尚难以适应大规模既有居住建筑节能改造的实施。验收标准、能效测评标准和收费标准有待进一步规范和细化。

七、下一步工作

"十二五"期间，预计实施北方采暖地区既有居住建筑供热计量及节能改造6亿平方米，为实现预期目标，财政部、住房和城乡建设部将着力做好如下四个方面的工作。

一是继续坚持重点突破、全面带动的推进方式。我们将继续选择一批能耗高、污染重、需求大、基础好的市县为重点，规模化推进既有居住供热计量及节能改造，积累经验，发挥示范和引导作用，带动北方采暖地区节能改造。大力支持地方根据本地实际情况开展与旧城出新改造、市容改造等改造相结合的改造，发挥综合效应。

二是继续发挥中央财政带动和引导作用。中央财政将继续采用已有资金奖励政策，对改造工作给予支持。"十二五"期间各地计划完成改造面积7.4亿平方米，中央财政预计将安排奖励资金250亿元左右。同时，将进一步创新改造资金筹措机制，推进市场化融资，缓解改造的资金压力。着力建立政府投资与市场化改造相结合的长效改造机制，推行合同能源管理方式，鼓励供热企业或能源服务公司以热源或热力站为单位，投资进行改造，并分享节能受益，从而带动更多的社会资金投入。

三是严格过程控制，强化质量监管。严格项目选择，做好计划、规划。既有建筑节能改造要纳入基本建设程序管理，严格设计、施工、产品材料选用、竣工验收环节的监管。改造中大力推广应用新型节能技术、材料、产品，带动相关产业发展。实施能效测评，确保工程达到预期质量和效果。研究建立既有居住建筑节能改造工程后期维护制度。完善相关标准规范。做好宣传培训，提高政府部门认识，提高从业人员水平，促进群众参与。

四是全面推行供热计量改革，实行按用热量计量收费。尽快解决"节能不节钱"的突出问题，调动供热企业、居民投资改造的积极性。

（既有建筑节能改造管理办公室供稿）

我国既有建筑节能改造现状与展望

"十二五"实施北方既有居住建筑供热计量及节能改造4亿平方米以上,地级及以上城市达到节能50%强制性标准的既有建筑基本完成供热计量改造并同步实施按用热量分户计量收费。启动夏热冬冷地区和夏热冬暖地区既有居住建筑节能改造试点5000万平方米。

一、"十一五"进展情况

(一)北方采暖地区既有居住建筑供热计量及节能改造截至2010年底,北方采暖地区15省区市共完成改造面积1.82亿平方米,超额完成了国务院确定的1.5亿平方米改造任务。据测算,可形成年节约200万吨标准煤的能力,减排二氧化碳520万吨,减排二氧化硫40万吨。改造后同步实行按用热量计量收费,平均节省采暖费用10%以上,室内热舒适度明显提高,并有效解决老旧房屋渗水、噪音等问题。部分地区将节能改造与保障性住房建设、旧城区综合整治等民生工程统筹进行,综合效益显著。

(二)北方地区既有建筑节能改造工作任重道远一是既有建筑存量巨大。2000年以前我国建成的建筑大多为非节能建筑,民用建筑外墙平均保温水平仅为欧洲同纬度发达国家的1/3,据估算北方地区有超过20亿平方米的既有建筑需进行节能改造。二是改造资金筹措压力大。围护结构、供热计量、管网热平衡节能改造成本在220元/平方米以上,

如果再进行热源改造,资金投入需求更大。但北方多数地区经济欠发达,地方政府财力投入有限,市场融资能力较弱。三是供热计量改革滞后。热计量收费是运用市场机制促进行为节能最有效手段,但这项工作进展缓慢,目前北方采暖地区1301个地级市,出台供热计量收费办法地级市仅有40余个,制约了企业居民投资节能改造的积极性。

二、"十二五"工作目标

(一)进一步扩大既有居住建筑节能改造规模

实施北方既有居住建筑供热计量及节能改造4亿平方米以上,地级及以上城市达到节能50%强制性标准的既有建筑基本完成供热计量改造并同步实施按用热量分户计量收费。启动夏热冬冷地区和夏热冬暖地区既有居住建筑节能改造试点5000万平方米。

(二)建立健全大型公共建筑节能监管体系

实现省级监管平台全覆盖。促使高耗能公共建筑按节能方式运行,实施高耗能公共建筑节能改造达到6000万平方米。"十二五"期末,力争实现公共建筑单位面积能耗下降10%,其中大型公共建筑能耗降低15%。

(摘自《建设科技》2012年11期)

北方区重点省市"十二五"建筑节能规划

北京市

一、既有民用建筑状况

截至2009年底，我市城镇民用建筑总面积为60591万平方米。其中住宅37325万平方米，占城镇民用建筑总面积的61.6%；公共建筑23266万平方米，占城镇民用建筑总面积的38.4%（其中大型公共建筑8210万平方米，占城镇公共建筑的35.3%）；农村民用建筑总面积为2.8亿平方米，其中住宅为2.2亿平方米，约占农村民用建筑的80%。

二、城镇民用建筑能耗状况

2009年全市燃气供暖面积（含燃气壁挂炉）占全市总供暖面积的43.5%，平均单位面积采暖能耗为13.24千克标准煤；燃煤集中供暖面积占全市总供暖面积的31%，平均单位面积采暖能耗为21千克标准煤；城市热力集中供暖面积占全市总供暖面积的23%，平均单位面积采暖能耗为15.62千克标准煤；全市平均单位面积采暖能耗约为16.49千克标准煤，全市建筑采暖总能耗为999万吨标准煤。

2009年城镇居民生活用电98.3亿kWh，平均每平方米建筑面积用电26.3kWh。城镇公共建筑耗电197.05亿kWh，平均每平方米建筑面积用电84.7kWh。其中大型公共建筑中，办公类公共建筑平均每平方米建筑面积用电124kWh，宾馆饭店类公共建筑平均每平方米建筑面积用电134kWh，商业类公共建筑平均每平方米建筑面积用电240kWh；中小型公共建筑中，办公类公共建筑平均每平方米建筑面积用电77.18kWh，宾馆饭店类公共建筑平均每平方米建筑面积用电91.36kWh，商业类公共建筑平均每平方米建筑面积用电72.19kWh。

2009年全市城镇民用建筑总能耗1945.6万吨标准煤，占全市能源消费总量6570.34万吨标准煤的29.6%。

三、既有建筑节能改造

"十一五"期间累计完成既有居住建筑的围护结构节能改造1386.54万平方米，普通公共建筑的围护结构节能改造515.33万平方米，大型公共建筑的低成本节能改造825万平方米；完成166座供热锅炉房节能改造，涉及供热面积5670万平方米，完成498个小区的老旧供热管网改造。

既有农民住宅实施节能改造18546户。较之传统住宅，新建和节能改造后的农民住宅冬季室内温度提高了6℃～8℃，既有农民住宅节能改造一个采暖期平均每户耗煤量减少1吨。

四、2015年的民用建筑量增长预测

"十二五"期间，我市将按照建设世界城市的目标，进一步完善首都和国际大都市功能，加快高端产业的发展，加快郊区城镇

化进程。预测到2015年全市城镇住宅面积将达到5.2亿平方米，城镇公共建筑面积将达到3.2亿平方米。城镇民用建筑总量将达到8.4亿平方米，比2009年增加40%。

农村建筑面积将相应减少。2015年全市农村建筑面积预计为2.3亿平方米，其中农民住宅面积预计为1.2亿平方米。

五、2015年的建筑能耗需求预测

进入21世纪以来，我市城镇建筑耗电增长趋势明显，特别是大型公共建筑耗电增长趋势突出；农村的建筑能耗水平也在提高。

根据2009年我市建筑能耗水平和对"十二五"期间民用建筑面积与人口增长的预测，2015年全市城镇建筑采暖能耗需求为1657万吨标准煤，城镇建筑用电折合1365万吨标准煤。两项合计，2015年城镇建筑能耗总需求量为3022万吨标准煤。预计2015年北京市能源消费总需求约9000万吨标准煤，城镇建筑能耗将占全社会能源消耗总量的33.6%。

"十二五"期间，北京市农民生活持续改善。预测到2015年，全市农村地区传统建筑的耗能需求643万吨标准煤，其中采暖能耗需求为525万吨标准煤，用电需求39.44亿kWh。

六、2015年建筑节能潜力

（一）进一步提高新建建筑节能设计标准方面的潜力

我市如果在"十二五"期间在国内率先实施第四步节能75%的设计标准，每平方米建筑的年采暖能耗可以再降低2.65千克。按10000万平方米建筑计算，每年可以多形成

节约采暖能耗26.5万吨标准煤的能力。

（二）既有建筑节能改造方面的潜力

2010年底我市还有未经改造的城镇非节能居住建筑7124万平方米、公共建筑7465万平方米。对既有非节能建筑进行围护结构节能改造，每平方米每年可以节约采暖能耗10.1千克标准煤。全市1.5亿平方米城镇既有非节能建筑全部完成节能改造后，每年约可以减少采暖能耗146万吨标准煤。每户农民住宅进行节能改造后每年可以节约采暖能耗1.2吨标准煤，全市100万户农民住宅全部进行节能改造后每年可以节约采暖能耗120万吨标准煤。

（三）可再生能源建筑应用方面的潜力

"十一五"期间，我市可再生能源规模化建筑应用达到了同期竣工建筑面积的18.2%。如果提高到同期竣工建筑面积的47%（居住建筑的66%、公共建筑的12%）每年可以实现39.6万吨标准煤的节能量。

（四）人的行为节能方面的潜力

通过经济政策、行政管理措施和宣传教育调动建筑物使用人和运行管理人员行为节能的积极性。在公共建筑耗电方面实现节能12%，按照2009年全市公共建筑每平方米耗电水平，可以实现97.06万吨标准煤的节能量。

七、主要目标

（一）新建居住建筑和公共建筑全部按照规定的建筑节能设计标准建造，2012年城镇新建居住建筑率先执行节能75%的设计标准，围护结构传热系数、热源和管网热效率指标达到世界同等气候条件地区先进水平。

（二）组织6000万平方米既有非节能建

筑围护结构节能改造和供热计量温控系统改造；组织1.5亿平方米节能建筑的供热计量改造；组织城区涉及6000万平方米供热建筑面积的63座单台蒸吨20t/h以上的燃煤锅炉房改用清洁能源改造；加强公共建筑节能运行管理。到2015年，全市城镇集中供热建筑单位建筑面积采暖能耗和公共建筑单位建筑面积电耗比2009年降低12%。

（三）结合北京市"十二五"时期农村社区和"新民居"建设，推进农村建筑节能工作。组织不少于20万户的新建抗震节能农民住宅或既有农民住宅节能改造。

（四）"十二五"期间新增浅层地能或污水源热泵采暖的民用建筑1800万平方米，新增使用太阳能生活热水的民用建筑面积1.1亿平方米（集热器面积550万平方米），新增使用太阳能光热系统采暖的民用建筑面积16万平方米（集热器面积4万平方米），新增太阳能光电建筑应用面积600万平方米（4万千瓦发电能力）。2015年前全市使用可再生能源的民用建筑面积达到建筑面积总量的8%。

（五）2015年当年建设的绿色建筑面积占当年开工建筑面积的比例达到10%，"十二五"时期累计新建绿色建筑3500万平方米。绿色建筑从单体建筑向绿色园区扩展，重要功能性园区建成绿色低碳园区，园区建筑应达到绿色建筑标准。

（六）以保障性住房为重点，全面推进住宅产业化。到2015年产业化建造方式的住宅达到当年开工建筑面积30%以上。

实现上述目标，到2015年底可以降低城镇建筑能耗599.13万吨标准煤，占全市"十二五"时期节能目标的40%。城镇建筑能耗控制在2425万吨以下，比2009年增长24.6%，占全市总能耗比重控制在28.5%左右，比"十一五"末下降1.1%。

实施供热计量收费改革，实行公共建筑能耗定额与级差电价制度，充分发挥人的行为节能作用，争取到2015年建筑节能工作实现节能量620万吨标准煤的预期性目标，占全市"十二五"时期节能目标的41%。

八、推进既有建筑节能改造

我市有实施节能设计标准以前建成、尚未实施节能改造的普通公共建筑7465万平方米（不含中央在京单位产权）、居住建筑7124万平方米。其中80%以上的非节能居住建筑是各企事业单位的自管住宅，市属企事业单位的自管住宅占绝大部分。"十二五"期间，我市要完成6000万平方米的既有建筑节能改造任务，约为非节能既有建筑总量的39%，其中居住建筑节能改造完成3000万平方米。

九、重点工程

（一）3500万平方米绿色建筑工程和1500万平方米住宅产业化示范工程。

（二）6000万平方米城镇居住建筑和普通公共建筑节能改造工程。

（三）20万户农民新建抗震节能型住宅和既有住宅节能改造工程。

（四）2275座供热锅炉房、4682公里供热管网、覆盖14983万平方米建筑面积的节能改造工程。

（选自《北京市"十二五"时期民用建筑节能规划》）

河北省

"十一五"既有居住建筑供热计量及节能改造累计完成3230万平方米，占住房和城乡建设部下达任务的215.3%，占我省下达目标任务的161.5%。全省城镇按用热量收费面积达5000万平方米。既有居住建筑供热计量及节能改造全面推进，唐山、承德两市既改工作走在了全国的前列。

全省太阳能、浅层地能等可再生能源建筑面积达7222万平方米，新竣工建筑可再生能源建筑应用率达35%以上。列入国家可再生能源建筑应用示范项目20项。

"十二五"目标：

一、全省城镇节能建筑在既有建筑面积中占比提高10个百分点。

二、全省新建城镇建筑严格执行强制性建筑节能标准，设计、施工阶段建筑节能标准执行率均达到100%。

三、全省完成具备改造价值的老旧住宅供热计量及节能改造面积的35%以上，且改造规模达到5000万平方米以上，同时完成国家下达的改造任务。各设区市达到节能50%强制性标准的既有建筑基本完成供热计量改造。

四、新建建筑可再生能源建筑一体化应用比例达到38%以上。

五、每个设区市建成3个以上、每个县级市建成1个以上绿色建筑示范小区，全面开展绿色建筑星级评价标识工作。

六、机关办公建筑及大型公共建筑监管体系建设取得重要进展，各市与省能耗监测平台联网并实现动态监管。

（选自《河北省建筑节能"十二五"规划》）

山西省

"十二五"期间，国家给山西省下达了2000万平方米既有居住建筑供热计量及节能改造任务。各市任务分别为：太原市600万平方米，大同市70万平方米，阳泉市200万平方米，长治市200万平方米，晋城市150万平方米，朔州市150万平方米，忻州市100万平方米，吕梁市170万平方米，晋中市120万平方米，临汾市120万平方米，运城市120万平方米。

"十二五"前三年，中央财政奖励标准维持寒冷地区每平方米45元、严寒地区每平方米55元不变，2014年后将适度调减。为此，山西省的"既改"任务力争在2013年底前完成。

（选自《关于进一步做好"十二五"既有居住建筑节能改造工作的通知》）

辽宁省

辽宁省城镇既有建筑总面积大约是9.16亿平方米，其中60%以上为非节能建筑。"十一五"时期，全省共完成既有居住建筑供热计量和节能改造面积1980万平方米，占国家下达改造任务1900万平方米的104.2%。全省地源热泵技术建筑应用面积累计达到7001万平方米；太阳能光热光电技术应用面积累计达到2376万平方米。国家机关办公建筑和大型公共建筑节能监管试点工作实施中，对749栋单体建筑进行了房屋基本信息调查，对262栋单体建筑进行了能源审计，对11407个公共机构的3344万平方米的机关办公建筑、学校、医院等公共建筑进行能耗统计，已对50栋建筑开展能耗监测。

（选自《辽宁省建筑节能"十二五"规划》）

吉林省

"十一五"期间完成北方采暖区既有居住建筑供热计量及节能改造1.5亿平方米的工作任务，其中分配吉林省的节能改造任务为1100万平方米，2010年追加至1300万平方米。到2009年底，全省共完成既有居住建筑供热计量及节能改造1647万平方米，用两年的时间完成了国家下达给我省三年的任务，并超额国家计划547万平方米。争取国家奖励资金4.24亿元，带动地方投资3.6亿元。预计到2012年底可完成节能改造任务2310万平方米。通过实施节能改造，每个采暖期可节约27.5万吨标准煤，减少温室气体排放72万吨。全省采用地源热泵技术供暖、制冷建筑面积达420余万平方米，太阳能热水系统应用建筑面积达1400余万平方米，每年可节能3.0万吨标煤以上，减少温室气体排放7.86万吨。

全省城镇既有民用建筑总面积约4.4亿平方米，其中60%以上为非节能建筑，按平均节能30%计算，每年可节约供暖燃煤160余万吨。"十二五"计划实施既有居住建筑供热计量及节能改造改造面积3000万平方米，2011～2013年全省计划完成既有居住建筑节能改造面积2000万平方米，2013～2015年全省完成既有居住建筑节能改造面积1000万平方米；太阳能光热建筑应用面积达到4000万平方米，其中当年新建民用建筑太阳能光热应用面积占其总面积60%以上；应用浅层地热能（地源热泵）建筑面积达到800万平方米。

（选自《吉林省建筑节能"十二五"专项规划》）

山东省

"十一五"期间统计计算数据表明，在城镇民用建筑能耗中，采暖能耗占55.6%，生活电耗占44.4%；居住建筑和公共建筑的面积比为1.9∶1，建筑能耗几乎各占50%。就单位面积建筑能耗而言，居住建筑平均为31.41kgce/m²，公共建筑为58.45kgce/m²，约为居住建筑的1.86倍，大型公共建筑高达98.10kgce/m²，是普通公共建筑的1.83倍，是居住建筑的3.12倍，民用建筑平均能耗为39.78kgce/m²。2010年全省城镇民用建筑能耗6813万tce，占全省终端能源消费总量（24869万tce）的27.4%，说明建筑能耗已成为我省能源消费的重要领域。

"十一五"期间，全省建成节能建筑2.2亿平方米，完成既有居住建筑供热计量及节能改造2120万平方米，可再生能源建筑应用面积1.62亿平方米。

2010年，全省完成2300栋机关办公和大型公共建筑、5600多栋居住建筑和中小型公共建筑的能耗调查统计，对400多栋不同类型的公共建筑进行了能源审计，在40多栋大型公共建筑建立节能监测系统，改造既有高耗能公共建筑140万平方米，5所高校被列为全国节约型校园建设示范单位。2010年，我省城镇化率达50%，全省城镇既有民用建筑总面积约12.8亿平方米，其中居住建筑为8.33亿平方米，公共建筑为4.47亿平方米；

1980年后建造的民用建筑总面积为7.0亿平方米，其中居住建筑为5.2亿平方米，公共建筑为1.8亿平方米；达到建筑节能标准的建筑为3.0亿平方米，城镇集中供热采暖面积为4.7亿平方米。

2015年我省城镇化率将达到55%，城镇人口净增约470万，预计新建节能建筑3.5亿平方米，全省城镇民用建筑总面积将达到16.3亿平方米左右，比"十一五"增加27.3%。

"十二五"期间对5000万平方米的既有建筑进行节能改造，35%以上具备改造价值的既有居住建筑完成节能改造，完成既有公共建筑节能改造1000万平方米以上，所有大型公共建筑完成供热计量改造，所有达到节能标准的建筑和完成节能改造的建筑全部实行热计量收费，单位建筑面积能耗降低20%以上。

到2015年，全省城镇应用可再生能源的新建建筑达到50%以上；5年累计太阳能光热建筑应用面积1.5亿平方米以上，推广地源热泵系统建筑应用面积3000万平方米以上，太阳能光电建筑一体化应用装机容量150MW以上。建设20个低碳生态城镇、200个低碳社区。

（选自《山东省"十二五"建筑节能规划》）

河南省

目前河南省城镇既有民用建筑约16亿平方米，其中居住建筑总面积11亿平方米，公共建筑总面积5亿平方米，分别占68.75%和31.25%。近年来，河南省建筑业继续保持健康快速发展，每年新增竣工建筑面积4000万平方米左右，预计到"十二五"末，全省城镇建筑总量将突破18亿平方米。2009年全省建筑使用能耗总量为5520万吨标准煤，约占全省社会能源消耗总量的28.6%。加之建材的生产能耗16.7%，约占全社会总能耗的45.3%。五年来，已累计建成节能建筑1亿5千万平方米，可再生能源建筑应用面积达4000多万平方米，既有建筑供热计量和节能改造380万平方米。

到"十二五"末，城镇新建民用建筑节能标准执行率达到100%、实施率达到99%以上。"十二五"期间，新增节能建筑1.5～1.6亿平方米，完成既有居住建筑供热计量及节能改造1500万平方米，可再生能源在建筑中规模化、规范化应用5000万平方米，完善我省机关办公和大型公共建筑节能监管体系建设，积极推广应用节水设施设备和节能型照明器具，科学管理城市景观照明，建筑节能实现新增节约400万吨标准煤的能力，累计实现建筑节能节约标准煤900万吨的目标。

（选自《河南省"十二五"建筑节能专项规划》）

西安市

到2015年，实施既有建筑外围护节能改造面积300万平方米；积极推广太阳能光电光热、地下热源等建筑一体化应用技术，新建建筑利用可再生能源面积达到260万平方米；建筑行业单位增加值能耗降低16%。同时，加快推进政府办公建筑和大型公共建筑能源监管体系建设，建立以政府办公建筑和大型公共建筑为主的能源分析、诊断、评价体系。至"十二五"末，完成180栋政府办公建筑和大型公共建筑能源审计。此外，在农村新建居住、公共建筑中逐步发展和推动适合农村经济发展的建筑节能材料，力争重点扶持20个新农村示范建设项目，有效带动新农村建筑节能的发展。"十二五"期间，累计完成新建节能保温农宅工程、既有农民住宅节能保温改造工程1500户。

（选自《西安市"十二五"建筑节能规划》）

兰州市

兰州市"十二五"应完成500万平方米既有居住建筑的节能改造，年均完成100万平方米。此次改造范围包括2007年10月前竣工验收，且能继续正常使用20年以上，不属于城市拆迁范围的居住建筑。改造内容：建筑围护结构节能改造，包括建筑外墙、门窗、屋面及地面(含架空地面和带地下室地面)节能改造；室内供热系统计量及温度调控改造，包括安装热计量表、温控阀，实现分户计量、分室控温；热源及供热管网热平衡改造。

（选自《兰州市"十二五"节能减排规划》）

青海省

"十一五"期间完成了既有居住建筑供热计量及节能改造30万平方米，"十二五"期间，全省计划完成600万平方米既有建筑供热计量和节能改造；公共机构人均能耗比2010年下降10%左右，单位建筑面积能耗比2010年下降8%左右；新建建筑中累计安装太阳能热水器集热面积约15万平方米，太阳能采暖工程新建项目4.3万平方米，太阳能路灯共1000套。

"十二五"争取到了既有建筑节能改造国家财政补贴任务200万平方米，国家奖励补助配套资金11000万元。

（选自《青海省"十二五"节能减排发展规划》）

宁夏回族自治区

到2012年，完成单体建筑面积3000平方米以上的国家机关办公建筑和单体建筑面积20000平方米以上的大型公共建筑供热计量改造。到2015年，全区县级以上城市（镇）新建建筑节能设计和施工阶段执行节能50%标准的比率为100%，5个地级市城市规划区内新建建筑节能65%的标准比率为100%；完成既有居住建筑供热计量及节能改造面积500万平方米，完成对已达到50%节能标准的既有居住建筑供热计量改造，让具备供热计量条件的民用建筑全部实现供热计量收费。"十二五"期间，实施太阳能光热应用2000万平方米，太阳能光电应用20兆瓦，热泵技术应用200万平方米；进行能源审计建筑300栋，建设监管平台5个，在线监测建筑100栋，实施节能改造建筑60栋；建设绿色建筑600万平方米。

（选自《宁夏"十二五"建筑节能规划》）

夏热冬冷地区重点省市"十二五"建筑节能规划

上海市

一、现状

2010年上海市城镇民用建筑总面积达到72006万平方米,其中,居住建筑占到74%,公共建筑占到26%。

2009年上海市民用建筑总能耗(包括建筑运行能耗和建筑施工能耗)达到1985万吨标准煤,约占全市社会总能耗的19%。经测算,2010年上海市民用建筑总能耗达到2147万吨标准煤,比"十五"末增长55%。

"十一五"期间,上海市累计完成节能改造建筑面积2898万平方米,其中居住建筑约占2/3,公共建筑约占1/3。

二、发展目标

"十二五"期间,上海市要实现既有公共建筑节能改造1000万平方米,其中节能门窗、加装遮阳设施等单项节能改造建筑面积达到500万平方米,实现既有居住建筑节能门窗、加装遮阳设施等单项节能改造建筑面积1500万平方米。

(选自《上海市"十二五"建筑节能专项规划》)

江苏

一、现状

"十一五"期间,全省累计建成节能建筑55766万平方米。截至2010年末,全省节能建筑总量64203万平方米,约占城镇建筑总量的33%,比2005年末上升了27个百分点。可再生能源建筑应用面积7291万平方米,其中太阳能光热建筑应用面积6887万平方米,地源水源热泵系统建筑应用面积404万平方米。太阳能光电建筑应用装机容量约40兆瓦。改造建筑节能面积97万平方米,其中住宅节能改造36万平方米,既有公共建筑节能改造61万平方米。完成了900余栋机关办公建筑和大型公共建筑和76所高校全部建筑的基本信息调查和能耗统计工作,确定了205栋重点用能建筑并完成了能源审计工作,对209栋建筑和5所高校建筑能耗情况进行了公示。在省本级和南京、常州、无锡建立了建筑能耗监测平台,对110余栋机关办公建筑和大型公共建筑实施建筑能耗动态监测,在5所部省属院校开展了节约型校园建设试点。

"十一五"期间,全省建筑节能实现节约标准煤1070万吨(相当于节电345亿千瓦时),减少二氧化碳排放2409万吨,减少社会能源费支出超过200亿元,超额完成了省政府确定的节约1000万吨标准煤目标任务,并形成了每年节约标准煤445万吨、减少二氧化碳排放1000万吨的持续节能减排能力。

二、工作目标

到2015年末，通过建筑节能实现节约1300万吨标准煤，减少二氧化碳排放3000万吨。其中，新建建筑节能约1140万吨标准煤；既有建筑节能改造节约100万吨标准煤；通过可再生能源建筑应用替代常规能源60万吨标准煤。基本建立符合江苏省情的建筑节能政策法规、行政监管、技术支撑、市场服务、统计监测体系，为全社会节能减排作出应有贡献。

（一）新建建筑节能。新建建筑全面达到国家和省规定的50%节能设计标准，有计划、分步骤实施节能65%设计标准。城镇新建公共建筑按节能65%标准实施的比例每年上升10个百分点，到2015年达到50%；2013年，居住建筑全面实施建筑节能65%标准。

（二）既有建筑节能。扩大既有建筑节能改造覆盖面，机关办公建筑和大型公共建筑率先开展节能改造，争取到2015年末，全省2005年以前建成的公共建筑节能改造比例超过4%，改造面积接近2000万平方米。推进既有住宅节能改造试点，力争到2015年末，全省既有住宅节能改造面积达400万平方米。

（三）可再生能源建筑应用。新建机关办公建筑和大型公共建筑100%应用一种以上可再生能源技术；全省太阳能光热利用建筑面积近2亿平方米，新建12层以下住宅太阳能热水系统应用比例每年增长2个百分点以上，到2015年达到60%；新增太阳能光电建筑应用装机容量超50兆瓦；新建公共建筑中，地源、水源等可再生能源建筑应用项目比例逐步上升到12.5%，到2015年末，浅层地热能建筑应用面积近1300万平方米。力争再确立10个国家级可再生能源建筑应用示范城市和示范县，实施一批具有重大示范意义的可再生能源建筑应用示范项目。

（四）建筑节能运行监管。建立覆盖全省的建筑能耗监管体系。对500栋机关办公建筑和大型公共建筑实施能耗动态监测，分类制定出台不同类型建筑的能耗定额标准，推进能效限额管理试点。

（五）发展绿色建筑。推动建筑节能和建筑区域示范，新建20个省级建筑节能和绿色建筑示范区，力争每个省辖市都有2～3个特色鲜明的示范区，初步形成符合江苏省情的建筑节能和绿色建筑示范区建设指标体系。深入推进建筑能耗测评标识和绿色建筑评价标识工作，完成各类标识项目超1000项。

（六）培育建筑节能服务市场。大力扶持以合同能源管理为主营业务的建筑节能服务企业，到2015年末，全省登记在册的建筑节能服务企业超100家，实施合同能源管理项目超过300项，实现持续节能每年5万吨标准煤的能力。

（选自《江苏省"十二五"建筑节能规划》）

杭州市

一、现状

"十一五"期间，全市累计实施建筑节能工程3500万平方米，完成省级以上建筑节能示范项目约350万平方米，全市太阳能光热建筑应用面积达350万平方米，太阳能光电建筑应用项目21个（装机容量20.55

兆瓦），地源热泵建筑应用面积150万平方米。完成了市政府综合办公楼等60余幢机关办公建筑和大型公共建筑能耗监测。结合杭州市庭院改造，实施了468个庭院，2614幢房屋建筑节能改造。实施了浙江省建科院办公楼和黄龙饭店等30余幢既有公共建筑的节能改造。

二、目标

（一）新建建筑执行国家建筑节能标准率100%。其中：绿色（低碳）公共建筑占新建建筑面积50%以上，绿色（低碳）居住建筑占新建建筑面积40%以上，绿色建材应用占建材用量的40%以上，建成3～5个绿色（低碳）科创基地、商务园区、产业园区。

（二）可再生能源建筑应用面积占新建建筑面积40%以上，太阳能光电建筑应用累计装机容量70兆瓦，太阳能光热建筑应用面积500万平方米，地（水）热泵技术建筑应用面积300万平方米。

（三）制定杭州市既有民用建筑节能改造规划。大力推进既有建筑的节能改造，结合省厅确定的既有建筑能耗定额，对高耗能的既有建筑实施节能改造，其中主城区既有公共建筑节能改造100%，居住建筑节能改造50%。

（五）重视节能减排型新型墙体技术的开发应用。新型墙体材料产量占墙体材料总量的比重达到70%以上，新型墙体材料建筑应用比例达到80%以上。

（六）加强LED和高频电磁灯等绿色照明器具的推广应用。城市道路和景观照明（含广告灯具等）在现有基础上节电20%，建筑照明在现有基础上节电15%。

（选自《杭州市"十二五"建筑节能发展规划》）

安徽省

一、现状

"十一五"期间，全省建成节能建筑约2.01亿平方米，累计形成节能能力593.4万吨标准煤。其中居住建筑节能334.8万吨标准煤，公共建筑节能184.2万吨标准煤，可再生能源建筑应用节能74.4万吨标准煤，为我省"十二五"建筑节能工作的跨越式发展奠定了坚实的基础。

二、目标

（一）到"十二五"末，全省城镇建成新建节能建筑2.0亿平方米，新建建筑节能标准设计执行率达到100%，施工执行率达到100%，在有条件的地区实行65%或以上的建筑节能标准。

（二）建立健全建设领域能源统计制度，建筑业单位增加值能耗较"十一五"末下降10%。

（三）推广可再生能源建筑应用面积8000万平方米以上，到"十二五"末，全省可再生能源建筑应用面积占当年新建民用建筑面积比例达到40%以上。

（四）建设100项绿色建筑示范项目。由单体示范向区域示范拓展，积极开展低碳生态示范城区建设。

（选自《安徽省建筑节能"十二五"发展规划》）

福建省

"十二五"期间，累计建成新建节能

建筑2.0亿平方米，实现节约标准煤360万吨；大力推广可再生能源和绿色照明，推进城市、农村和建筑规模化应用；推广合同能源管理，因地制宜推进既有建筑节能改造；累计新增可再生能源应用建筑面积3000万平方米太阳能光伏发电装机容量10兆瓦；开展建筑节能、绿色建筑和可再生能源建筑应用试点示范，推进绿色建筑星级评价；累计建立各类示范项目80个，其中绿色建筑20个，示范城市2个，示范县5个；建成具有一定规模、集约发展的新型节能墙体材料生产企业30个，符合国家政策导向和利用当地资源的新型墙体材料生产基地9个，新型节能材料研发、生产和应用综合基地2～3个。

（选自《福建省建筑节能"十二五"专项规划》）

湖北省

"十一五"期间，全省建设领域实现节能480万吨标煤，减排二氧化碳1196万吨。全省太阳能光热建筑应用面积1532万平方米，浅层地能建筑应用面积440万平方米，太阳能光伏发电装机55兆瓦。绿色建筑示范项目38个，总建筑面积345万平方米。

2010年，我省城镇化率达47%，全省城镇既有民用建筑面积9.46亿平方米，其中居住建筑为6.5亿平方米，公共建筑为2.96亿平方米。省委、省政府《关于加快推进新型城镇化的意见》，要求到2015年我省城镇化率达到52%，城镇人口净增约300万，预计新增建筑2亿平方米。2015年全省城镇既有民用建筑面积将达到11.46亿平方米，比2010年增加21.1%。我省能源资源相对匮乏，

"十二五"期间，城乡建设领域节能减排和优化能源结构仍是建设"两型"社会的重要战略。

到"十二五"期末，力争通过建筑节能实现节约700万吨标准煤，减少二氧化碳排放1750万吨，并形成每年节约标准煤300万吨、减少二氧化碳排放750万吨的持续节能减排能力。具体目标如下：

（一）通过新建节能建筑实现节约670万吨标准煤。全面执行国家新颁布的夏热冬冷地区建筑节能设计标准，执行比例达到95%以上，逐步提高城镇新建建筑能源利用效率，到2015年，与"十一五"期末相比，提高30%以上。计划新增节能建筑2亿平方米，形成年节约标准煤275万吨的节能能力。

（二）通过节能改造实现节约5万吨标准煤。争取武汉市列为国家公共建筑节能改造重点城市；从2012年开始，组织开展既有公共建筑150万平方米、既有居住建筑节能改造450万平方米；在3～5所高校开展节能改造示范。预计完成改造后的既有建筑将形成年节约标准煤4万吨的节能能力。

（三）通过可再生能源应用替代常规能源25万吨标准煤。计划完成可再生能源建筑应用面积5000万平方米，新增太阳能光电建筑应用装机容量65兆瓦，形成年节约标准煤21万吨的节能能力。

（四）实现17个市州绿色建筑示范项目全覆盖，发展绿色建筑1000万平方米。在3～5个城市新区开展绿色建筑集中示范，政府投资的办公建筑和学校、医院、文化等公益性公共建筑率先执行绿色建筑标准，引导大型公共建筑、建设规模较大的住宅小区和

保障性住房开展绿色建筑项目示范。

（五）加快省、市两级公共建筑能耗监测平台建设，建设节约型校园5～8所。选择200栋重点用能建筑，分期分批实行分项计量与动态监测。到2015年，实现全省地级以上城市公共建筑能耗监测平台与省级平台的全面对接，促使高耗能公共建筑按节能方式运行，实现公共建筑单位面积能耗下降10%，其中大型公共建筑能耗降低15%。

（六）到2015年，全省新型墙体材料产量达到357亿块标砖，占墙体材料总产量的比例达85%以上，县级以上城区新型墙材应用率达到90%；继续巩固县级以上城区"禁实"成果，完成100个重点镇"禁实"。

（选自《湖北省"十二五"建筑节能规划》）

湖南省

在建筑领域，将着重抓好新建建筑节能监管，新（改、扩）建筑设计、施工阶段标准执行率达100%，逐步采用工业化生产建筑和工厂化预制产品方法，使窗户和墙体节能措施一步到位。

同时，在住宅小区推广分布式能源、多能源利用、水力梯级循环利用等技术。推进既有居住建筑节能改造，制订既有建筑节能改造方案、实施细则、保障措施和相应的激励政策。

积极推动绿色建筑的发展，实现绿色建筑普及化，加快可再生能源与建筑一体化、规模化应用，促进新型材料推广应用，推广绿色照明。

规划到"十二五"末，全省公共建筑单位面积能耗较"十一五"末下降10%，其中大型公共建筑能耗降低15%。

推广合同能源管理，开展节能量交易试点。截至目前湖南省共有节能服务公司122家，2011年共实施合同能源管理项目300余个，对260个项目开展节能审查，共净核减项目用能总量23万吨标准煤。

（选自《湖南省"十二五"节能规划》）

重庆

住建部和财政部把重庆列为国家机关办公建筑和大型公共建筑监管体系建设全国示范城市，对13145栋建筑进行了能耗统计，361栋建筑进行了能源审计，179栋公共建筑进行了能效公示，确定公共建筑重点用能单位75家，组织完成了53栋建筑的分项计量装置安装，已有约250万平方米的既有建筑采取了更换节能门窗、外墙保温等节能措施。

"十二五"期间，努力实现全市新建城镇建筑施工阶段建筑节能标准执行率达到99%以上，建立发展低碳建筑评价体系，新建绿色建筑1000万平方米，既有建筑节能改造350万平方米，可再生能源建筑规模化应用450万平方米，预计到"十二五"末，我市建筑领域累计形成年节能446万吨标煤，减排当量$CO_2$1016万吨的能力，其中新建建筑节能434.6万吨标煤，减排$CO_2$990.0万吨，既有建筑节能改造节能7.0万吨标煤，减排$CO_2$16.0万吨，可再生能源建筑应用节能4.4万吨标煤，减排$CO_2$10.0万吨。

（选自《重庆市建筑节能"十二五"专项规划》）

八、大事记

　　本篇记述了2011年9月至2012年8月期间我国既有建筑改造工作所发生的重要事件，包括政策的出台、行业重大活动、会议、重要工程的进展等，旨在记述过去，鉴于未来。

既有建筑改造大事记

2011年9月1日，北京市住建委和市发改委发布了《北京市"十二五"时期民用建筑节能规划》。根据规划，"十二五"期间，北京将完成6000万平方米的既有建筑节能改造任务，约为非节能既有建筑总量的39%，其中居住建筑节能改造完成3000万平方米。

在未来科技城、丽泽金融商务区、海淀北部新区、CBD东扩、门头沟生态城、首钢产业置换厂区等组织绿色建筑园区的试点示范。"十二五"期间，凡列入区域规划的商务、会议、科技园区等重要功能性园区，均应进行绿色低碳园区试点示范，园区建筑应达到绿色建筑标准。

2011年9月28日，住房和城乡建设部在山东省日照市召开了2011年北方采暖地区供热计量改革工作会议，总结了"十一五"期间供热计量改革取得的成效、经验及存在的问题，并部署下一阶段供热计量改革工作。住房和城乡建设部副部长仇保兴出席会议并作了题为《完善工作机制，全面落实供热计量收费》的工作报告。

2011年11月1日，我国建筑业第二部《既有建筑改造年鉴2011》出版发行，本书由中国建筑科学研究院组织编纂，以"十一五" 国家科技支撑计划重大项目《既有建筑综合改造关键技术研究与示范》课题单位为依托，中国建筑工业出版社出版

发行，面向全国新华书店、建筑书店、网上书城公开发行。主要内容有领导讲话、论文选编、科研项目、技术成果、标准规范、政策法规、工程案例、统计分析、大事记。

2011年12月23日，北京住房和城乡建设委员会、北京市政市容管理委员会、北京市规划委员会、北京市发展和改革委员会、北京财政局联合颁布了《北京市既有非节能居住建筑供热计量及节能改造项目管理办法》。办法中明确了各个机构责任，北京市住房和城乡建设委员会负责制订全市既有非节能居住建筑的改造标准和计划，经市政府批准后分解下达给各区县及有关系统；负责审核申请中央财政和市财政奖励补助资金的既有非节能居住建筑改造项目；会同有关主管部门对各区县及各系统的既有非节能居住建筑改造工作进行指导、监督、考核。

2012年1月29日，住房和城乡建设部办公厅以建办科函〔2012〕75号印发了《既有居住建筑节能改造指南》。该《指南》分总则、基本情况调查、居民工作、节能改造设计、节能改造项目费用、节能改造施工、施工质量控制与验收7章40条。

2012年3月29日，由中国城市科学研究会、中国绿色建筑委员会、北京市住房和城乡建设委员会主办的"第八届国际绿色建筑

与建筑节能大会暨新技术与产品博览会"于在北京国际会议中心隆重召开。大会主要交流、展示国内外绿色建筑与建筑节能的最新成果、发展趋势和成功案例，研讨绿色建筑与建筑节能技术标准、政策措施、评价体系和检测标识，分享国际国内发展智能、绿色建筑与建筑节能工作新经验，促进我国住房和城乡建设领域的科技创新及绿色建筑与建筑节能的深入开展。

2012年4月1日，为贯彻国务院部署，推动夏热冬冷地区既有建筑节能改造工作，住房和城乡建设部、财政部以建科〔2012〕55号印发《关于推进夏热冬冷地区既有居住建筑节能改造的实施意见》。该《意见》分充分认识夏热冬冷地区既有居住建筑节能改造的重要性与紧迫性；工作目标与基本原则；认真做好既有居住建筑节能改造各项工作；完善配套措施，保障节能改造任务的落实4部分。

2012年5月3日，科技部社会发展科技司、条件财务司、发展计划司在天津共同组织专家对"十一五"国家科技支撑计划重大项目"既有建筑综合改造关键技术研究与示范"（2006BAJ03A00）进行了项目任务和财务验收。

项目重点开展了既有建筑检测评定与标准规范、抗震加固、供能系统改造、改造专用材料与施工装备等技术研究，完成了震损建筑抗震能力评价、耗能减震加固、预应力碳纤维加固等技术以及墙锯推进系统等改造专用材料和施工装备。编制完成了《既有建筑设备工程鉴定与改造技术规范》、《既有建筑使用与维护技术标准》等国家技术标准

23项、行业标准26项。开发了高耐久发泡陶瓷保温板外保温系统及防火隔离带等新产品95项，获得发明专利31项。建立铝合金活动外遮阳百叶帘、HR保温装饰一体化板等生产线12条，既有建筑节水节能关键技术、采暖散热设备与控制设备改造技术等试验基地14个，完成示范工程89项，为我国既有建筑综合改造的顺利开展和推广提供良好的基础，经济效益和社会效益显著。

2012年5月9日，根据《中华人民共和国国民经济和社会发展第十二个五年规划纲要》和国家"十二五"期间节能减排工作的有关要求，住房和城乡建设部制定了《"十二五"建筑节能专项规划》（简称《规划》）。

《规划》明确提出，到"十二五"期末，建筑节能形成1.16亿吨标准煤节能能力。其中发展绿色建筑，加强新建建筑节能工作，形成4500万吨标准煤节能能力；深化供热体制改革，全面推行供热计量收费，推进北方采暖地区既有建筑供热计量及节能改造，形成2700万吨标准煤节能能力；加强公共建筑节能监管体系建设，推动节能改造与运行管理，形成 1400万吨标准煤节能能力。推动可再生能源与建筑一体化应用，形成常规能源替代能力3000万吨标准煤。

2012年6月15日，中国建筑节能协会保温隔热专业委员会举办的，"既有建筑外墙保温与产品选用技术交流会"在北京圆满召开。多位业内专家表示，现在保温的问题日益得到关注，只有产学研相结合，加大技术创新升级，完善标准，才能遏制不良竞争，

使整个行业有序发展。

2012年6月15日，中国建筑节能协会建筑节能服务专业委员会成立大会暨建筑节能服务产业发展研讨会在江苏常州武进召开。中国建筑节能协会会长郑坤生、住房和城乡建设部人事司副司长郭鹏伟、住房和城乡建设部建筑节能与科技司处长张福麟、中国建筑节能协会副会长、住房和城乡建设部科技发展促进中心主任杨榕、住房和城乡建设部科技发展促进中心副主任、建筑节能服务专委会筹备负责人梁俊强、江苏省住房和城乡建设厅副厅长顾小平、中国建筑节能协会副秘书长邹燕青、杨西伟、建筑节能服务专委会会员代表及部分省市建筑节能部门负责人近400人出席了本次大会。

2012年6月28日，为了推动既有建筑绿色化改造，促进绿色建筑发展，由中国建筑科学研究院主办，北京筑巢传媒广告有限公司承办，江苏德一新型建筑材料科技有限公司协办的"第四届既有建筑改造技术交流研讨会"在北京成功召开。住房和城乡建设部建筑节能与科技司武涌巡视员、科技部社会发展科技司陈其针副处长、北京市市政市容管理委员会柴文忠副主任、天津市国土资源和房屋管理局路红副局长、中国建筑科学研究院王俊院长、许杰峰副院长、赵基达总工出席了会议。来自既有建筑绿色化改造关键技术研究与示范项目组以及科研机构、大专院校、行业协会、新闻媒体、设计院、建筑公司、施工企业、生产厂商等单位的专家和代表300余人参加了研讨会。

2012年6月28日，"十二五"国家科技支撑计划"既有建筑绿色化改造关键技术研究与示范"项目启动会暨课题实施方案论证会在北京召开。科学技术部社会发展科技司陈其针副处长、住房和城乡建设部建筑节能与科技司姚秋实、于晨龙、课题实施方案论证专家、各课题负责人以及承担单位和参加单位的相关人员共40余人参加会议。

中国建筑科学研究院院长王俊研究员代表项目牵头单位介绍了项目实施方案，各课题的负责人也分别汇报了课题实施方案，经专家组质询和讨论，项目所设的七个课题均顺利通过实施方案论证。会议结束后，各课题组还随即分别召开了内部工作会议，进一步落实实施方案中的相关工作。

作为"十一五"国家科技支撑计划项目"既有建筑综合改造关键技术研究与示范"的滚动，"既有建筑绿色化改造关键技术研究与示范"项目预期将建立完善我国既有建筑绿色化改造技术、标准和产品体系，提升既有建筑绿色化改造产业核心竞争力，推动既有建筑绿色化改造规模化进程，推进既有建筑绿色化改造新兴产业发展，为实现国家节能减排目标、积极应对气候变化、改善民生提供科技引领和技术支撑。

2012年8月6号，上海市发展和改革委员会、上海市城乡建设和交通委员会、上海市财政局联合发布《上海市建筑节能项目专项扶持办法》，提出对绿色建筑、整体装配式住宅、高标准建筑节能、既有建筑节能改造、既有建筑外窗或外遮阳节能改造、可再生能源与建筑一体化、立体绿化、建筑节能管理与服务共8类建筑节能项目进行专项资金扶持。其中新增了针对"绿色建筑"示范项目的资金扶持政策，每平方米最高可获补贴60元。上海市政府确定的保障性住房和大型居住社区中的可再生能源与建筑一体化应用示范项目以及整体装配式住宅示范项目，单个项目最高补贴1000万元；其他单个示范项目最高补贴600万元。扶持办法的推出进一步加大对上海市建筑节能工作的推进力度。

2012年8月21日，住房和城乡建设部召开了2012年北方采暖地区供热计量改革工作电视电话会议。会议的主要任务是总结实施供热计量改革以来的工作成果和经验，部署下一阶段工作任务。住房城乡建设部副部长仇保兴作了题为《坚定信心，创新机制，全面实施供热计量收费》的报告，财政部、国家质检总局相关司局负责人发表了讲话。会议指出，2011年北方采暖地区新建建筑安装分户供热计量装置的比例达到72%，既有居住建筑供热计量及节能改造完成面积1.32亿平方米，累计实现供热计量收费5.36亿平方米，供热计量收费工作稳步推进。

2012年3月2日，"十一五"国家科技支撑计划"既有建筑检测与评定技术研究"、"既有建筑安全性改造关键技术研究"和"既有建筑改造技术集成示范工程"三个课题验收会现场

2012年5月3日，"十一五"国家科技支撑计划重大项目"既有建筑综合改造关键技术研究与示范"（2006BAJ03A00）验收会现场

　　2011年，美国柯马特公司完成了始建于1920年的著名历史建筑Midtown Exchange的改造工程，该建筑位于明尼苏达州明尼阿波利斯市，建筑面积约10万平米，包括办公室、公寓和商场。该项目采用了柯马特水环热泵系统，此系统突出了能量共享优势，大大降低了运行成本。系统满足了不同空间的个性化控制及冷热联供需求，超低噪音运行，无需机房，最大程度地保留了建筑原貌。

　　南阳银通节能（集团）公司于2011年12月29日荣获联合国颁发的"中国建筑节能贡献奖"。

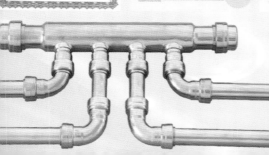

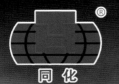

绿色 | 环保 | 节能 | 低碳 | 保温 | 装饰 | 防水 | 防火

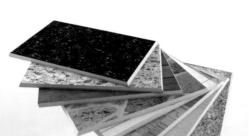

 外墙保温装饰一体板

- 防水保温装饰一体板（岩棉）- A级
- 防水保温装饰一体板（玻璃棉）- A级

- 防水保温装饰一体板（EPS）- B1级

公司简介：

　　德一建科保温装饰一体板系统、防水系统，结合了欧洲先进技术和中国本土优质辅料，顺应建筑节能、减碳和城市建筑色彩靓丽这两大趋势而研发的，它是创造性的将保温、防火和装饰三大功能集于一身。

　　产品通过了 ISO9001 质量管理体系认证，产品质量由中国人民财产保险股份有限公司承保，并获得了省级"高新技术产品"、"中国著名品牌""AAA 质量服务信誉示范单位"、"全国建材产业科技创新优秀企业"、"江苏省十佳绿色建材企业"、"江苏省优秀科技企业"、"江苏优质诚信服务单位"等荣誉称号。

　　以诚信打造企业品质，用文化凝聚发展动力、德一建科始终坚守"以德为本、科技兴企"立业理念，秉承"诚信•责任•感恩"的核心价值观，坚持用科学发展观引领企业发展、践行德一建科的承诺。创造性地为客户提供有价值的服务，实现企业与客户关系的和谐，互惠互利，走向双赢。

德一防水

绿色环保　零甲醛

 20年 不老化
 30年 无渗漏

- 高弹性水泥基防水胶浆JS（柔性）
- 渗透型无色墙面修补液（结晶型）
- 渗透结晶型水泥基防水胶浆GB（刚性）

 德一新型建筑材料科技有限公司
DEONE NEW BUILDING MATERIAL TECHNOLOGY CO.,LTD.

 全国免费咨询电话
400-109-8118

江苏总部
总部地址：江苏张家港市塘桥经济开发区商城路
Tel：0512-82593099
Fax：0512-82593199
http://www.jsdeyi.com.cn　E-mail:jsdeyi@126.com

新疆生产基地
子公司地址：乌鲁木齐市南湖东路222号
工厂地址：乌鲁木齐市经济技术开发区乌昌公路三坪出口
Tel：0991-4652234　Fax：0991-4878234
http://www.jsdeyi.com.cn　E-mail:xjdeyi@126.com

中国建筑改造网

www.chinabrn.cn

涉及专业：

建筑　结构　暖通空调
给排水　电气　节能
电梯　历史建筑

核心内容：

案例　论文　规范
工法　设计　施工
管理　行业动态

其他栏目：

既有建筑改造项目信息栏目
产品与设备求购栏目
改造相关企业与产品库

主办单位：中国建筑科学研究院